Java Web

应用开发项目化教程

主　编◎张　婵　罗　佳　古凌岚

副主编◎张寺宁　李冬睿

清華大學出版社

北　京

内 容 简 介

本书是国家在线精品开放课程“Java Web 开发基础”的配套教材，本书以全新的授课方式，采用基础知识+阶段任务案例相结合的编写方式，通过基础知识案例的讲解，结合阶段任务案例的巩固，让学习者掌握技能点。本书既可作为应用型本科和高职高专教学用书，也可以作为读者自学用书。

本书是编者通过对多年教学经验的总结归纳，基于课证融通、书证融通的理念，结合 Java Web 开发基础应用实践，精选项目案例编写而成。通过本书的学习，不仅可以使学习者理解 Java Web 技术的编程理念和编程方法还可以使学习者灵活地运用知识，真正掌握利用 Java Web 技术进行项目开发的基本技能，并通过实际项目的功能设计与实现，培养学生在 Java Web 开发与技术服务方面的岗位职业能力和开拓创新、团队协作、爱岗敬业的精神。同时，在具体任务的完成过程中融入了工程思维及实践理论等课程思政的元素。每个项目都对应有国家精品课程的教学视频，以实现信息化教学环境下，除了以单向方式传递知识外，还能实现自学、自测等互动学习功能。

本书力求每个任务都有可见的结果，给学习者以成就感，激发学习者继续学习的热情。

图书在版编目（CIP）数据

Java Web 应用开发项目化教程/张婵，罗佳，古凌岚主编. —北京：清华大学出版社，2023.6
ISBN 978-7-302-63943-5

Ⅰ. ①J… Ⅱ. ①张… ②罗… ③古… Ⅲ. ①JAVA 语言－程序设计－教材 Ⅳ. ①TP312.8

中国国家版本馆 CIP 数据核字（2023）第 117069 号

责任编辑： 邓 艳
封面设计： 刘 超
版式设计： 文森时代
责任校对： 马军令
责任印制： 沈 露

出版发行： 清华大学出版社
网　　址： http://www.tup.com.cn，http://www.wqbook.com
地　　址： 北京清华大学学研大厦 A 座　　**邮　　编：** 100084
社 总 机： 010-83470000　　**邮　　购：** 010-62786544
投稿与读者服务： 010-62776969，c-service@tup.tsinghua.edu.cn
质量反馈： 010-62772015，zhiliang@tup.tsinghua.edu.cn
印 装 者： 三河市龙大印装有限公司
经　　销： 全国新华书店
开　　本： 185mm×260mm　　**印　　张：** 21.75　　**字　　数：** 526 千字
版　　次： 2023 年 8 月第 1 版　　**印　　次：** 2023 年 8 月第 1 次印刷
定　　价： 79.00 元

产品编号：095575-01

前　言

中国共产党第二十次全国代表大会报告中明确指出“推动战略性新兴产业融合集群发展，构建新一代信息技术、人工智能等一批新的增长引擎”。随着以大数据、物联网、云计算等为代表的新一代信息技术迭代升级，作为战略性新兴产业重要组成部分的新一代信息技术产业发展壮大。软件是新一代信息技术的灵魂，是制造强国和网络强国建设的关键支撑。Web 开发从蹒跚学步一路走到主导市场的地位，并将于万物互联网时代迎来新的机遇。

Java 语言自问世以来，已有 20 多年历史，与之相关的技术和应用发展得非常迅速。在当前互联网应用飞速发展的时代，Java Web 已成为市场上主流的 Web 开发技术之一，无论是大型网站开发，还是企业系统的开发，都有 Java Web 的身影。Java Web 是指所有用于 Web 开发的 Java 技术的总称，主要包括 Servlet、JSP、JavaBean、JDBC 等技术，这些技术已经稳定地占据市场近 20 年，虽然目前企业级 Java Web 开发技术不断地迭代更新，但是其基础没有变，这些基础技术支撑着 Java Web 开发技术的发展。

因此，要使用 Java Web 进行企业级应用开发，首先就需要学会 JSP、Servlet 与 Tomcat、MySQL（或其他数据库）相结合的技术。在学习 JSP 时，还必须掌握一些基础技术，如 HTML、CSS、XML 和 JavaScript 等技术。在学习 Java Web 开发技术的过程中，应该结合 JDBC、数据库开发等知识，进行一些实际的 Java Web 项目的开发，待读者可以掌握这些技术时，就可以不断地扩展知识面，进一步学习 SpringMVC、Spring、MyBatis 等各种 Web 框架技术。

本书基于最新 Servlet 5.0 版本和 Tomcat 10 版本进行介绍，针对 Java Web 开发中最常用到的 JSP+Servlet+JavaBean 技术，详细讲解了这些技术的基本知识和使用方法，力求将一些非常复杂、难以理解的思想和问题简单化，让读者能够轻松理解并快速掌握。本书对每个知识点都进行了深入的分析，并针对知识点精心设计了示例、案例和综合任务，用以提高读者的实践操作能力。

全书共分为 12 个模块，接下来分别对每个模块进行简单的介绍，具体如下。

- 模块 1 讲解了 Java Wab 开发的一些基础技术，包括 Java Web 基本概念、XML、HTTP 等知识。学习完该模块，要求读者掌握 Web 应用运作机制，熟悉 XML 的语法、HTTP 请求消息、HTTP 响应消息等。
- 模块 2 讲解了 Java Web 开发环境的搭建。学习完该模块，要求读者掌握 Tomcat 安装和启动，以及在 Eclipse 中配置 Tomcat 的方法。
- 模块 3 和模块 4 讲解了 Java Web 的核心开发技术——Servlet 的使用方法。学习完该模块，要求读者掌握 HttpServletResponse 对象和 HttpServletRequest 对象的使用，学会使用 Cookie 和 Session 保存信息等技术，能够实现用户登录、非法用户过滤等业务功能。

- ❑ 模块 5 讲解了 JSP 技术的使用。学习完该模块，要求读者掌握 JSP 技术的基本规范，熟悉 JSP 内置对象的使用和四种属性范围的应用，能够实现系统用户的注册、登录、修改以及注销等业务功能。
- ❑ 模块 6 主要讲解了 JDBC 的相关知识。学习完该模块，要求读者能够熟练使用 JDBC 操作数据库，熟悉 DBCP 和 C3P0 数据源的使用，并熟练使用 DBUtils 工具操作数据库。
- ❑ 模块 7 讲解了 JavaBean 技术的使用。学习完该模块，要求读者掌握 JavaBean 的基本概念及应用方式，并熟悉 DAO 设计模式。
- ❑ 模块 8 主要介绍了文件上传和下载功能的实现。学习完该模块，要求读者熟练使用 Servlet 新特性实现文件的上传和下载功能。
- ❑ 模块 9 讲解了 EL 表达式和 JSTL 技术的使用。学习完该模块，要求读者熟练使用 EL 表达式和 JSTL 获取和输出信息。
- ❑ 模块 10 主要讲解了 JSP 的开发模型和 MVC 设计模式的思想。学习完该模块，要求读者对 JSP 开发模型的工作原理有所了解，学会使用 JSP Mode I 和 JSP Mode II 的思想来开发程序，并对 MVC 设计模式的思想有所了解。
- ❑ 模块 11 主要讲解了 AJAX 技术。学习完该模块，要求读者掌握使用 JavaScript 语言实现异步请求的技术。
- ❑ 模块 12 主要讲解了 Java Web 开发过程中的一些常用技术。学习完该模块，要求读者掌握防范 SQL 注入攻击、防止表单重复提交等技术的使用。

在本书的学习过程中，读者一定要亲自实践教材案例中的代码，如果不能完全理解书中所讲的知识点，可以登录“中国大学 MOOC”平台搜索“Java Web 开发基础”课程，通过课程中的教学视频进行深入学习（课程网址和源代码请扫书中二维码获取）。学习完一个知识点后，要及时在平台上进行测试，以巩固所学内容。另外，如果读者在理解知识点的过程中遇到困难，建议不要纠结于某个地方，可以先往后学习，通常情况下，后面对知识点的讲解或者其他小节的内容有助于理解前面看不懂的知识点。如果读者在动手练习的过程中遇到问题，建议多思考，厘清思路，认真分析问题发生的原因，并在问题解决后多进行总结。

参与本书编写的作者均为多年在高职院校从事 Java Web 教学的双师型教师，本书编写团队成员对企业工作实际、岗位任务标准都比较了解，能够在教材编写过程中准确把握编写方向、契合企业岗位工作需求。本书具体编写分工如下：模块 3、模块 4、模块 7、模块 8、模块 9、模块 10 由张婵编写，模块 1、模块 2 由罗佳编写，模块 11、模块 12 由古凌岚编写，模块 6 由张寺宁编写，模块 5 由李冬睿编写。本书由张婵、罗佳和古凌岚担任主编，张寺宁、李冬睿担任副主编。

本书在编写过程中力求全面、深入，但由于编者水平有限，书中难免存在不足之处，欢迎广大读者朋友给予批评指正。

编　者

目　录

模块 1　Web 开发入门

【模块导读】

基于 Web 的应用程序架构是当前主流的软件开发架构，可以真正做到“部署一次，随处运行”，用户无须安装任何其他软件，仅通过浏览器就可以获得 Web 应用所提供的服务。Java Web 应用是使用 Java 语言开发的 Web 应用软件，由于 Java 的开源、成熟、安全、稳定的特性，长期以来高居 Web 应用软件的开发语言榜首，因此 Java Web 开发是 Web 开发程序员的首选。

【学习目标】

知识目标：

- ❑ 了解程序开发体系结构。
- ❑ 掌握 Web 应用运作机制。
- ❑ 掌握静态网站和动态网站的特点。
- ❑ 了解 HTTP 协议的基本内容。
- ❑ 了解 XML 语言。

能力目标：

- ❑ 能够区分程序开发体系结构。
- ❑ 能够基于实际需求，构思 Java Web 开发架构。
- ❑ 能够编写 XML 文本。

素质目标：

- ❑ 提升自学能力和问题分析能力。
- ❑ 养成严谨的工作作风。

【学习导图】

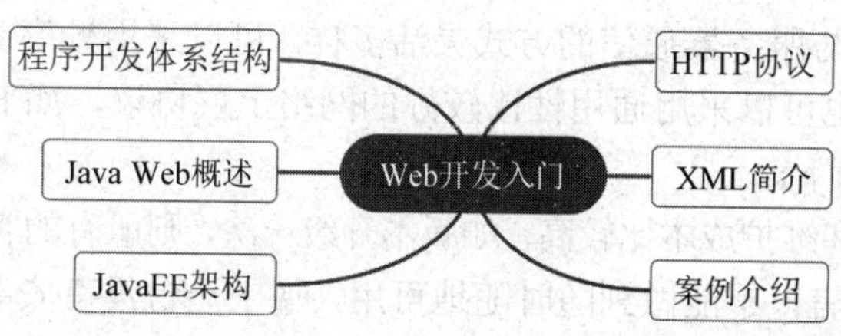

【任务导入】

选择什么样的软件开发架构是任何一个软件系统开发中首先要确定的问题，不同的开发架构特点不一样，应用的场景也不一样，工程师需要根据具体情况来确定使用何种开发架构，并需要对该架构有一个详细的了解。

1.1　程序开发体系结构

随着互联网、云计算的深入发展，大部分的软件系统都是基于互联网开发，这些软件系统被统称为网络应用程序。目前，网络应用程序分为两大体系结构，一种是基于 C/S（Client/Server）的结构，另一种则是基于 B/S（Browser/Server）的结构。

这两种结构的共同点是都需要有一个服务器（Server）端，服务器端为客户端提供数据计算和存储等服务。

两种结构的主要区别体现在客户端，在 C/S 结构中，客户端需要安装专用的客户端程序，该客户端程序负责与用户进行交互，并基于某种通信协议与服务器进行通信，比如，大家常用的 QQ 软件和大部分网络游戏软件都是典型的 C/S 结构。这里的服务器可以是单纯的数据库服务器，也可以是专门开发的服务器端程序，如图 1-1 所示。

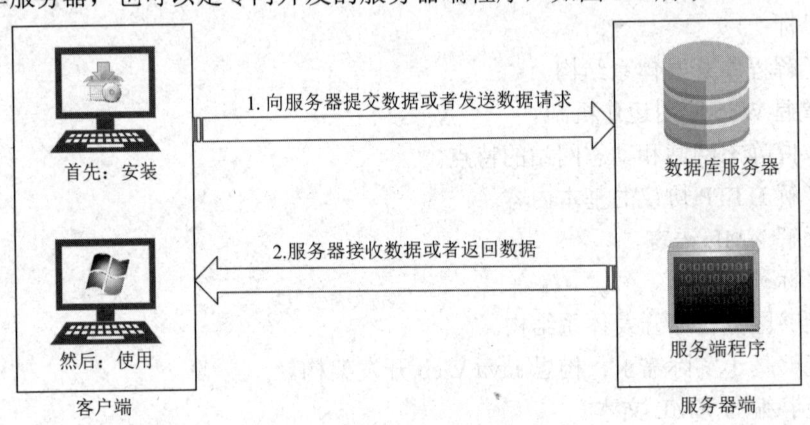

图 1-1　C/S 结构

C/S 结构的优势有以下几点。

（1）客户端程序可以充分地利用客户机的硬件资源，将任务合理分配到客户端和服务器，从而降低了系统通信的开销。

（2）客户端程序与服务器通信的方式灵活多样，可以采用效率高的网络底层协议，如 TCP、UDP 协议等，也可以采用通用性比较好的网络上层协议，如 HTTP 协议等。

C/S 结构的缺点如下。

（1）开发、部署和维护成本比较高，如版本升级一次，则所有的客户端都需要做出改变。

（2）对于用户而言，不能做到随时随地可用，换了一台没有安装该软件的计算机，就无法使用该软件系统。

而在 B/S 结构中，客户端不再需要安装专用的客户端程序，所有的内容都部署在服务器端，如图 1-2 所示。客户端统一采用 Web 浏览器作为客户端，通过 Web 浏览器向服务器发送请求，服务器处理后，再将 Web 页面返回给客户端。因此，B/S 结构中的服务器也被称为 Web 服务器，整个 B/S 结构软件被称为 Web 应用程序。

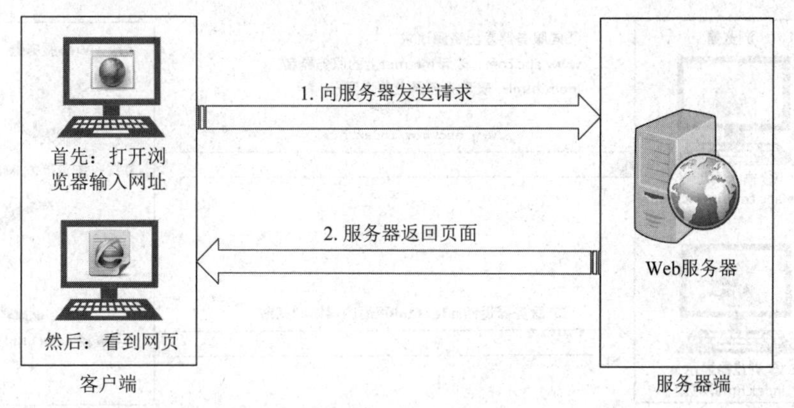

图 1-2　B/S 结构

B/S 结构的优势如下。

（1）对开发者而言，这极大地节约了开发和维护成本。升级时，仅需要更新服务端程序，所有的用户将毫无察觉地获得新系统所提供的服务。

（2）对于用户而言，则可以做到随时随地使用，只要有一台可以上网的计算机，就可以使用该软件系统，尤其在当前智能手机普及的时代，一台智能手机就相当于一台小型计算机，所以该结构更受用户欢迎。

当然，B/S 结构也有不足之处，具体如下。

（1）在安全性上需要花费巨大的设计成本，这是 B/S 结构的最大问题。

（2）客户端与服务器端的交互是“请求-响应”模式，通常需要刷新页面，对于用户来说会感觉不太满意。

不过，瑕不掩瑜，随着技术的发展，以上问题也在不断地改进，现在，B/S 结构已经成为应用软件的首选开发体系。

1.2　Java Web 概述

B/S 架构之所以广受欢迎，主要是由于其具有“部署一次，到处运行”的特点，而这一特点是由 Web 应用的运行机制决定的。接下来，我们来看看 Web 应用的基本运行机制，如图 1-3 所示。

从图 1-3 中看到，浏览器请求的资源是 html 页面，html 是超文本标记语言，是浏览器唯一支持的语言，所有需要使用浏览器打开展示的页面，都必须是由 html 语言编写而成的。所以，服务器在接收到浏览器发来的请求之后，返回给浏览器的必须是 html 格式的内容。

浏览器与服务器之间的“请求-响应”过程被称为一个“往返行程”，B/S 架构的软件运行过程就是由多次这样的“往返行程”组成，在这样的“往返行程”中，数据与页面来回传递，最终完成应用的功能。

值得注意的是，Web 服务器端从接收请求到响应 html 页面内容的过程中，有两种处理模式：静态处理模式和动态处理模式。

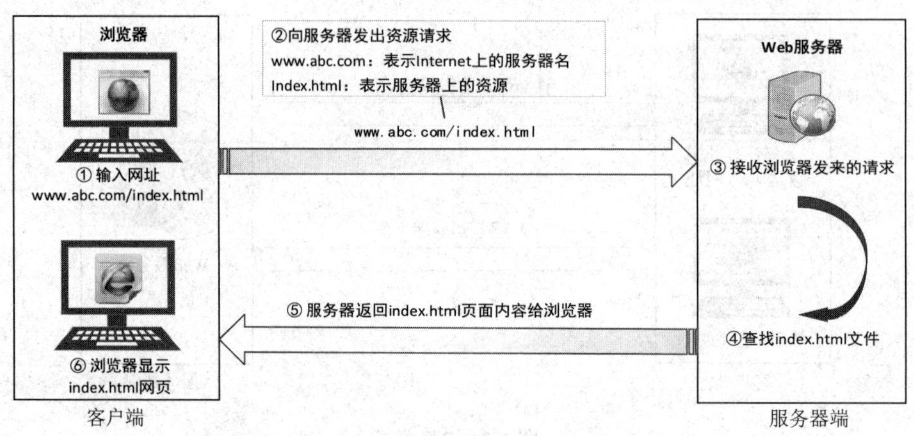

图 1-3　Web 应用的基本运行机制

1. 静态处理模式

静态处理模式也称为静态 Web，在该处理模式中，服务器端接收到请求后，仅仅是从资源库中查找到客户端所需资源，然后不经过任何处理，直接返回给客户端。如以下情况：客户端在浏览器中输入 http://192.168.10.1/index.html，意思是向 IP 地址为 192.168.10.1 的服务器上请求 index.html 资源，服务器接收到该请求后，就直接从文件库中查找 index.html 文件，并将文件内容返回给浏览器。

在这个过程中，服务器返回给客户端 Web 页面中的数据是始终不变的。这也是 Web 应用发展初期的主要模式。

2. 动态处理模式

动态处理模式也称为动态 Web，如图 1-4 所示，在该处理模式中，服务器端接收到请求后，需要经过一个程序处理过程，然后将程序处理后生成的 html 内容返回给客户端，因此每次生成的 html 内容会因为各种条件的变化而产生不一样的结果，从而使得 html 内容产生变化。比如大家经常浏览的新闻网站，虽然请求的是同一个地址，但每天看到的新闻都是不一样的。

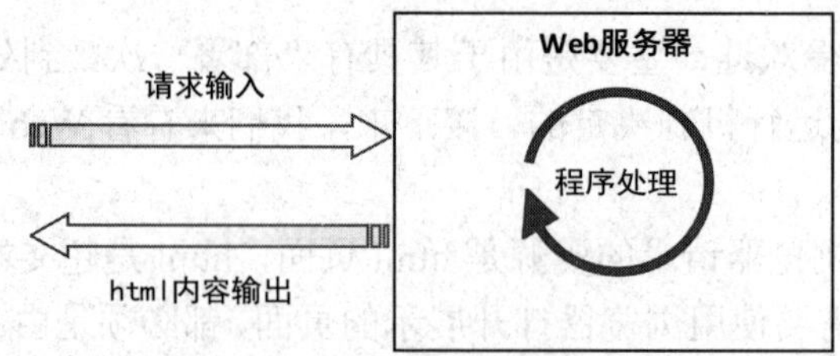

图 1-4　服务器端动态 Web 处理模式

在这里特别强调的是，区别静态 Web 和动态 Web 的关键是 Web 服务器是否有专门的程序对客户端的请求进行处理，然后动态生成 html 内容。所以，动态 Web 不是说网页中有很多动画效果，而是指网页的内容会不会因为条件的改变而产生变化。比如，不同的用户浏览时看到的内容不一样；或者，不同的时间浏览时看到的内容不一样；等等。

动态 Web 能够因时因地因人产生不一样的响应，也能够因提交数据的不一样而产生不一样的效果，目前该模式已经是当前的主流模式。该模式中的关键点是 Web 服务器端的程序处理部分，Web 应用开发人员所从事的主要工作就是开发这部分的程序。

程序开发需要有开发语言和开发技术支撑，目前常用的动态 Web 开发技术主要包括以下几种。

- ❑ Microsoft ASP、ASP.NET。
- ❑ PHP。
- ❑ Java Servlet/JSP。

1）Microsoft ASP、ASP.NET

微软公司动态 Web 的开发时间比较早，而且最早在国内流行的是 ASP。ASP 就是在 HTML 语言之中增加了 VB 脚本，但是标准的开发应用应该是使用 ASP+COM。从实际情况来看，在开发 ASP 的时候基本上都是在一个页面中写上成百上千的代码，页面代码极其混乱。

ASP 本身有开发平台的限制：Windows+IIS+SQL Server/Access，ASP 只能运行在 Windows 操作系统上，现在已经被淘汰，而是改为使用 ASP.NET 进行开发，虽然 ASP.NET 在性能上有了很大的改善，而且开发迅速，但是依然受限于平台。ASP.NET 中主要是使用 C#语言。

2）PHP

PHP 具有开发速度快、功能强大、可跨平台（平台指的是运行的操作系统）操作、代码简单等优势。

3）Servlet/JSP

这是 Sun 公司（Sun 现在已经被 Oracle 公司收购）主推的 B/S 架构的实现语言，是基于 Java 语言发展起来的，因为 Java 语言足够简单、干净。

Servlet/JSP 技术不受平台的限制，而且在运行中是使用多线程的处理方式，所以性能非常高。

Sun 公司最早推出的 Web 技术是 Servlet 程序，所有的程序都是采用 Java+HTML 方式编写的，即使用 Java 输出语句来一行一行地输出所有的 HTML 代码。之后，Sun 公司受到 ASP 的启发，又发展出了 JSP（Java Server Page），JSP 某些代码的编写效果与 ASP 是非常相似的。这样可以很方便地使一些 ASP 程序员转向 JSP 的学习，加大市场的竞争力度。

因此，使用 Java 语言开发的 Web 服务器端程序（Servlet/JSP）被统称为 Java Web 应用程序，如图 1-5 所示。

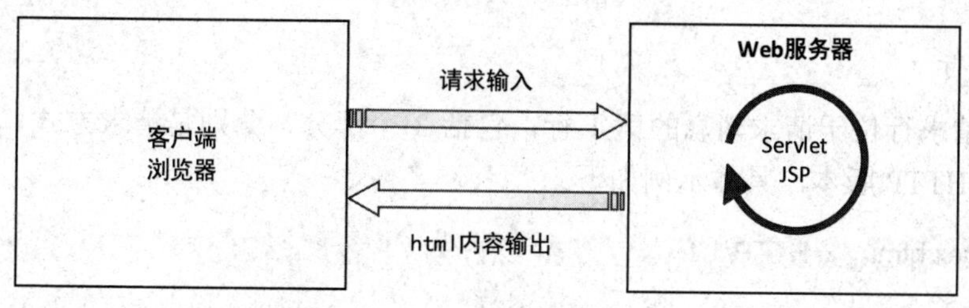

图 1-5　Java Web 应用程序

1.3 JavaEE 架构

JavaEE（Java platform enterprise edition，Java 平台企业版）是在 Java SE 基础之上建立起来的一种标准开发架构，主要用于企业级应用程序的开发。狭义的 JavaEE 是 Sun 公司为企业级应用推出的标准平台，用来开发 B/S 架构软件，可以说是一个框架，也可以说是一种规范。广义的 JavaEE 包含各种框架，其中最重要的就是 Spring 全家桶。Spring 诞生之初是为了改进 JavaEE 开发的体验，后来逐渐成为 Java Web 开发的实际标准。

1.4 HTTP 协议

B/S 架构中，客户端浏览器与 Web 服务器之间的通信是采用 HTTP 协议。通信协议就是一种客户端与服务器之间通信的规则，双方按照协议中规定的数据格式进行数据的发送和读取。因为 Web 应用是一种“请求-响应”模式，所以，客户端连上服务器后，向服务器请求某个 Web 资源，称之为客户端向服务器发送了一个 HTTP 请求。Web 服务器接收到请求后，进行处理，返回数据给客户端，称之为 HTTP 响应。

1.4.1 HTTP 请求

客户端向服务器发送 HTTP 请求，实际上就是向服务器发送一条消息，告诉服务器客户端想获得什么样的服务。根据 HTTP 协议的规定，浏览器向 Web 服务器发送一个 HTTP 请求时，需要按照相应规范组织请求数据，一个完整的 HTTP 请求需要包括如下内容：一个请求行、若干个消息头、实体内容，如图 1-6 所示。

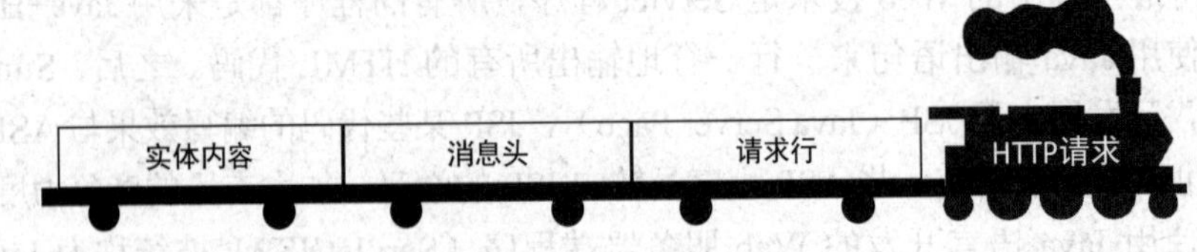

图 1-6 HTTP 请求

1. 请求行

HTTP 请求行位于请求消息的第 1 行，包括 3 个部分，分别是请求方式、资源路径以及所使用的 HTTP 版本，具体示例如下。

```
GET /index.html       HTTP/1.1
```

上面的示例就是一个 HTTP 请求行，其中，GET 是请求方式；index.html 是请求的资源路径；HTTP/1.1 是通信使用的协议版本。

关于请求资源和协议版本，大家应该都比较容易理解，而 HTTP 请求方式对读者来说比较陌生，接下来就针对 HTTP 的请求方式进行介绍。

HTTP 请求方式表示的意思是客户端想通过服务器完成一个什么动作。请求方式有 GET、POST、HEAD、OPTIONS、DELETE、TRACE、PUT 和 CONNECT 等 8 种，它们表示的含义如表 1-1 所示。

表 1-1　HTTP 的 8 种请求方式

请求方式	含　义
GET	向特定的资源发出请求
POST	向指定资源提交数据进行处理请求（如提交表单或者上传文件）
HEAD	向服务器索取与 GET 请求相一致的响应，只不过响应体将不会被返回。这一方法在不必传输整个响应内容的情况下，就可以获取包含在响应消息头中的元信息
PUT	向指定资源位置上传其最新内容
DELETE	请求服务器删除 Request-URL 所标识的资源
TRACE	回显服务器收到的请求，主要用于测试或诊断
CONNECT	HTTP/1.1 协议中预留能够将连接改为管道方式的代理服务器
OPTIONS	返回服务器针对特定资源所支持的HTTP请求方法，也可以利用向Web服务器发送'*'的请求来测试服务器的功能性

以上 8 种请求方式中，最常用的就是 GET 和 POST 方式。接下来，针对这两种请求方式进行详细讲解。

1）GET 方式

GET 方式按字面理解就是“获得”的意思，表示的含义是想从 Web 服务器获得某些资源。如果用户没有设置任何请求方式，默认浏览器向服务器发送的都是 GET 请求，例如，在浏览器中直接输入地址访问、点超链接访问等都是 GET 方式。

在某些情况下，可能需要向服务器获取符合某种条件的资源，比如需要获取 id 为“1001”，status（状态）为“1”的对象信息，则需要让 GET 方式附带一些参数信息，如下所示。

```
GET /myjavaweb?id=1001&status=1 HTTP/1.1
```

在该请求消息中，参数由参数名和参数值组成，中间用“=”连接，参数部分附加在请求行中的资源路径后面，以“?”分隔，如果有多个参数需要发送，参数之间需要用“&”分隔。由于这些参数附加在资源路径上，所以也被称为 URL 参数。

需要注意的是，第一，由于 URL 参数将会在浏览器的地址栏中显示出来，所以不要将敏感信息以此方式发送；第二，该方式的主要作用是发出获取资源的请求，因此允许发送的参数数据量有限制，最多不能超过 2KB。

2）POST 方式

在 Web 应用中通常有一些注册、保存信息等功能，在这些业务中，需要用户在浏览器页面中输入一些信息，单击【确定】按钮之后，这些信息将发送至服务器处理。这一过程也属于一个请求，这样的请求一般通过 POST 方式发送。

POST 方式按字面理解就是“提交”的意思，表示的含义是提交信息给 Web 服务器。因此，其主要用在需要将大量信息发送到服务器的业务中，比如刚才提到的“注册”和“新增信息”等业务。这些数据不会以 URL 参数的形式发送，而是隐含在 HTTP 请求的“实体内容”中。

需要注意的是，在实际开发中，通常都会使用 POST 方式发送请求，其原因主要有两个，具体如下。

- POST 传输数据大小无限制。由于 GET 请求方式是通过请求参数传递数据的，因此最多可传递 2KB 的数据。而 POST 方式是通过实体内容传递数据的，因此可以传递数据的大小没有限制。
- POST 比 GET 请求方式更安全。由于 GET 请求方式的参数信息都会在 URL 地址栏明文显示，而 POST 请求方式传递的数据隐藏在实体内容中，用户看不到，因此 POST 比 GET 请求方式更安全。

2. 若干个消息头

在 HTTP 请求消息中，请求行之后便是若干个请求消息头。请求消息头主要用于向服务器端传递附加消息，例如，客户端可以接收的数据类型、压缩方法、语言以及发送请求的超链接所属页面的 URL 地址等信息，具体示例如下所示。

```
Host: localhost:8080
Accept:application/x-ms-application,image/jpeg,application/xaml+xml,image/gif,…（省略）
Referer: http://localhost:8080/JavaWebDemoProject/Web/2.jsp
Accept-Language: zh-CN
User-Agent: Mozilla/4.0 (compatible; MSIE 8.0; Windows NT 6.1; WOW64; Trident/4.0;
    SLCC2; .NET CLR 2.0.50727; .NET CLR 3.5.30729; .NET CLR 3.0.30729; Media Center PC
    6.0; .NET4.0C; .NET4.0E; InfoPath.3)
Accept-Encoding: gzip, deflate
Connection: Keep-Alive
```

以上示例只是请求消息头的一部分，更多常用的消息头如表 1-2 所示。如有需要，Web 服务器端程序可以通过相关方法获取这些信息，并进行对应处理。

表 1-2　常用请求消息头

协 议 头	说　　明	示　　例
Accept	可接受的响应内容类型（Content-Types）	Accept: text/plain
Accept-Charset	可接受的字符集	Accept-Charset: utf-8
Accept-Encoding	可接受的响应内容的编码方式	Accept-Encoding: gzip, deflate
Accept-Language	可接受的响应内容语言列表	Accept-Language: en-US
Accept-Datetime	可接受的按照时间来表示的响应内容版本	Accept-Datetime: Sat, 26 Dec 2015 17: 30:00 GMT
Authorization	用于表示 HTTP 协议中需要认证资源的认证信息	Authorization: Basic OSdjJGRpbjpvcG-VuIANlc2SdDE==

续表

协 议 头	说　　明	示　　例
Cache-Control	用来指定当前的请求/回复中是否使用缓存机制	Cache-Control: no-cache
Connection	客户端（浏览器）想要优先使用的连接类型	Connection: keep-alive Connection: Upgrade
Cookie	由之前服务器通过 Set-Cookie 设置的一个 HTTP 协议 Cookie	Cookie: $Version=1; Skin=new;
Content-Length	以 8 进制表示的请求体的长度	Content-Length: 348
Content-MD5	计算请求体的内容的二进制 MD5 散列值（数字签名），以 Base64 方式编码的结果	Content-MD5: oD8dH2sgSW50ZWdyaIEd9D==
Content-Type	请求体的 MIME 类型（用于 POST 和 PUT 请求方式中）	Content-Type: application/x-www-form-urlencoded
Date	发送该消息的日期和时间（以 RFC 7231 中定义的“HTTP 日期”格式来发送）	Date: Dec, 26 Dec 2015 17:30:00 GMT
Host	表示服务器的域名以及服务器所监听的端口号。如果所请求的端口是对应的服务的标准端口（80），则端口号可以省略	Host: www.itbilu.com:80 Host: www.itbilu.com
Referer	表示浏览器所访问的前一个页面，可以认为是之前访问页面的链接将浏览器带到了当前页面	Referer: http://itbilu.com/nodejs
User-Agent	浏览器的身份标识字符串	User-Agent: Mozilla/…

3. 实体内容

实体内容则可以认为是附加在请求之后的文本或二进制文件，只有请求方式为 POST 的时候，实体内容才会有数据（即请求参数）。如有以下登录网页：

```
<html>
    <body>
    <form name="login_form"  action="login.action" method="post">
    用户名：<input type="text"  name="username"/>
    密码：<input type="password" name="password"/>
    <input type="submit" value="登录"/>
    </form>
    </body>
</html>
```

用户单击【登录】按钮之后，用户输入的用户名和密码将会附加在请求的实体内容中发送至服务器，Web 服务器程序可以通过相应方法获取数据并进行登录验证。实体内容中的信息同样是采用“名称=值”的方式构建，多个数据中间使用“&”符号分隔。具体示例如下所示。

```
username=202006001&password=123456
```

1.4.2　HTTP 响应

当服务器接收到浏览器的请求后，会回送响应消息给客户端。一个完整的响应消息主要包括响应状态行、响应消息头和实体内容，如图 1-7 所示。

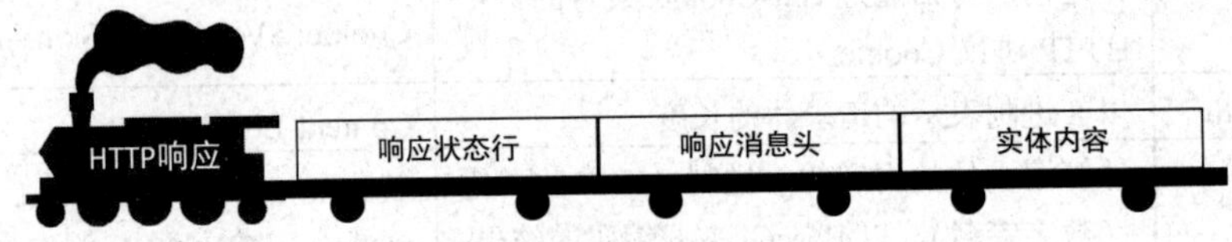

图 1-7　HTTP 响应

1. HTTP 响应状态行

HTTP 响应状态行位于响应消息的第 1 行，它包括 3 个部分的内容，分别是 HTTP 版本、一个表示成功或者错误的整数代码（状态码）和对状态码进行描述的文本信息，具体示例如下。

```
HTTP/1.1 200  OK
```

上述示例中，HTTP/1.1 是通信使用的协议版本；200 是状态码；OK 是状态描述，表示客户端请求成功。状态码表示服务器端对客户端请求的处理结果反馈。该状态码由 3 位数字组成，其中第 1 位数字定义了响应的类别，后面两位没有具体的分类，第 1 位数字有 5 种可能的取值，具体如下所示。

- 1××：表示请求已接收，需要继续处理。
- 2××：表示请求已成功被服务器接收、理解并接受。
- 3××：为完成请求，客户端需进一步细化请求。
- 4××：客户端的请求有错误。
- 5××：服务器端出现错误。

HTTP 状态码数量众多，但无须全部记忆，接下来列举几个 Web 开发中常遇到的状态码，具体如表 1-3 所示。

表 1-3　常见状态码

状 态 码	说　明
200	表示从客户端发送给服务器的请求被正常处理并返回
302	临时性重定向，表示请求的资源被分配了新的 URL，希望本次访问使用新的 URL
304	表示客户端发送附带条件（是指采用 GET 方法的请求报文中包含 if-Match、If-Modified-Since、If-None-Match、If-Range、If-Unmodified-Since 中任一首部）的请求时，服务器端允许访问资源，但是在请求未满足条件的情况下返回该状态码
404	表示服务器上无法找到请求的资源，除此之外，也可以在服务器拒绝请求但不想给拒绝原因时使用

续表

状 态 码	说　明
500	表示服务器在执行请求时发生了错误，也有可能是因为 Web 应用存在的 bug 或某些临时的错误

2. HTTP 响应消息头

在 HTTP 响应消息中，第 1 行是响应状态行，紧接着的是若干个响应消息头，服务器端通过响应消息头向客户端传递附加信息，包括服务程序名字、被请求资源需要的认证方式、客户端请求资源的最后修改时间、重定向地址等信息。具体示例如下。

```
Server:   Apache-Coyote/1.1
Content-Encoding:   gzip
Content-Length:     80
Content-Language:  zh-cn
Content-Type:  text/html; charset=GB2312
Last-Modified:  Mon,18 Nov 2020 18:23:29 GMT
Expires:   -1
Cache-Control: no-cache
Pragma:   no-cache
```

从上面的响应消息头可以看出，它们的格式和 HTTP 请求消息头的格式相同。当服务器向客户端回送响应消息时，根据情况的不同，发送的响应消息头也不相同。接下来将列举常用的响应消息头字段，如表 1-4 所示。

表 1-4　常用的响应消息头字段

应 答 头	说　明
Allow	服务器支持哪些请求方法（如 GET、POST 等）
Content-Encoding	文档的编码（Encode）方法。只有在解码之后才可以得到 Content-Type 头指定的内容类型。利用 gzip 压缩文档能够显著地减少 HTML 文档的下载时间。Java 的 GZIPOutputStream 可以很方便地进行 gzip 压缩，但只有 Unix 上的 Netscape 和 Windows 上的 IE 4、IE 5 才支持它。因此，服务器可以通过查看请求头的 Accept- Encoding 信息，检查浏览器是否支持 gzip，为支持 gzip 的浏览器返回经 gzip 压缩的 html 页面，为其他浏览器返回普通页面
Content-Length	表示内容长度
Content-Type	表示"实体内容"中文档的 MIME 类型。默认为 text/plain，但通常需要显式地指定为 text/html
Date	当前的 GMT 时间
Location	告诉客户端应当重新去哪里请求资源，该信息通常是与重定向功能关联，同时返回的状态码为"302"
Refresh	表示浏览器应该在多少时间之后刷新文档，以秒计
Server	服务器名字
Set-Cookie	设置和页面关联的 Cookie，具体可参见有关 Cookie 的内容

3. 实体内容

实体内容则为服务器端根据客户端的请求所返回的具体资源，如客户端的请求为“http://192.168.10.1/index.html”，服务器端则会将 index.html 页面内容封装在实体内容部分，然后传送回客户端。

1.5 XML 简介

在实际开发中，由于不同语言项目之间数据传递的格式有可能不兼容，导致这些项目在数据传输时变得很困难。为解决此问题，W3C 组织推出了一种新的数据交换标准——XML，它是一种通用的数据交换格式，可以使数据在各种应用程序之间轻松地实现数据的交换。虽然 XML 是为了数据交换而产生，但由于其能够很好地对数据进行描述，因此也大量应用在项目开发的各种场景中。接下来，本节将对 XML 进行阐述。

1.5.1 什么是 XML

XML 是 extensible markup language 的缩写，它是一种类似于 HTML 的标记语言，称为可扩展标记语言。所谓可扩展，指的是用户可以按照 XML 规则自己定义标记。

下面通过一个 XML 文档来见识一下它的庐山真面目，如下所示。

```
<?xml version="1.0" encoding="GB2312"?>             <!-- 头部声明    -->
<addresslist>                                       <!-- 根元素开始 -->
    <linkman>                                       <!-- 子元素开始 -->
        <name>李明</name>                           <!-- 具体信息    -->
        <id>001</id>                                <!-- 具体信息    -->
        <company>未来科技公司</company>             <!-- 具体信息    -->
        <email>lm@future.com.cn</email>             <!-- 具体信息    -->
        <tel>612306666</tel>                        <!-- 具体信息    -->
        <site>www.future.com.cn</site>              <!-- 具体信息    -->
    </linkman>                                      <!-- 子元素结束 -->
</addresslist>                                      <!-- 根元素结束 -->
```

“该 XML 文档描述的是一组联系人的信息，每位联系人描述了他的姓名、编号、公司名、邮箱、电话和网址。”文档中包含了 XML 的三大要素：XML 文档声明、XML 元素、XML 属性。

1. XML 文档声明

```
<?xml version="1.0" encoding="GB2312"?>
```

XML 文档声明用来指明该文档是 XML 文档，并描述了版本号和使用的字符编码方式。

2. XML 元素

在 XML 文档声明之后，紧接着就是 XML 元素描述，XML 元素是 XML 文档中的主要组成部分，XML 元素包括标签和内容两大块。如下所示。

```
<name>元素内容</name>
```

XML 元素标签是用来描述元素内容的，是成对出现的，包括开始标签和结束标签，XML 元素的标签名字大小写敏感，也就是开始标签和结束标签的大小写应该一致。如<name>和</Name>就不是正确的一对标签。XML 元素的标签名字虽然是由用户自定义的，没有太多限制，但也有一定的规则，具体如下。

（1）名称可以包含字母、数字以及其他的字符。

（2）名称不能以数字或者标点符号开始。

（3）名称不能以字母 xml（或者 XML、Xml 等）开始。

（4）名称不能包含空格。

XML 元素内容可以是普通的文本，也可以是其他 XML 元素。如图 1-8 所示。

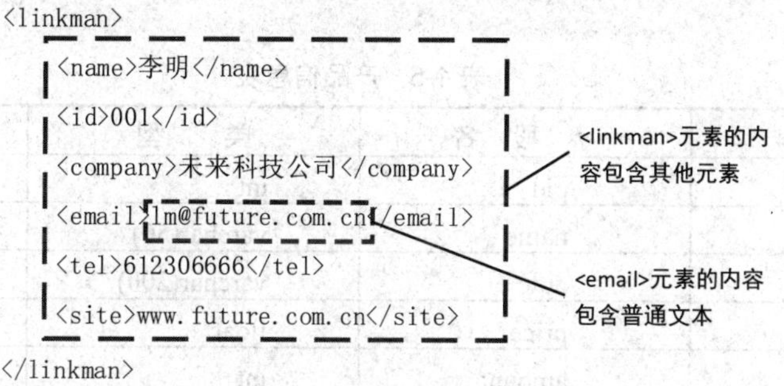

图 1-8 XML 元素结构

一个 XML 元素可以包含很多子元素，子元素也可以再包含很多其他子元素，这种包含关系在不影响阅读和使用的情况下，可以有很多层。

需要注意的是，在这些元素中，有一个比较特殊的元素，叫根元素，根元素是 XML 文档的开始元素，一个 XML 文档只能有一个根元素。在上述示例中，根元素就是<addresslist></addresslist>。

3. XML 属性

XML 属性是从属于 XML 元素的，属性提供有关元素的额外信息，其具体描述方式如下所示。

```
<person sex="female">
```

或者

```
<person sex='female'>
```

一个元素可以有很多属性，属性之间用空格间隔，个数没有具体限定，如下所示。

```
<person sex="female" age="16" phone="13800138000">
```

值得强调的是，在 XML 中，关于什么信息以属性的方式描述、什么信息以元素的方式描述这一问题，由于 XML 是自定义的格式，只要语法没有问题，怎么设计都可以，但是基于适合阅读、适合程序解析的原则提出了一个建议，即在 XML 中应该尽量避免使用属性，如果信息很像数据，那么建议使用元素。

所以，以上示例建议修改为如下形式。

```
<person>
    <sex>femal</sex>
    <age>16</age>
    <phone>13800138000</phone>
</person>
```

随堂练习：

编写一个保存产品信息的 XML 文件，其中存储 3 个产品的基本信息，产品信息表结构如表 1-5 所示。

表 1-5　产品信息表

序　号	字 段 名	类　型	描　述
1	pid	int	产品编号
2	name	varchar(50)	产品名称
3	note	varchar(200)	产品描述
4	price	float	单价
5	amount	int	库存
6	pic	varchar(200)	产品图片链接

1.5.2　XML 格式定义

XML 是由开发者自定义的，但不代表开发者可以任意书写 XML 文档。前文提到，XML 是用来进行数据交换的，因此，一旦在某一个系统中确定了 XML 格式，系统中的用户都需要按照这一格式来描述 XML 文档。如图 1-9 所示，双方一旦确定了 XML 格式，则需要按照对应的标签去描述信息。

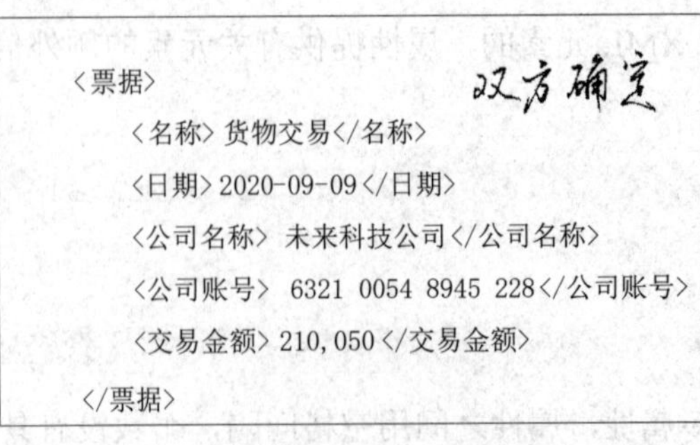

图 1-9　XML 格式

因此，XML 文档传送过来后，系统需要对其进行验证，验证其是否符合双方约定的标准，如何验证呢？验证的过程就是对照标准来查看文档是否有错误，具体如下。

（1）标签的名字是否写对了？

（2）标签内容的数据类型是否有问题？

（3）标签的顺序有没有按照要求来写？

这些验证内容也就是 XML 文档格式中需要说明的。目前，用来说明 XML 文档格式的技术主要有两个，一个是 DTD（document type definition，文档类型定义），另一个是 XSD（XML schema definition，XML 模式定义）。

1. DTD

DTD 的目的是定义 XML 文档的结构。它使用一系列元素来定义文档结构。

```
<!DOCTYPE note
[
      <!ELEMENT note (to,from,heading,body)>
      <!ELEMENT to (#PCDATA)>
      <!ELEMENT from (#PCDATA)>
      <!ELEMENT heading (#PCDATA)>
      <!ELEMENT body (#PCDATA)>
]>
```

从上述定义中大致可以看出，所定义的 XML 文档根元素是<note>，该根元素内容包含 4 个子元素，即<to>、<form>、<heading>、<body>，四个子元素的内容则是普通文本类型。

因此，按照这样的定义，可以写出以下 XML 文档。

```
<?xml version="1.0" encoding="UTF-8"?>
<note>
     <to>abc@future.com.cn</to>
     <form>123@future.com.cn</form>
     <heading>meeting</heading>
     <body>project plan</body>
<note>
```

如果编写该 XML 文档时需要说明是按照相应 DTD 文档进行描述的，则可以指定 XML 文档所参照的 DTD 格式文件。如下所示。

```
<?xml version="1.0" encoding="UTF-8"?>
<!DOCTYPE note SYSTEM "Note.dtd">
<note>
      <to>abc@future.com.cn</to>
     <form>123@future.com.cn</form>
     <heading>meeting</heading>
     <body>project plan</body>
<note>
```

DTD 技术现已不太能够适应 XML 技术的发展，因此逐渐被新的技术所替代，但早期的 XML 文档很多都是使用 DTD 来定义的，因此在以后的开发过程中也会见到其身影。

2. XSD

XSD 是基于 XML 的 DTD 替代者，相对于 DTD 而言，XSD 更加完善，功能也更强大。例如，XSD 支持数据类型，即 XSD 可以定义元素的内容是字符串类型还是整数类型，而 DTD 是不具备这个功能的。

上述 note 文档的定义，使用 XSD 描述如下。

```
<?xml version="1.0"?>
<xs:schema xmlns:xs="http://www.w3.org/2001/XMLSchema"
 targetNamespace="http://www.w3school.com.cn">
    <xs:element name="note">
        <xs:complexType>
                <xs:sequence>
                        <xs:element name="to" type="xs:string"/>
                        <xs:element name="from" type="xs:string"/>
                        <xs:element name="heading" type="xs:string"/>
                        <xs:element name="body" type="xs:string"/>
                </xs:sequence>
        </xs:complexType>
    </xs:element>
</xs:schema>
```

从这份 XSD 文档中可以看出，它也是一个 XML 格式的文档。其定义 XML 文档的方式如下。

（1）<xs:element name="note">表示定义一个名字为“note”的元素。

（2）<xs:complexType>表示“note”元素的内容是复杂类型（因为内容包含子元素）。

（3）<xs:sequence>表示里面的各个子元素按顺序出现。

（4）<xs:element name="to" type="xs:string"/>表示定义一个“to”元素，其内容是字符串类型。

编写 XML 时，如果需要指定引用了 XSD 文件，则可以描述如下。

```
<?xml version="1.0"?>
<note
    xmlns="http://www.w3school.com.cn"
    xmlns:xsi="http://www.w3.org/2001/XMLSchema-instance"
    xsi:schemaLocation="note.xsd">
    <to>George</to>
    <from>John</from>
    <heading>Reminder</heading>
    <body>Don't forget the meeting!</body>
</note>
```

上述 XML 文档中出现了一个叫“xmlns”的属性，其作用是什么？请看下文。

1.5.3　XML 命名空间

在 XML 中，元素名称是由开发者定义的，当两个不同的文档使用相同的元素名时，就会发生命名冲突。

举个例子，信息专业 201 班有一个叫“小明”的同学，202 班也有一个叫“小明”的同学，如果两个班上合班课，老师点名“小明”回答问题，那就会出现混淆。如何解决这个问题？有一个很简单的方法，就是在名字前面再加上一个“前缀”，比如“201 班小明”“202 班小明”，这样就可以很容易区分了。

因此，开发人员在定义系统所使用的 XML 文档时，会给 XML 元素加上前缀，而且为了避免这个“前缀”也被重复使用，W3C 组织就建议使用开发人员可以控制的网络域名作为“前缀”。比如微软工程师在定义 XML 文档时，就会使用“www.microsoft.com/***”作为前缀；google 的工程师会使用“www.google.com/***”作为前缀。

XSD 定义 XML 文档时，支持名称空间的定义，上述 XSD 文档中的语句如下。

```
targetNamespace="http://www.w3school.com.cn"
```

其作用是将该文档中定义的所有元素（即<note>、<to>、<from>、<heading>、<body>）都加上“http://www.w3school.com.cn”这个字符串作为前缀，也就是说，“note”这个字符串不是该元素真正的名字，其真正名字是“http://www.w3school.com.cn:note”。

因此，基于该 XSD 进行 XML 文档的描述修改如下。

```
<?xml version="1.0"?>
<http://www.w3school.com.cn:note>
    <http://www.w3school.com.cn:to>George</http://www.w3school.com.cn:to>
    ......
    ......
</http://www.w3school.com.cn:note>
```

这样的描述方式比较麻烦，因此 S3C 组织给出了一个折中的办法：允许用一个“别名”来代替这么长的字符串，别名的定义如下。

```
xmlns:别名名称="http://www.w3school.com.cn"
```

也可以定义一个默认别名，具体如下。

```
xmlns="http://www.w3school.com.cn"
```

重新定义 XML 文档，具体如下。

```
<?xml version="1.0"?>
<note
    xmlns="http://www.w3school.com.cn"
    xmlns:xsi="http://www.w3.org/2001/XMLSchema-instance"
    xsi:schemaLocation="note.xsd">
```

```
    <to>George</to>
    <from>John</from>
    <heading>Reminder</heading>
    <body>Don't forget the meeting!</body>
</note>
```

该文档中定义了一个默认别名“xmlns”，表示文档中的所有元素都会加上"http://www.w3school.com.cn"作为前缀，这也正是 XSD 所要求的。当然，也可以定义成如下形式。

```
<?xml version="1.0"?>
<w3c:note
    xmlns:w3c="http://www.w3school.com.cn"
    xmlns:xsi="http://www.w3.org/2001/XMLSchema-instance"
    xsi:schemaLocation="note.xsd">
    <w3c:to>George</w3c:to>
    <w3c:from>John</w3c:from>
    <w3c:heading>Reminder</w3c:heading>
    <w3c:body>Don't forget the meeting!</w3c:body>
</w3c:note>
```

1.6 案例介绍

本教材使用的案例是一个电子商务系统后台管理的 Web 应用程序，其功能包括系统用户登录、产品以及订单的管理功能。这是一个非常典型的 Web 应用程序，其功能点包括增加、删除、修改、查询，简称 CRUD，其中 C 代表新增（create），R 代表读取查询（read），U 代表修改（update），D 代表删除（delete）。CRUD 操作几乎是任何一个 Web 应用常见的基础功能，如果大家能够完成这些功能的开发，就具备了开发业务更复杂的 Web 应用的基础，因为业务复杂的 Web 应用经过任务分解之后，往往可以拆分成若干个 CRUD 基础功能。

该案例中涉及 5 个数据表，其表结构如表 1-6～表 1-10 所示。

表 1-6　管理员表——users

序　号	字 段 名	类　型	描　述
1	id	int	自增 id，主键
2	userid	varchar(50)	用户 id 号
3	name	varchar(50)	用户姓名
4	password	varchar(50)	登录密码

表 1-7　客户表——customers

序　号	字 段 名	类　型	描　述
1	id	int	自增 id，主键
2	customerNo	varchar(50)	客户编号

续表

序　号	字 段 名	类　型	描　述
3	truename	varchar(50)	客户姓名
4	telephone	varchar(50)	联系电话
5	address	varchar(200)	地址

表 1-8　产品表——product

序　号	字 段 名	类　型	描　述
1	pid	int	自增 id，主键
2	name	varchar(50)	产品名称
3	note	varchar(200)	产品描述
4	price	float	单价
5	amount	int	库存
6	pic	varchar(200)	产品图片链接

表 1-9　订单表——orders

序　号	字 段 名	类　型	描　述
1	id	int	自增 id，主键
2	oNo	varchar(50)	订单编号
3	cId	int	客户 id
4	cNo	varchar(50)	客户编号
4	totalPrice	float	订单总金额
5	orderTime	datetime	订单日期
6	remark	varchar(200)	备注
7	status	int	订单状态（1 表示已处理，0 表示未处理）

表 1-10　订单明细表——orderDetail

序　号	字 段 名	类　型	描　述
1	id	int	自增 id，主键
2	orderId	Int	订单 id
3	orderNo	varchar(50)	订单编号
4	pId	varchar(50)	产品 id
5	pName	varchar(200)	产品名称
6	price	float	单价
7	qty	int	数量

模块 1

模块 2　Java Web 开发环境的搭建

【模块导读】

众所周知，开发一个 Java 程序之前，需要安装 JRE（Java 运行环境），JRE 实际上是 Java 程序运行的基础环境。同理，在开发 Java Web 应用程序之前，也需要搭建类似的环境，这个环境能够支撑 Java Web 应用程序的运行。因此，本模块将介绍 Java Web 开发环境的搭建，为以后的开发打下基础。

【学习目标】

知识目标：

- ❑ 了解 Web 服务器的作用。
- ❑ 掌握虚拟目录的作用。

能力目标：

- ❑ 能够安装 Tomcat 服务器。
- ❑ 能够开发部署一个简单的 Web 应用程序。
- ❑ 能够配置虚拟目录。
- ❑ 能够安装、使用 Java Web 集成开发环境。

素质目标：

- ❑ 提升自学能力和问题分析能力。
- ❑ 养成严谨的工作作风。

【学习导图】

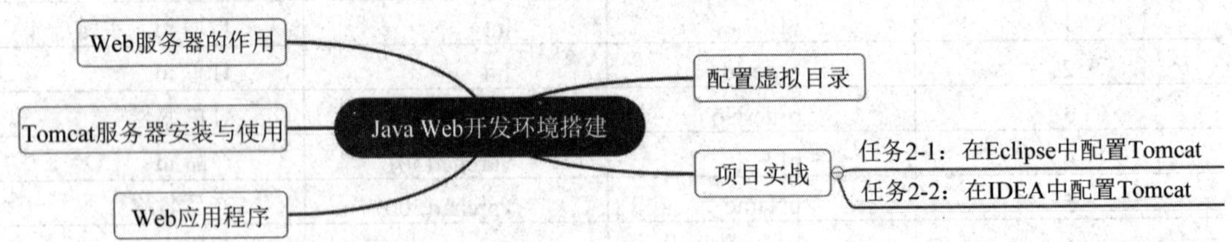

【任务导入】

要想运行一个 Java Web 应用程序，则必须有相应的 Web 服务器的支持，因为所有的动态页面的程序代码都要在 Web 服务器中执行，并将最后结果交付给用户使用。通过本模块的学习，读者将学会搭建 Java Web 开发的环境并且发布第一个 Web 程序。

2.1　Web 服务器的作用

Web 服务器的作用简单来说就是提供 Web 应用的运行环境，而这个运行环境被称为容器，如图 2-1 所示。当客户端通过 Web 浏览器发送一个基于 HTTP 协议的请求到服务器后，服务器会根据请求的地址，选择对应的 Web 应用做出响应。

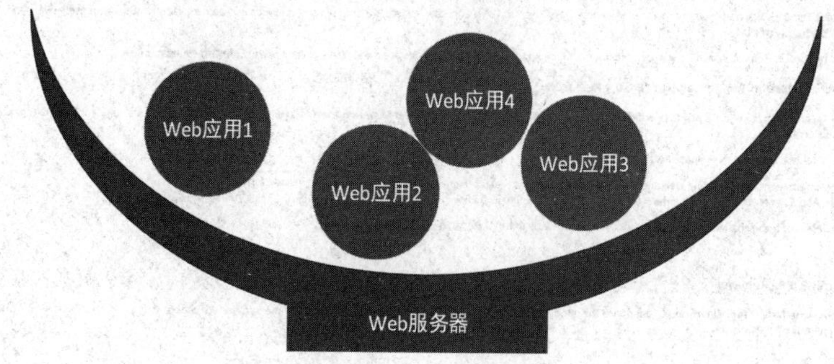

图 2-1　Web 服务器

响应的方式主要有两种：一是请求的如果是静态资源（如 HTML 文件、图片文件、音视频文件等），则 Web 服务器直接从文件系统中取得对应的文件，并通过 HTTP 协议返回到客户端浏览器；二是请求的如果是动态页面（如 JSP 页面等），Web 服务器则运行该动态页面，然后将其结果通过 HTTP 协议返回到客户端浏览器。

所以，有了 Web 服务器这个基础平台，Web 应用的开发者只需要关注 Web 应用怎么编写，而不需要关心如何将信息发送到客户端手中，从而极大地减轻了开发者的开发工作量。

2.2　Tomcat 服务器安装与使用

2.2.1　Tomcat 简介

Tomcat 是 Apache 软件基金会（Apache Software Foundation）的 Jakarta 项目中的一个核心项目，由 Apache、Sun 和其他一些公司及个人共同开发而成。由于有了 Sun 的参与和支持，最新的 Servlet 和 JSP 规范总是能在 Tomcat 中得到体现。因为 Tomcat 技术先进、性能稳定，而且支持免费使用，因而深受 Java 爱好者的喜爱并得到了软件开发商的认可，成为目前主流的 Web 应用服务器。

2.2.2　Tomcat 下载与安装

由于 Tomcat 是开源软件，因此可以直接从网站上下载 Tomcat。输入网址 https://tomcat.

apache.org，可进入 Tomcat 的下载首页，如图 2-2 所示。

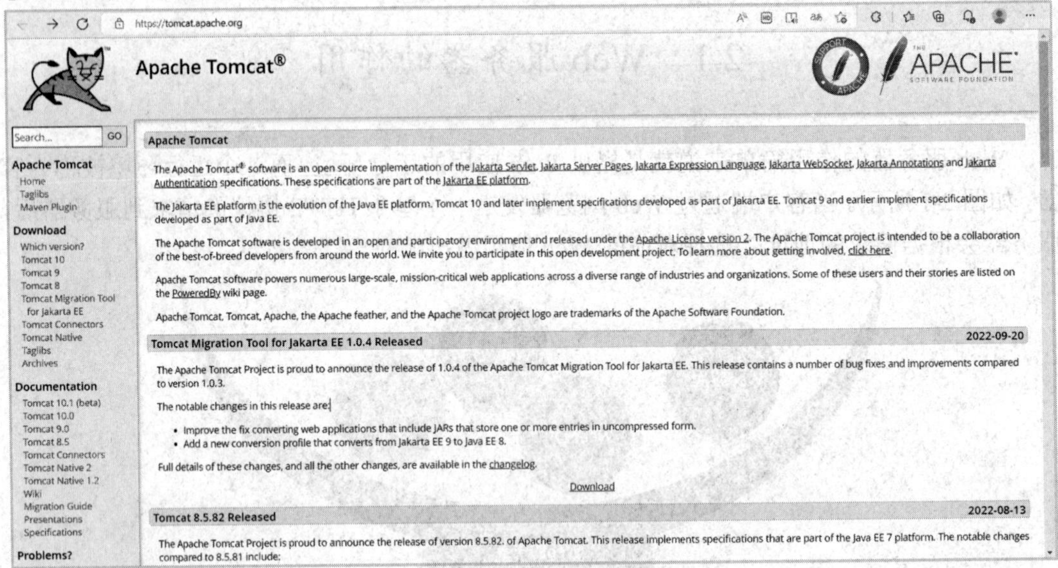

图 2-2　Tomcat 下载页面

目前，网站提供几种常用的版本，如 Tomcat 8、Tomcat 9、Tomcat 10。本书使用的是 Tomcat 10 版本的服务器，直接选择下载 Windows 安装版或者 64 位压缩版本即可，如图 2-3 所示。

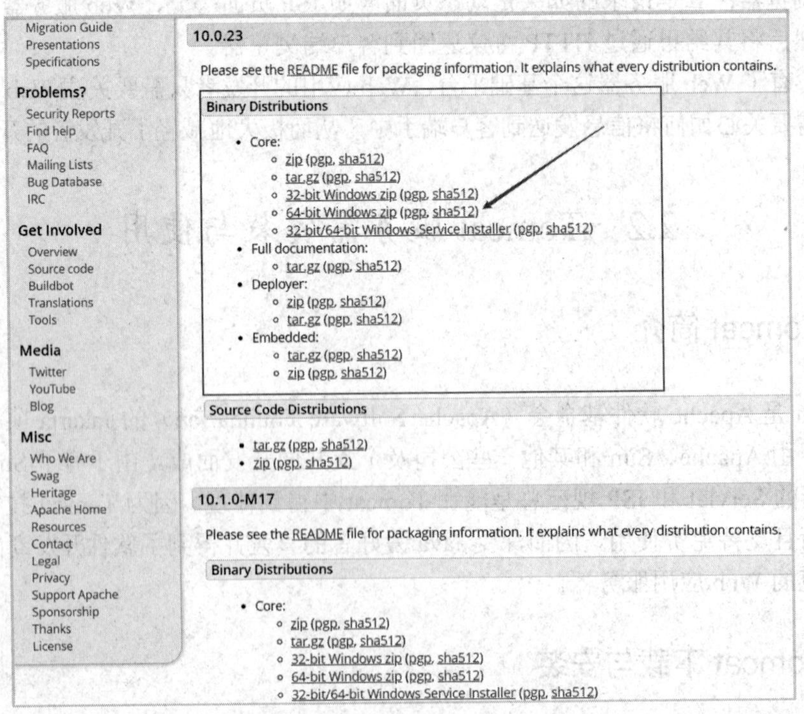

图 2-3　Tomcat 安装包下载页面

说明：

Tomcat 服务器安装包文件有多种格式，主要分为以下几种。

- tar.gz 文件是 Linux 操作系统下的安装版本。
- zip 文件是 Windows 系统下的压缩版本。
- exe 文件是 Windows 系统下的安装版本。

下面主要介绍压缩版的安装使用方式。

由于使用 Tomcat 时必须有 JDK 的支持，所以需要在本机先配置 JDK 的安装环境，直接从 Oracle 官方网站（https://www.oracle.com/java/）上下载 JDK 的安装包即可，如图 2-4 所示。本书所使用的 JDK 是 Java SE 11 版本。

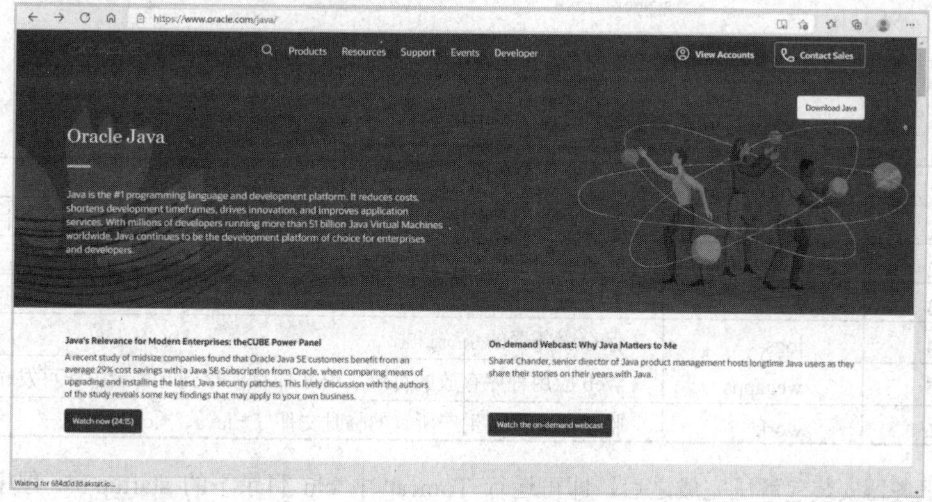

图 2-4　JDK 下载页面

下载完后直接进行安装即可，本书将 JDK 的安装路径设置为 D:\Java\jdk11 目录下。

安装完成后，需要在系统环境中配置 JAVA_HOME 的环境变量，使得 Tomcat 可以通过此变量找到本系统所使用的 JDK。右击【我的电脑】，选择【属性】→【高级系统设置】→【环境变量】→【新建系统变量】命令，弹出【新建系统变量】对话框。在【变量名】文本框中输入“JAVA_HOME”，【变量值】文本框中输入 JDK 的安装目录“D:\Java\jdk11”，如图 2-5 所示。

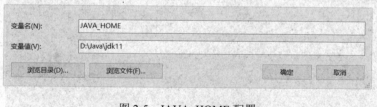

图 2-5　JAVA_HOME 配置

JDK 安装配置完成后，即可进行 Tomcat 的安装。将下载的安装包压缩文件解压即可，本书将 Tomcat 的安装包解压到 D:\tomcat10 目录下，如图 2-6 所示。其中几个主要文件夹的作用如表 2-1 所示。

图 2-6　Tomcat 的安装目录

表 2-1　Tomcat 主要文件夹的作用

序　号	文 件 夹	作　用
1	bin	所有的可执行命令，启动和关闭服务器的命令就在此文件夹中
2	conf	服务器的配置文件夹，其中保存了各个配置信息
3	lib	Tomcat 服务器所需要的各个库文件
4	logs	保存服务器的系统日志
5	webapps	Web 应用程序存放的目录，Web 项目保存到此目录中即可发布
6	work	临时文件夹，生产所有的临时文件（*.java、*.class）

服务器安装包解压完成之后，即可运行 Tomcat 中 bin 目录下的 startup.bat 程序启动 Tomcat 服务器，启动界面如图 2-7 所示。注意，启动后不可关闭该运行窗体。

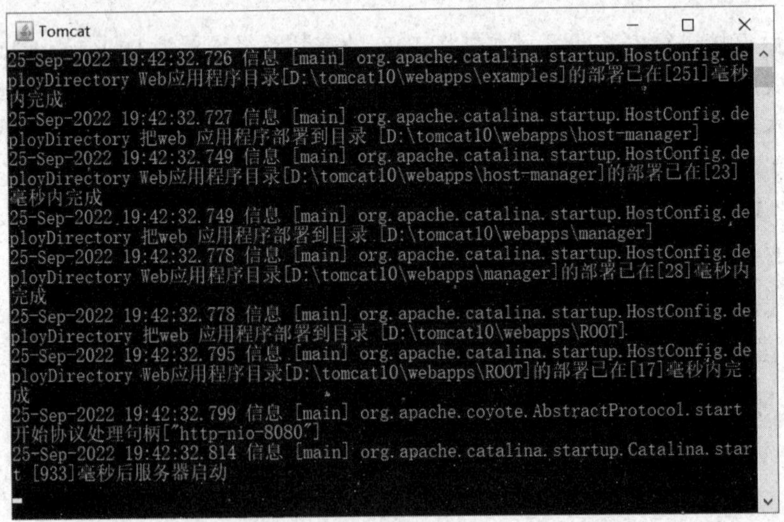

图 2-7　Tomcat 服务器启动界面

经过以上步骤，Tomcat 服务器安装基本完成。但是，由于在开发调试过程中需要经常在命令行模式下启动Tomcat服务器，因此需要能够较快捷地在命令行模式下执行startup.bat程序。为了实现该功能，需要继续完成以下两个操作：配置 Tomcat 环境变量和设置系统 Path 环境变量。

1. 配置 Tomcat 环境变量

按照前文设置 JDK 环境变量的步骤，打开【编辑系统变量】对话框。在【变量名】文本框中输入“CATALINA_HOME”，【变量值】文本框中输入 Tomcat 的安装目录“D:\tomcat10”，如图 2-8 所示。

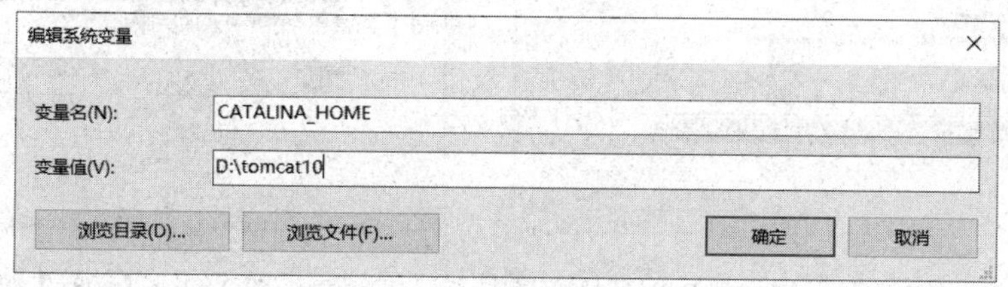

图 2-8　CATALINA_HOME 环境变量设置界面

2. 设置系统 Path 环境变量

如果需要通过命令行执行 Tomcat bin 目录中的命令来启动 Tomcat，则需要将 Tomcat 的 bin 目录加入系统 Path 环境变量中。在【系统变量】界面找到【Path】环境变量，如图 2-9 所示。

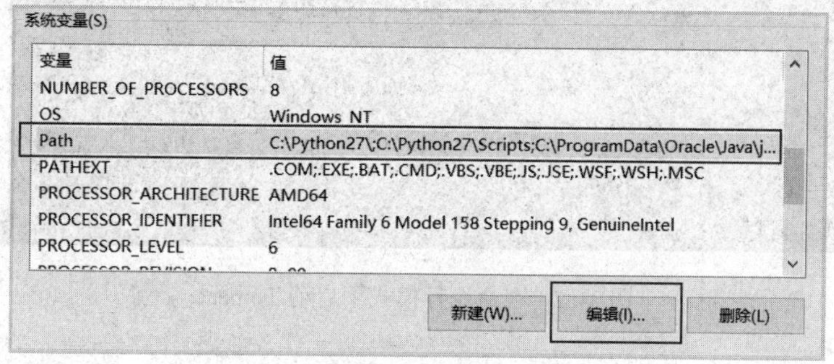

图 2-9　设置 Tomcat 的 bin 目录

单击【编辑】按钮，打开【编辑环境变量】窗口，单击【新建】按钮，将 Tomcat 的 bin 目录增加到【变量值】列表中，如图 2-10 所示。

至此，Tomcat 的安装全部完成。接下来，即可通过组合键 win+R 打开【运行】窗体，如图 2-11 所示。在文本框中输入“cmd”，打开命令行窗体。在命令行模式下执行 startup.bat 文件启动 Tomcat。如图 2-12 所示。

Tomcat 服务器启动之后，即可以打开浏览器输入地址“http://localhost:8080”，意思是向本机 8080 端口发送一个 HTTP 请求，由于运行的 Tomcat 服务器默认侦听的是 8080 端口，因此，浏览器将很快收到服务器的响应，显示出 Tomcat 服务器返回的 html 页面，如图 2-13 所示。

图 2-10　将 Tomcat 的 bin 目录增加到 Path 环境变量中

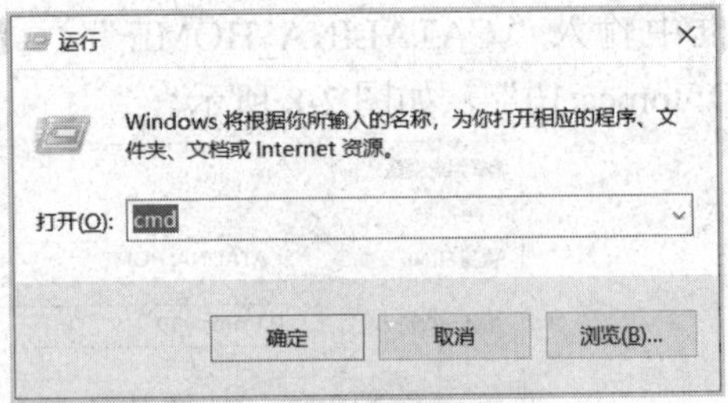

图 2-11　【运行】窗体

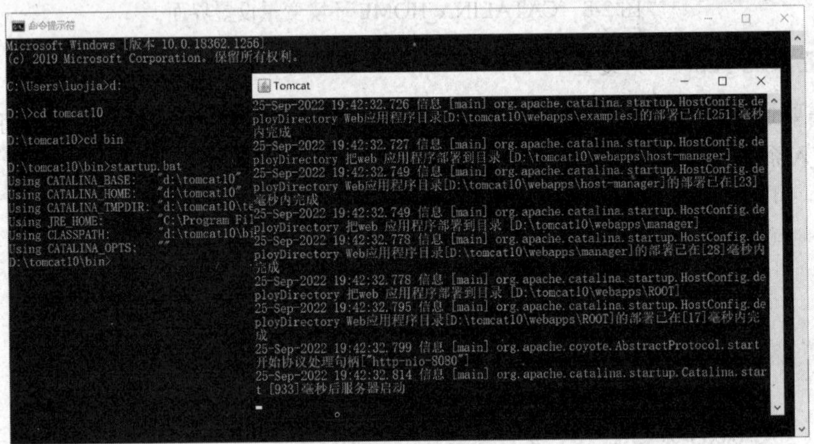

图 2-12　在命令行模式下启动 Tomcat

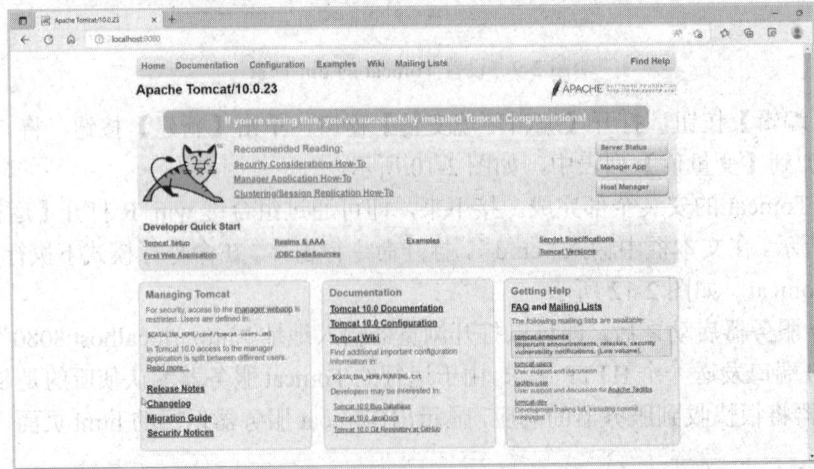

图 2-13　Tomcat 服务器测试页面

注意：

由于 Tomcat 服务器启动时默认使用 8080 端口，如果这个 8080 端口被别的应用程序占用了，那么 Tomcat 服务器就无法正常启动，看到的现象就是 Tomcat 服务器启动界面会打印出异常错误信息，如图 2-14 所示。

```
Caused by: java.net.BindException: Address already in use: bind
        at sun.nio.ch.Net.bind0(Native Method)
        at sun.nio.ch.Net.bind(Net.java:433)
        at sun.nio.ch.Net.bind(Net.java:425)
        at sun.nio.ch.ServerSocketChannelImpl.bind(ServerSocketChannelImpl.java:223)
        at sun.nio.ch.ServerSocketAdaptor.bind(ServerSocketAdaptor.java:74)
        at org.apache.tomcat.util.net.NioEndpoint.initServerSocket(NioEndpoint.java:227)
        at org.apache.tomcat.util.net.NioEndpoint.bind(NioEndpoint.java:202)
        at org.apache.tomcat.util.net.AbstractEndpoint.init(AbstractEndpoint.java:1043)
        at org.apache.coyote.AbstractProtocol.init(AbstractProtocol.java:540)
        at org.apache.coyote.http11.AbstractHttp11Protocol.init(AbstractHttp11Protocol.java:74)
        at org.apache.catalina.connector.Connector.initInternal(Connector.java:932)
        ... 13 more
```

图 2-14 Tomcat 服务器启动端口被占用异常

如果想修改 Tomcat 服务器的启动端口，则可以在<Tomcat 根目录>\conf 目录下的 server.xml 配置文件中的 Connector 节点进行端口修改。

例如，将 Tomcat 服务器的启动端口由默认的 8080 改成 8081 端口。

Tomcat 服务器启动端口默认配置：

```
<Connector port="8080" protocol="HTTP/1.1"
           connectionTimeout="20000"
           redirectPort="8443" />
```

将 Tomcat 服务器启动端口修改成 8081 端口：

```
<Connector port="8081" protocol="HTTP/1.1"
           connectionTimeout="20000"
           redirectPort="8443" />
```

这样就把 Tomcat 默认的 8080 端口改成了 8081 端口。需要注意的是，一旦服务器中有关配置的 xml 文件改变了，则 Tomcat 服务器就必须重新启动，重新启动之后将重新读取新的配置信息。因为已经在 server.xml 文件中将 Tomcat 的启动端口修改成了 8081，所以 Tomcat 服务器启动时就会以 8081 端口启动。同时，访问 Tomcat 服务器也必须以新的访问端口去访问：http://localhost:8081/。

随堂练习：

修改 Tomcat 服务器的启动端口为 8088，启动 Tomcat，在地址栏中输入“http://localhost:8088”，测试端口是否修改成功。

2.3　Web 应用程序

2.3.1　什么是 Web 应用

在 Web 服务器上运行的 Web 资源都是以 Web 应用形式呈现的，所谓 Web 应用，就是指多个 Web 资源的集合，Web 应用通常也称为 Web 应用程序或者 Web 工程。一个 Web 应用由多个 Web 资源或其他文件组成，其中包括 HTML 文件、CSS 文件、JS 文件、动态 Web 页面、Java 程序、支持 JAR 包、配置文件等。开发人员在开发 Web 应用时，应按照一定的目录结构来存放这些文件，否则，在把 Web 应用交给 Web 服务器管理时，不仅可能会使 Web 应用无法访问，还可能会导致 Web 服务器启动报错。接下来通过一个图例来描述 Web 应用的目录结构，如图 2-15 所示。

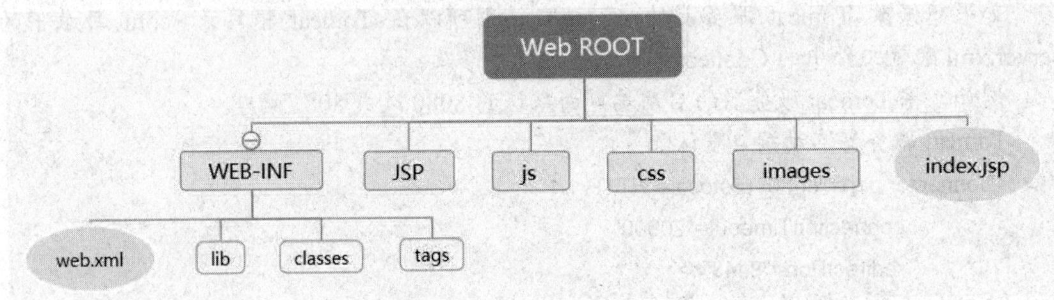

图 2-15　Web 应用的目录结构

图 2-15 中目录的具体作用如表 2-2 所示。

表 2-2　Web 项目中各个目录的作用

No.	目录或文件名	作　用
1	Web ROOT	Web 根目录，一般放在 Tomcat 安装目录下的 webapps 文件夹下
2	WEB-INF	Web 目录中最安全的文件夹，保存各种类、第三方 jar 包、配置文件
3	web.xml	Web 的部署描述符
4	classes	保存所有的 Java 类文件
5	lib	保存 Web 应用所需要的各种第三方 jar 文件
6	tags	保存所有的标签文件
7	JSP	存放 jsp 文件，一般根据功能再建立子文件夹
8	js	存放所有需要的 js 文件
9	css	样式表文件的保存路径
10	images	存放所有的图片，如 gif 或 jpg 文件

除了以上目录结构外，所有的项目基本上都会在根目录中存放一个首页文件，首页一般以 index.html、index.jsp 等形式命名。

2.3.2　发布一个 Web 应用程序

按照上述 Web 应用的目录结构，在 Tomcat 服务器中发布一个简单的 Web 应用程序，具体步骤如下。

（1）在 Tomcat 安装目录的 webapps 目录下创建一个文件夹，名字以 Web 应用程序名字命名，如 mywebapp，该目录即为该 Web 应用的根目录。

（2）将随书附带资源包中 ch02 目录下的 index.jsp 文件复制至 mywebapp 目录下。

至此，一个简单的 Web 应用就发布完成。接下来通过 startup.bat 启动 Tomcat 服务器，然后在浏览器中输入访问地址测试是否发布成功。

Tomcat 服务器启动之后，在浏览器地址栏中输入以下地址。

```
http://localhost:8080/mywebapp/index.jsp
```

Tomcat 服务器收到该请求，将很快定位到 mywebapp 应用中的 index.jsp 文件，JSP 文件是动态 Web 页面，需要 Tomcat 服务器执行处理，最后将执行结果返回给浏览器。

2.3.3　配置 Web 应用默认页面

当访问一个 Web 应用程序时，通常需要指定访问的资源名称，如果没有指定资源名称，则会访问默认的页面。例如，在访问 W3school 网站首页页面时需要输入“http://www.w3school.com.cn/index.html”，有的时候也希望只输入“http://www.w3school.com.cn”就能访问 W3school 首页页面。要想实现这样的需求，只需要修改 WEB-INF 目录下的 web.xml 文件的配置即可。

为了帮助初学者更好地理解默认页面的配置方式，首先查看一下 Tomcat 服务器安装目录下的 web.xml 文件是如何配置的。打开<Tomcat 根目录>\conf 目录下的 web.xml 文件，可以看到如下所示的一段代码。

```
<welcome-file-list>
<welcome-file>index.html</welcome-file>
<welcome-file>index.htm</welcome-file>
<welcome-file>index.jsp</welcome-file>
</welcome-file-list>
```

在上述代码中，<welcome-file-list>元素用于配置默认页面列表，它包含多个<welcome-file>子元素，每个<welcome-file>子元素都可以指定一个页面文件。当用户访问 Web 应用时，如果没有指定具体要访问的页面资源，Tomcat 会按照<welcome-file-list>元素指定默认页面的顺序，依次查找这些默认页面。如果找到，将其返回给用户，并停止查找后面的默认页面；如果没有找到，则返回访问资源不存在的错误提示页面。

在实际项目应用中，如果要配置默认页面，只需在 Web 应用的 web.xml 文件内，按照上面的配置方式将默认页面信息添加上即可。例如，若想将应用中的 welcome.html 页面配置成默认页面，只需在 web.xml 中进行如下配置。

```
<welcome-file-list>
<welcome-file>welcome.html</welcome-file>
</welcome-file-list>
```

配置完成后，项目的默认访问页面就是 welcome.html。

2.4　配置虚拟目录

Web 应用开发好后，若想供外界访问，需要把 Web 应用所在目录交给 Web 服务器管理，这个过程称为虚拟目录的映射。读者可能会有疑问：为什么在上一节介绍的“发布一个 Web 应用程序”中没有提到虚拟目录的映射问题？原因在于如果将开发好的 Web 应用放置在 Tomcat 服务器安装目录的 webapps 下，则 Tomcat 服务器启动后会自动进行虚拟目录的映射，映射的虚拟目录名称与 Web 应用的实际目录名称相同，如图 2-16 所示。

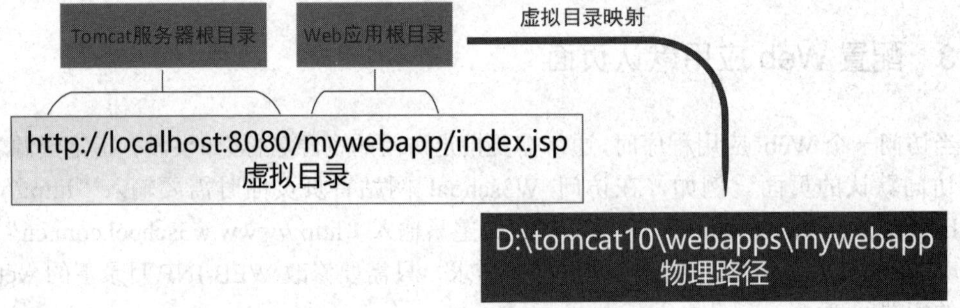

图 2-16　虚拟目录映射

如果不将 Web 应用放在 webapps 目录下，则需要通过修改配置文件的方式，手动完成虚拟目录的映射。例如，在 D 盘上建立一个 mywebdemo 的文件夹，并在此文件夹中创建一个简单的 index.html 文件，文件内容如下。

```
<html>
<head>
    <meta http-equiv="Content-Type" content="text/html; charset=utf-8" />
    <title>Java Web 开发基础</title>
</head>
<body>
    <center>
        <H1>欢迎光临本站点！</H1>
        <H2>一起学习 Java Web 开发</H2>
    </center>
</body>
</html>
```

接下来进行服务器的配置，打开 Tomcat 安装目录下的 conf/server.xml 文件，在 Host 节点内部加入以下代码。

```
<Context path="/webdemo" docBase="D:\mywebdemo" />
```

如图 2-17 所示。

```
<Host name="localhost"  appBase="webapps"
    unpackWARs="true" autoDeploy="true">
  <Valve className="org.apache.catalina.valves.AccessLogValve" directory="logs"
       prefix="localhost_access_log" suffix=".txt"
       pattern="%h %l %u %t &quot;%r&quot; %s %b" />
         <!-- 虚拟目录配置 -->
         <Context path="/webdemo" docBase="D:\mywebdemo" />
 </Host>
</Engine>
```

图 2-17　虚拟目录配置

以上代码中的<Context>表示配置虚拟目录，其中两个参数的意义分别介绍如下。

- path：表示浏览器上的访问虚拟路径名称，前面必须加上“/”。
- docBase：表示此虚拟路径名称所代表的物理路径地址。

配置完成后，重新启动 Tomcat 服务器，在浏览器中输入“http://localhost:8080/webdemo/index.html”（其中，webdemo 就是之前配置好的虚拟路径名称），效果如图 2-18 所示。

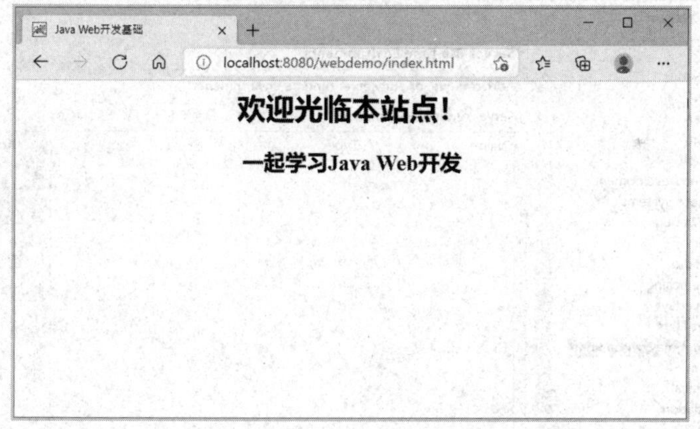

图 2-18　虚拟目录配置成功

注意：

一个 Tomcat 服务器可以同时配置多个虚拟目录，但是每一个虚拟目录的 path 名称不能重复，否则服务器将无法启动。

随堂练习：

配置 Web 程序虚拟目录，将 Web 程序保存在 D:\test 目录下，配置虚拟目录/myapp1，并通过虚拟目录访问 Web 程序，测试虚拟目录是否配置成功。

2.5 项 目 实 战

2.5.1 任务 2-1：在 Eclipse 中配置 Tomcat

【任务目标】

Eclipse 作为一款强大的软件集成开发工具，对 Web 服务器提供了非常好的支持，它可以集成各种 Web 服务器，方便开发人员进行 Web 开发。通过本任务，读者将学会如何在 Eclipse 工具中配置 Tomcat 服务器。

【实现步骤】

1. 打开 Eclipse 配置功能

启动 Eclipse 开发工具，选择工具栏中的【Window】→【Preferences】选项，此时会弹出一个【Preferences】窗口，在该窗口中选择左边菜单中的【Server】选项，在展开的菜单中选择【Runtime Environments】选项，这时窗口右侧会出现【Server Runtime Environments】选项卡，如图 2-19 所示。

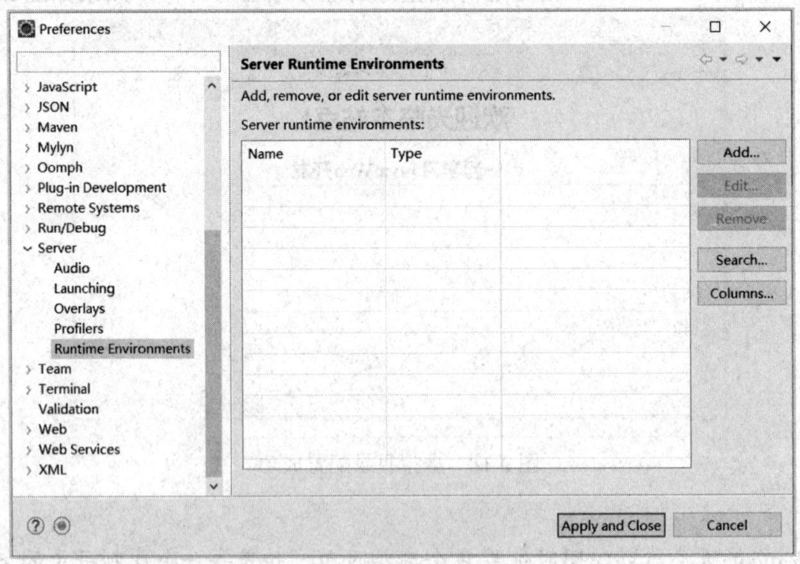

图 2-19 【Preferences】窗口

2. 新增服务器运行环境

在图 2-19 所示的【Preferences】窗口中单击【Add】按钮，弹出一个【New Server Runtime Environment】窗口，该窗口显示了可在 Eclipse 中配置的各种服务器及其版本。由于需要配置的服务器版本是 apache-tomcat-10，所以选择【Apache】选项，在展开的版本中选择【ApacheTomcat v10.0】选项，如图 2-20 所示。

3. 选择 Tomcat 服务器安装目录

在图 2-20 所示的【New Server Runtime Environment】窗口中单击【Next】按钮执行下一步，在弹出的窗口中单击【Browser】按钮，选择安装 Tomcat 服务器的目录（Tomcat 服务器安装在 D:\tomcat10 目录下），最后依次单击【Finish】→【OK】按钮关闭窗口，并完成 Eclipse 和 Tomcat 服务器的关联，如图 2-21 所示。

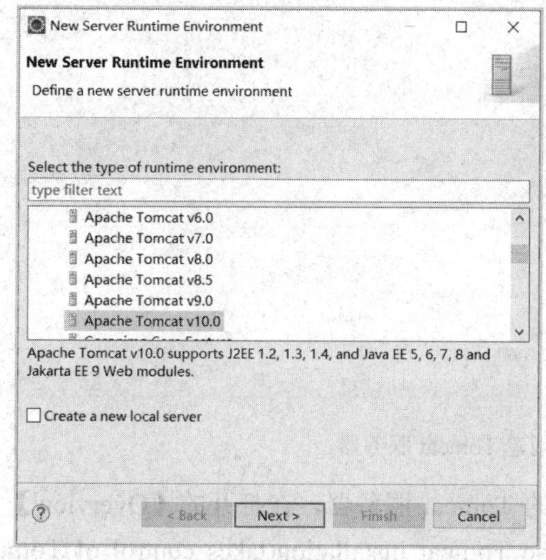

图 2-20　新增服务器运行环境窗体

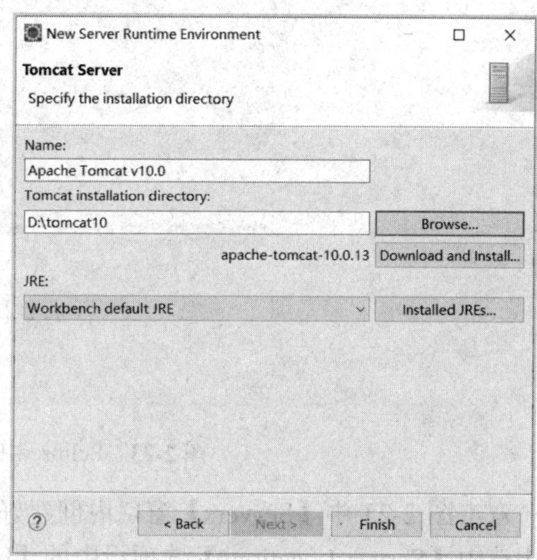

图 2-21　选择服务器安装目录

4. 在 Eclipse 中创建 Tomcat 服务器

单击 Eclipse 下侧窗口的【Servers】选项卡标签（如果没有这个选项卡，则可以执行【Window】→【Show View】命令打开），在该选项卡中可以看到一个【No servers available. Define a new server from the new server wizard】链接，单击这个链接，会弹出一个【New Server】窗口，如图 2-22 所示。

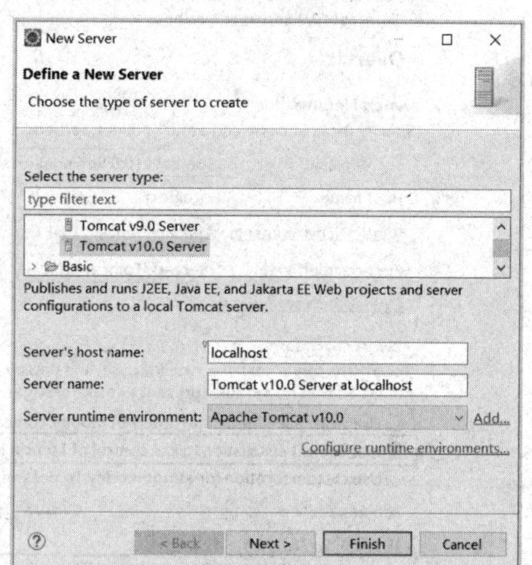

图 2-22　【New Server】窗口

选中图 2-22 所示的【Tomcat v10.0 Server】选项，单击【Finish】按钮完成 Tomcat 服务器的创建。这时，在【Servers】选项卡中会出现一个【Tomcat v10.0 Server at localhost】选项。具体如图 2-23 所示。

5. 配置 Tomcat 服务器

Tomcat 服务器创建完毕后就可以使用了。此时如果创建项目，并使用 Eclipse 发布后，项目会发布到 Eclipse 的一个临时目录.metadata 文件夹中。为了方便查找发布后的项目目录，读者可以将项目直接发布到 Tomcat 中，这时就需要对 Server 进行配置。具体配置方法如下。

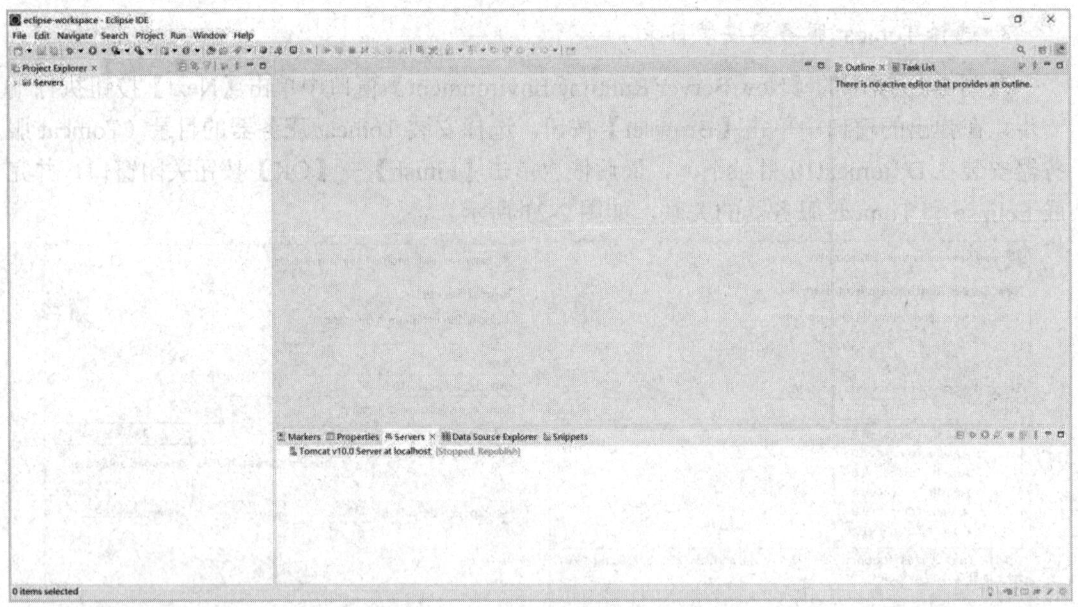

图 2-23　Eclipse 中创建 Tomcat 服务器

双击图 2-23 中【Servers】窗口内创建好的 Tomcat 服务器，在打开的【Overview】页面中选中【Server Locations】选项组中的【Use Tomcat installation(takes control of Tomcat installation)】单选项，并将【Deploy path】文本框内容修改为“webapps”，如图 2-24 所示。

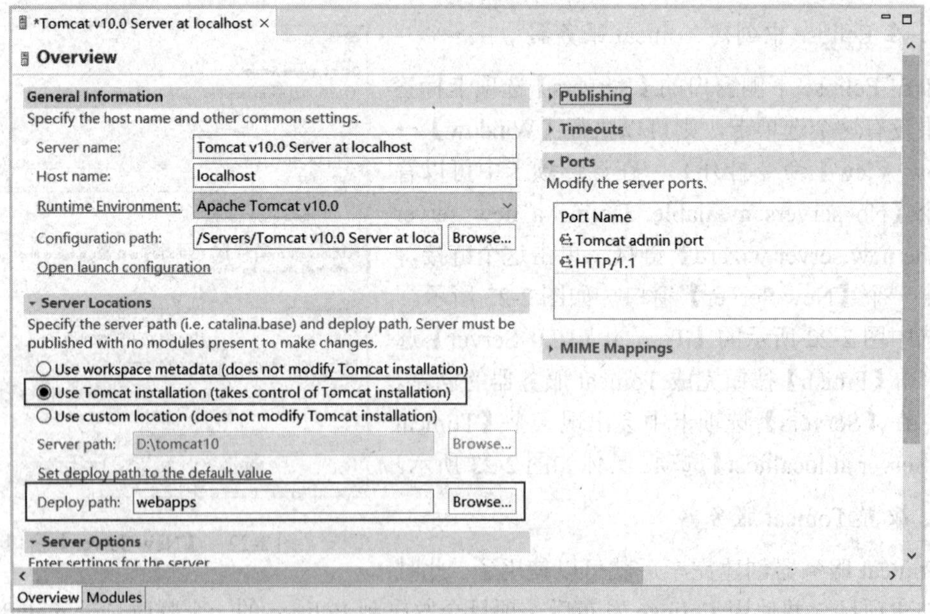

图 2-24　【Overview】页面

至此，就完成了 Tomcat 服务器的所有配置。单击工具栏（或 Servers 窗口）中的【运行】按钮，如图 2-25 所示，即可启动 Tomcat 服务器。为了检测 Tomcat 服务器是否正常启动，在浏览器地址栏中输入“http://localhost:8080”访问 Tomcat 首页，如果在浏览器中可以正常显示 Tomcat 首页页面，则说明 Tomcat 在 Eclipse 中配置成功了。

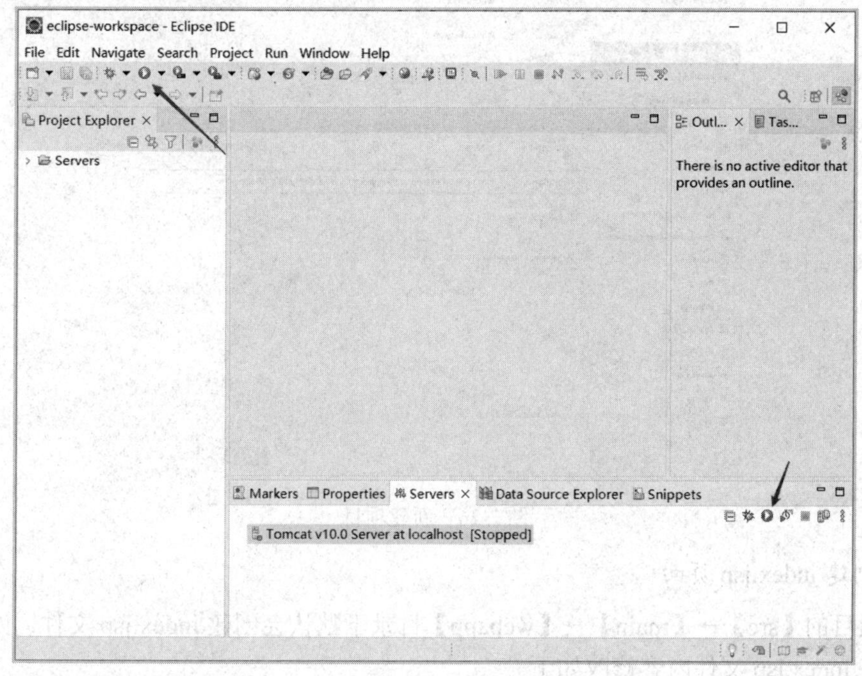

图 2-25　运行启动 Tomcat 服务器

需要注意的是，如果不修改上述配置，而是采用默认配置启动 Tomcat 服务器，访问“http://localhost:8080”时，浏览器页面会出现 404 错误，这是由 Eclipse 自身的原因所导致的，此错误对访问具体项目不会有任何影响，读者可不必理会。

2.5.2　任务 2-2：在 IDEA 中配置 Tomcat

【任务目标】

IDEA 全称 IntelliJ IDEA，是 Java 编程语言的集成开发环境。IntelliJ 在业界被公认为最好的 Java 开发工具，尤其在智能代码助手、代码自动提示、重构、JavaEE 支持、各类版本工具（git、svn 等）、JUnit、CVS 整合、代码分析、创新 GUI 设计等方面的功能非常强大。通过本任务，读者将学会如何在 IDEA 工具中配置 Tomcat 服务器。

【实现步骤】

1. 新建一个项目

启动 IDEA 开发工具，本书使用的 IDEA 版本为 2023 版。选择【File】→【New】→【Project】选项，在弹出的【New Project】窗口中选择【Maven Archetype】选项卡，在【Archetype】中选择 maven-archetype-webapp，单击【Create】按钮，完成项目创建过程。如图 2-26 所示。

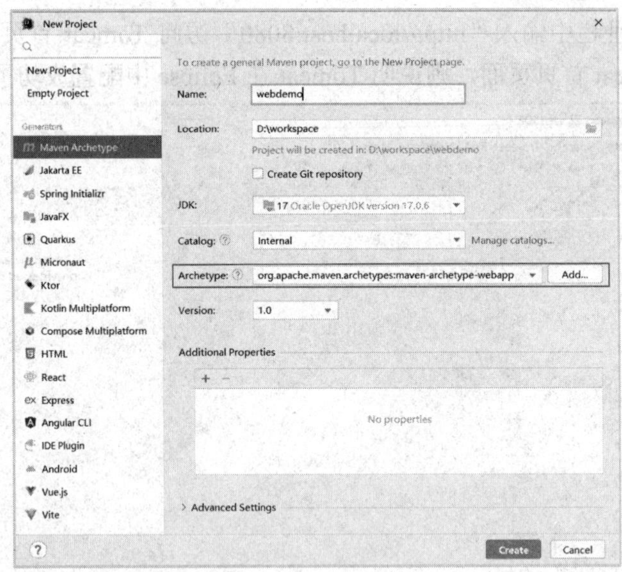

图 2-26　新建项目

2. 创建 index.jsp 页面

在项目的【src】→【main】→【webapp】目录下默认会创建 index.jsp 文件，如图 2-27 所示。将 index.jsp 文件内容修改如下。

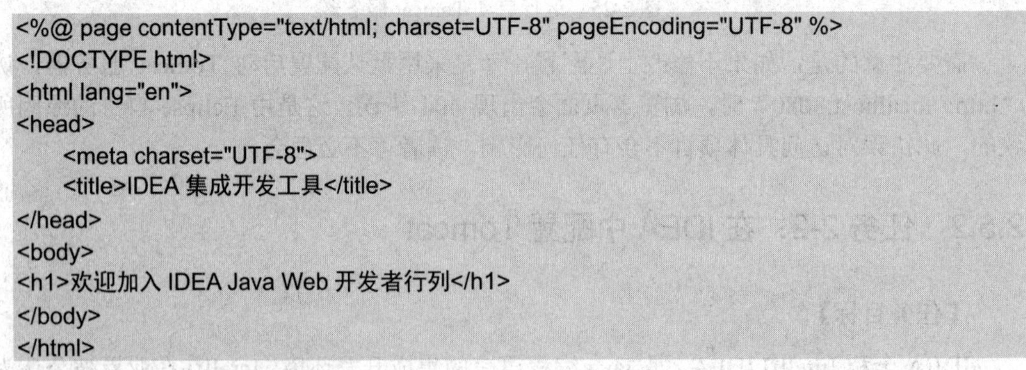

```
<%@ page contentType="text/html; charset=UTF-8" pageEncoding="UTF-8" %>
<!DOCTYPE html>
<html lang="en">
<head>
    <meta charset="UTF-8">
    <title>IDEA 集成开发工具</title>
</head>
<body>
<h1>欢迎加入 IDEA Java Web 开发者行列</h1>
</body>
</html>
```

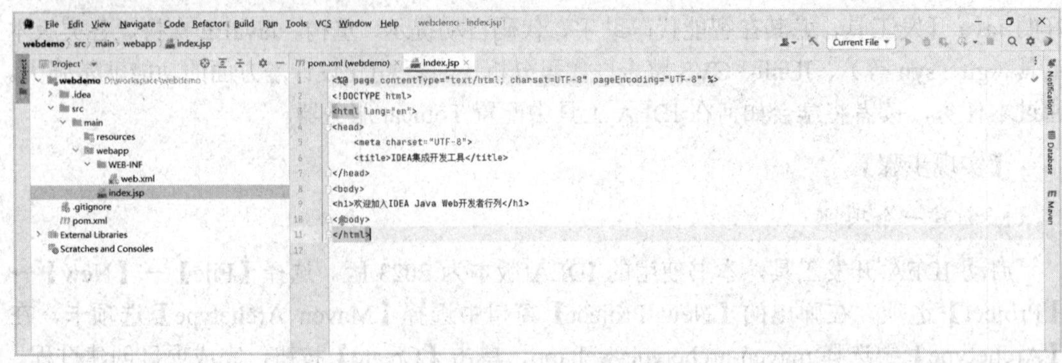

图 2-27　index.jsp 文件

3. 配置 Tomcat 服务器

在 IDEA 窗口右上角单击【Edit Configuration】按钮，如图 2-28 所示。打开【Run/Debug Configurations】窗口，单击“+”按钮，选择 TomEE Server Local 本地服务器，如图 2-29 所示。

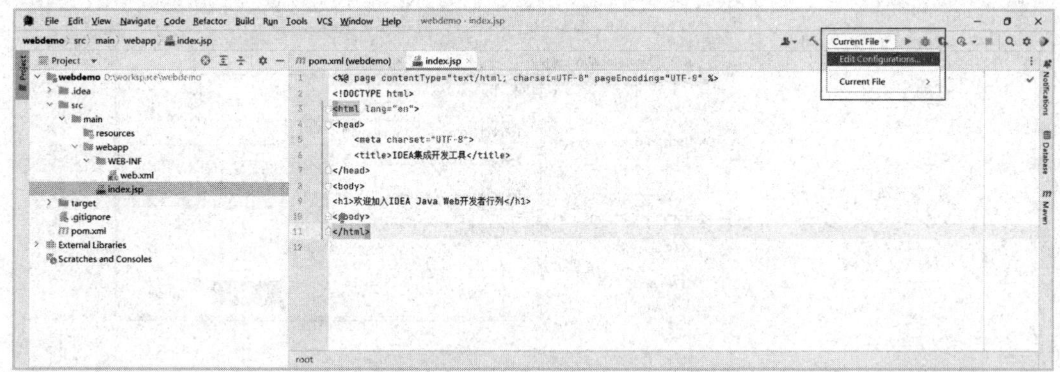

图 2-28　打开 Edit Configuration

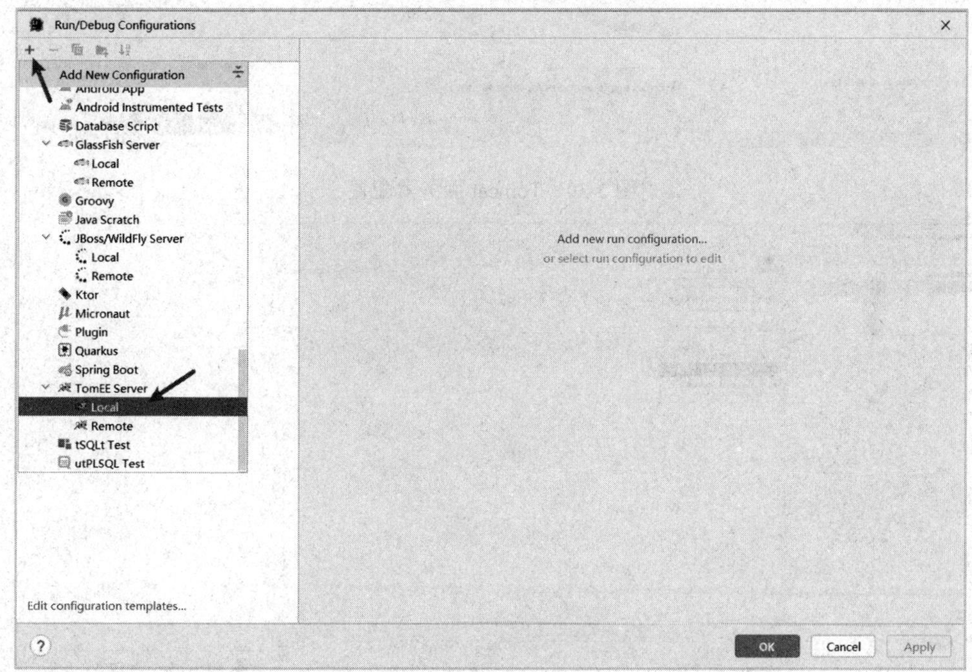

图 2-29　选择 Tomcat 服务器

在打开的 Tomcat 服务器配置窗口，修改服务器名称为“Tomcat10”，单击【Configure】按钮，选择 Tomcat 服务器的安装目录，如图 2-30 所示。

选择【Deployment】标签窗体，单击“+”按钮，选择【Artifact】选项，如图 2-31 所示。在弹出的对话框中选择【webdemo.war exploded】选项，然后将 Application context 地址修改为/webdemo，如图 2-32 所示。

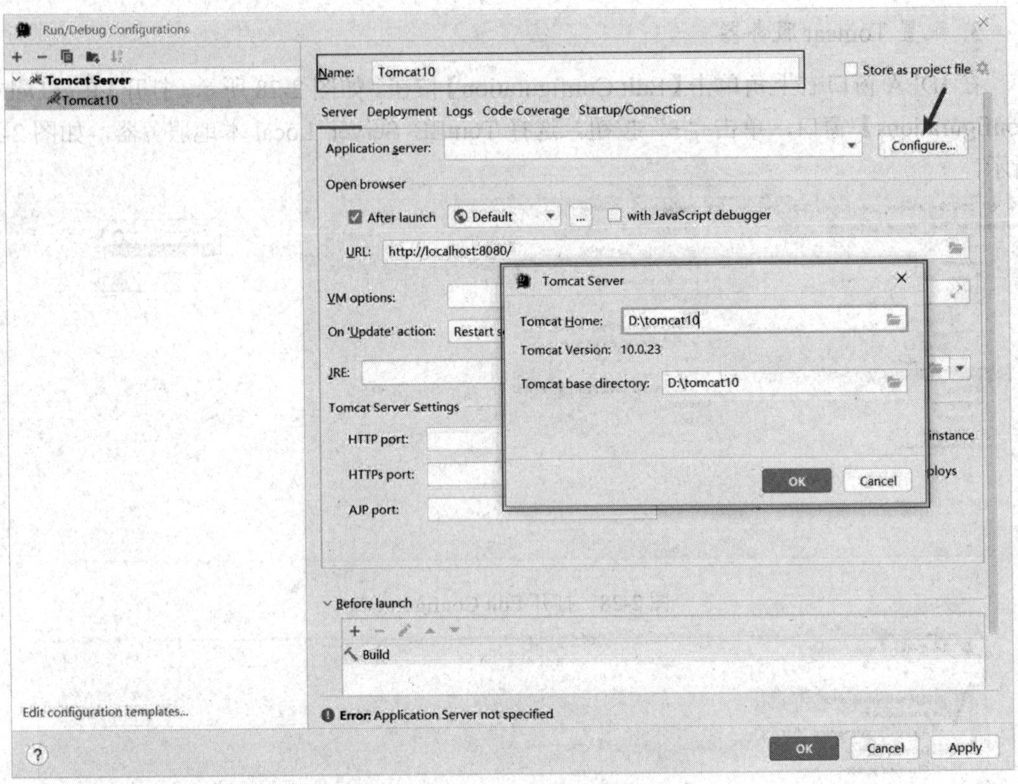

图 2-30　Tomcat 服务器配置

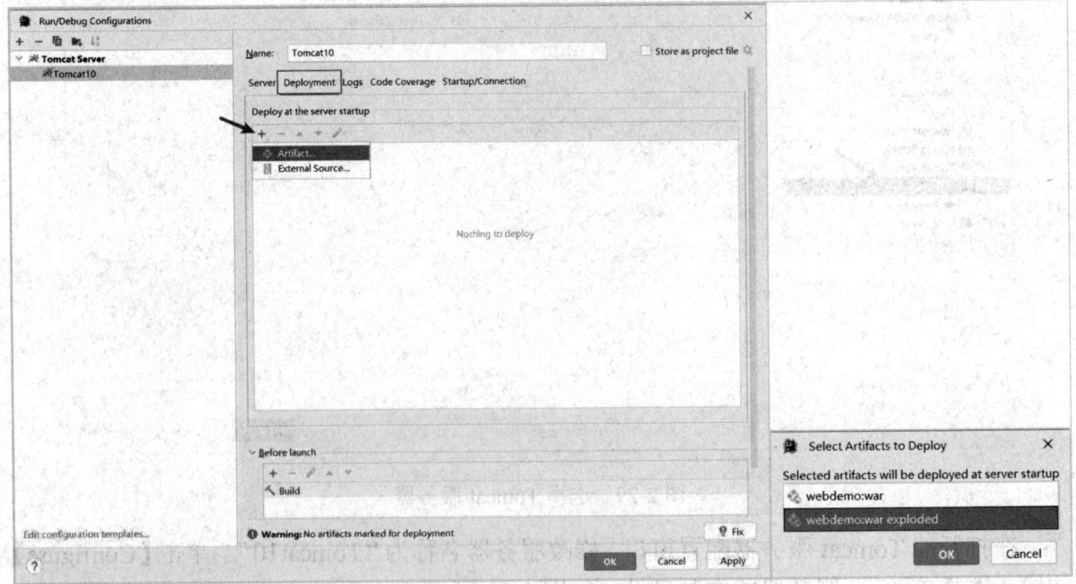

图 2-31　Deployment 配置

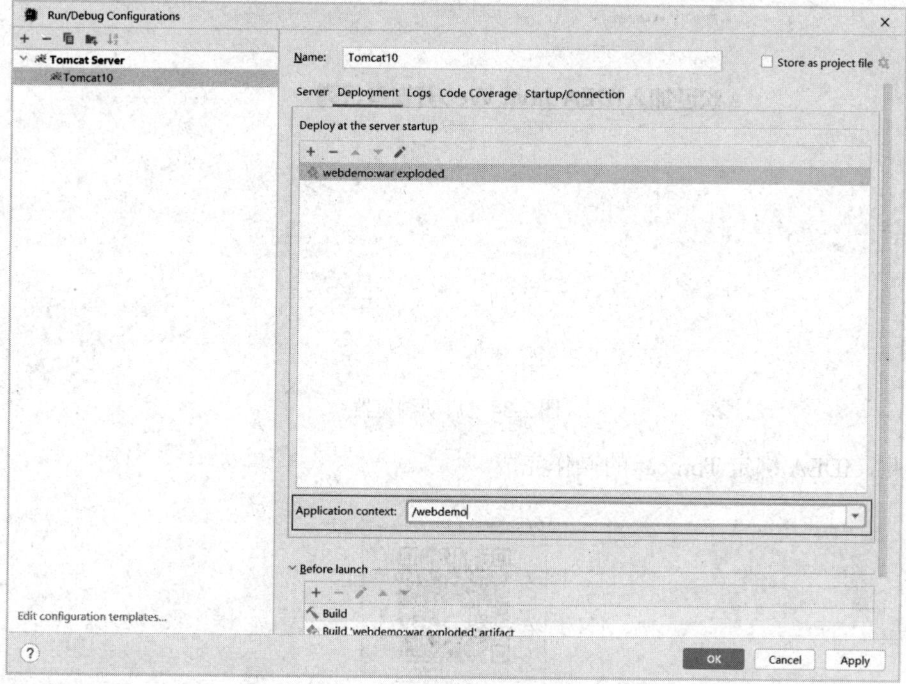

图 2-32　修改 Application context 地址

4. 启动服务器

单击 IDEA 窗口右上角的【运行】按钮，启动 Tomcat，如图 2-33 所示。IDEA 自动开启浏览器，并显示 index.jsp 页面的内容，如图 2-34 所示。

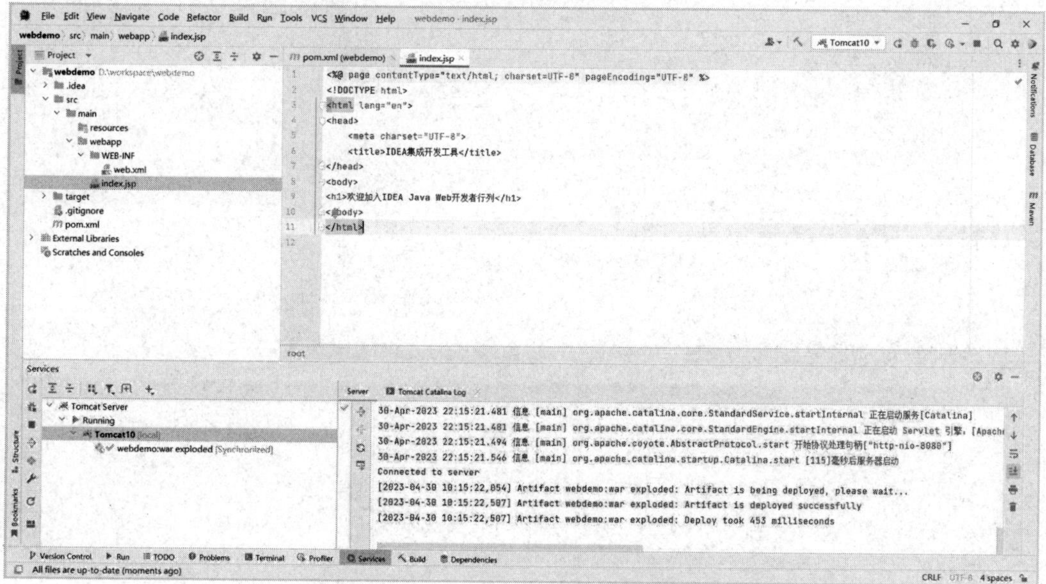

图 2-33　启动 Tomcat 服务器

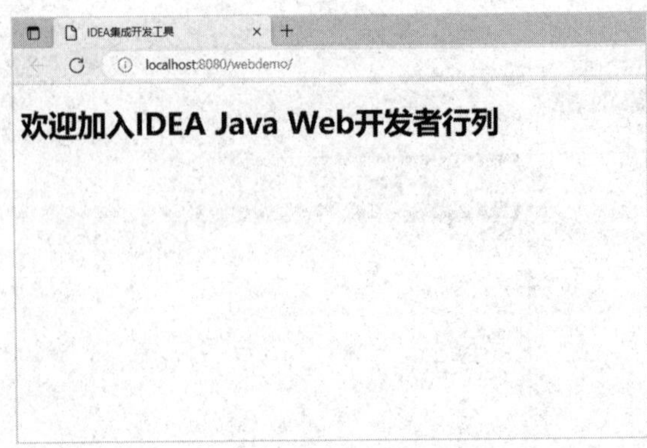

图 2-34　启动浏览器

至此，IDEA 绑定 Tomcat 的操作完成。

模块 3　Servlet 基础

【模块导读】

随着互联网的兴起，Web 技术应用已经越来越广泛，而且已经有越来越多的语言开始支持 Web 开发。基于 Java 的动态 Web 开发包括 Servlet 和 JSP 两种技术，Servlet 是运行在 Web 服务器或应用服务器上的程序，可以方便地对 Web 应用中的 HTTP 请求进行处理。本模块将针对 Servlet 开发基础部分进行详细介绍。

【学习目标】

知识目标：

- 了解 Servlet 的代码结构。
- 掌握 Servlet 的处理流程。
- 掌握创建与配置 Servlet 的方法。
- 掌握 Web 项目中文乱码的处理方式。
- 掌握 Servlet 生命周期及对应的操作方法。

能力目标：

- 能够创建与配置 Servlet。
- 能够使用 Servlet 处理表单数据。
- 能够获取初始化参数信息。

素质目标：

- 提升自学能力和问题分析能力。
- 具备规范化、标准化的代码编写习惯。
- 养成严谨的工作作风。

【学习导图】

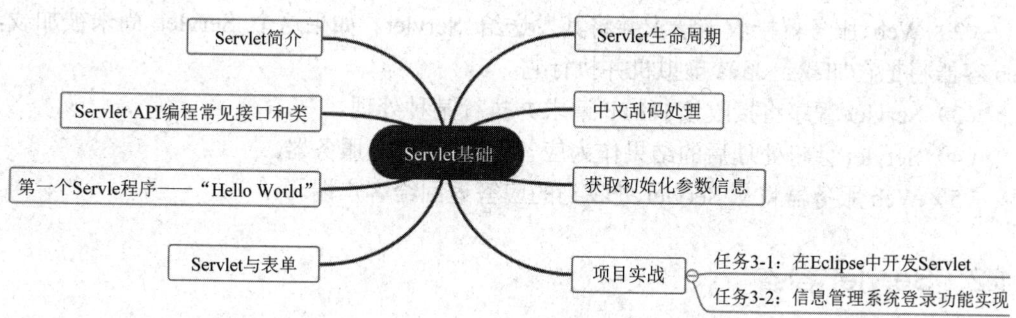

【任务导入】

在 Java Web 应用方面，Servlet 应用占有十分重要的地位，我们已经为 Web 开发做好一切准备，接下来就正式进入 Servlet 程序的开发部分。

登录注册是一个网站最常用的也是最基本的功能，通过本模块的学习，读者可以使用 Servlet 技术实现用户登录注册功能。

3.1 Servlet 简介

Servlet（服务器端小程序）是使用 Java 语言编写的服务器端程序，可以生成动态的 Web 页。Servlet 主要封装了对 HTTP 请求的处理，运行在服务器端，并由服务器调用执行，是一种按照 Servlet 标准开发的 Java 类。在 Java Web 应用方面，Servlet 的应用占有十分重要的地位，并且在 Web 请求的处理功能方面也非常强大。

3.1.1 Servlet 处理基本流程

Servlet 的最大优势是它可以处理客户端传来的 HTTP 请求，并返回一个响应。Servlet 基本处理流程如图 3-1 所示。

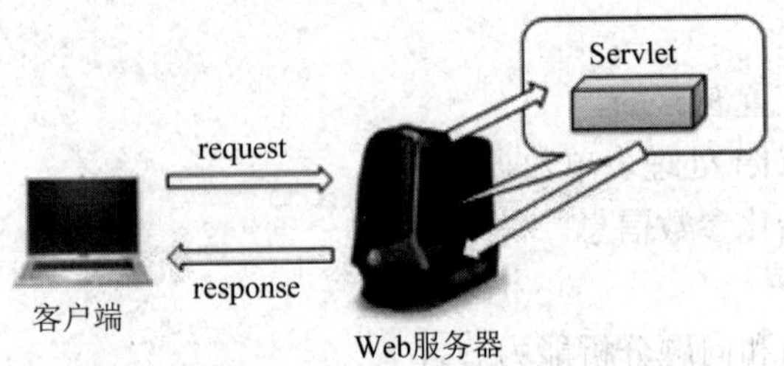

图 3-1 Servlet 处理的基本流程

从图 3-1 中可以发现，Servlet 程序将按照如下步骤进行处理。

（1）客户端（通常是 Web 浏览器）通过 HTTP 提出请求。

（2）Web 服务器接收该请求并将其发送给 Servlet。如果这个 Servlet 尚未被加载，Web 容器将把它加载到 Java 虚拟机并执行它。

（3）Servlet 程序将接收该 HTTP 请求并执行某种处理。

（4）Servlet 会将处理后的结果作为应答返回给 Web 服务器。

（5）Web 服务器将从 Servlet 处收到的应答返回给客户端。

3.1.2 Servlet 容器

Servlet 容器就是 Servlet 代码的运行环境（运行时），它除了实现 Servlet 规范定义的各种接口和类，为 Servlet 的运行提供底层支持，还需要管理由用户编写的 Servlet 类，比如实例化类（创建对象）、调用方法、销毁类等。

Servlet 容器和生活中的容器是类似的概念：生活中的容器用来装水或粮食，Servlet 容器用来装类和对象。

读者可能会提出疑问，我们自己编写的 Servlet 类为什么需要 Servlet 容器来管理呢？这是因为我们编写的 Servlet 类没有 main()函数，不能独立运行，只能作为一个模块加载到 Servlet 容器中，然后由 Servlet 容器来实例化，并调用其中的方法。

当用户请求到达时，Servlet 容器会根据配置来选择调用哪个类。图 3-2 展示了 Servlet 容器在整个 HTTP 请求流程中的作用。

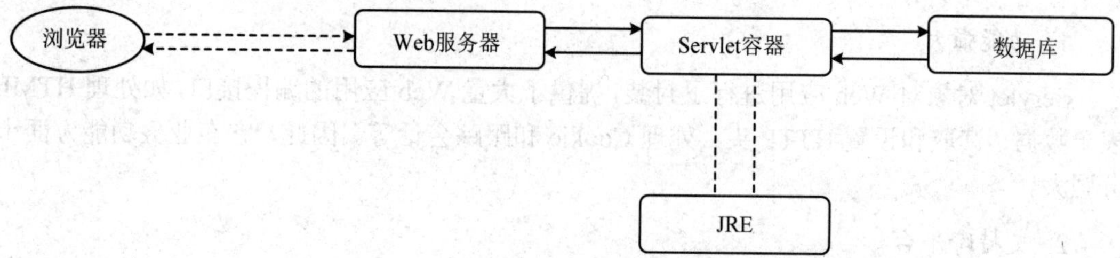

图 3-2　Servlet 容器在整个 HTTP 请求流程中的位置

3.1.3　Servlet 结构体系

Servlet 实质上就是按 Servlet 规范编写的 Java 类，但它可以处理 Web 应用中的相关请求。 Servlet 是一个标准，由 Sun 公司（已被甲骨文收购）定义，其具体细节由 Servlet 容器进行实现。在 JavaEE 架构中，Servlet 结构体系如图 3-3 所示。

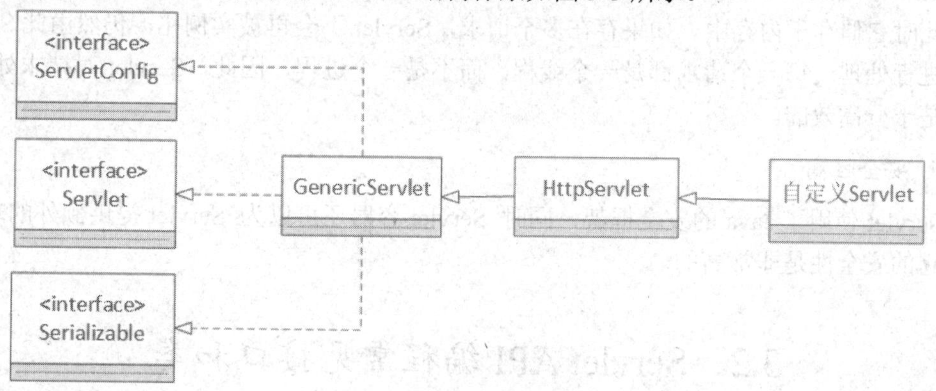

图 3-3　Servlet 继承关系

在图 3-3 中，Servlet 对象、ServletConfig 对象与 Serializable 对象是接口对象，其中 Serializable 对象是 java.io 包中的序列化接口，Servlet 对象和 ServletConfig 对象是 jakarta.servlet 包中定义的对象，这两个对象定义了 Servlet 的基本方法，并且封装了 Servlet 的相关配置信息。GenericServlet 对象是一个抽象类，分别实现了上述 3 个接口，该对象为 Servlet 接口及 ServletConfig 接口提供了部分实现，但它并没有对 HTTP 请求处理进行实现，所以，我们所编写的 Servlet 对象一般不会直接继承此类，而是根据所使用的协议选择 GenericServlet 的子类继承。例如，现在采用 HTTP 协议处理，所以用户自定义的 Servlet 类都要继承 HttpServlet 类，此类是 Servlet 的实现类，并提供了 HTTP 请求的处理方法。

3.1.4 Servlet 技术特点

Servlet 是使用 Java 语言编写而成，它不仅继承了 Java 语言中的优点，而且还对 Web 的相关应用进行了封装，同时 Servlet 容器还提供了对应用的相关扩展，在功能、性能、安全等方面都十分优秀，技术特点表现在以下几方面。

1. 功能强大

Servlet 对象对 Web 应用进行了封装，提供了大量 Web 应用的编程接口，如处理 HTML 表单数据、读取和设置 HTTP 头、处理 Cookie 和跟踪会话等。因此，它在业务功能方面十分强大。

2. 支持跨平台

Servlet 是使用 Java 类编写的，可以在不同操作系统平台和不同应用服务器平台下运行。

3. 灵活性和可扩展性

由于 Java 类的继承性及构造函数等特点，采用 Servlet 开发的 Web 应用程序具有应用灵活、可随意扩展的优势。

4. 性能高效

Servlet 对象在 Servlet 容器启动时被初始化，当第一次被请求时，Servlet 容器将其实例化，此时它储存于内存中。如果存在多个请求，Servlet 不会再被实例化，仍然由此 Servlet 对其进行处理。每一个请求都是一个线程，而不是一个进程，因此，Servlet 对请求处理的性能是十分高效的。

5. 安全性高

Servlet 使用了 Java 的安全框架，同时 Servlet 容器还可以为 Servlet 提供额外的功能，所以它的安全性是非常高的。

3.2 Servlet API 编程常见接口和类

Servlet 是运行在服务器端的 Java 应用程序，由 Servlet 容器对其进行管理，当用户对容器发送 HTTP 请求时，容器将通知相应的 Servlet 对象进行处理，完成用户与程序之间的交互。在 Servlet 编程中，Servlet API 提供了标准的接口与类，这些对象对 Servlet 的操作非常重要，并且为 HTTP 请求与程序响应提供了丰富的方法。

3.2.1　Servlet 接口

Servlet 的运行需要 Servlet 容器的支持，Servlet 容器通过调用 Servlet 对象提供了标准的 API 接口，对请求进行处理。在 Servlet 开发中，任何一个 Servlet 对象都要直接或间接地实现 jakarta.servlet.Servlet 接口。在该接口中包含 5 个方法，其功能及作用如表 3-1 所示。

表 3-1　Servlet 接口中的方法及说明

序　号	方　法	说　明
1	public void init(ServletConfig config)	Servlet 实例化后，Servlet 容器调用该方法完成初始化工作
2	public void service(ServletRequest request, ServletResponse response)	用于处理客户端的请求
3	public ServletConfig getServletConfig()	用于获取 Servlet 对象的配置信息，返回 ServletConfig 对象
4	public void destroy()	当 Servlet 对象从 Servlet 容器中移除时，容器调用该方法，以便释放资源
5	public String getServletInfo()	返回有关 Servlet 的信息，它是纯文本格式的字符串，如作者、版本等

3.2.2　ServletConfig 接口

ServletConfig 接口位于 jakarta.servlet 包中，它封装了 Servlet 的配置信息，在 Servlet 初始化期间被传递。每一个 Servlet 都有且只有一个 ServletConfig 对象。该对象定义了 4 个方法，如表 3-2 所示。

表 3-2　ServletConfig 接口中的方法及说明

序　号	方　法	说　明
1	public String getInitParameter(String name)	返回 String 类型且名称为 name 的初始化参数值
2	public Enumeration getInitParameterNames()	获取所有初始化参数名的枚举集合
3	public ServletContext getServletContext()	用于获取 Servlet 上下文对象
4	public String getServletName()	返回 Servlet 对象的实例名

3.2.3　HttpServletRequest 接口

HttpServletRequest 接口位于 jakarta.servlet.http 包中，继承了 jakarta.servlet.ServletRequest 接口，是 Servlet 中的重要对象，在开发过程中较为常用，其常用方法及说明如表 3-3 所示。

表 3-3　HttpServletRequest 接口的常用方法及说明

序　号	方　法	说　明
1	public String getContextPath()	返回请求的上下文路径，此路径以“/”开头
2	public Cookie[] getCookies()	返回请求中发送的所有 Cookie 对象，返回值为 Cookie 数组
3	public String getMethod()	返回请求所使用的 HTTP 类型，如 get、post 等
4	public String getQueryString()	返回请求中参数的字符串形式，如请求 HelloServlet?username=mary，则返回 username=mary
5	public String getRequestURI()	返回主机名到请求参数之间的字符串形式
6	public StringBuffer getRequestURL()	返回请求的 URL，此 URL 中不包含请求的参数。注意，此方法返回的数据类型为 StringBuffer
7	public String getServletPath()	返回请求 URL 中的 Servlet 路径的字符串，不包含请求中的参数信息
8	public HttpSession getSession()	返回与请求关联的 HttpSession 对象

3.2.4　HttpServletResponse 接口

HttpServletResponse 接口位于 jakarta.servlet.http 包中，它继承了 jakarta.servlet.ServletResponse 接口，同样是一个非常重要的对象，其常用方法及说明如表 3-4 所示。

表 3-4　HttpServletResponse 接口的常用方法及说明

序　号	方　法	说　明
1	public void add Cookie(Cookie cookie)	向客户端写入 Cookie 信息
2	public void sendError(int sc)	发送一个错误状态码为 sc 的错误响应到客户端
3	public void sendError(int sc,String msg)	发送一个包含错误状态码及错误信息的响应到客户端，参数 sc 为错误状态码，参数 msg 为错误信息
4	public void sendRedirect(String location)	使用客户端重定向到新的 URL，参数为新的地址

3.2.5　GenericServlet 类

在编写一个 Servlet 对象时，必须实现 jakarta.servlet.Servlet 接口，在 Servlet 接口中包含 5 个方法，也就是说，创建一个 Servlet 对象要实现这 5 个方法，这样操作非常不方便。javax.servlet.GenericServlet 简化了此操作，实现了 Servlet 接口。

```
public abstract class GenericServlet extends Object implements Servlet,ServletConfig,Serializable
```

GenericServlet 类是一个抽象类，分别实现了 Servlet 接口与 Serializable 接口。

3.2.6　HttpServlet 类

GenericServlet 类实现了 jakarta.servlet.Servlet 接口，为程序的开发提供了方便；但在实

际开发过程中，大多数应用都是使用 Servlet 处理 HTTP 协议的请求，并对请求做出响应，所以通过继承 GenericServlet 类仍然不是很方便。jakarta.servlet.http.HttpServlet 类对 GenericServlet 类进行了扩展，为 HTTP 请求的处理提供了灵活的方法。

```
public abstract class HttpServlet extends GenericServlet implements Serializable
```

HttpServlet 是一种能够处理 HTTP 请求的 Servlet，它在继承 GenericServlet 类的基础上添加了一些与 HTTP 协议相关的处理方法，功能比 GenericServlet 类更强大。所以开发人员在编写 Servlet 时，通常应该继承这个类。

HttpServlet 在实现 Servlet 接口时重写了 service 方法，该方法内部的代码会根据用户的请求方式来调用相应的方法，如果是 GET 请求，则调用 HttpServlet 的 doGet 方法，如果是 post 请求，则调用 doPost 方法。所以，开发人员在编写 Servlet 时，通常只需要重写 doGet 或 doPost 方法，而不需要重写 service 方法。

3.2.7 ServletContext 接口

Web 容器在启动时，它会为每个 Web 应用程序都创建一个对应的 ServletContext，它代表当前 Web 应用，并且它被所有客户端共享。ServletContext 是 Servlet 中最大的一个接口，呈现了 web 应用的 Servlet 视图。

ServletContext 实例是通过 getServletContext()方法获得的，由于 HttpServlet 继承 GenericServlet 的关系，GenericServlet 类和 HttpServlet 类同时具有该方法。ServletContext 接口常用方法及说明如表 3-5 所示。

表 3-5　ServletContext 接口的常用方法及说明

序　号	返回类型	方　法	说　明
1	Object	getAttribute(String name)	返回给定名的属性值
2	Enumeration	getAttributeNames()	返回所有可用属性名的枚举
3	void	setAttribute(String name,Object obj)	设定属性的属性值
4	void	removeAttribute(String name)	删除一属性及其属性值
5	String	getRealPath(String path)	返回一虚拟路径的真实路径
6	String	getInitParameter(String name)	返回 String 类型且名称为 name 的初始化参数值
7	Enumeration	getInitParameterNames()	获取所有初始化参数名的枚举集合
8	URL	getResource(String path)	返回指定资源（文件及目录）的 URL 路径
9	InputStream	getResourceAsStream(String path)	返回指定资源的输入流
10	RequestDispatcher	getRequestDispatcher(String uripath)	返回指定资源的 Request Dispatcher 对象
11	Servlet	getServlet(String name)	返回指定名的 Servlet

3.3　第一个 Servlet 程序——“Hello World”

3.3.1　实现第一个 Servlet 程序

如果要开发一个可以处理 HTTP 请求的 Servlet 程序，需要完成以下两个步骤。

（1）编写一个 Java 类，继承 HttpServlet 类。

（2）把开发好的 Servlet 类部署到 Web 服务器中。

在自定义的 Servlet 类中至少要覆写 HttpServlet 类中提供的 doGet()方法，如表 3-6 所示。

表 3-6　HttpServlet 类的常用方法

序　号	方　法	说　明
1	protected void doGet（HttpServletRequest req，HttpServletResponse resp）throws ServletException, IOException	负责处理所有的 get 请求
2	protected void doPost（HttpServletRequest req，HttpServletResponse resp）throws ServletException, IOException	负责处理所有的 post 请求
3	protected void doPut（HttpServletRequest req，HttpServletResponse resp）throws ServletException, IOException	负责处理所有的 put 请求

Servlet 程序本身也是按照请求和应答的方式进行的，所以在 doGet 方法中定义了两个参数，即 HttpServletRequest 和 HttpServletResponse，用来接收和响应用户的请求。

【例 3-1】第一个 Servlet 程序——HelloServlet.java。

1. 编写 Servlet

在目录“D:\ch03”下编写以下 Servlet 文件代码。

```
package com.ch03.servletdemo;
import java.io.IOException;
import java.io.PrintWriter;
import jakarta.servlet.http.HttpServlet;
import jakarta.servlet.ServletException;
import jakarta.servlet.http.HttpServletRequest;
import jakarta.servlet.http.HttpServletResponse;
public class HelloWorldServlet extends HttpServlet{                    //继承 HttpServlet
    public void doGet(HttpServletRequest request,HttpServletResponse response)throws
ServletException,IOException {                                         //重写 doGet()方法
        PrintWriter out=response.getWriter();                          //获得输出流对象
        out.println("<html><head><title>HelloWorldServlet</title></head>");  //向客户端实现输出
        out.println("<body><h1>Hello World!!!</h1>");
        out.println("</body></html>");
        out.close();                                                   //关闭输出流
    }
}
```

上述代码通过继承 HttpServlet 类定义一个 HelloWorldServlet 类，重写父类的 doGet()方法，处理 HTTP 的 get 请求。在 doGet()方法中首先从 HttpServletResponse 对象中取得一个输出流对象，然后通过打印流输出各个 html 元素，如果想运行此程序，则需要将以上程序编译后保存在 Tomcat 安装目录\webapps\ch03\WEB-INF\classes 文件夹下即可。

2. 编译 Servlet 文件

打开计算机上的命令行窗口，进入 HelloWorldServlet.java 文件所在目录，编译 HelloWorldServlet.java 文件，程序报错，如图 3-4 所示。

图 3-4　编译 HelloWorldServlet.java 出错信息

从图 3-4 中可以看出，编译错误提示“程序包 jakarta.servlet.*不存在”。这是因为 Java 编译器在 CLASSPATH 环境变量中没有找到 jakarta.servlet.*包。因此，如果想编译 Servlet，需要将 Servlet 相关 JAR 包所在的目录添加到 CLASSPATH 环境变量中。

注意：编译时会出现找不到 Servlet 包的错误。

如果用户使用命令行方式编译一个 Servlet，则有可能在编译时会出现以下错误提示。

- 软件包 jakarta.servlet 不存在。
- 软件包 jakarta.servlet.http 不存在。

这两个 Servlet 的开发包实际上保存在%CATALINA_HOME%\lib\servlet-api.jar 路径下，但是由于现在使用 javac 命令编译时属于 JavaSE 环境编译，而 Servlet 本身属于 JavaEE 的应用范畴，所以会出现找不到开发包的情况。此时有两种解决方式，一种是通过 CLASSPATH 指定，在 CLASSPATH 中加入此开发包的路径，如图 3-5 所示。

图 3-5　设置 CLASSPATH

另一种方式是将 Servlet 的开发包保存在%JAVA_HOME%\jre\lib\ext 目录中，这样在编译时也可以自动进行加载。

当然也可以直接通过 IDE 集成工具创建 Servlet，自动编译。

如果服务器使用 Tomcat 9 及以下版本，则 Servlet 开发相关的类所在包名为 javax.servlet 和 java.servlet.http。

3. 重新编译 Servlet

在命令提示窗口中重新编译 HelloWorldServlet. java 文件，如果程序编译通过，则会生成 com\ch03\servletdemo\HelloWorldServlet.class 文件，如图 3-6 所示。

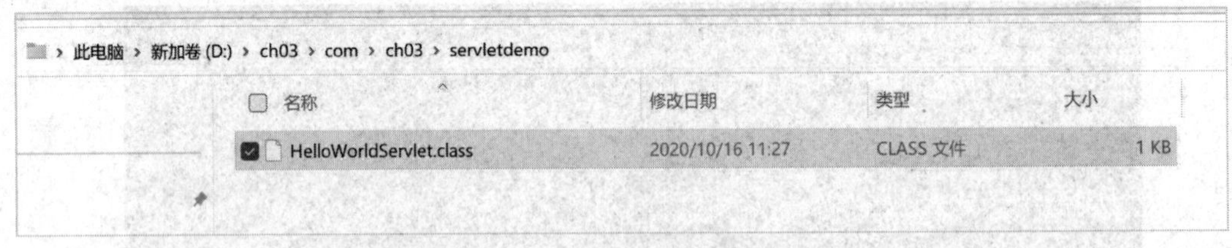

图 3-6　HelloWorldServlet.class 文件

4. 将编译后的.class 文件所在的包保存到服务器

在 Tomcat 的 webapps 下创建目录 ch03，ch03 为 Web 应用的名称，然后在 ch03 目录下创建\WEB-INF\classes 目录，将图 3-6 所示的 HelloWorldServlet.class 所在的包 com 复制到 classes 目录下，需要注意的是，在复制时要将该文件所在的包目录（com/ch03/servletdemo）一起复制过去，如图 3-7 所示。

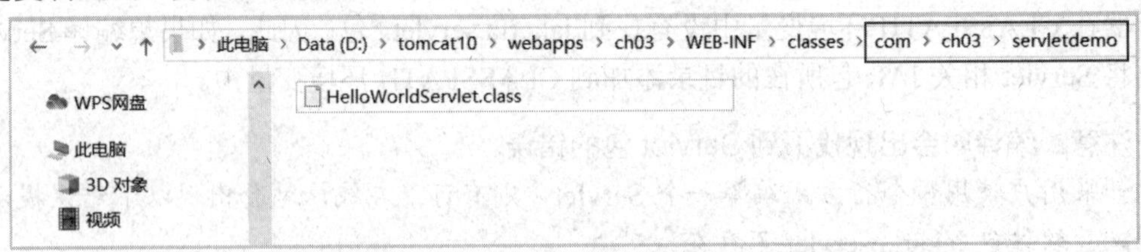

图 3-7　classes 目录下的 HelloWorldServlet.class 文件

5. 配置 Servlet

一个 Servlet 程序编译完成后实际上是无法立即访问的，因为所有的 Servlet 程序都是以*.class 的形式存在的，所以还必须进行适当的配置，以告知 Web 容器哪一个请求调用哪一个 Servlet 对象处理。

Servlet 主要有两种配置方法，具体如下。

1）Servlet 3.0 以下版本在 web.xml 文件中配置 Servlet 访问的 URL

在 WEB-INF\web.xml 文件中进行 Servlet 程序的映射配置，配置包括两部分，第一部分是 Servlet 的声明，第二部分是 Servlet 访问方式的映射配置。

（1）声明 Servlet 对象。

在 web.xml 文件中，通过<servlet>标签声明一个 Servlet 对象。在此标签下包含两个主要子元素，分别为<servlet-name>与<servlet-class>。其中，<servlet-name>元素用于指定Servlet的名称，该名称可以为自定义的名称；<servlet-class>元素用于指定Servlet对象的完整位置，包含 Servlet对象的包名与类名。其声明语句如下。

```
<servlet>                                          <!-- 定义 servlet -->
     <servlet-name>hello</servlet-name>            <!-- 与 servlet-mapping 相对应 -->
     <servlet-class>                               <!-- 定义“包*类”名称 -->
          com.ch03.servletdemo.HelloWorldServlet
     </servlet-class>
</servlet>
```

（2）映射 Servlet。

在web.xml文件中声明了Servlet对象后，需要映射访问 Servlet的URL。该操作使用<servlet-mapping>标签进行配置。<servlet-mapping>标签包含两个子元素，分别为<servlet-name>与<url-pattern>。其中，<servlet-name>元素与<servlet>标签中的<servlet-name>元素相对应，不可以随意命名。<url-pattern>元素用于映射 Servlet 的对外访问路径，该路径也称为虚拟路径。其配置方法如下。

```
<servlet-mapping>                                  <!-- 映射路径 -->
     <servlet-name>hello</servlet-name>            <!-- 与 servlet 相对应 -->
     <url-pattern>                                 <!-- 页面的映射路径 -->
          /HelloWorldServlet                       <!--web app 根路径(URL)必须以“/”开头-->
     </url-pattern>
</servlet-mapping>
```

上述配置表示，通过/HelloWorldServlet 路径即可找到对应的<servlet>节点，并找到<servlet-class>所指定的Servlet程序的“包.类”名称。

注意：

➢ 如何得到web.xml文件？

在Tomcat安装目录下的webapps\ROOT\WEB-INF文件夹中可以找到web.xml文件，直接复制此文件并进行修改，不需要重新编写。

➢ 每次修改web.xml都要重新启动服务器。

用户在每次修改web.xml文件后都要重启服务器，这样新的配置才可以起作用。

在WEB-INF目录下创建web.xml配置文件，代码如下。

```
<?xml version="1.0" encoding="UTF-8"?>
<web-app xmlns="http://xmlns.jcp.org/xml/ns/javaee"
  xmlns:xsi="http://www.w3.org/2001/XMLSchema-instance"
  xsi:schemaLocation="http://xmlns.jcp.org/xml/ns/javaee
                      http://xmlns.jcp.org/xml/ns/javaee/web-app_3_1.xsd"
                      version="3.1" metadata-complete="true">
     <servlet>                                     <!-- 定义 servlet -->
          <servlet-name>hello</servlet-name>       <!-- 与 servlet-mapping 相对应 -->
          <servlet-class>                          <!-- 定义“包.类”名称 -->
```

```
            com.ch03.servletdemo.HelloWorldServlet
        </servlet-class>
    </servlet>
    <servlet-mapping>                                   <!-- 映射路径 -->
        <servlet-name>hello</servlet-name>              <!-- 与 servlet 相对应 -->
        <url-pattern>                                   <!-- 页面的映射路径 -->
            /HelloWorldServlet                          <!-- web app 根路径(URL)必须以"/"开头-->
        </url-pattern>
    </servlet-mapping>
</web-app>
```

2）Servlet 3.0 及以上版本直接在 Servlet 类中添加注解配置 Servlet 访问的 URL

在 Servlet 3.0 及以上版本中，Servlet 不需要配置在 web.xml 文件中，可以直接通过注解的方式来实现。只需在对应的 Servlet 类中添加 Servlet 注解即可。关键代码如下。

```
package com.ch03.servletdemo;
import java.io.IOException;
import java.io.PrintWriter;
import jakarta.servlet.http.HttpServlet;
import jakarta.servlet.ServletException;
import jakarta.servlet.http.HttpServletRequest;
import jakarta.servlet.http.HttpServletResponse;
import jakarta.servlet.annotation.WebServlet;                //使用 WebServlet 注解时导入
@WebServlet("/HelloWorldServlet")                           //注解配置 Servlet 访问 URL
public class HelloWorldServlet extends HttpServlet{
//Servlet 类实现代码
}
```

注意：

Servlet 3.0 及以上版本中注解所配置的信息("/HelloWorldServlet")和 web.xml 文件中<url-pattern>元素的设置作用相同。

6. 运行程序，查看结果

启动服务器后输入"http://localhost:8080/ch03/HelloWorldServlet"，程序运行结果如图 3-8 所示。

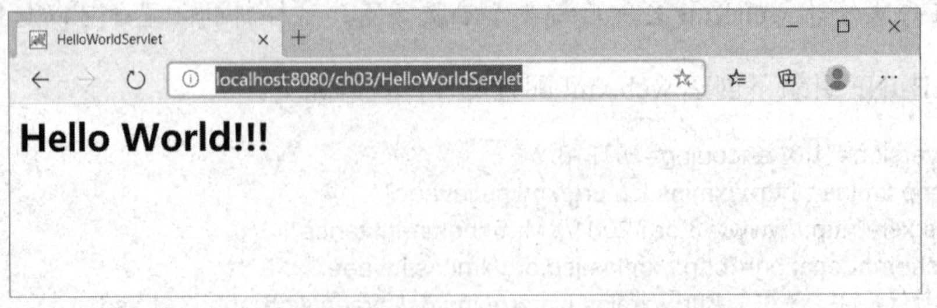

图 3-8　Servlet 程序运行结果

随堂练习：

编写一个 Servlet 程序，实现显示服务器当前日期时间。

3.3.2　Servlet 虚拟路径映射

客户端访问 Web 服务器中的资源是通过 URL 地址的，所以要让外界访问 Servlet 程序，就必须把 Servlet 程序映射到一个 URL 地址上。在 Servlet 2.5 版本中，这个工作要在 web.xml 文件中用<servlet>元素和<servlet-mapping>元素来完成。而在 Servlet 3.0 及以上版本中，Servlet 访问的虚拟路径就不用配置在 web.xml 文件中了，可以直接用注解的方式来实现。

1. Servlet 的多重映射

Servlet 的多重映射是指同一个 Servlet 可以被映射到多个虚拟路径。也就是说，客户端可以通过多个路径实现对同一个 Servlet 的访问。下面针对 Servlet 不同版本介绍多重映射实现方式。

1）Servlet 3.0 以下版本中配置 web.xml

同一个 Servlet 可以被映射到多个 URL 上，即在同一个<servlet-mapping>元素下配置多个<url-pattern>子元素。示例代码如下。

```
<servlet>                                                   <!-- 定义 servlet -->
        <servlet-name>hello</servlet-name>                  <!-- 与 servlet-mapping 相对应 -->
        <servlet-class>                                     <!-- 定义包.类名称 -->
            com.ch03.servletdemo.HelloWorldServlet
        </servlet-class>
    </servlet>
    <servlet-mapping>                                       <!-- 映射路径 -->
        <servlet-name>hello</servlet-name>                  <!-- 与 servlet 相对应 -->
        <url-pattern>/HelloWorldServlet</url-pattern>       <!-- 映射多个 URL-->
        <url-pattern>/Hello</url-pattern>
      <url-pattern>/a.php</url-pattern>
    </servlet-mapping>
</web-app>
```

2）Servlet 3.0 及以上版本的注解实现

```
package com.ch03.servletdemo;
import java.io.*;
import java.io.PrintWriter;
import jakarta.servlet.http.*;
import jakarta.servlet.*;
import jakarta.servlet.annotation.WebServlet;
@WebServlet({ "/HelloWorldServlet", "/Hello", "/a.php" })  //注解配置 Servlet 多个访问虚拟路径
public class HelloWorldServlet extends HttpServlet{         //继承 HttpServlet
//Servlet 类实现代码
}
```

通过上面的配置，当我们想访问此 Servlet 时，可以使用如下几个地址去访问。

```
http://localhost:8080/ch03/HelloWorldServlet
```

```
http://localhost:8080/ch03/Hello
http://localhost:8080/ch03/a.php
```

2. Servlet 映射路径中使用通配符“*”

在实际开发过程中，开发者有时候会希望某个目录下的所有路径都可以访问同一个 Servlet，这时可以在 Servlet 映射的路径中使用通配符“*”。通配符的格式有两种，具体如下。

（1）格式为“*.扩展名”，如“*.do”匹配以“.do”结尾的所有 URL 地址。

（2）格式以“/”开头并以“/*”结尾，如“/abc/*”匹配以“/abc”开始的所有 URL 地址。

需要注意的是，这两种通配符的格式不能混合使用，例如，/abc/*.do 就是不合法的映射路径。另外，当客户端访问一个 Servlet 时，如果请求的 URL 地址能够匹配多个虚拟路径，那么 Tomcat 将采取最具体匹配原则查找与请求 URL 最接近的虚拟映射路径。例如，对于如下所示的映射关系：

- ❑ Servlet1：映射到/abc/*。
- ❑ Servlet2：映射到/*。
- ❑ Servlet3：映射到/abc。
- ❑ Servlet4：映射到*.do。

将发生如下一些行为：

- ❑ 当请求 URL 为“/abc/a.html”，“/abc/*”和“/*”都可以匹配这个 URL，Tomcat 会调用 Servlet1。
- ❑ 当请求 URL 为“/abc”时，“/abc/*”和“/abc”都可以匹配这个 URL，Tomcat 会调用 Servlet3。
- ❑ 当请求 URL 为“/abc/a.do”时，“/abc/*”和“*.do”都可以匹配这个 URL，Tomcat 会调用 Servlet1。
- ❑ 当请求 URL 为“/a.do”时，“/*”和“*.do”都可以匹配这个 URL，Tomcat 会调用 Servlet2。
- ❑ 当请求 URL 为“/xxx/yyy/a.do”时，“/*”和“*.do”都可以匹配这个 URL，Tomcat 会调用 Servlet2。

3. 缺省 Servlet

如果某个 Servlet 的映射路径仅仅是一个正斜线（/），那么这个 Servlet 就是当前 Web 应用的缺省 Servlet。Servlet 服务器在接收到访问请求时，如果找不到匹配的 URL，就会将访问请求交给缺省 Servlet 处理，也就是说，缺省 Servlet 用于处理其他 Servlet 都不处理的访问请求。接下来对本示例中的 Servlet 访问配置进行修改，将其设置为缺省 Servlet，具体如下。

修改 web.xml 文件，代码如下。

```
<servlet>                                        <!-- 定义 servlet -->
```

```
        <servlet-name>hello</servlet-name>                  <!-- 与 servlet-mapping 相对应 -->
        <servlet-class>                                      <!-- 定义"包.类"名称 -->
            com.ch03.servletdemo.HelloWorldServlet
        </servlet-class>
    </servlet>
    <servlet-mapping>                                        <!-- 映射路径 -->
        <servlet-name>hello</servlet-name>                   <!-- 与 servlet 相对应 -->
        <url-pattern>/</url-pattern>                         <!-- 缺省 Servlet -->
    </servlet-mapping>
```

或者修改注解，代码如下。

```
import jakarta.servlet.annotation.WebServlet;
@WebServlet( "/" )                                       //注解配置 Servlet 多个访问虚拟路径
public class HelloWorldServlet extends HttpServlet{ //继承 HttpServlet
//Servlet 类实现代码
}
```

启动 Tomcat 服务器，在浏览器的地址栏中输入任意地址，如"http://localhost:8080/ch03/abc"，浏览器的显示结果如图 3-9 所示。

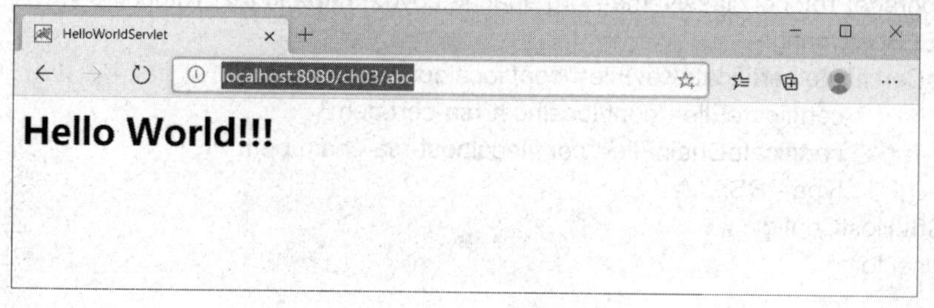

图 3-9　运行结果

从图 3-9 中可以看出，当 URL 地址和 HelloWorldServlet 的虚拟路径不匹配时，浏览器仍然可以正常访问 HelloWorldServlet。其实，我们看到的 404 错误等提示页面就是由缺省 Servlet 处理的。

3.3.3　Servlet 新版本特性

Servlet API 是 Java 开发人员最熟悉的 API 之一，Servlet 在 1999 年所发布的 J2EE 1.2 版本中首次面世，Servlet 在 Java Web 开发中发挥着重要的作用。Servlet 自诞生以来经历了不同的版本，Servlet 3.0 之前的版本在 web.xml 文件中配置类和访问路径，Servelt 3.0 版本开始支持注解方式配置，新增的注解支持简化 Servlet、过滤器（Filter）和监听器（Listener）的声明，这使得 web.xml 部署描述文件从该版本开始不再是必选的了。

从 Servlet 3.1 到 Servlet 4.0 是对 Servlet 协议的一次大改动，而改动的关键之处在于对 HTTP/2.0 的支持。JavaEE 8 对 Servlet 4.0 进行了重要的优化，其中服务器推送是最主要的更新。如果要使用服务器推送的功能，则必须使用 HTTP/2.0 版本的协议。HTTP/2.0 将是继 HTTP/1.1 协议规范化以来首个 HTTP 协议新版本，相对于 HTTP/1.1，HTTP/2.0 将带来许多的增强。JavaEE 8 提供了对 Servlet 映射的运行时发现，在运行时我们可以获取 Servlet 的名称和映射路径。JavaEE 8 简化了对 Filter 的开发。

如何使用 HTTP/2.0 协议？

Servlet 4.0 是使用 HTTP/2.0 协议，而 Tomcat 下载后，默认使用的是 HTTP/1.1，所以我们要先修改 server.xml 配置文件。

（1）注释原有的默认使用 HTTP/1.1 方式。

```
<!--
    <Connector port="8080" protocol="HTTP/1.1"
           connectionTimeout="20000"
           redirectPort="8443" />
-->
```

（2）开启 HTTP2 的注释，并删除 certificateChainFile 这一行，HTTP2 使用的端口不再是 8080，而是 8443，使用 HTTP2 需要配置一个私钥文件和一个证书文件。

```
<Connector port="8443" protocol="org.apache.coyote.http11.Http11AprProtocol"
         maxThreads="150" SSLEnabled="true" >
    <UpgradeProtocol className="org.apache.coyote.http2.Http2Protocol" />
    <SSLHostConfig>
      <Certificate certificateKeyFile="conf/localhost-rsa-key.pem"
               certificateFile="conf/localhost-rsa-cert.pem"
               certificateChainFile="conf/localhost-rsa-chain.pem"
               type="RSA" />
    </SSLHostConfig>
  </Connector>
```

关于上面 Certificate 标签的有关说明：当你申请证书时或获取一个证书 cert 文件和一个私钥 key 文件，certificateKeyFile 储存的就是你的私钥 key 文件，certificateFile 储存的则是证书 cert 文件，默认放在 Tomcat 的 conf 目录下。

关于 certificateChainFile 的有关说明：一般操作系统/浏览器会内置一些 CA（证书颁发机构）的证书，如果你的证书是直接由这些内置 CA 颁发的，那么就不需要 Chain 文件，浏览器可以直接识别你的证书。如果你的证书是由二级 CA 颁发的，即内置 CA 颁发给另一个二级 CA，然后二级 CA 再颁发给你，那么就需要 Chain 文件，否则浏览器就无法确定你的证书和内置 CA 的关系。如果你将自己的 CA 设置成了内置 CA，那么直接由你的 CA 颁发的证书自然就不需要 Chain 文件。

（3）现在我们需要生成 server.xml 配置中的证书和私钥文件，下载 openssl，解压文件后进入 bin 目录，启动 openssl.exe 生成私钥。

```
OpenSSL> genrsa -out localhost-rsa-key.pem 1024
```

使用配置文件生成证书。

```
OpenSSL> req -new -x509 -key localhost-rsa-key.pem -out localhost-rsa-cert.pem
-days 3650 -config D:\soft\openssl\openssl-0.9.8k_WIN32\bin\openssl.cnf
```

（4）将第三步生成的两个文件放入 Tomcat 的 conf 目录下。

（5）下载 tomcat-nativate 文件并解压，如果是 win32 系统，直接将 bin 目录下 tcnative-1.dll 和 tcnative-1-src.pdb 文件复制到 jdk 的 bin 目录下；如果是 win 64 系统，则将 x64 文件下的这两个文件复制到 jdk 目录下。

至此已经完成了 Tomcat 的 HTTP 协议的升级，现在可以启动 Tomcat，然后访问 https://localhost:8443/即可看到 Tomcat 页面。

目前 Servlet 最新版本是 5.0，Servlet 规范在 4.0 和 5.0 之间没有重大变化，只是从 javax.* 迁移到了 jakarta.*包命名。读者务必注意 Servlet API 的版本，4.0 及之前的 Servlet API 由 Oracle 官方维护，引入的依赖项是 javax.servlet:javax.servlet-api，编写代码时引入的包名为 import javax.servlet.*；而 5.0 及以后的 Servlet API 由 Eclipse 开源社区维护，引入的依赖项是 jakarta.servlet:jakarta.servlet-api，编写代码时引入的包名为 import jakarta.servlet.*。

由于 Servlet 版本分为≤4.0 和≥5.0 两种，所以，要根据使用的 Servlet 版本选择正确的 Tomcat 版本。从 Tomcat 版本页可知：

- 使用 Servlet 版本≤4.0 时，选择 Tomcat 9.x 或更低版本。
- 使用 Servlet 版本≥5.0 时，选择 Tomcat 10.x 或更高版本。

本示例采用最新的 jakarta.servlet:5.0.0 版本，使用 Tomcat 10.x 版本的服务器。

3.4 Servlet 与表单

3.4.1 表单的请求方式

表单用来接收用户的输入，并将用户的输入以“name-value”（“名称-值”对）集合的形式提交到服务器进行处理。那么表单是怎样将数据提交到服务器的？服务器是怎样对表单数据进行处理的？

表单用<form></form> 标记定义，表单里面放置了各种接收用户输入的控件。示例代码如下。

```
<form name="”input”  action="" method="post">
    <input type="text" name="name">
    <input type="submit" value="submit">
</form>
```

首先我们来看一下表单 form 的一些属性。

- id：表单的唯一标识。
- name：表单的名字。
- method：定义表单提交的方法，最常用的有两种方法为 GET 方法和 POST 方法。
- action：用于处理表单的服务器端页面（以 URL 形式表示）。

表单中的控件有两个属性是非常重要的：name 属性和 value 属性，每一个控件的这两个属性将构成“name-value”对提交到 action 属性所定义的页面进行处理。

表单请求，一般常用的是 GET 和 POST 提交方式，那么这两种方法有什么区别呢？

1. POST 方法

用这种方法提交的表单，数据将以数据块的形式提交到服务器，表单数据不会出现在 URL 中，所以用这种方式提交的表单数据是安全的。如果表单数据中包含类似于密码等数据，建议使用 POST 方法。

2. GET 方法

这是发送表单数据的默认方法，它会把表单数据以“?name1=value1&name2=value2”的查询字符串形式附加到 URL 的后面，并提交给服务器处理。“?”用来分隔 URL 和传输数据，“&”用来连接多个参数。这种方法比 POST 方法效率高，但安全性低，因为表单数据会暴露在 URL 中。如果表单中没有敏感数据，建议使用 GET 方法。

HTTP 规范没有限制 URL 的长度和传输的数据大小。但是在实际开发中，GET 请求的 URL 长度会受到浏览器和服务器的限制。所以在使用 GET 请求时，传输数据有可能受到 URL 长度的影响。

POST 请求不是用 URL 传递数据，所以理论上没有限制；但是实际上服务器会限制 POST 提交的数据大小。GET 方法传递的数据量小，POST 方法传递的数据量大。所以，对于数据量小、安全要求低的请求，可以选择用 GET 方法；对于数据量大、安全要求高的请求，则推荐使用 POST 方法。

3.4.2 Servlet 处理表单请求

由于 Servlet 本身也存在 HttpServletRequest 和 HttpServletResponse 对象的声明，所以也可以使用 Servlet 接收用户所提交的内容。

【例 3-2】处理表单请求。

（1）定义表单——input.html。

```
<html>
<head><title>input</title></head>
<body>
<form action="/ch03/InputServlet" method="post">
     请输入内容：<input type="text" name="info">
     <input type="submit" value="提交">
 </form>
</body>
</html>
```

将此 HTML 文件保存在 Tomcat 安装目录下的/webapps/ch03 中。

注意：地址提交属于 GET 提交方式。

在进行 Servlet 开发时，如果直接通过浏览器输入一个地址，对于服务器来说就相当于客户端发出了一个 GET 请求，会自动调用 doGet()处理。

本程序中表单会提交到/ch03/InputServlet 路径上，而且由于此时的表单使用的是 POST 提交方法，所以在编写 Servlet 程序时要使用 doPost()方法。

此处使用的路径为/ch03/InputServlet，以“/”开头，“/”代表 Tomcat 服务器下 Web 应用程序的发布目录，即 webapps，相当于地址栏中“http://localhost:8080”。

注意：客户端和服务器对“/”根目录的解释不同。

在【例 3-1】中，在配置 Servlet 的访问虚拟目录时，路径以“/”开头，相当于地址栏中“http://localhost:8080/ch03/”，本示例中 HTML 文件表单的 action 属性设置的路径也是以“/”开头，相当于地址栏中“http://localhost:8080/”，这两处的“/”根目录的含义不同，这是因为客户端和服务器对“/”根目录的解析不同。

记住，凡是让服务器解析“/”指的是当前 Web 应用的根目录，凡是让浏览器解析“/”指的是 Web 容器根目录（对 Tomcat 来说即 webapps）。

（2）接收用户请求——InputServlet.java。

```
package com.ch03.servletdemo;
import java.io.* ;
import jakarta.servlet.* ;
import jakarta.servlet.http.* ;
import jakarta.servlet.annotation.WebServlet;                    //使用 WebServlet 注解时导入
@WebServlet("/InputServlet")                                     //注解配置 Servlet 访问虚拟路径
public class InputServlet extends HttpServlet{                   //继承 HttpServlet
    public void doGet(HttpServletRequest request,HttpServletResponse response)
            throws ServletException,IOException{                 //处理 GET 请求
        String info = request.getParameter("info") ;             //接收请求参数，参数名称为 info
        PrintWriter out = response.getWriter() ;                 //获取输出流对象
        out.println("<html>") ;                                  //输出 html 元素
        out.println("<head><title>From Input</title></head>") ;
        out.println("<body>") ;
        out.println("<h1>"+info+"</h1>") ;
        out.println("</body>") ;
        out.println("</html>") ;
        out.close() ;                                            //关闭输出流
    }
    public void doPost(HttpServletRequest req,HttpServletResponse resp)
            throws ServletException,IOException{                 //处理 POST 请求
        this.doGet(req,resp) ;                                   //调用 doGet()方法
    }
}
```

在 Servlet 3.0 及以上版本中，Servelt 访问虚拟路径不需要配置在 web.xml 文件中，可以直接通过注解的方式来实现，本示例中采用此方式。

通常在 Servlet 中为了完成 GET 和 POST 请求，会重写 doGet()和 doPost()这两个方法。

本示例中由于要处理表单，所以增加了 doPost()方法，但是由于现在要处理的操作代码

主体和 doGet()方法一样，所以直接利用 this.doGet(request,response) 调用了本类中的 doGet()方法完成操作。可以发现，本示例中继续使用了 HttpServletRequest 接收请求参数，并通过 PrintWriter 输出内容。

注意：

在 Web 开发中，所有参数不一定非要由表单传递，也可以使用地址重写的方式进行传递。地址重写的格式如下。

【格式 URL 地址重写】

动态页面地址？参数名称 1=参数内容 1&参数名称 2=参数内容 2&…

从以上格式中可以发现，所有的参数与之前的地址之间使用“？”分离，然后按照“参数名称=参数内容”的格式传递参数，多个参数之间使用“&”分离。

（3）请求表单，输入参数。如图 3-10 所示。

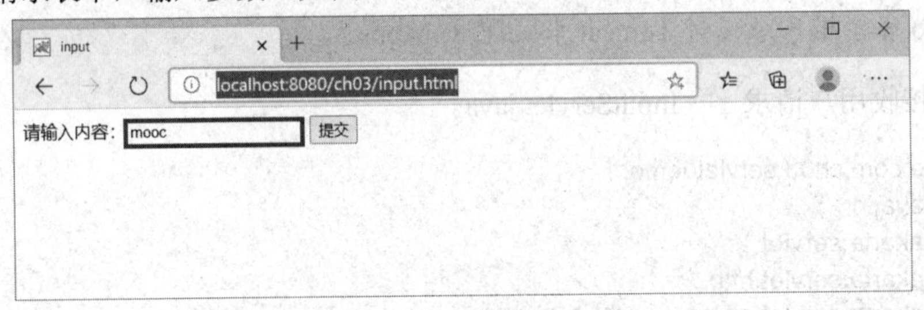

图 3-10　提交表单

（4）单击【提交】按钮，将表单提交给 InputServlet 处理。程序运行结果如图 3-11 所示（注意观察页面路径）。

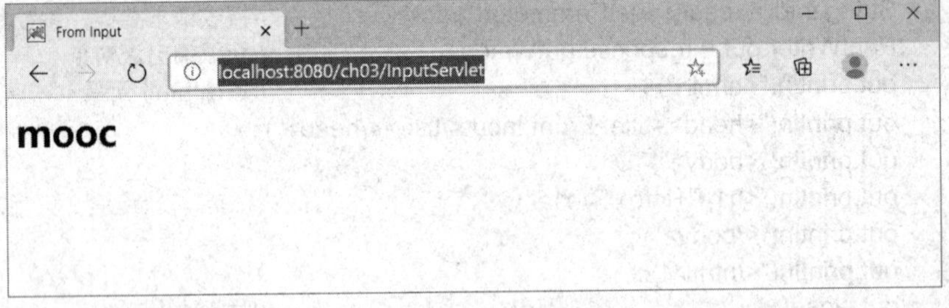

图 3-11　运行结果

注意：关于 Servlet 路径问题。

在实际的开发中，经常会出现找不到 Servlet 而报的 404 错误。面对这种问题，一定要耐心观察每一步的提交路径，明确提交后的页面路径与配置的 Servlet 路径一致。或者更为直接的方式是在表单的 action 中让其路径设置成“<%=request.getContextPath()%>/ch03/InputSerlvet”，但是此内容只能写在 JSP 文件中，后续学完 JSP 之后读者可以自行实验。

随堂练习：

编写一个表单请求 Servlet 应用，Servlet 获取客户端表单数据,实现两个数字的相除运算。

说明：

- 表单文件 form1.html：包含两个接收用户数据输入的文本框，一个提交计算请求的 submit 按钮。
- CountServlet 程序：实现获取表单参数并转换成数值类型的数据进行相除运算，最后将计算结果返回给客户端。
- 数据类型转换，除数不能为 0 的判断。

3.4.3　获取请求头信息

在 Servlet API 中定义了一个 HttpServletRequest 接口，它继承自 ServletRequest 接口，专门用来封装 HTTP 请求消息。由于 HTTP 请求消息分为请求行、请求消息头和请求消息体三部分，因此，在 HttpServletRequest 接口中定义了获取请求行、请求消息头和请求消息体的相关方法。接下来，本节将针对这些方法进行详细的讲解。

1. 获取请求行信息的相关方法

当访问 Servlet 时，所有请求消息将被封装到 HttpServletRequest 对象中，请求消息的请求行中包含请求方法、请求资源名、请求路径等信息，为了获取这些信息，在 HttpServlet-Request 接口中定义了一系列用于获取请求行的方法，如表 3-7 所示。

表 3-7　获取请求行的相关方法

序　号	方　法	说　明
1	String getMethod()	该方法用于获取 HTTP 请求消息中的请求方式（如 GET、POST 等）
2	String getRequestURI()	该方法用于获取请求行中资源名称部分，即位于 URL 的主机和端口之后、参数部分之前的部分
3	String getQueryString()	该方法用于获取请求行中的参数部分，也就是资源路径后面问号（？）以后的所有内容
4	String getProtocol()	该方法用于获取请求行中的协议名和版本，例如，HTTP/1.0 或 HTTP/1.1
5	String getContextPath()	该方法用于获取请求 URL 中属于 Web 应用程序的路径，这个路径以“/”开头，表示相对于整个 Web 站点的根目录，路径结尾不含“/”。如果请求 URL 属于 Web 站点的根目录，那么返回结果为空字符串（"")
6	String get ServletPath()	该方法用于获取 Servlet 的名称或 Servlet 所映射的路径
7	String getRemoteAddr()	该方法用于获取请求客户端的 IP 地址，其格式类似于“192.168.0.2”
8	String getRemoteHost()	该方法用于获取请求客户端的完整主机名。需要注意的是，如果无法解析出客户机的完整主机名，该方法将会返回客户端的地址
9	int getRemotePort()	该方法用于获取请求客户端网络连接的端口号
10	String getLocalAddr()	该方法用于获取 Web 服务器上接收当前请求网络连接的 IP 地址

续表

序　号	方　法	说　明
11	String getLocalName()	该方法用于获取 Web 服务器上接收当前网络连接 IP 所对应的主机名
12	int getLocalPort()	该方法用于获取 Web 服务器上接收当前网络连接的端口号
13	String getServerName()	该方法用于获取当前请求所指向的主机名，即 HTTP 请求消息中 Host 头字段所对应的主机名部分
14	int getServerPort()	该方法用于获取当前请求所连接的服务器端口号，即 HTTP 请求消息中 Host 头字段所对应的端口号部分
15	String getScheme()	该方法用于获取请求的协议名，如 http、https 或 ftp
16	StringBuffer getRequestURL()	该方法用于获取客户端发出请求时的完整 URL，包括协议、服务器名、端口号、资源路径等信息，但不包括后面的查询参数部分。注意，getRequestURL()方法返回的结果是 String Buffer 类型，而不是 String 类型，这样更便于对结果进行修改

表 3-7 列出了一系列用于获取请求消息行信息的方法，为了使读者更好地理解这些方法，接下来通过一个案例来演示这些方法的使用。

【例 3-3】获取请求行。

新建 RequestLineServlet 类，该类中编写了用于获取请求行中相关信息的方法，代码如下。

```
package com.ch03.servletdemo;
import java.io.IOException;
import java.io.PrintWriter;
import jakarta.servlet.ServletException;
import jakarta.servlet.annotation.WebServlet;
import jakarta.servlet.http.HttpServlet;
import jakarta.servlet.http.HttpServletRequest;
import jakarta.servlet.http.HttpServletResponse;
@WebServlet("/RequestLineServlet")
public class RequestLineServlet extends HttpServlet {
    protected void doGet(HttpServletRequest request, HttpServletResponse response) throws
ServletException, IOException {
        response.setContentType("text/html;charset=utf-8");
        PrintWriter out=response.getWriter();
        //获取请求行的相关信息
        out.println("getMethod: "+request.getMethod()+"<br/>");
        out.println("getRequestURI : " + request.getRequestURI() + "<br>");
        out.println("getQueryString:"+request.getQueryString() + "<br>");
        out.println("getProtocol : " + request.getProtocol() + "<br>");
        out.println("getContextPath:"+request.getContextPath() + "<br>");
        out.println("getPathInfo : " + request.getPathInfo() + "<br>");
        out.println("getPathTranslated : " + request.getPathTranslated() + "<br>");
        out.println("getServletPath:"+request.getServletPath() + "<br>");
        out.println("getRemoteAddr : " + request.getRemoteAddr() + "<br>");
        out.println("getRemoteHost : " + request.getRemoteHost() + "<br>");
        out.println("getRemotePort : " + request.getRemotePort() + "<br>");
```

```
        out.println("getLocalAddr : " + request.getLocalAddr() + "<br>");
        out.println("getLocalName : " + request.getLocalName() + "<br>");
        out.println("getLocalPort : " + request.getLocalPort() + "<br>");
        out.println("getServerName : " + request.getServerName() + "<br>");
        out.println("getServerPort : " + request.getServerPort() + "<br>");
        out.println("getScheme : " + request.getScheme() + "<br>");
        out.println("getRequestURL : " + request.getRequestURL() + "<br>");
    }
    protected void doPost(HttpServletRequest request, HttpServletResponse response) throws
ServletException, IOException {
        // TODO Auto-generated method stub
        doGet(request, response);
    }
}
```

将编译生成的 RequestLineServlet.class 文件所在的包保存到/WEB-INF/classes/目录下，需要注意的是，在复制时要将该文件所在的包目录（com/ch03/servletdemo）一起复制过去，启动 Tomcat 服务器，在浏览器的地址栏中输入地址“http://localhost:8080/ch03/RequestLineServlet”，浏览器的显示结果如图 3-12 所示。

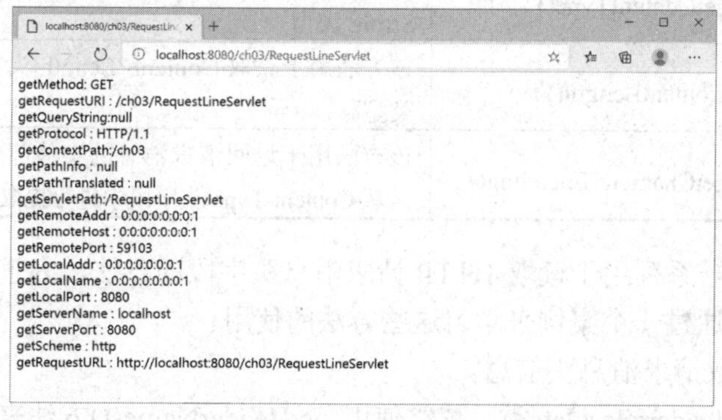

图 3-12　运行结果

从图 3-12 中可以看出，浏览器显示出了请求 RequestLineServlet 时发送的请求行信息。由此可见，通过 HttpServletRequest 对象可以很方便地获取到请求行的相关信息。

2. 获取请求消息头的相关方法

当请求 Servlet 时，需要通过请求消息头向服务器传递附加信息，例如，客户端可以接收的数据类型、压缩方式、语言等。为此，在 HttpServletRequest 接口中定义了一系列用于获取 HTTP 请求消息头字段的方法，如表 3-8 所示。

表 3-8　获取请求消息头的方法

序　号	方　法	说　明
1	String getHeader(String name)	该方法用于获取一个指定头字段的值，如果请求消息中没有包含指定的头字段，getHeader()方法返回 null；如果请求消息中包含多个指定名称的头字段，getHeade()方法返回其中第 1 个头字段的值

续表

序　号	方　法	说　明
2	Enumeration getHeaders (String name)	该方法返回一个 Enumeration 集合对象，该集合对象由请求消息中出现的某个指定名称的所有头字段值组成。在多数情况下，一个头字段名在请求消息中只出现一次，但有时候可能会出现多次
3	Enumeration getHeaderNames()	该方法用于获取一个包含所有请求头字段的 Enumeration 对象
4	int getIntHeader(String name)	该方法用于获取指定名称的头字段，并且将其值转换为 int 类型。需要注意的是，如果指定名称的头字段不存在，返回值为-1；如果获取到的头字段的值不能转换为 int 类型，将发生 NumberFormatException 异常
5	long getDateHeader(String name)	该方法用于获取指定头字段的值，并将其按 GMT 时间格式转换成一个代表日期/时间的长整数，这个长整数是自 1970 年 1 月 1 日 0 点 0 分 0 秒算起的以毫秒为单位的时间值
6	String getContentType()	该方法用于获取 Content-Type 头字段的值，结果为 String 类型
7	int get ContentLength()	该方法用于获取 Content- Length 头字段的值，结果为 int 类型
8	String getCharacterEncoding()	该方法用于返回请求消息的实体部分的字符集编码，通常从 Content-Type 头字段中进行提取，结果为 String 类型

表 3-8 列出了一系列用于读取 HTTP 请求消息头字段的方法，为了让读者更好地掌握这些方法，接下来通过一个案例来学习这些方法的使用。

【例 3-4】获取请求消息头信息。

新建 RequestHeadersServlet 类，该类使用 getHeaderNames()方法来获取请求消息头信息，代码如下。

```
package com.ch03.servletdemo;
import java.io.*;
import jakarta.servlet.*;
import jakarta.servlet.annotation.WebServlet;
import jakarta.servlet.http.*;
import java.util.*;
@WebServlet("/RequestHeadersServlet ")
public class RequestHeadersServlet extends HttpServlet{
    private static final long serialVersionUID = 1L;
    public void doGet(HttpServletRequest request,HttpServletResponse response)
    throws ServletException,IOException{
        response.setContentType("text/html;charset=UTF-8");
        //获取请求消息中所有头字段
        Enumeration<String> enu=request.getHeaderNames();
        PrintWriter out = response.getWriter();
        //遍历 HTTP 请求信息头的名字和值
```

```
        while(enu.hasMoreElements()){
            String headerName=(String)enu.nextElement();
            String headerValue=request.getHeader(headerName);
            out.println(headerName+"--------------->"+headerValue+"<br/>");
        }
    }
    public void doPost(HttpServletRequest request,HttpServletResponse response)
    throws ServletException,IOException{
        this.doGet(request,response);
    }
}
```

将编译生成的 RequestHeadersServlet.class 文件所在的包保存到/WEB-INF/classes/目录下，启动 Tomcat 服务器，在浏览器的地址栏中输入地址“http://localhost:8080/ch03/RequestHeadersServlet”，浏览器的显示结果如图 3-13 所示。

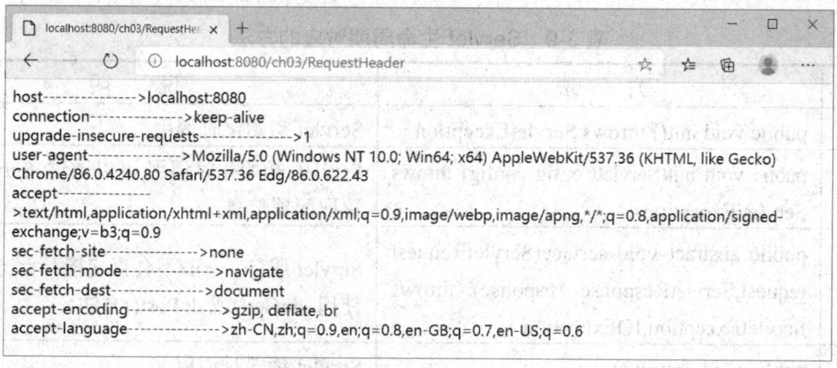

图 3-13　运行结果

随堂练习：

编写一个用户注册页面 Regist.html(请求方式为 POST)，页面尽量美观，包含用户名、密码、密码找回问题、答案等表单元素，编写 RegistServlet，返回信息如下：注册成功，欢迎你×××（用户名）！

3.5　Servlet 生命周期

3.5.1　Servlet 运行原理及生命周期

Servlet 程序是运行在服务器端的一段 Java 程序，其生命周期将受到 Web 容器的控制。Servlet 生命周期可被定义为从创建直到毁灭的整个过程。生命周期包括加载程序、初始化、服务、销毁、卸载 5 个部分，如图 3-14 所示。

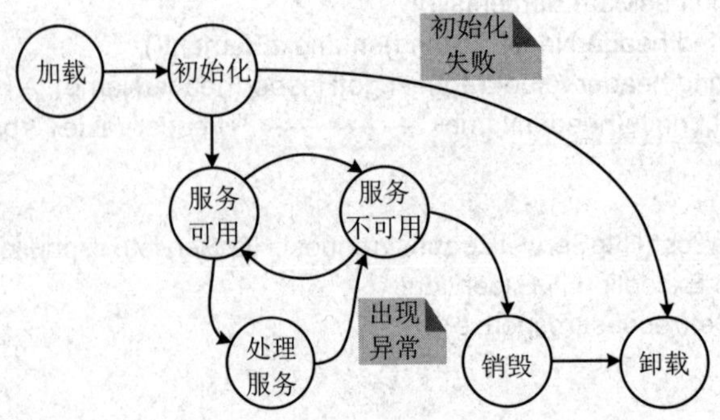

图 3-14　Servlet 生命周期

图 3-14 中所示的各个生命周期都可以在 HttpServlet 和 GenericServlet 类中发现对应的方法，这些方法如表 3-9 所示。

表 3-9　Servlet 生命周期对应的方法

序　号	方　法	说　明
1	public void init() throws ServletException	Servlet 初始化时调用
2	public void init(ServletConfig config) throws Servlet Exception	Servlet 初始化时调用,可以通过 ServletConfig 读取配置信息
3	public abstract void service(ServletRequest request,ServletResponse response) throws ServletException,IOException	Servlet 服务，一般不会直接覆写此方法，而是使用 doGet()或 doPost()方法
4	public void destroy()	Servlet 销毁时调用

Servlet 程序是由 Web 容器调用，Web 容器接收到客户端的 Servlet 访问请求的操作如下。

（1）Web 容器首先检查是否已经装载并创建了该 Servlet 的实例对象。如果是，则直接执行第（4）步，否则，执行第（2）步。

（2）装载并创建该 Servlet 的一个实例对象。

（3）调用 Servlet 实例对象的 init()方法。

（4）创建一个用于封装 HTTP 请求消息的 HttpServletRequest 对象和一个代表 HTTP 响应消息的 HttpServletResponse 对象，然后调用 Servlet 的 service()方法并将请求和响应对象作为参数传递进去。

（5）Web 服务器被停止或重新启动之前，Servlet 引擎将卸载 Servlet，并在卸载之前调用 Servlet 的 destroy()方法。

图 3-14 中所示的各个生命周期的作用如下。

1. 加载 Servlet

Web 容器负责加载和实例化 Servlet，当 Web 容器启动时或者是第一次使用这个 Servlet 时，容器会负责创建 Servlet 实例，成功加载后，Web 容器会通过反射的方式对 Servlet 进行实例化，调用默认(即不带参数)的构造方法。

2. 初始化

当一个 Servlet 被实例化后，容器将调用 init()方法初始化这个对象，初始化是为了让 Servlet 对象在处理客户端请求前完成一些初始化的工作，如建立数据库连接、读取资源文件信息等，如果初始化失败，则此 Servlet 将被直接卸载。需要注意的是，在 Servlet 的整个生命周期内，init()方法只被调用一次。

3. 处理服务

Servlet 被初始化以后，就处于能响应请求的就绪状态。当有请求提交时，Servlet 容器会为这个请求创建代表 HTTP 请求的 ServletRequest 对象和代表 HTTP 响应的 ServletResponse 对象，然后将它们作为参数传递给 Servlet 的 service()方法，此操作可以调用 doGet()或 doPost()方法来处理请求。在 service()方法中，Servlet 可以通过 ServletRequest 对象接收客户的请求信息并处理该请求，也可以利用 ServletResponse 对象设置响应信息。

在 Servlet 的整个生命周期内，对于 Servlet 的每一次访问请求，Servlet 容器都会调用一次 service()方法，并且创建新的 ServletRequest 和 ServletResponse 对象，也就是说，service()方法在 Servlet 的整个生命周期中会被调用多次。

4. 销毁

当 Web 容器关闭或者检测到一个 Servlet 要从容器中被删除时，会自动调用 destroy()方法，以便让该实例释放所占用的资源。在 Servlet 的整个生命周期中，destroy()方法也只被调用一次。

5. 卸载

当一个 Servlet 调用完 destroy()方法后，此实例将等待被垃圾收集器回收，如果需再次使用此 Servlet 时，会重新调用 init()方法初始化。

需要注意的是，Servlet 对象一旦创建就会驻留在内存中等待客户端的访问，直到服务器关闭或 Web 应用被移除出容器，Servlet 对象才会销毁。在正常情况下，Servlet 只会初始化一次，而处理服务会调用多次，销毁也只会调用一次。但是如果一个 Servlet 长时间不使用，也会被容器自动销毁，而如果需要再次使用时，则会重新进行初始化的操作。

注意：

在 Web 服务器运行阶段，每个 Servlet 都只会创建一个实例对象。然而，每次 HTTP 请求，Web 容器都会调用所请求 Servlet 实例的 service (HttpServletRequest request, HttpServletResponse response)方法，重新创建一个 request 对象和一个 response 对象。

3.5.2　举例验证各生命周期阶段

【例 3-5】 生命周期——LifeCycleServlet.java。

```
package com.ch03.servletdemo;
import java.io.*;
```

```
import jakarta.servlet.http.*;
import jakarta.servlet.*;
public class LifeCycleServlet extends HttpServlet{
    public LifeCycleServlet(){                                    //构造方法
        System.out.println("1、Servlet 实例化---构造方法调用");
    }
    public void init()   throws ServletException{                 //初始化操作
        System.out.println("2、初始化 Servlet---init()方法调用");
    }
public void service(HttpServletRequest request,HttpServletResponse response)
throws ServletException,IOException{                              //处理服务
        System.out.println("3、服务方法 Servlet---service()方法调用");
    }
    public void destroy(){                                        //Servlet 销毁
        System.out.println("4、销毁 Servlet---destroy()方法调用");
        try{
            Thread.sleep(3000);                                   //线程延迟以延长容器关闭时间
        }catch(InterruptedException e){
    e.printStackTrace();
        }
    }
}
```

编译 LifeCycleServlet.java 文件，将编译后生成的 class 文件复制到 Tomcat 服务器中 webapps\ch03\WEB-INF\ classes 目录下。

Servlet 2.5 在 web.xml 中配置 Servlet。

```
<servlet>                                                     <!--定义 Servlet-->
    <servlet-name>lifeServlet</servlet-name>                  <!--与 servlet-mapping 对应-->
    <servlet-class>
com.ch03.servletdemo.LifeCycleServlet                         <!--定义“包.类”名称-->
</servlet-class>
</servlet>
<servlet-mapping>                                             <!--映射路径-->
    <servlet-name>lifeServlet</servlet-name>                  <!--与 servlet 相对应-->
    <url-pattern>/LifeCycleServlet</url-pattern>              <!--页面访问虚拟路径-->
</servlet-mapping>
```

Servlet 3.0 使用注解配置 Serlvet。

```
package com.ch03.servletdemo;
import java.io.*;
import jakarta.servlet.http.*;
import jakarta.servlet.*;
import jakarta.servlet.annotation.WebServlet;
@WebServlet("/LifeCycleServlet")                              //注解配置 Servlet 访问虚拟路径
public class LifeCycleServlet extends HttpServlet{ ...
}
```

启动 Tomcat 服务器，在浏览器的地址栏中输入地址“http://localhost:8080/ch03/Life-

CycleServlet”访问 LifeCycleServlet。

程序运行后，通过后台的 Tomcat 窗口可以看到程序的输出，且可以发现如下变化。

（1）当第一次调用此 Servlet 时会出现初始化信息，如图 3-15 所示。

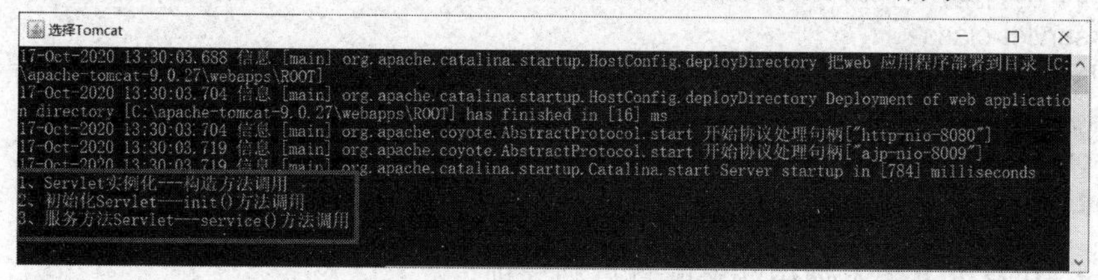

图 3-15

（2）当刷新页面，重复调用此 Servlet 时会出现服务方法被调用多次的信息，如图 3-16 所示。

```
Tomcat
17-Oct-2020 13:33:14.696 信息 [main] org.apache.catalina.startup.HostConfig.deployDirectory Deployment of web applicatio
n directory [C:\apache-tomcat-9.0.27\webapps\ROOT] has finished in [16] ms
17-Oct-2020 13:33:14.712 信息 [main] org.apache.coyote.AbstractProtocol.start 开始协议处理句柄["http-nio-8080"]
17-Oct-2020 13:33:14.712 信息 [main] org.apache.coyote.AbstractProtocol.start 开始协议处理句柄["ajp-nio-8009"]
17-Oct-2020 13:33:14.712 信息 [main] org.apache.catalina.startup.Catalina.start Server startup in [891] milliseconds
1、Servlet实例化——构造方法调用
2、初始化Servlet——init()方法调用
3、服务方法Servlet——service()方法调用
3、服务方法Servlet——service()方法调用
```

图 3-16

（3）当容器关闭时会出现销毁信息，如图 3-17 所示。

```
Tomcat
17-Oct-2020 13:39:42.738 信息 [main] org.apache.coyote.AbstractProtocol.start 开始协议处理句柄["ajp-nio-8009"]
17-Oct-2020 13:39:42.754 信息 [main] org.apache.catalina.startup.Catalina.start Server startup in [896] milliseconds
1、Servlet实例化——构造方法调用
2、初始化Servlet——init()方法调用
3、服务方法Servlet——service()方法调用
3、服务方法Servlet——service()方法调用
17-Oct-2020 13:39:52.881 信息 [main] org.apache.catalina.core.StandardServer.await A valid shutdown command was received
 via the shutdown port. Stopping the Server instance.
17-Oct-2020 13:39:52.881 信息 [main] org.apache.coyote.AbstractProtocol.pause Pausing ProtocolHandler ["http-nio-8080"]
17-Oct-2020 13:39:53.013 信息 [main] org.apache.coyote.AbstractProtocol.pause Pausing ProtocolHandler ["ajp-nio-8009"]
17-Oct-2020 13:39:53.110 信息 [main] org.apache.catalina.core.StandardService.stopInternal Stopping service [Catalina]
4、销毁Servlet——destroy()方法调用
```

图 3-17

注意：

关闭 Tomcat 服务器时，如果观察不到销毁信息，可以在 destroy()方法中加入一个线程的延迟操作（Thread.sleep(3000)），以延长容器的关闭时间。

如果 LifeCycleServlet 类中重写了 service()方法，则对应 doGet()或 doPost()方法就失效了，只能用 service()方法来处理请求。因为 HttpServlet 类中已经重写了 service()方法，它的主要功能是根据不同的请求类型，调用相应的 doXxx()方法处理。如果是 get 请求，就自动调用 doGet()方法；如果是 post 请求，就自动调用 doPost()方法。所以，继承 HttpServlet 的类只要根据请求方式重写相应的 doXxx()方法就行了，不用重写 service()方法。

初始化方法默认是在第一次使用时调用，但也可以通过修改配置，在容器启动时就让 Serlvet 初始化，只需要直接配置启动选项即可。

Servlet 2.5 在 web.xml 中配置启动选项。

```
<servlet>                                                    <!--定义 Servlet-->
    <servlet-name>lifeServlet</servlet-name>                 <!--与 servlet-mapping 对应-->
    <servlet-class>
com.ch03.servletdemo.LifeCycleServlet                        <!--定义“包.类”名称-->
</servlet-class>
<load-on-startup>1</load-on-startup>                         <!--自动加载-->
</servlet>
```

Servlet 3.0 及以上版本使用注解配置启动选项。

```
package com.ch03.servletdemo;
import java.io.*;
import jakarta.servlet.http.*;
import jakarta.servlet.*;
import jakarta.servlet.annotation.WebServlet;          //使用 WebServlet 注解时导入
@WebServlet(value="/life",loadOnStartup=1)             //注解配置自动加载 Servlet
public class LifeCycleServlet extends HttpServlet{ ...
}
```

以上配置完成后，启动 Tomcat 服务器，在 Tomcat 控制台中查看输出的信息，如图 3-18 所示。

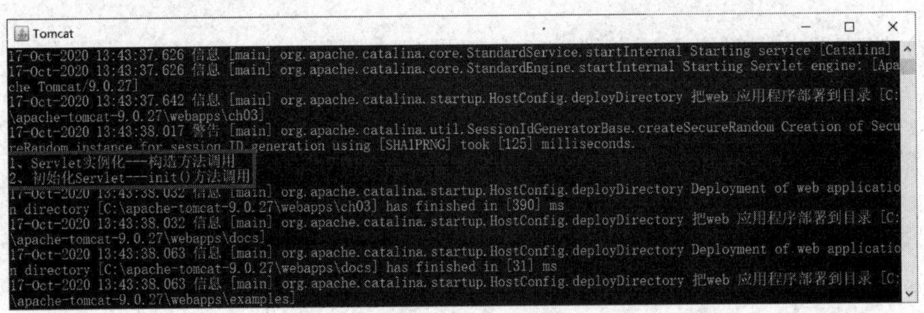

图 3-18　容器启动自动加载 Servlet

从图 3-18 中可以看出，当 Tomcat 服务器启动时，Serlvet 会被自动加载并且初始化。

3.6　中文乱码处理

在 Java Web 应用程序的开发过程中，不可避免地会进行中文处理，如果处理不当可能会遇到中文乱码的问题。本节将介绍中文乱码问题的由来，分析 Java 处理字符的过程，并提出中文乱码问题的解决方案。

3.6.1　常见字符集

由于计算机中的数据都是以二进制形式存储的，所以保存不同的字符就需要使用不同的二进制编码，也就是用二进制的数字表示字符的一种规则，字符编码的集合就是字符集。最开始，计算机需要处理的字符非常少，只包括 26 个英文字母、数字、标点符号和一些常用的特殊字符，采用一个字节就可以编码这些字符，但是随着字符的数量越来越多，编码的方式也越来越多，字符之间的转换就显得至关重要。目前，常用的字符集包括以下几种。

1. ASCII

ASCII（American Standard Code for Information Interchange，美国信息互换标准编码）是最原始的一套编码，所有的编码都由 1 个字符的二进制数字对应。尽管包含了 8 位长度，但是它的第一位始终是 0，也就是只有 128 个字符。例如，字符“a”的编码为 97，数字“0”的编码为 48。ASCII 是当今世界上使用最为广泛的单字节字符集，其他大多数字符集都会将其作为子集。

2. ISO-8859-1

因为 ASCII 缺少了许多其他西方国家语言所需要的字符，所以国际标准组织（ISO）在 ASCII 的基础上定义了几个不同的字符集，增加了这些国家和地区所需的语言字符。其中最常用的就是 ISO-8859-1，又名 Latin1。ISO-8859-1 字符集的前 128 位与 ASCII 完全相同，后 128 位扩展增加了这些语言字符。

3. GB2312 和 GBK

GB2312 是中华人民共和国国家标准汉字信息交换编码集，由国家标准总局发布，它几乎是所有中文系统都支持的中文字符集。它采用两个字节来编码一个中文汉字，涵盖了大部分常用的中文字符。

GBK 是为了对更多的中文字符和符号进行支持，由电子部科技质量司和国家技术监督局标准化司发布，对 GB2312 进行扩展的中文字符集。它完全兼容 GB2312，还对繁体中文、一些不常用的汉字和一些特殊字符进行了扩展支持，也是现阶段 Windows 中文操作系统默认的字符集。

4. Unicode

每个国家都会有自己的字符编码集，有可能同一个字符在不同的编码集中的编码并不相同。为了解决这个问题，Unicode 协会制定了 Unicode 编码（统一字符编码标准集）来统一全世界的字符编码。Unicode 采用两个字节保存编码，前 256 个字符与 ISO-8859-1 是完全统一的，只不过它的第一个字节数字为 0。它包含了世界上大多数国家的大多数语言文字和字符。目前 Unicode 大概定义了 2 万多个汉字。

5. UTF-8

使用占位两个字节的 Unicode 在网络上传输会比较浪费，因为大多数信息都是英文字符，只需要一个字节就够了。所以，为了减少数据量，可以使用 UTF-8。UTF-8 是针对 Unicode 的一种可变长度字符编码。它可以用来表示 Unicode 标准中的任何字符，对于常用的字符，即 0～127 的 ASCII 字符，UTF-8 采用一个字节表示，并且编码与 ASCII 相同；如果编码 Unicode 标准中 0x0080 和 0x07ff 之间的字符，UTF-8 则用两个字节表示；如果编码 Unicode

标装中 0x0800 和 0xffff 之间的字符，对应的 UTF-8 则是 3 个字节。

3.6.2 中文乱码产生的由来

由于计算机中的数据都是以二进制形式存储的，因此，当传输文本时，就会发生字符和字节之间的转换。字符与字节之间的转换是通过查码表完成的，将字符转换成字节的过程称为编码，将字节转换成字符的过程称为解码，如果编码和解码使用的码表（字符集）不一致，就会导致乱码问题。

对于 Java Web 应用程序，客户端浏览器采用默认的字符集（中国大陆的计算机默认符集大多是 GBK），而 Web 容器对 POST 提交的数据采用 ISO-8859-1 编码方式，许多 JDBC 驱动程序也使用 ISO-8859-1 编码方式。因此，数据在这些系统中传递很可能会出现乱码问题。

3.6.3 解决中文输出乱码问题

【例 3-6】 输出中文乱码处理。

（1）编写 EncodeServlet 程序，向客户端输出中文“你好”。

```
package com.ch03.servletdemo;
import java.io.IOException;
import java.io.PrintWriter;
import jakarta.servlet.http.HttpServlet;
import jakarta.servlet.ServletException;
import jakarta.servlet.http.HttpServletRequest;
import jakarta.servlet.http.HttpServletResponse;
import jakarta.servlet.annotation.WebServlet;
@WebServlet("/EncodeServlet")                                   //注解配置 Servlet 访问虚拟路径
public class EncodeServlet extends HttpServlet{                 //继承 HttpServlet
public void doGet(HttpServletRequest request,HttpServletResponse response)throws
 ServletException,IOException{                                  //重写 doGet()方法
        PrintWriter out=response.getWriter();                   //获得输出流对象
        out.println("<html><head><title>EncodeServlet</title></head>"); //向客户端实现输出
        out.println("<body><h1>你好</h1>");
        out.println("</body></html>");
        out.close();                                            //关闭输出流
    }
}
```

注意：

如无特别说明，本节后面的程序通常使用 Servlet 3.0 及以上版本，即注解配置 Sevlet 访问 URL。

（2）访问 Servlet，查看运行结果。

启动 Tomcat 服务器，在浏览器地址栏中输入“http://localhost:8080/ch03/EncodeServlet”

访问 EncodeServlet，浏览器的显示结果如图 3-19 所示。

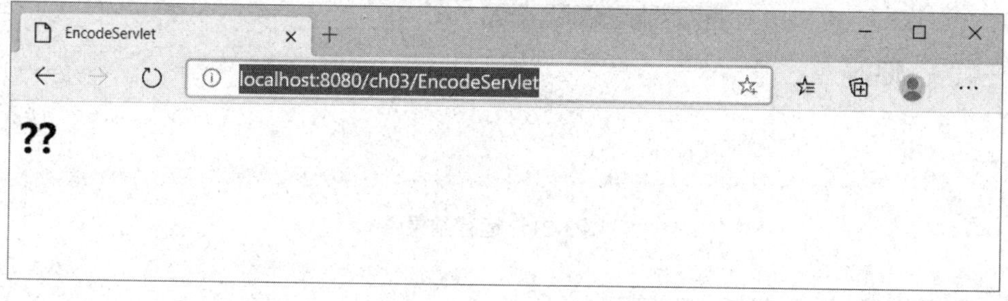

图 3-19　运行结果

从图 3-19 中可以看出，浏览器显示的内容都是“？？”，说明发生了乱码问题。实际上此处产生乱码的原因是 response 对象的字符输出流在编码时采用的是 ISO-8859-1 字符集，该字符集并不兼容中文，会将“你好”编码为“6363”（在 ISO-8859-1 字符集中查不到的字符就会显示“63”）。当浏览器对接收到的数据进行解码时，会采用默认的字符集 GB2312，将“63”解码为“？”。因此，浏览器将“你好”两个字符显示成了“？？”，具体分析如图 3-20 所示。

图 3-20　编码错误分析

（3）修改程序，解决服务器响应中文乱码。

为了解决上述编码错误，在 HttpServletResponse 接口中提供了一个 setContentType() 方法，该方法用于设置响应内容的编码方式，接下来对【例 3-6】进行修改，增加一行代码，设置字符集为 UTF-8，代码如下。

```
response.setContentType("text/html;charset=UTF-8");    //设置发送到客户端的响应的内容类型
PrintWriter out=response.getWriter();                   //获得输出流对象
out.println("<html><head><title>EncodeServlet</title></head>");    //向客户端实现输出
out.println("<body><h1>你好</h1>");
out.println("</body></html");
out.close();
```

注意：

response.setContentType("text/html;charset=UTF-8")代码一定要放在 response.get Writer()（即获取输出流）之前。

（4）重新编译程序，访问 Servlet，查看运行结果。

启动 Tomcat 服务器，在浏览器的地址栏中输入“http://localhost:8080/ch03/Encode-Servlet”再次访问 EncodeServlet，浏览器显示出正确的中文字符，如图 3-21 所示。

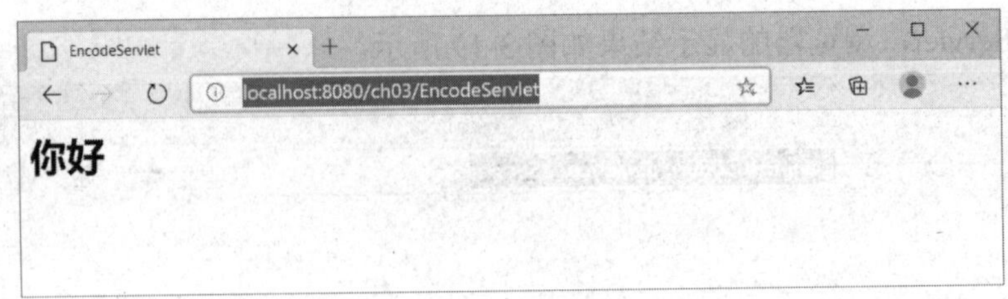

图 3-21　运行结果

3.6.4　解决中文参数乱码问题

在填写表单数据时难免会输入中文，所以不可避免地会出现乱码问题。

【例 3-7】处理请求中文参数乱码。

（1）修改 InputServlet.java，在控制台打印输出中文参数。

```
package com.ch03.servletdemo;
import java.io.* ;
import jakarta.servlet.* ;
import jakarta.servlet.http.* ;
import jakarta.servlet.annotation.WebServlet; //使用 WebServlet 注解时导入
@WebServlet("/InputServlet")                                 //注解配置 Servlet 访问虚拟路径
public class InputServlet extends HttpServlet{              //继承 HttpServlet
    public void doGet(HttpServletRequest request,HttpServletResponse response)
            throws ServletException,IOException{            //处理 GET 请求
        String info = request.getParameter("info") ;        //接收请求中文参数，参数名称为 info
        System.out.println(info);                           //控制台打印输出参数
}
    public void doPost(HttpServletRequest req,HttpServletResponse resp)
            throws ServletException,IOException{            //处理 POST 请求
        this.doGet(req,resp) ;                              //调用 doGet()方法
    }
}
```

运行程序，访问 input.html 页面，输入内容为“天天向上”，如图 3-22 所示。

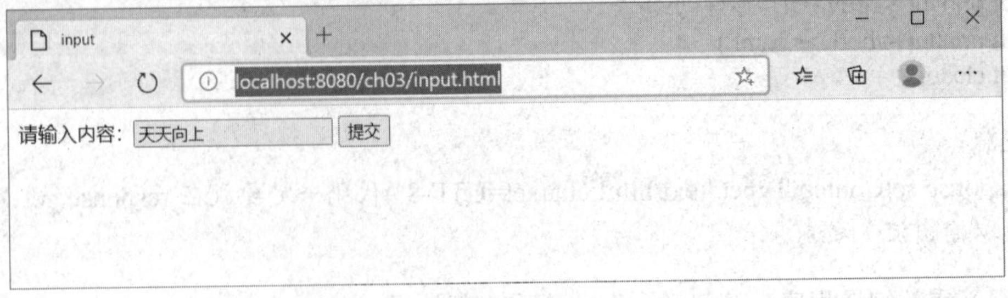

图 3-22　input.html 接收表单中文输入

单击【提交】按钮，这时控制台打印出参数的值，如图 3-23 所示。

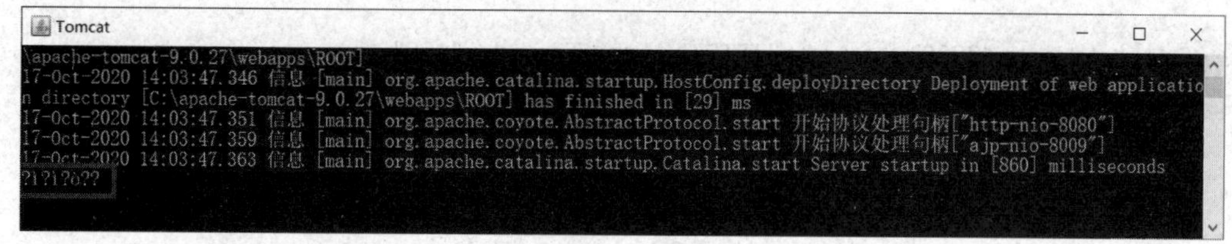

图 3-23　运行结果

从图 3-23 可以看出，当输入的参数为中文时出现了乱码问题。这是因为浏览器在传递请求参数时采用的编码方式是 UTF-8，但在服务器解码时采用的是默认的 ISO-8859-1，因此会导致乱码的出现。

（2）设置编码方式，解决 POST 请求中文参数乱码。

在 HttpservletRequest 接口中提供了一个 setCharacterEncoding()方法，该方法用于设置 request 对象的解码方式，修改后的代码如下。

```
request.setCharacterEncoding( "UTF-8" );      //设置请求对象的解码方式，解决 POST 请求中文参
                                              //数乱码问题
String info = request.getParameter("info") ;  //接收请求参数，参数名称为 info
System.out.println(info);                     //控制台打印输出参数
```

编译程序，启动 Tomcat 服务器，再次访问程序，控制台打印的结果如图 3-24 所示。

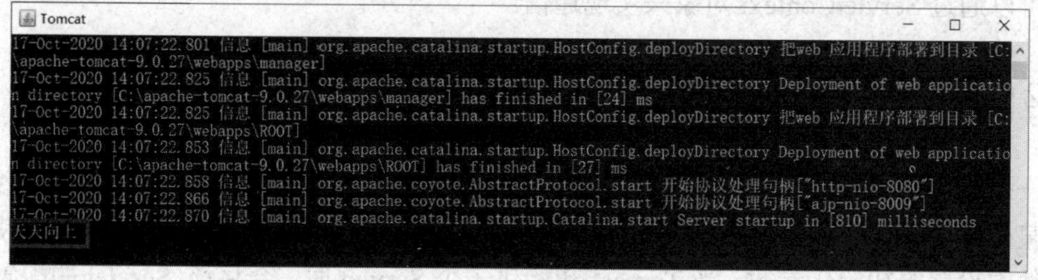

图 3-24　运行结果

从图 3-24 可以看出，控制台输出的参数信息没有出现乱码。需要注意的是，这种解决乱码的方式只对 POST 方式有效，而对 GET 方式无效。

GET 请求中文参数采用的是 URL 解码方式。在 Tomcat 8.0 之前的版本中，URL 中参数的默认解码方式是 ISO-8859-1，GET 请求中文参数会乱码，需要特殊处理。但是从 Tomcat 8.0 开始 GET 请求中文参数不会乱码，因为 Tomcat 8.0 已经对 GET 方式中文乱码进行了处理，URL 的默认解码方式是 UTF-8。

注意：Tomcat 7.0 中 GET 请求中文乱码解决方法。

方法一：对乱码的中文参数先使用 ISO-8859-1 重新编码，然后使用 UTF-8 进行解码，代码如下。

```
info=new String(info.getBytes( "ISO-8859-1" )," UTF-8" ));
```

方法二：通过配置 Tomcat 来解决，在 server.xml 文件中的 Connector 节点下增加一个 URIEncoding 属性，设置该属性值为 UTF-8，代码如下所示。

```
<Connector port="8080" protocol="HTTP/1.1" maxThreads="150"
    connectionTimeout="20000" redirectPort="8443" URIEncoding="UTF-8"/>
```

3.7　获取初始化参数信息

3.7.1　理解 Servlet 上下文

Servlet 上下文（有的时候也称为 application）表示的是当前 Web 应用，也就是 Servlet、JSP 的运行环境。jakarta.servlet.ServletContext 接口是 Servlet 的代码体现。当 Servlet 容器启动时，会为每个 Web 应用创建一个唯一的 ServletContext 对象代表当前 Web 应用。该对象不仅封装了当前 Web 应用的所有信息，而且实现了多个 Servlet 之间数据共享。通过 Servlet 上下文，可以获取到当前 Web 应用的名字、路径、初始化参数等。

ServletConfig 对象中维护了 ServletContext 对象的引用，开发人员在编写 Servlet 时，可以通过 ServletConfig 对象的 getServletContext() 方法获得 ServletContext 对象，ServletConfig 接口的常用方法如表 3-2 所示。

由于一个 Web 应用中的所有 Servlet 共享同一个 ServletContext 对象，因此 Servlet 对象之间可以通过 ServletContext 对象来实现通信。

3.7.2　获取初始化参数信息

一个 Servlet 在提供服务之前，往往需要进行一些准备工作，如设置文件使用的编码、连接某外部资源等，这些操作一般在初始化阶段使用 init()方法完成，init()方法可以获取配置文件中设置的初始化参数。当 Tomcat 初始化一个 Servlet 时，会将该 Servlet 的配置信息封装到一个 ServletConfig 对象中，通过调用 init(ServletConfig config)方法将 ServletConfig 对象传递给 Servlet。ServletConfig 和 ServletContext 定义了一系列获取配置信息的方法。

按照参数的范围，初始化参数可分为以下两种类型。

- ❑ Servlet 初始化参数，只对当前 Servlet 有效。
- ❑ Servlet 上下文初始化参数，对整个 Web 应用中所有的 servlet 和 JSP 都有效。

【例 3-8】获取初始化参数信息。

1. 配置初始化参数

1）配置 Servlet 初始化参数

（1）方式一：在 web.xml 文件中配置 Servlet 初始化参数。

```
<servlet>
        <servlet-name>GetInitParamServlet</servlet-name>
        <servlet-class>com.ch03.servletdemo.GetInitParamServlet</servlet-class>
        <init-param>                                        <!--Servlet 初始化参数配置 -->
            <param-name>baseNum</param-name>                <!--参数名称-->
```

```
            <param-value>5</param-value>              <!--参数值-->
        </init-param>
</servlet>
```

（2）方式二：注解配置 Servlet 初始化参数。

```
@WebServlet(
        urlPatterns = { "/GetInitParamServlet" },          //Servlet 访问 URL
        initParams = {                                     //Servlet 初始化参数配置
                @WebInitParam(name = "baseNum", value = "5")
        })
```

注意：

本示例中采用注解来配置 Servlet 初始化参数。

2）配置 Servlet 上下文初始化参数

在项目的 web.xml 文件中配置 Servlet 上下文初始化参数。

```
<context-param>                                    <!--Servlet 上下文初始化参数配置 -->
        <param-name>charset</param-name>           <!--参数名称-->
        <param-value>utf-8</param-value>           <!--参数值-->
    </context-param>
```

注意：

<context-param>配置在<web-app>中，而不是配置在某个<servlet>标签中，上下文初始化参数能在整个应用程序中调用。将配置上下文初始化参数的 web.xml 文件保存在 Tomcat 服务器中 webapps \ch03\WEB-INF 目录下。

2. 读取 Servlet 初始化参数——GetInitParamServlet.java

编写 GetInitParamServlet 类，用于读取初始化参数信息，代码如下。

```
package com.ch03.servletdemo;
import java.io.IOException;
import java.io.PrintWriter;
import jakarta.servlet.ServletConfig;
import jakarta.servlet.ServletException;
import jakarta.servlet.annotation.WebInitParam;
import jakarta.servlet.annotation.WebServlet;
import jakarta.servlet.http.HttpServlet;
import jakarta.servlet.http.HttpServletRequest;
import jakarta.servlet.http.HttpServletResponse;
@WebServlet(
        urlPatterns = { "/GetInitParamServlet" },          //Servlet 访问 URL
        initParams = {                                     //Servlet 初始化参数配置
                @WebInitParam(name = "baseNum", value = "5")
        })
public class GetInitParamServlet extends HttpServlet {
    private static final long serialVersionUID = 1L;
```

```
    //用于接收初始化参数
    private int baseNum;
    private String charset;
    public void init(ServletConfig config) throws ServletException {
        super.init(config);
        // 获取 Servlet 初始化参数
        String baseNumParam = config.getInitParameter("baseNum");
        //初始化参数始终是 String 类型，转换成 int 类型数据
        baseNum = Integer.parseInt(baseNumParam);
        // 获取 Servlet 上下文初始化参数
        charset = config.getServletContext().getInitParameter("charset");
    }
    public void doGet(HttpServletRequest request, HttpServletResponse response) throws
ServletException, IOException {
        //使用初始化参数值设置响应字符集
        response.setContentType("text/html;charset="+charset);
        PrintWriter out = response.getWriter();
        out.println("<HTML>");
        out.println("<HEAD><TITLE>A Servlet</TITLE></HEAD>");
        out.println("<BODY>");
        //输出初始化参数
        out.println("<h2>Servlet 初始化参数值: " + "baseNum=" + baseNum + "<br>");
        out.println("Servlet 上下文初始化参数值: " + "charset=" + charset+ "</h2>");
        out.println("</BODY>");
        out.println("</HTML>");
        out.flush();
        out.close();
    }
    public void doPost(HttpServletRequest request, HttpServletResponse response) throws
ServletException, IOException {
        this.doGet(request, response);
    }
}
```

编译 GetInitParamServlet.java 文件，将编译后生成的 class 文件复制到 Tomcat 服务器中 webapps \ch03\WEB-INF\ classes 目录下。

3. 运行程序

启动 Tomcat 服务器，在浏览器的地址栏中输入地址“http://localhost:8080/ch03/ GetInit-ParamServlet”访问 GetInitParamServlet，显示的结果如图 3-25 所示。

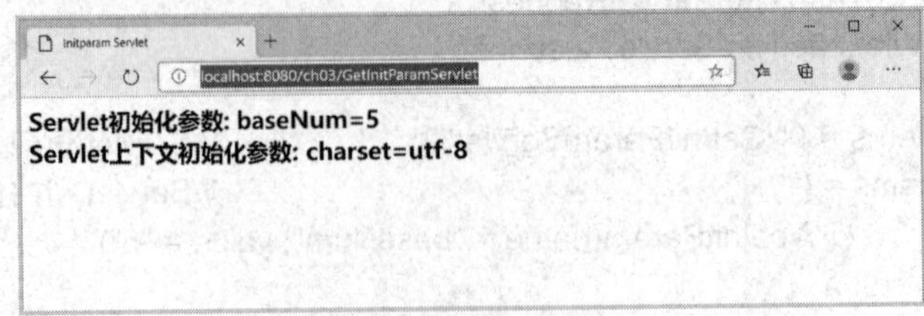

图 3-25　运行结果

从图 3-25 中可以看出，初始化参数信息被成功读取出来，由此可见，通过 ServletConfig 和 ServletContext 对象可以获得初始化参数信息。

随堂练习：

编写一个网站首页的 Servlet 程序 CountServlet.java，要求在首页中显示网站总的访问次数，并且网站访问次数的初始值配置成 Servlet 初始化参数。

3.8　项 目 实 战

3.8.1　任务 3-1：在 Eclipse 中开发 Servlet

【任务目标】

为了使读者更好地理解 Servlet 的开发过程，在本节之前实现的 Servlet 都没有借助开发工具，开发步骤相当烦琐。但是，在实际开发中，通常都会使用 Eclipse、IDEA 等工具完成 Servlet 的开发。开发工具不仅会自动编译 Servlet，还会自动创建 web.xm 文件或者注解等配置信息，完成 Servlet 虚拟路径的映射。在此以 Eclipse 为例介绍如何利用集成工具开发 Servlet。

【实现步骤】

1. 新建 Web 项目

打开 Eclipse 工具，选择上方工具栏的【File】→【New】→【Dynamic Web Project】选项，如图 3-26 所示。

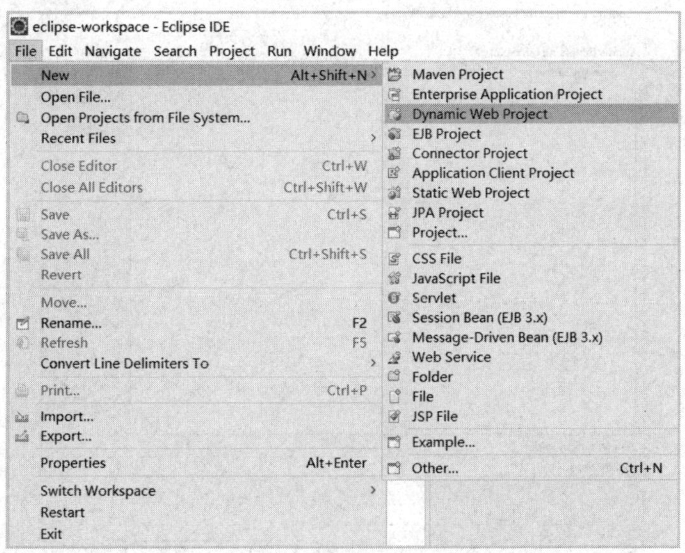

图 3-26　新建项目界面

进入填写项目信息的界面，如图 3-27 所示。

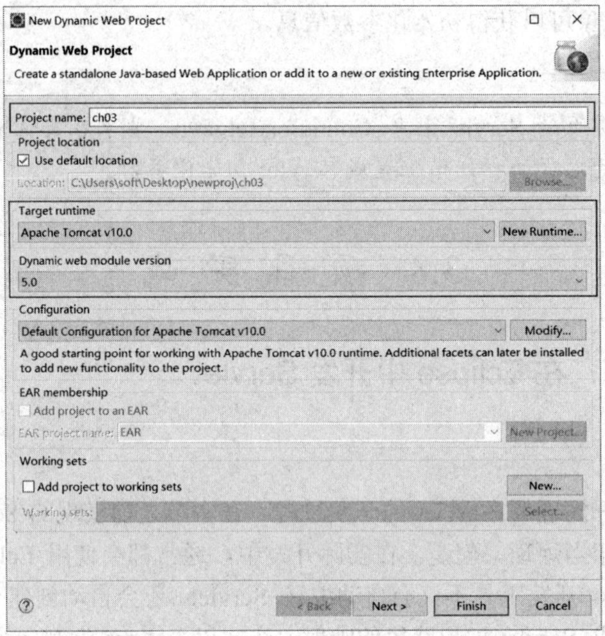

图 3-27　填写项目信息界面

在图 3-27 中，填写的项目名为 ch03，选择的运行环境是 Apache Tomcat v10.0，【Dynamic web module version】选择 5.0 版本，可以在此选择其他版本，单击【Next】按钮，进入 Web 项目的配置界面，如图 3-28 所示。

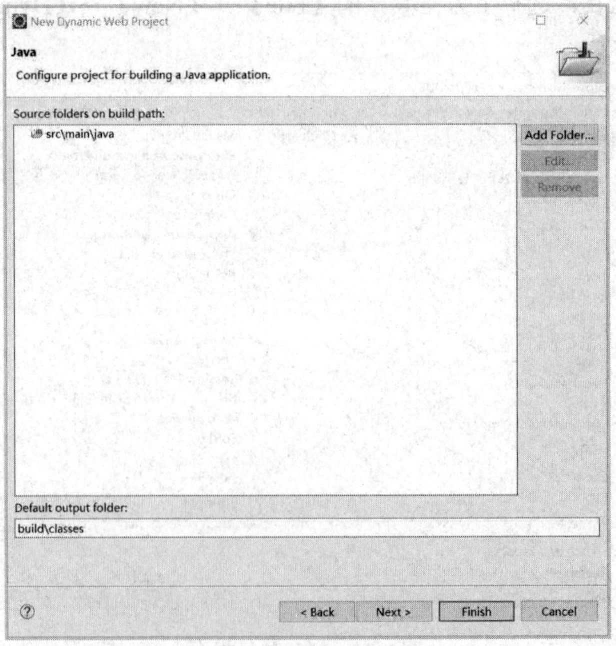

图 3-28　Web 项目的配置界面

在图 3-28 中，Eclipse 会自动将 src\main\java 目录下的文件编译成 class 文件并存放到 classes 目录下。需要注意的是，src/main/java 目录和 classes 目录都是可以修改的，在此，这里不做任何修改，采用默认设置的目录。单击【Next】按钮，进入下一个配置页面，如图 3-29 所示。

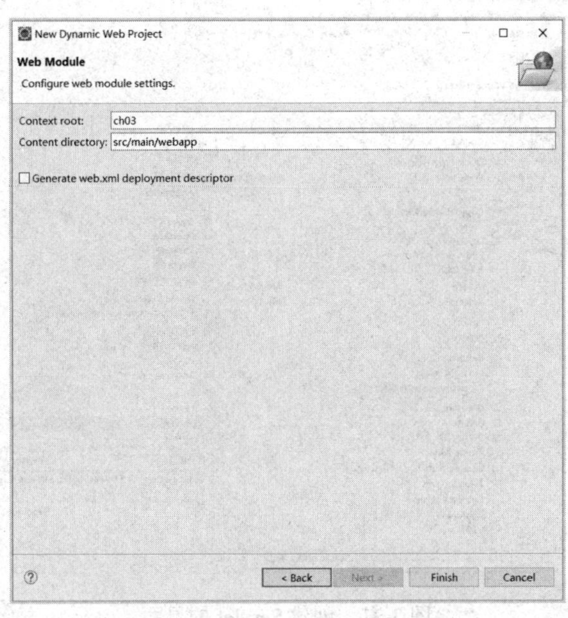

图 3-29　【Context root】配置选项

在图 3-29 中，【Context root】选项用于指定 Web 项目的根目录，【Content directory】选项用于指定存放 Web 资源的目录。这里采用默认设置的目录，将 ch03 作为 Web 资源的根目录，将 webapp 作为存放 Web 资源的目录。单击【Finish】按钮，完成 Web 项目的配置。Web 工程文件结构如图 3-30 所示。

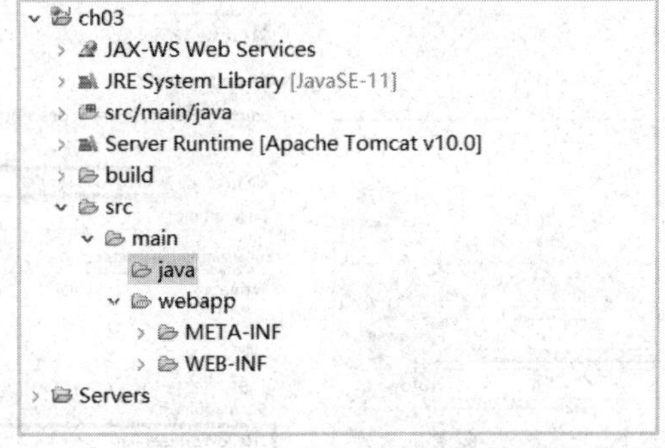

图 3-30　Web 工程文件结构

注意：

新建项目时【Dynamic web module version】选项如果选择 3.0 及以上版本，则默认不会选中【Generate web.xml deployment descriptor】复选框,即不会生成 web.xml 文件，如果需要生成 web.xml 文件，则可以在此处选中该复选框。

2. 新建 Servlet 程序

创建好 Web 项目后，接下来就可以开始新建 Servlet 了。右击 ch03 项目下的 src/main/java 文件夹，选择【New】→【Servlet】选项，如图 3-31 所示。

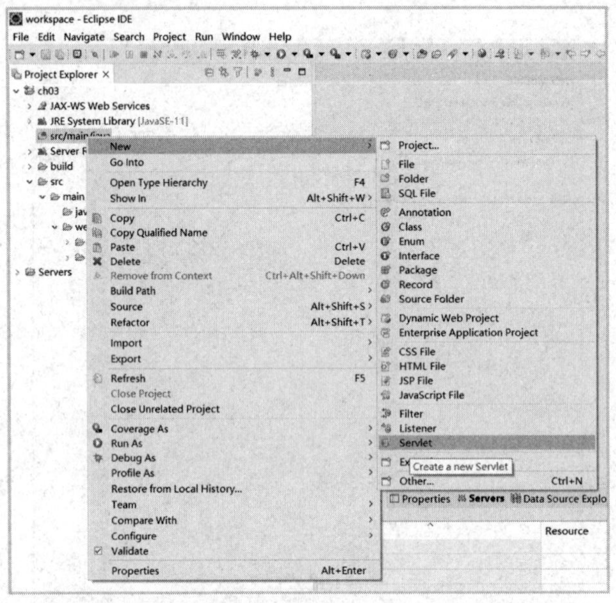

图 3-31　创建 Servlet 的界面

进入填写 Servlet 信息界面，如图 3-32 所示。

在图 3-32 中，【Java package】选项用于指定 Servlet 所在包的名称，【Class name】选项用于指定 Servlet 的名称。这里创建的 Servlet 的名称为“HelloWorldServlet”，它所在的包的名称为“com.ch03.servletdemo”。单击【Next】按钮，进入配置 Servlet 的界面，如图 3-33 所示。

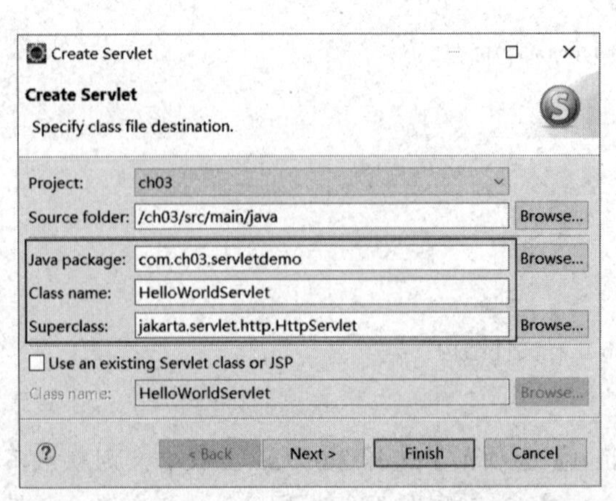

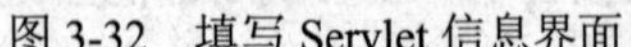

图 3-32　填写 Servlet 信息界面

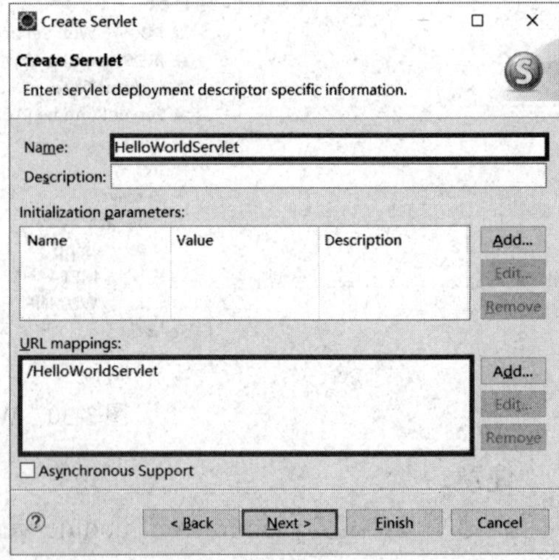

图 3-33　Servlet 配置界面

在图 3-33 中，【Name】选项用来指定 web.xml 文件中<servlet-name>元素的内容，【URL mappings】文本框用来指定 web.xml 文件中<url-pattern>元素的内容，这两个选项的内容都是可以修改的，此处不做任何修改，采用默认设置的内容，单击【Next】按钮，进入下一个配置界面，如图 3-34 所示。

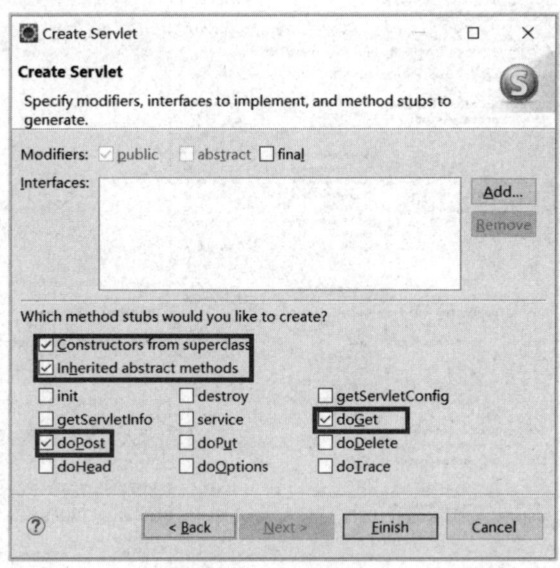

图 3-34　Servlet 配置界面

在图 3-34 中，可以选中所需要创建的方法对应的复选框。这里只选择【Constructors from superclass】、【Inherited abstract methods】、【doGet】和【doPost】方法，单击【Finish】按钮，完成 Servlet 的创建。HelloWorldServlet 创建后的内容如图 3-35 所示。

```
HelloWorldServlet.java × web.xml TestServlet.java web.xml mmm.java
/**
 * Servlet implementation class HelloWorldServlet
 */
public class HelloWorldServlet extends HttpServlet {
    private static final long serialVersionUID = 1L;

    /**
     * @see HttpServlet#HttpServlet()
     */
    public HelloWorldServlet() {
        super();
        // TODO Auto-generated constructor stub
    }

    /**
     * @see HttpServlet#doGet(HttpServletRequest request, HttpServletResponse response)
     */
    protected void doGet(HttpServletRequest request, HttpServletResponse response) throws ServletExc
        // TODO Auto-generated method stub
        response.getWriter().append("Served at: ").append(request.getContextPath());
    }

    /**
     * @see HttpServlet#doPost(HttpServletRequest request, HttpServletResponse response)
     */
    protected void doPost(HttpServletRequest request, HttpServletResponse response) throws ServletEx
        // TODO Auto-generated method stub
        doGet(request, response);
    }
```

图 3-35　创建后的 HelloWorldServlet 类

由于 Eclipse 工具在创建 Servlet 时会自动生成 web.xml，并在 web.xml 文件中添加<servlet></servlet>和<servlet-mapping></servlet-mapping>标签，实现对 Servlet 的虚拟映射

路径配置，读者也可以使用@WebServlet 注解的方式进行配置。至此，Servlet 创建成功。

3. 部署和访问 Servlet

在程序界面空白处右击，选择【Run As】→【Run on Server】选项，如图 3-36 所示。

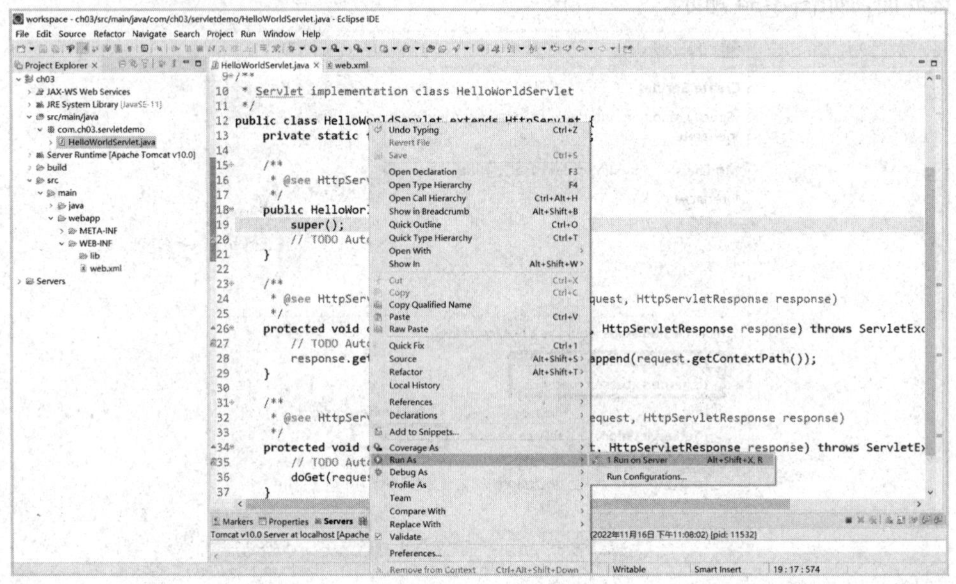

图 3-36　运行程序

进入服务器选择页面，如图 3-37 所示。此处使用默认配置，单击【Next】按钮。进入部署 Web 应用的界面，如图 3-38 所示。

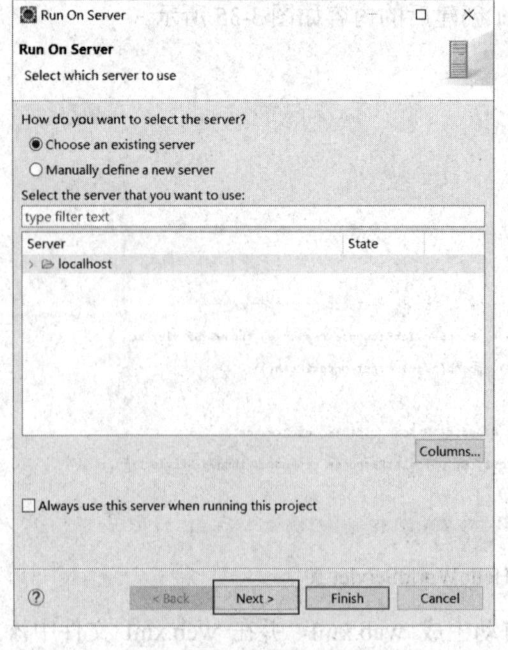

图 3-37　选择服务器

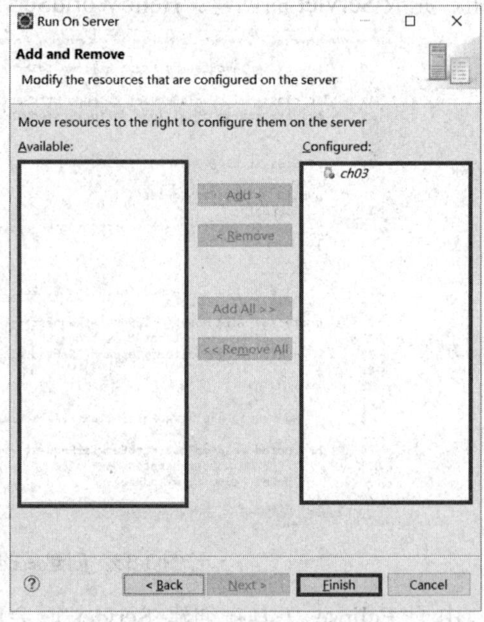

图 3-38　部署 Web 应用的界面

在图 3-38 中，【Available】选项中的内容是还没有部署到 Tomcat 服务器的 Web 项目，【Configured】选项中的内容是已经部署到 Tomcat 服务器的 Web 项目。如图 3-38 所示，ch03 项目已经添加到 Tomcat 服务器中。单击【Finish】按钮，完成 Web 应用的部署。

接下来，Eclipse 会启动 Tomcat 服务器，打开浏览器显示 HelloWorldServlet 运行之后的结果，如图 3-39 所示。

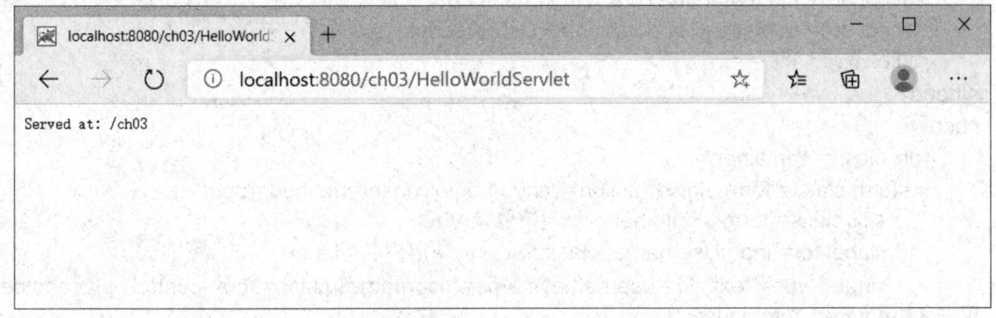

图 3-39　程序运行结果

从图 3-39 中可以看出，浏览器已经显示出了 HelloWorldServlet 中需要输出的内容，至此已经完成了使用 Eclipse 工具开发 Servlet。工具在 Web 开发中相当重要，读者应该熟练掌握至少一种工具的使用。

3.8.2　任务 3-2：信息管理系统登录功能实现

【任务目标】

各系统中几乎都会包含用户登录验证的功能，本任务将实现信息管理系统的登录功能，当用户输入的用户名和密码正确时，显示登录成功的欢迎信息；当用户名或密码错误时，显示用户名或密码出错的提示信息，并在该页面显示 5 秒后自动返回到用户登录页面。

本程序文件组成如表 3-9 所示。

表 3-9　程序文件列表

序　号	文 件 名	描　述
1	login.html	完成登录表单的显示，同时向服务器提交数据
2	LoginServlet.java	完成登录的验证功能，如果登录成功（用户名和密码固定：admin/123），则显示欢迎信息；如果登录失败，则显示登录失败的信息，并在 5 秒后跳转到登录页面

【实现步骤】

1. 创建登录页面——login.html

在 ch03 项目的 webapp 目录下创建一个名为 login.html 的页面，该页面中包含用户登录表单信息。为了使登录页面更美观，此处使用了前端框架 Bootstrap，login.html 文件如下。

```
<!DOCTYPE html PUBLIC "-//W3C//DTD HTML 4.01 Transitional//EN" "http://www.w3.org/
```

```
TR/html4/loose.dtd">
<html>
<head>
    <meta http-equiv="Content-Type" content="text/html; charset=utf-8">
    <link href="bootstrap/css/bootstrap.min.css" rel="stylesheet">
    <link href="css/signin.css" rel="stylesheet">
    <script src="jquery/jquery-1.9.1.min.js"></script>
    <script src="bootstrap/js/bootstrap.min.js"></script>
    <title>登录</title>
</head>
<body>
   <div class="container">
      <form class="form-signin" action="/ch03/LoginServlet" method="post">
         <h2 class="form-signin-heading">请登录</h2>
         <label for="inputUsername" class="sr-only">用户名</label>
         <input type="text" id="username" name="username" class="form-control" placeholder="
用户名" required autofocus>
         <label for="inputPassword" class="sr-only">密码</label>
         <input type="password" id="password" name="password" class="form-control"
placeholder="密码" required>
         <div class="checkbox">
            <label>
               <input type="checkbox" value="remember-me"> Remember me
            </label>
         </div>
         <button class="btn btn-lg btn-primary btn-block" type="submit">登录</button>
      </form>
   </div>
</body>
</html>
```

2. 创建 Servlet

在 com.ch03.servletdemo 包中编写 LoginServlet 类，该 Servlet 类用于显示用户登录之后的界面，其实现代码如下。

```
package com.ch03.servletdemo;
import java.io.IOException;
import java.io.PrintWriter;
import jakarta.servlet.ServletException;
import jakarta.servlet.annotation.WebServlet;
import jakarta.servlet.http.HttpServlet;
import jakarta.servlet.http.HttpServletRequest;
import jakarta.servlet.http.HttpServletResponse;
@WebServlet("/LoginServlet")
public class LoginServlet extends HttpServlet {
    private static final long serialVersionUID = 1L;
    public LoginServlet() {
        super();
    }
```

```
    protected void doGet(HttpServletRequest request, HttpServletResponse response)
            throws ServletException, IOException {
        response.setContentType("text/html;charset=UTF-8"); // 设置服务器返回页面编码方式
        request.setCharacterEncoding("UTF-8");      // 解决 Post 方式请求中文参数乱码问题
        PrintWriter out = response.getWriter();
        out.println("<HTML>");
        out.println("  <HEAD><TITLE>LoginServlet</TITLE></HEAD>");
        out.println("  <BODY>");
        String msg = "";                            // 保存输出消息
        // 接收提交过来的用户名和密码
        String username = request.getParameter("username");
        String password = request.getParameter("password");
        // 如果参数任意一个为空则登录失败，此判断通常在表单页面的 JS 中进行验证，此处
        // 可省略
        if (username == null || username.equals("") || password == null || password.equals("")) {
            msg = "用户名或密码为空，请<a href=/ch03/login.html>重新登录</a>";
            //设置 5 秒后自动跳转到 login.html
            response.setHeader("refresh","5;url=/ch03/login.html");
        }
        // 如果用户名和密码不正确，则登录失败。这里规定用户名为 admin，密码为 123
        else if (!username.equals("admin") || !password.equals("123")) {
            msg = "用户名或密码错误，请<a href=/ch03/login.html>重新登录</a>";
response.setHeader("refresh","5;url=/ch03/login.html");
        }
        // 登录成功，则打印登录成功信息
        else {
            msg = "登录成功，欢迎你：" + username;
        }
        out.println(msg);                           //向客户端输出响应内容
        out.println("</BODY>");
        out.println("</HTML>");
        out.close();
    }
    protected void doPost(HttpServletRequest request, HttpServletResponse response)
            throws ServletException, IOException {
        doGet(request, response);
    }
}
```

以上程序中，如果用户名和密码正确，则输出登录成功的信息，否则，在页面输出友好提示信息并在 5 秒后跳转到登录页面，让用户重新登录。

在 HTTP 协议中介绍过，客户端与服务器在交互过程中会传递许多额外的信息，这些就是 HTTP 消息，包含请求消息和响应消息。服务器端也可以根据需要向客户端设置头信息，在所有头信息设置中，定时刷新页面的头信息操作至关重要，可以直接使用 setHeader() 方法将头信息名称设置为 refresh，同时指定刷新的时间间隔，代码如下。

```
response.setHeader("refresh","5");                          //设置 5 秒刷新一次
response.setHeader("refresh","5;url=/ch03/login.html");     //设置 5 秒后跳转到 login.html
```

```
response.setHeader("refresh","0;url=/ch03/login.html");          //设置无条件立刻跳转
```

注意：定时跳转属于客户端跳转。

细心的读者可以发现，当 LoginServlet 页面定时跳转到 login.html 页面后，浏览器的地址也会变为 login.html，所以这种改变地址栏的跳转称为客户端跳转。

3. 运行项目，查看结果

启动 Tomcat 服务器，在浏览器的地址栏中输入地址“http://localhost:8080/ch03/login.html”访问 login.html，显示结果如图 3-40 所示。

图 3-40　用户登录表单

在图 3-40 中，在【用户名】和【密码】输入框中输入用户名“admin”和密码“123”之后，单击【登录】按钮，其页面显示效果如图 3-41 所示。

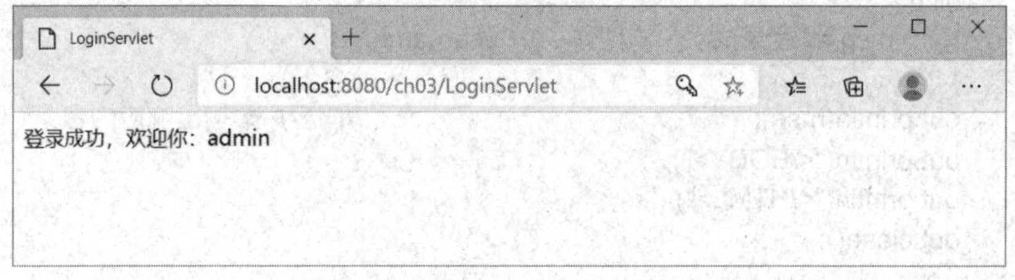

图 3-41　登录成功

如果输入的用户名或密码不正确，单击【登录】按钮，其页面显示效果如图 3-42 所示。

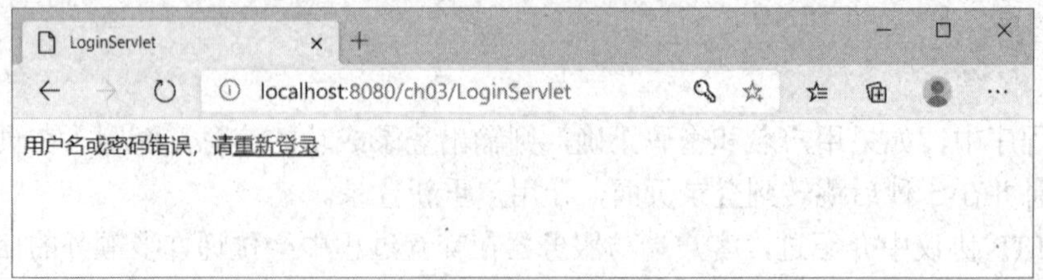

图 3-42　用户名或密码错误以致登录失败

如果输入的用户名或密码为空，单击【登录】按钮，或者在地址栏中直接输入“http://localhost:8080/ch03/LoginServlet”请求 LoginServlet，其页面显示效果如图 3-43 所示。

图 3-43　用户名或密码为空以致登录失败

注意：有可能出现 NullPointerException 异常。

在进行表单参数接收时，如果用户没有输入文本框内容，那么在使用 getParameter()接收参数时，返回的内容为 null，此时如果调用操作，如“equals()”，就有可能产生 NullPointer Exception 异常，所以在使用时最好先判断接收的参数是否为 null。

随堂练习：

编写一个用户注册页面 regist.html(请求方式为 post)，注册页面的表单元素包含以下信息：用户名、密码、密码找回问题、答案。编写 RegistServlet 完成注册功能，返回信息如下：注册成功，欢迎你×××(用户名)!

思考：如何将此注册应用整合到任务 3-2 登录应用中，使用同一个 Servlet 完成注册和登录功能（提示：可以使用表单元素 hidden 隐含字段传递请求类型，Servlet 识别请求类型并做相应处理。）

模块 4　Servlet 进阶

【模块导读】

在 Java Web 开发中，Servlet 主要负责处理业务逻辑，具有安全、可扩展和高性能的特点，并且对 Java Web 程序开发和 MVC 模式的应用有着重要的影响。本模块将继续学习 Servlet 开发部分。

【学习目标】

知识目标：

- ❑ 理解会话的概念。
- ❑ 了解 Cookie，掌握 Cookie 对象的使用。
- ❑ 了解 Session，掌握 Session 对象的使用。
- ❑ 掌握 Servlet 客户端跳转和服务器端跳转。
- ❑ 了解过滤器及其工作原理。

能力目标：

- ❑ 能够使用 Session 实现用户登录和注销功能。
- ❑ 能够使用过滤器实现统一全站编码。
- ❑ 能够使用过滤器拦截非法用户。

素质目标：

- ❑ 提升分析问题和解决问题的能力。
- ❑ 养成良好的编程习惯和工程规范。
- ❑ 养成严谨的工作作风。

【学习导图】

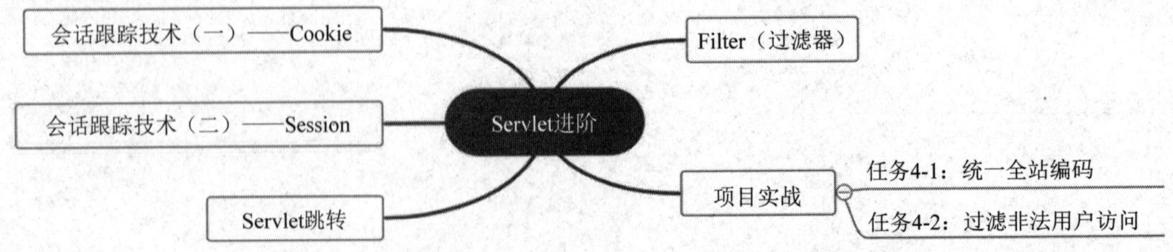

【任务导入】

当用户通过浏览器访问 Web 应用时，通常情况下，服务器需要对用户的状态进行跟踪。例如，用户在网站结算商品时，Web 服务器必须根据请求用户的身份，找到该用户所购买的商品。在 Web 开发中，服务器跟踪用户信息的技术称为会话技术。一个会话代表一个用户，一个用户可以发送多次 HTTP 请求，但是 HTTP 请求是无状态的，那么服务器如何去跟踪一个用户呢？

通过本模块的学习，读者可以整合前面所学知识点，使用 Servlet 完成信息管理系统登录和注销功能。

4.1　会话跟踪技术（一）——Cookie

4.1.1　会话的概念

在日常生活中，从拨通电话到挂断电话之间的一连串的你问我答的过程就是一个会话。Web 应用中的会话过程类似于生活中的手机通话过程，它指的是一个客户端（浏览器）与 Web 服务器之间连续发生的一系列请求和响应过程，例如，一个用户在某网站上的整个购物过程就是一个会话。

会话可简单理解如下：用户打开一个浏览器，单击多个超链接或按钮，访问服务器上的多个 Web 资源，然后关闭浏览器的整个过程。

4.1.2　会话过程中要解决的问题

HTTP 协议是一种无状态的协议，Web 服务器本身不能识别出哪些请求是同一个浏览器发出的，浏览器的每一次请求都是完全孤立的，即无法记录前一次请求的状态。但是，每个用户在使用浏览器与服务器进行会话的过程中，不可避免地会产生一些数据，程序要想办法为每个用户保存这些数据。

在手机通话过程中，通话双方会有通话内容，同样，在客户端与服务器端交互的过程中也会产生一些数据。例如，有过网上购物经历的读者应该知道，用户可以在网上商城浏览各种各样的商品，然后将这些商品都放在购物车中，最后对购物车里的商品进行结账。在这个过程中，服务器端是如何知道这些商品是该用户选购的呢？Web 服务器需要对每个用户的信息分别进行保存。作为 Web 服务器，必须能够采用一种机制来唯一地标识一个用户，同时记录该用户的状态，这就是会话跟踪。

为了保存会话过程中产生的数据，Servlet 技术中提供了两个用于保存会话数据的对象，分别是 Cookie 和 Session。

4.1.3　Cookie 对象

Cookie 是一种会话跟踪技术，它用于将会话过程中的数据保存到用户的浏览器中，从而使浏览器和服务器可以更好地进行数据交互。

1. 什么是 Cookie

在现实生活中，当顾客在商城购物时，商城经常会赠送顾客一张会员卡，卡上记录着用户的个人信息（姓名、手机号等）、消费额度和积分额度等。顾客一旦接受了会员卡，以后每次光临该商场时，都可以使用这张会员卡，商场也将根据会员卡上的消费记录计算会员的优惠额度和累加积分。在 Web 应用中，Cookie 的功能类似于这张会员卡，当用户通过浏览器访问 Web 服务器时，服务器会给客户端发送一些信息，这些信息都保存在 Cookie 中。这样，当该浏览器再次访问服务器时，都会在请求头中将 Cookie 发送给服务器，方便服务器对浏览器做出正确的响应。服务器向客户端发送 Cookie 时，会在 HTTP 响应头字段中增加 Set- Cookie 响应头字段。

程序把每个用户的数据以 Cookie 的形式发送给用户各自的浏览器。当用户使用浏览器再次访问服务器中的 Web 资源时，就会带上各自的数据。这样，Web 资源处理的就是用户各自的数据了。

了解了 Cookie 信息的发送方式后，接下来，通过一张图来描述 Cookie 在浏览器和服务器之间的传输过程，如图 4-1 所示。

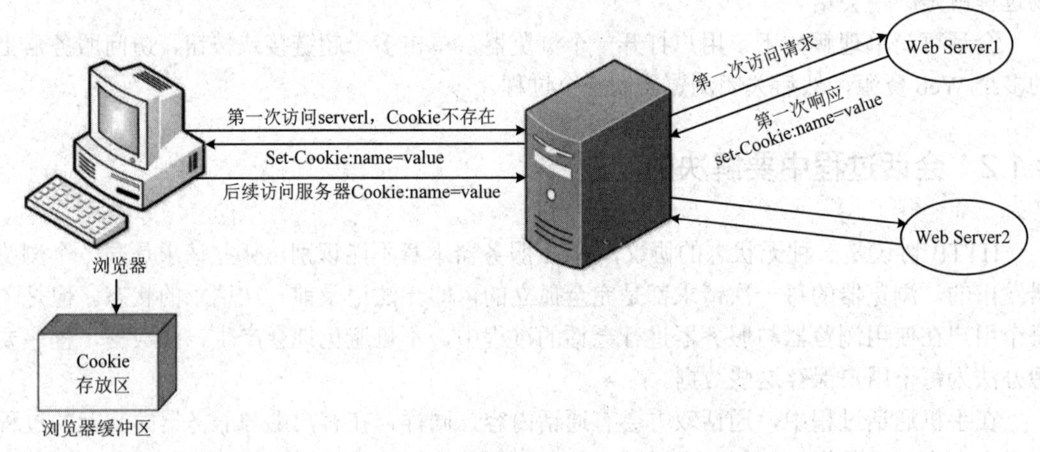

图 4-1　Cookie 在浏览器与服务器之前传输的过程

图 4-1 描述了 Cookie 在浏览器和服务器之间的传输过程。当用户第一次访问服务器时，服务器会在响应消息中增加 Set-Cookie 头字段，将用户信息以 Cookie 的形式发送给浏览器。一旦用户浏览器接收了服务器发送的 Cookie 信息，就会将它保存在浏览器的缓冲区中。这样，当浏览器后续访问该服务器时，都会在请求消息中将用户信息以 Cookie 的形式发送给 Web 服务器，从而使服务器端分辨出当前请求是由哪个用户发出的。

Cookie 具有以下特点。

- Cookie 机制采用的是在客户端保持 HTTP 状态信息的方案。
- Cookie 是在浏览器访问 Web 服务器的某个资源时，由 Web 服务器在 HTTP 响应消息头中附带传送给浏览器的一个小文本文件。
- 一旦 Web 浏览器保存了某个 Cookie，那么它在以后每次访问该 Web 服务器时，都会在 HTTP 请求头中将这个 Cookie 回传给 Web 服务器。

- 一个 Cookie 只能标识一种信息，它至少含有一个标识该信息的名称（NAME）和设置值（VALUE）。
- 一个 Web 站点可以给一个 Web 浏览器发送多个 Cookie，一个 Web 浏览器也可以存储多个 Web 站点提供的 Cookie。

2. Cookie API

为了封装 Cookie 信息，在 Servlet API 中提供了一个 jakarta.servlet.http.Cookie 类，该类包含了生成 Cookie 信息和提取 Cookie 信息各个属性的方法。Cookie 的常用方法如表 4-1 所示。

表 4-1　Cookie 类的常用方法及说明

序　号	方　法	说　明
1	public Cookie(String name, String value)	Cookie 类构造方法，其中参数 name 用于指定 Cookie 的名称，value 用于指定 Cookie 的值
2	void setValue(String newValue)	用于为 Cookie 设置一个新值
3	void getValue()	用于返回 Cookie 的值
4	void setMaxAge（int expiry）	用于设置 Cookie 在浏览器客户机上保持有效的秒数
5	int getMaxAge()	用于返回 Cookie 在浏览器客户机上保持有效的秒数
6	void setPath(String uri)	用于设置该 Cookie 项的有效目录路径
7	String getPath()	用于返回该 Cookie 项的有效目录路径

表 4-1 中列举了部分 Cookie 类的常用方法，在此重点介绍以下几个方法。

1）setMaxAge(int expiry)方法

Cookie 不只是有 name 和 value 参数，Cookie 还有生命。所谓生命就是 Cookie 在客户端的有效时间，可以通过 setMaxAge()方法来设置 Cookie 的有效时间。

- setMaxAge(-1)：Cookie 的 maxAge 属性的默认值就是-1，表示只在浏览器缓存中存活。一旦关闭浏览器进程，那么 Cookie 就会消失。
- setMaxAge(60*60)：表示 Cookie 对象可存活 1 个小时。当生命期大于 0 时，浏览器会把 Cookie 保存到硬盘上，即使关闭浏览器或重启服务器，Cookie 也会存活 1 个小时。
- setMaxAge(0)：Cookie 生命期等于 0 是一个特殊的值，它表示 Cookie 被作废，也就是说，如果原来浏览器已经保存了某个 Cookie，那么可以通过 Cookie 的 setMaxAge(0)来删除这个 Cookie。无论是在浏览器缓存中还是在客户端硬盘上，都会删除这个 Cookie。

2）setPath(String url)方法

该方法针对的是 Cookie 的 Path 属性。如果创建的某个 Cookie 对象没有设置 Path 属性，那么该 Cookie 只对当前访问路径所属的目录及其子目录有效。如果想让某个 Cookie 对站点的所有目录下的访问路径都有效，应调用 Cookie 对象的 setPath()方法，并将其 Path 属性设置为“/”。

4.1.4　Cookie 范例——用户请求次数统计

当用户访问某个 Web 应用时，网站能统计该用户访问次数，如果用户一个月内第 5 次访问站点，将告诉用户获得了一份礼物。通过本示例，读者将学会如何使用 Cookie 技术实现统计用户访问次数的功能。

【例 4-1】使用 Cookie 统计用户访问次数。

1. 创建 Servlet

新建 Web 项目 ch04，在该项目下新建一个名称为 com.ch04.cookie 的包，在该包中编写名称为 GiftServlet 的类，其实现代码如下。

```
package com.ch04.cookie;
import java.io.IOException;
import java.io.PrintWriter;
import jakarta.servlet.ServletException;
import jakarta.servlet.annotation.WebServlet;import jakarta.servlet.http.Cookie;
import jakarta.servlet.http.HttpServlet;
import jakarta.servlet.http.HttpServletRequest;
import jakarta.servlet.http.HttpServletResponse;
@WebServlet("/GiftServlet")
public class GiftServlet extends HttpServlet {
    private static final long serialVersionUID = 1L;
    public GiftServlet() {
        super();
    }
    protected void doGet(HttpServletRequest request, HttpServletResponse response)
            throws ServletException, IOException {
        response.setContentType("text/html;charset=UTF-8");
        PrintWriter out = response.getWriter();
        Cookie myCookie = null;
        //存储 Cookie 有效期
        int age = 60 * 60 * 24 * 30;
        boolean cookieFound = false;
        //获取浏览器访问服务器时传递过来的 Cookie 数组
        Cookie[] cookies = request.getCookies();
        //如果用户是第一次访问，那么得到的 Cookies 将是 null
        if (cookies != null) {
            //遍历 Cookie 数组，查找保存用户登录次数的 Cookie
            for (int i = 0; i < cookies.length; i++) {
                if (cookies[i].getName().equals("loginCount")) {
                    cookieFound = true;
                    myCookie = cookies[i];
                }
            }
        }
        //如果 Cookie 找到，更新用户访问次数
```

```
        if (cookieFound) {
            int temp = Integer.parseInt(myCookie.getValue());
            temp++;
            out.println("欢迎你，你是第" + String.valueOf(temp) + "次访问本站点。<br/>");
            if (temp == 5) {
                out.println("恭喜你，获得一份礼物！");
            }
            myCookie.setValue(String.valueOf(temp));
        } else {//用户第一次访问，创建名为 loginCount、值为 1 的 Cookie 对象
            int temp = 1;
            out.println("欢迎你，你是第 1 次访问本站点。");
            myCookie = new Cookie("loginCount", String.valueOf(temp));
        }
        myCookie.setMaxAge(age);//设置 Cookie 有效期为 30 天
        response.addCookie(myCookie);//将最新的 Cookie 对象写给客户端
    }
    protected void doPost(HttpServletRequest request, HttpServletResponse response)
            throws ServletException, IOException {
        doGet(request, response);
    }
}
```

HttpServletResponse 接口中定义了一个 addCookie()方法，它用于在发送给浏览器的 HTTP 响应消息中增加一个 Set-Cookie 响应头字段。同样，HttpServletRequest 接口中定义了一个 getCookies()方法，它用于从 HTTP 请求消息的请求头字段中读取所有的 Cookie。

2. 访问程序，查看运行结果

启动 Tomcat 服务器，在浏览器的地址栏中输入地址“http://localhost:8080/ch04/GiftServlet”访问 GiftServlet，显示结果如图 4-2 所示。

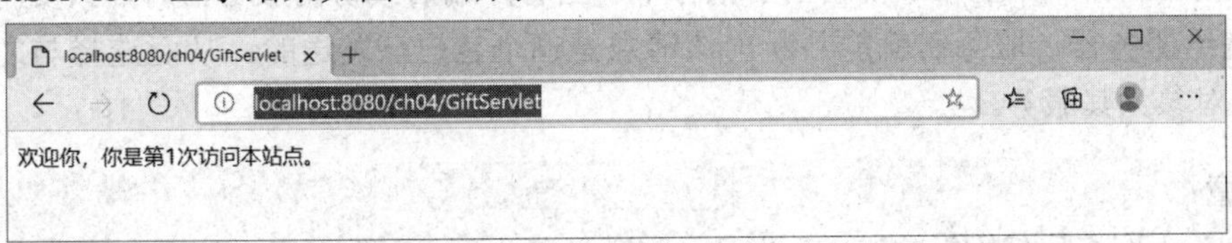

图 4-2　运行结果

重新访问地址“http://localhost:8080/ch04/GiftServlet”，当用户第 5 次访问时，浏览器的显示结果如图 4-3 所示。

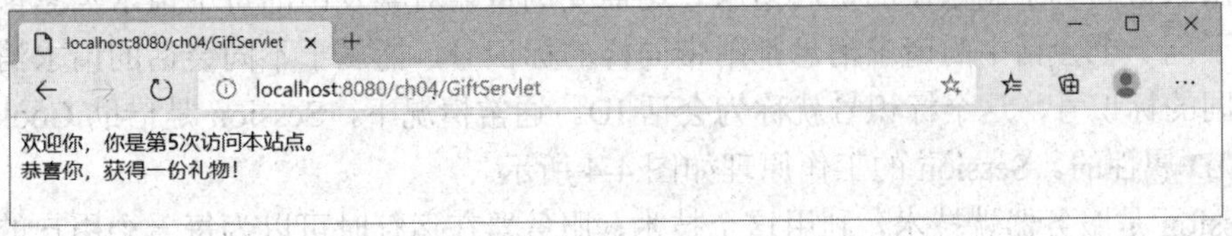

图 4-3　运行结果

在上面的例子中，可以实现用户访问次数的累加，这是因为用户第一次访问 GiftServlet 时，GiftServlet 向浏览器发送了保存用户访问次数的 Cookie 信息。本程序代码中使用

setMaxAge()方法设置 Cookie 的有效期为 30 天，所以当关闭浏览器之后，Cookie 依然有效，只要 Cookie 设置的有效时间没有结束，用户的访问次数一直可以累加。

要想在关闭浏览器之后 Cookie 失效，那么在创建 Cookie 时就不要使用 setMaxAge()方法为 Cookie 设置有效期，默认创建的 Cookie 生命周期为浏览器会话期间，只要关闭浏览器，Cookie 就会失效。

4.2 会话跟踪技术（二）——Session

Cookie 技术可以将用户的信息保存在各自的浏览器中，并且可以在多次请求下实现数据的共享。但是，如果传递的信息比较多，使用 Cookie 技术显然会增大服务器端程序处理的难度，这时可以使用 Session 技术。Session 是一种将会话数据保存到服务器端的技术。

4.2.1 Session 对象

1. 什么是 Session

当人们首次去银行时，需要开一个账户，客户获得的是银行卡，而银行这边的数据库中留下了客户的账户信息，客户的钱保存在银行的账户中，而客户带走的是他的卡号。当他再次去银行时，只需要带上银行卡，银行工作人员便可以操作该客户的账户信息。Session 技术就好比银行发放给客户的银行卡和银行为每个客户保留账户信息的过程。浏览器访问 Web 服务器时，Servlet 容器就会为每个会话创建一个 Session 对象和 ID 属性，其中，Session 对象就相当于账户信息，ID 就相当于银行卡。当客户端后续访问服务器时，只要将标识号 ID 传递给服务器，服务器就能判断出该请求是哪个客户端发送的，从而选择与之对应的 Session 对象为其服务。

注意：

Session 是保存在服务器端，而给客户端的是 Session 对象的 ID，即客户端带走的是 ID 属性，而数据则保存在 Session 中。

Web 服务器端程序要能从大量的请求消息中区分出哪些请求消息属于同一个会话，即能识别出来自同一个浏览器的访问请求，这需要浏览器对其发出的每个请求消息都进行标识，属于同一个会话中的请求消息都附带同样的标识号，而属于不同会话的请求消息总是附带不同的标识号，这个标识号就称为会话 ID。通常情况下，Session 是借助 Cookie 技术来传递 ID 属性的。Session 的工作原理如图 4-4 所示。

Session 是服务器端技术，利用这个技术，服务器在运行时可以为每一个用户的浏览器创建一个其独享的 Session 对象，由于 Session 为用户浏览器独享，所以用户在访问服务器的 Web 资源时，可以把各自的数据放在各自的 Session 中，当用户再去访问服务器中的其他 Web 资源时，其他 Web 资源再从用户各自的 Session 中取出数据为用户服务。

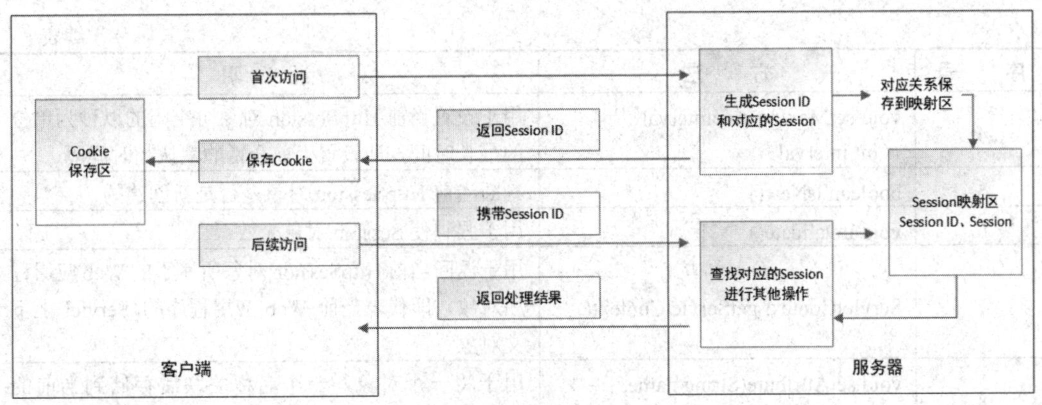

图 4-4　Session 工作原理

注意：

每一个新的浏览器连接上服务器后就是一个新的 Session。在不同客户访问服务器时，服务器为了明确区分每一个客户，都会自动设置一个名叫 JSESSIONID 的 Cookie，表示用户的唯一身份标识。

2. HttpSession API

每个 Session 对象都表示不同的访问用户，Session 对象是 jakarta.servlet.http.HttpSession 接口的实例化对象，所以 Session 只能应用在 HTTP 协议中。

Session 是与每个请求消息紧密相关的，为此，HttpServletRequest 定义了用于获取 Session 对象的 getSession()方法，该方法有两种重载形式，具体如下。

```
public HttpSession getSession(boolean create)
public HttpSession getSession()
```

上面重载的两个方法用于返回与当前请求相关的 HttpSession 对象。注意，由于 getSession()方法可能会产生发送会话标识号的 Cookie 头字段，因此，必须在发送任何响应内容之前调用 getSession()方法。

HttpSession 接口的常用方法如表 4-2 所示。

表 4-2　HttpSession 接口的常用方法

序　号	方　法	说　明
1	String getId()	用于返回与当前 HttpSession 对象关联的会话标识号，即 Session ID
2	long getCreationTime()	返回 Session 创建的时间，这个时间是创建 Session 的时间与 1970 年 1 月 1 日 00:00:00 之间时间差的毫秒表示形式
3	long getLastAccessedTime()	返回客户端最后一次发送与 Session 相关请求的时间，这个时间是发送请求的时间与 1970 年 1 月 1 日 00:00:00 之间时间差的毫秒表示形式

续表

序　号	方　法	说　明
4	void setMaxInactiveInterval（int interval）	用于设置当前 HttpSession 对象可空闲的以秒为单位的最长时间，即设置当前会话的默认超时间隔
5	boolean isNew()	判断当前 HttpSession 对象是否是新创建的
6	void invalidate()	用于强制使 Session 对象无效
7	ServletContext getServletContext()	用于返回当前 HttpSession 对象所属于的 Web 应用程序对象，即代表当前 Web 应用程序的 Servlet 上下文对象
8	void setAttribute(String name, Object value)	用于将一个对象与一个名称关联后存储到当前的 HttpSession 对象中
9	String getAttribute()	用于从当前 HttpSession 对象中返回指定名称的属性对象
10	void removeAttribute(String name)	用于从当前 HttpSession 对象中删除指定名称的属性

当一个用户连接服务器后，服务器会自动为其创建 Session 对象，并为此 Session 分配一个不重复的 Session ID，服务器依靠不同的 Session ID 来区分每个不同的用户。在 Web 应用中使用 getId()方法获得 Session ID。

注意：Session 使用到了 Cookie 的机制。

在使用 Session 操作时实际上都使用了 Cookie 的处理机制，即在客户端的 Cookie 中保存每个用户的 Session ID，这样用户在每次发送请求时会将此 Session ID 发送到服务器，服务器依靠此 Session ID 区分每一个不同的客户端，实际上 Session ID 就是名称叫 JSESSIONID 的 Cookie。

【例 4-2】 Session API 使用。

1. 创建 Servlet

（1）在 ch04 项目中创建名称为 com.ch04.session.example1 的包，在该包中编写 SessionAPIServlet 类，代码如下所示。

```
package com.ch04.session.example1;
import java.io.IOException;
import jakarta.servlet.ServletException;
import jakarta.servlet.annotation.WebServlet;
import jakarta.servlet.http.HttpServlet;
import jakarta.servlet.http.HttpServletRequest;
import jakarta.servlet.http.HttpServletResponse;
import jakarta.servlet.http.HttpSession;
@WebServlet("/SessionAPIServlet")
public class SessionAPIServlet extends HttpServlet {
    private static final long serialVersionUID = 1L;
    public SessionAPIServlet() {
        super();
```

```
    }
    protected void doGet(HttpServletRequest request, HttpServletResponse response) throws
    ServletException, IOException {
        response.setContentType("text/html;charset=UTF-8");
        HttpSession session=request.getSession();          //查找或创建 Session 对象
        String id=session.getId();                         //获得 Session ID
        if(session.isNew()){                               //判断用户是否是第一次访问
            response.getWriter().println("欢迎新用户光临！<br/>");
        }else {
            response.getWriter().println("您已经是老用户了。<br/>");
        }
        response.getWriter().println("SESSION ID:"+id+"<br/>");
        response.getWriter().println("SESSION ID 长度:"+id.length()+"<br/>");
        long start=session.getCreationTime();              //获得 Session 创建时间
        long end=session.getLastAccessedTime();            //获得用户最后一次操作的时间
        long time=(end-start)/1000;
        response.getWriter().println("您已经停留了"+time+"秒<br/>");
        session.setAttribute("username", "kelly");         // 将用户名保存在 Session 范围
        String url= "/ch04/ShowSession";
        response.getWriter().println("<br>" + "<a href=" +url + ">查看 session</a>");
    }
    protected void doPost(HttpServletRequest request, HttpServletResponse response) throws
    ServletException, IOException {
        doGet(request, response);
    }

}
```

（2）在 com.ch04.session.example1 包中创建 ShowSessionServlet 类，该 Servlet 用于查看保存在 Session 范围的属性信息，代码如下所示。

```
package com.ch04.session.example1;
import java.io.IOException;
import java.io.PrintWriter;
import jakarta.servlet.ServletException;
import jakarta.servlet.annotation.WebServlet;
import jakarta.servlet.http.HttpServlet;
import jakarta.servlet.http.HttpServletRequest;
import jakarta.servlet.http.HttpServletResponse;
import jakarta.servlet.http.HttpSession;
@WebServlet("/ShowSessionServlet")
public class ShowSessionServlet extends HttpServlet {
    private static final long serialVersionUID = 1L;
    public ShowSessionServlet() {
        super();
    }
    protected void doGet(HttpServletRequest request, HttpServletResponse response)
            throws ServletException, IOException {
        response.setContentType("text/html;charset=UTF-8");
```

```
        PrintWriter out = response.getWriter();
        out.println("<html>");
        out.println("<body>");
        HttpSession session = request.getSession();            // 获得 Session 对象
        response.getWriter().println("SESSION ID:"+session.getId()+"<br/>");//输出 Session ID
        String name = (String) session.getAttribute("username"); // 获取 Session 范围内保存的
        username 属性值
        out.println("用户名：" + name);
        out.println("</body>");
        out.println("</html>");
    }
    protected void doPost(HttpServletRequest request, HttpServletResponse response)
            throws ServletException, IOException {
        doGet(request, response);
    }
}
```

2. 访问程序，查看运行结果

启动 Tomcat 服务器，在浏览器的地址栏中输入地址"http://localhost:8080/ch04/SessionAPIServlet"访问 SessionAPIServlet，显示结果如图 4-5 所示。

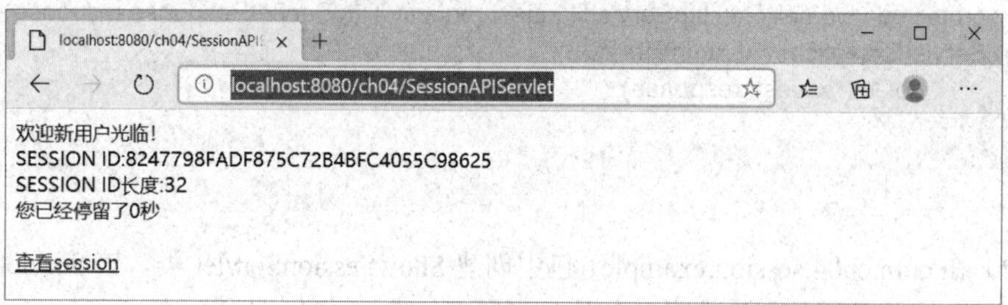

图 4-5　运行结果

隔一段时间后刷新页面，再一次访问地址"http://localhost:8080/ch04/ SessionAPIServlet"，浏览器的显示结果如图 4-6 所示。

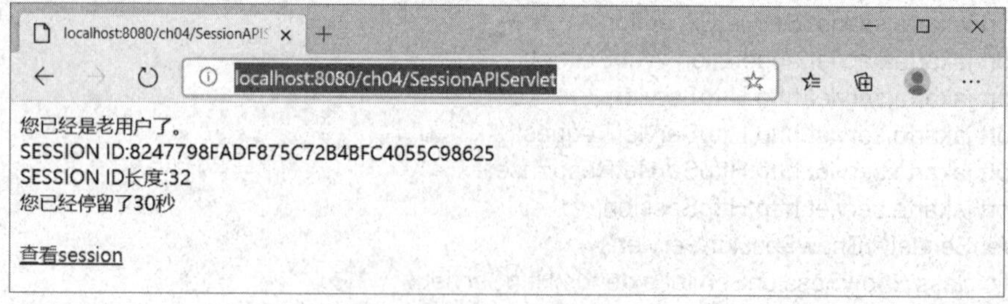

图 4-6　运行结果

单击图 4-6 中的【查看 aession】超链接，访问 ShowSessionServlet,浏览器的显示结果如图 4-7 所示。

图 4-7　运行结果

在上面的例子中，使用 isNew()方法判断一个用户是否是第一次访问页面，服务器依靠是否存在 JSESSIONID 来判断此用户是否是新用户。如果用户打开一个新的浏览器，直接连接到此页面，则会显示“欢迎新用户光临！”的信息；如果用户刷新本页面，则会显示“您已经是老用户了。”的信息。

在 Session 对象中，使用 getId()方法获取 Session ID，在同一个会话的多个请求页面中获取的 Session ID 相同。可以通过 getCreationTime()方法获取 Session 的创建时间，也可以使用 getLastAccessedTime()方法获取 Session 的最后一次操作时间。可以分别使用 setAttribute()方法和 getAttribute()方法来设置和获取 Session 范围的属性信息，达到在 Session 范围内实现多个页面数据共享的目的。

4.2.2　Session 超时管理

当客户端第 1 次访问某个能开启会话功能的资源时，Web 服务器就会创建一个与该客户端对应的 HttpSession 对象。在 HTTP 协议中，Web 服务器无法判断当前的客户端浏览器是否还会继续访问，也无法检测客户端浏览器是否关闭。所以，即使客户端已经离开或关闭了浏览器，Web 服务器也要保留与之对应的 HttpSession 对象。随着时间的推移，这些不再使用的 HttpSession 对象会在 Web 服务器中积累得越来越多，从而使 Web 服务器内存耗尽。

为了解决上面的问题，Web 服务器采用了“超时限制”的办法来判断客户端是否还在继续访问。在一定时间内，如果某个客户端一直没有请求访问，那么，Web 服务器就会认为该客户端已经结束请求，并且会将与该客户端会话所对应的 HttpSession 对象变成垃圾对象，等待垃圾收集器将其从内存中彻底清除。反之，如果浏览器超时后再次向服务器发出请求访问，那么，Web 服务器则会创建一个新的 HttpSession 对象，并为其分配一个新的 ID 属性。

会话过程中，会话的有效时间可以在 web.xml 文件中设置，其默认值由 Servlet 容器定义。在<Tomcat 安装目录>\conf\web.xml 文件中，可以找到如下一段配置信息。

```
<session-config>
<session-timeout>30</session-timeout>
</session-config>
```

在上面的配置信息中，设置的时间值是以分钟为单位的，即 Tomcat 服务器的默认会话超时间隔为 30 分钟。如果将<session-timeout>元素中的时间值设置成 0 或一个负数，则表示会话永不超时。由于<Tomcat 安装目录>\conf\web.xml 文件对站点内的所有 Web 应用程序都起作用，因此，如果想单独设置某个 Web 应用程序的会话超时间隔，则需要在自己应用的 web.xml 文件中进行设置。需要注意的是，要想使 Session 失效，除了等待会话时间超时外，还可以通过 invalidate()方法强制使会话失效。

4.2.3 URL 重写

服务器在传递 Session 对象的 ID 属性时，是以 Cookie 的形式传递给浏览器的。但是，如果浏览器的 Cookie 功能被禁用，那么服务器端是无法通过 Session 保存用户会话信息的。接下来，以【例 4-2】的程序为例进行验证。

1. 禁用浏览器的 Cookie

在浏览器的设置中单击，选择【Internet 选项】，在打开的窗口中选择【隐私】选项卡，在设置选项中单击【高级】按钮，打开【高级隐私设置】对话框，如图 4-8 所示，将 Cookie 权限改为"阻止"。

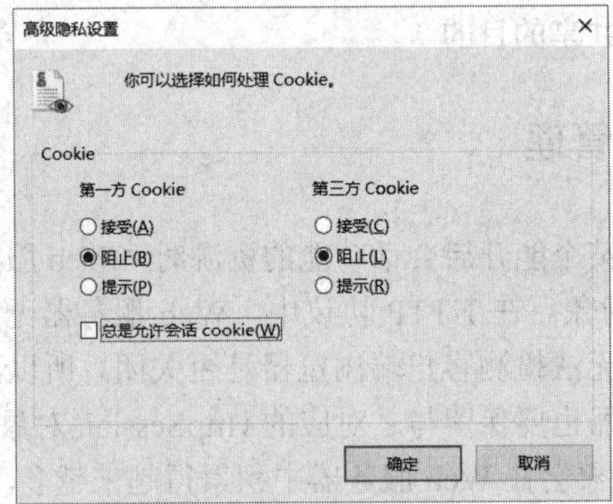

图 4-8　禁用浏览器的 Cookie

单击图 4-8 中的【确定】按钮，此时，浏览器所有的 Cookie 都被禁用了。

2. 测试

刷新或者重新通过超链接访问地址"http://localhost:8080/ch04/ShowSessionServlet"，发现浏览器显示的结果如图 4-9 所示。

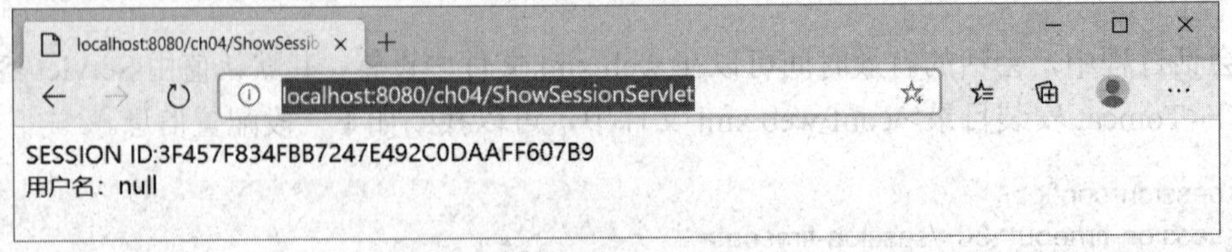

图 4-9　运行结果

从图 4-9 中可以看出，Session ID 发生了变化，并且 Session 中存储的用户名获取不到了，显示的是 null 值。之所以出现这种情况，是因为浏览器禁用 Cookie 功能后，服务器无法获取到 Session 对象的 ID 属性，即无法获取到保存用户信息的 Session 对象。此时，Web

服务器会将这次会话当成新的会话，从而显示 null 值。

考虑到浏览器可能不支持 Cookie 的情况，Servlet 规范中引入了 URL 重写机制来保存用户的会话信息。所谓 URL 重写，指的是将 Session 的会话标识号以参数的形式附加在超链接的 URL 地址后面。对于 Tomcat 服务器来说，就是将 JSESSIONID 关键字作为参数名以及将会话标识号的值作为参数值附加到 URL 地址后面。当浏览器不支持 Cookie 或者关闭了 Cookie 功能时，在会话过程中，如果想让 Web 服务器保存用户的信息，必须对所有可能被客户端访问的请求路径进行 URL 重写。在 HttpservletResponse 接口中定义了两个用于完成 URL 重写的方法，具体如下。

- encodeURL(String url)：用于对超链接和 Form 表单的 action 属性中设置的 URL 进行重写。
- encodeRedirectURL(String url)：用于对要传递给 HttpServletResponse.sendRedirect()方法的 URL 进行重写。

接下来，以【例 4-2】的程序为例，分步骤讲解如何重写 URL。

（1）对 SessionAPIServlet.java 中的代码进行修改，将请求访问的路径改为 URL 重写，修改后的代码如下所示。

```
String url= "/ch04/ShowSession";
String newUrl=response.encodeURL(url);        //URL 重写
response.getWriter().println("<br>" + "<a href=" +newUrl + ">查看 session</a>");
```

值得注意的是，在重写 URL 时，首先要通过 getSession()方法获取到 Session 对象。

（2）重新启动 Tomcat 服务器，在浏览器的地址栏中输入地址“http://localhost:8080/ch04/SessionAPIServlet”访问 SessionAPIServlet，这时，浏览器显示的内容如图 4-5 所示。选择查看网页源代码，发现 SessionAPIServlet 输出页面的源文件中包含的超链接内容如图 4-10 所示。

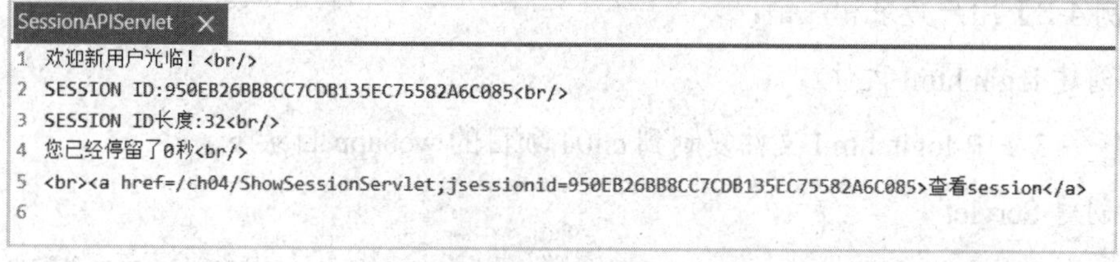

```
SessionAPIServlet ×
欢迎新用户光临！<br/>
SESSION ID:950EB26BB8CC7CDB135EC75582A6C085<br/>
SESSION ID长度:32<br/>
您已经停留了0秒<br/>
<br><a href=/ch04/ShowSessionServlet;jsessionid=950EB26BB8CC7CDB135EC75582A6C085>查看session</a>
```

图 4-10　运行结果

从图 4-10 中可以看出，对超链接进行 URL 重写后，URL 地址后面跟上了 Session 的标识号。

（3）此时如果浏览器设置为禁用所有 Cookie 功能后，再单击【查看 session】按钮，浏览器可以正确显示用户名的信息。由此说明，重写 URL 同样可以实现使用 Session 保存用户信息。

注意：

无论浏览器是否支持 Cookie，当用户第 1 次访问程序时，由于服务器不知道用户的浏览器是否支持 Cookie，在第 1 次响应的页面中都会对 URL 地址进行重写，如果用户浏览器支持 Cookie，那么在后续访问中都会使用 Cookie 的请求头字段将 Session 标识号传递给服务器。由此，服务器判断出该浏览器支持 Cookie 以后不再对 URL 进行重写，如果浏览器的头信息中不包含 Cookie 请求头字段，那么在后续的每次响应中都需对 URL 进行重写。另外，为了避免其他网站的某些功能无法正常使用，通常情况下，需要启用 Cookie 的功能。

4.2.4　Session 范例——用户登录和注销应用

在各系统中，用户登录验证及注销的功能是常见的，此功能可以使用 Session 实现。具体思路如下：当用户登录成功后，设置一个 Session 范围的属性；在其他需要验证的页面中，判断是否存在此属性，如果存在，表示已经是合法用户；如果不存在，则给出提示，并跳转回登录页，让用户重新登录；用户登录后可以进行注销的操作。本程序需要的文件如表 4-3 所示。

表 4-3　程序列表

序　号	文 件 名	描　述
1	login.html	登录页面，同表 3-9 中 login.html，接收表单数据并将请求提交给 loginServlet
2	LoginServlet.java	完成登录的验证。如果登录成功（用户名和密码固定：admin/123），则在 Session 中保存属性；如果登录失败，则显示登录失败的信息
3	WelcomeServlet.java	此程序要求在用户登录完成后才可以显示登录成功的信息，如果没有登录，则要给出未登录的提示，并跳转到登录页面
4	LogoutServlet.java	完成登录的注销，注销后，页面跳转回 login.html 页面，等待用户继续登录

【例 4-3】用户登录和注销。

1. 创建 login.html 文件

将任务 3-2 中 login.html 文件复制到 ch04 项目的 webapp 目录下。

2. 创建 Servlet

（1）新建一个名称为 com.ch04.session.example2 的包，在任务 3-2 基础上修改 LoginServlet.java 文件，并将此文件保存在 com.ch04.session.example2 包中，关键代码如下。

```
HttpSession session=request.getSession();          //获得 session 对象
//如果用户名和密码不正确，则登录失败。这里规定用户名为 admin，密码为 123
if(!username.equals("admin") || !password.equals("123") ){
    msg = "用户名或密码错误，请<a href=/ch04/login.html>重新登录</a>";
}else{//登录成功，则打印登录成功信息
    session.setAttribute("userid",username);          //将登录的用户名保存在 session 中
    response.setHeader("refresh","2;URL=/ch04/WelcomeServlet");          //定时跳转
    String s1="<h3>用户登录成功，两秒后跳转到欢迎页面!</h3><br>";
    String s2="<h3>如果没有跳转，请按<a href='/ch04/WelcomeServlet'>这里</a></h3>";
```

```
        msg = s1+s2;
}
```

在 LoginServlet 中进行用户名和密码的验证，如果全部验证成功，则设置将用户名保存在 session 属性范围中，并跳转到 WelcomeServlet 页面显示欢迎信息。

（2）在 com.ch04.session.example2 包中编写 WelcomeServlet.java，代码如下。

```
package com.ch04.session.example2;
import java.io.IOException;
import java.io.PrintWriter;
import jakarta.servlet.ServletException;
import jakarta.servlet.annotation.WebServlet;
import jakarta.servlet.http.HttpServlet;
import jakarta.servlet.http.HttpServletRequest;
import jakarta.servlet.http.HttpServletResponse;
import jakarta.servlet.http.HttpSession;
@WebServlet("/WelcomeServlet")
public class WelcomeServlet extends HttpServlet{
    private static final long serialVersionUID = 1L;
    public void doGet(HttpServletRequest request, HttpServletResponse response) throws
    ServletException, IOException {
        this.doPost(request, response);
    }
    public void doPost(HttpServletRequest request, HttpServletResponse response) throws
    ServletException, IOException {
        response.setContentType("text/html;charset=UTF-8");
        PrintWriter out = response.getWriter();
        HttpSession session=request.getSession();                    //获得 session 对象
        out.println("<HTML>");
        out.println("   <HEAD><TITLE>欢迎！</TITLE></HEAD>");
        out.println("   <BODY>");
        if(session.getAttribute("userid")!=null){//如果登录成功设置过属性则不为空
        out.println("<h3>欢迎"+session.getAttribute("userid")+"光临本系统,<a href='/ch04/
    LogoutServlet'>注销</a>!</h3>");
    }else{//非法用户，没有登录过
         response.setHeader("refresh","0;URL=/ch04/login.html"); //跳转到登录页面
    }
    out.println("</BODY>");
    out.println("</HTML>");
    }
}
```

在 WelcomeServlet 中，首先判断 session 属性范围中是否存在用户登录成功的标识，即是否有名为 userid 的属性存在，如果存在，则表示用户是已经登录过的合法用户，会给出欢迎光临本系统的信息，并给出注销的链接；而如果用户没有登录过，则会直接跳转到登录页面，让用户进行登录。

（3）在 com.ch04.session.example2 包中编写 LogoutServlet.java，代码如下。

```
package com.ch04.session.example2;
import java.io.IOException;
import jakarta.servlet.ServletException;
```

```
import jakarta.servlet.annotation.WebServlet;
import jakarta.servlet.http.HttpServlet;
import jakarta.servlet.http.HttpServletRequest;
import jakarta.servlet.http.HttpServletResponse;
import jakarta.servlet.http.HttpSession;
@WebServlet("/LogoutServlet")
public class LogoutServlet extends HttpServlet{
    private static final long serialVersionUID = 1L;
    public void doGet(HttpServletRequest request, HttpServletResponse response)
            throws ServletException, IOException {
        this.doPost(request, response);
    }
    public void doPost(HttpServletRequest request, HttpServletResponse response)
            throws ServletException, IOException {
        request.setCharacterEncoding("UTF-8");
        response.setContentType("text/html;charset=UTF-8");
        PrintWriter out = response.getWriter();
        HttpSession session=request.getSession();   //获得 session 对象
        session.invalidate(); //使 session 失效
        response.setHeader("refresh","2;URL=/ch04/login.html");//定时跳转
        out.println("<HEAD><TITLE>注销！ </TITLE></HEAD>");
        out.println("<h3>您已成功退出本系统，两秒后跳转到首页！ </h3><br>");
        out.println("<h3>如果没有跳转，请按<a href='/ch04/login.html'>这里</a></h3>");
        out.println("</BODY>");
        out.println("</HTML>");
    }
}
```

在 Logout.servlet 中使用 invalidate()方法进行了 session 的注销操作，当使用 invalidate()方法时，将在服务器上销毁此 session 的全部信息，同时设置了两秒后定时跳转的功能。

3. 访问程序，查看运行结果

启动 Tomcat 服务器，在浏览器的地址栏中输入地址“http://localhost:8080/ch04/login.html”访问 login.html，浏览器显示的结果如图 4-11 所示。

图 4-11　登录表单页面

在图 4-11 中的【用户名】和【密码】文本框中输入用户名“admin”和密码“123”后，

单击【登录】按钮，其页面显示效果如图 4-12 所示。

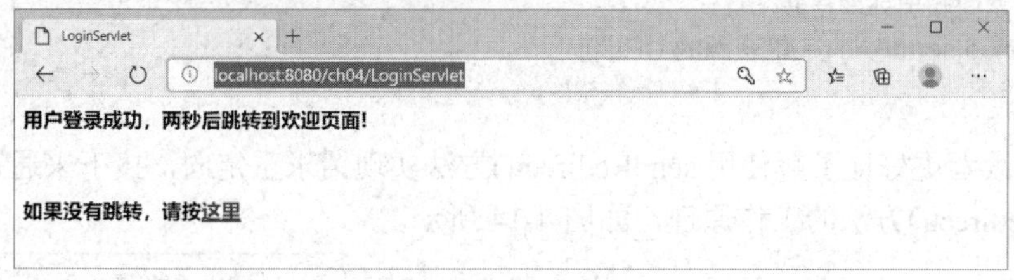

图 4-12　登录成功，跳转之前

从图 4-12 可以看出，用户登录成功，并在 2 秒后跳转到如图 4-13 所示页面。

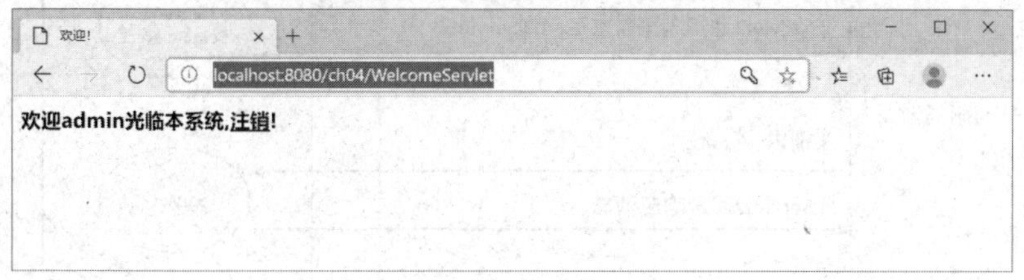

图 4-13　跳转之后

如果用户想退出登录，可以单击图 4-13 中【注销】链接，此时浏览器会再一次跳转到图 4-11 所示的登录表单页面。

4.3　Servlet 跳转

用户向服务器发出了一次 HTTP 请求，该请求可能会经过多个信息资源处理后才返回给用户，各个信息资源使用跳转机制实现将一个请求转发给其他资源。

Servlet 跳转是指从一个 Servlet 跳转到其他的 Servlet、JSP 或其他页面。Servlet 跳转可以分为客户端跳转和服务器端跳转两种方式。客户端跳转本质上是两次 HTTP 请求，服务器端在响应第一次请求的时候，让浏览器再向另外一个 URL 发出请求，从而达到跳转的目的。服务器端跳转是指客户端浏览器只发出一次请求，Servlet 把请求转发给 Servlet、HTML、JSP 或其他信息资源，由第二个信息资源响应该请求，在请求对象 request 中，保存的对象对于每个信息资源来说是共享的。

4.3.1　客户端跳转

客户端跳转有时也叫请求重定向，它一般用于避免用户的非正常访问。例如，用户在没有登录的情况下访问后台资源，Servlet 可以将该 HTTP 请求重定向到登录页面，让用户登录以后再访问。在 Servlet 中，通过调用 HttpServletResponse 对象的 sendRedirect()方法，告诉浏览器重定向访问指定的 URL，示例代码如下。

```
//Servlet 中处理 get 请求的方法
```

```
public void doGet(HttpServletRequest request,HttpServletResponse response){
//请求重定向到另外的资源
   response.sendRedirect("资源的 URL");
}
```

为了使读者更好地了解使用 sendRedirect()方法实现请求重定向，接下来通过一个图来描述 sendRedirect()方法的工作原理，如图 4-14 所示。

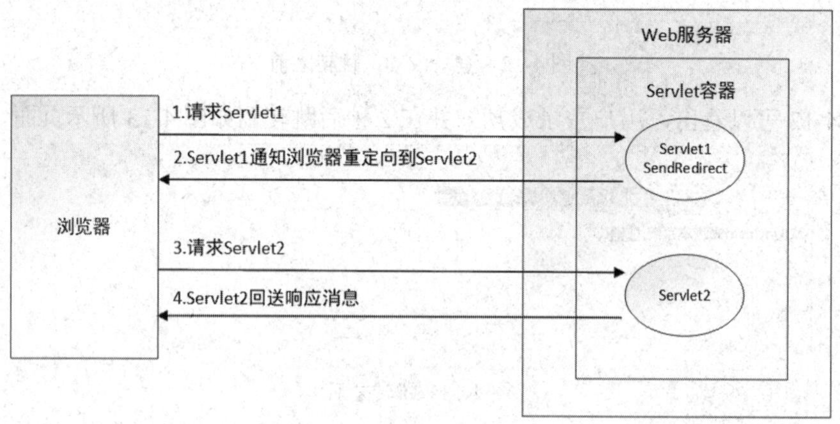

图 4-14　请求重定向

图 4-14 所示的请求重定向的过程如下。

（1）浏览器向 Servlet1 发出访问请求。

（2）Servlet1 调用 sendRedirect()方法，将浏览器的请求重定向到 Servlet2。

（3）浏览器向 Servlet2 发出访问请求。

（4）最终由 Servlet2 做出响应。

注意：

在【例 4-3】登录和注销程序中使用 HttpServletResponse 对象的 setHeader ("refresh", "2;URL=资源地址")方法实现页面跳转也是属于客户端跳转；此方法和 sendRedirect()方法的区别如下：setHeader()方法可以实现延迟跳转和即刻跳转，而 sendRedirect()方法只能即刻跳转。

4.3.2　服务器端跳转

1. RequestDispatcher 接口

当一个 Web 资源收到客户端的请求后，如果希望服务器通知另外一个资源去处理请求，这时，除了使用 sendRedirect()方法实现请求重定向外，还可以通过 RequestDispatcher 接口的实例对象来实现服务器端跳转。服务器端跳转应用得更多一些，一般说的请求转发指的就是服务器端跳转。

RequestDispatcher 实例对象是由 Servlet 引擎创建的，它用于包装一个要被其他资源调用的资源（如 Servlet、HTML 文件、JSP 文件等），并可以通过其中的方法将客户端的请求转发给所包装的资源。在 ServletRequest 和 ServletContext 接口中都定义了一个获取 RequestDispatcher 对象的方法，如表 4-4 所示。

表 4-4　获取 RequestDispatcher 对象的方法

序　号	接　口	方　法	说　明
1	ServletRequest	RequestDispatcher getRequestDispatcher (String path)	返回封装了某个路径所指定资源的 Request Dispatcher 对象。其中，参数 path 可以以“/”开头，也可以不以“/”开头，“/”用于表示当前 Web 应用的根目录。需要注意的是，WEB-INF 目录中的内容对 RequestDispatcher 对象也是可见的，因此，传递给 getRequestDispatcher(String path)方法的资源可以是 WEB-NF 目录中的文件
2	ServletContext	RequestDispatcher getRequestDispatcher (String path)	返回封装了某个路径所指定资源的 Request Dispatcher 对象。其中，参数 path 必须以“/”开头

获取到 RequestDispatcher 对象后，最重要的工作就是通知其他 Web 资源处理当前的 Servlet 请求，为此，在 RequestDispatcher 接口中定义了两个相关方法，如表 4-5 所示。

表 4-5　RequestDispatcher 接口的方法

序　号	方　法	说　明
1	forward(ServletRequest request, ServletResponse response)	该方法用于将请求从一个 Servlet 传递给另外一个 Web 资源。在 Servlet 中，可以对请求做一个初步处理，然后通过调用这个方法，将请求传递给其他资源进行响应。需要注意的是，该方法必须在响应提交给客户端之前被调用，否则将抛出 IllegalStateException 异常
2	include(ServletRequest request, ServletResponse response)	该方法用于将其他的资源作为当前响应内容包含进来

表 4-5 列举的两个方法中，forward()方法可以实现请求转发，include()方法可以实现请求包含。关于请求转发和请求包含的区别，接下来将进行详细介绍。

2. 请求转发

在 Servlet 中，如果当前 Web 资源不想处理请求时，可以通过 forward()方法将当前请求传递给其他 Web 资源进行处理，这种方式称为请求转发。为了使读者更好地理解使用 forward()方法实现请求转发的工作原理，接下来通过一张图来描述，如图 4-15 所示。

图 4-15 所示的请求转发的过程如下。

（1）浏览器向 Servlet1 发出访问请求。

（2）Servlet1 调用 forward()方法，在服务器端将请求转发给 Servlet2。

（3）最终由 Servlet2 做出响应，返回给浏览器。

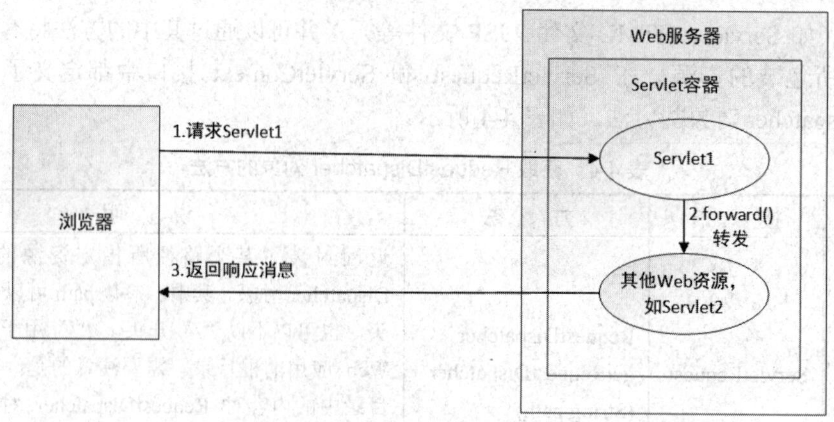

图 4-15　forward()方法的工作原理

3. 请求包含

请求包含指的是使用 include()方法将 Servlet 请求转发给其他 Web 资源进行处理，与请求转发不同的是，在请求包含返回的响应消息中，既包含了当前 Servlet 的响应消息，也包含了其他 Web 资源所做出的响应消息。为了使读者更好地理解使用 include()方法实现请求包含的工作原理，接下来通过一个图来描述，如图 4-16 所示。

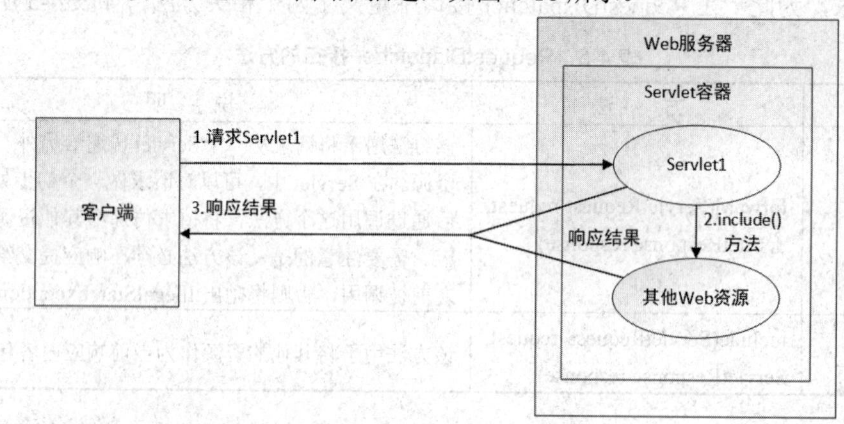

图 4-16　include()方法的工作原理

图 4-16 所示的请求包含的过程如下。

（1）浏览器向 Servlet1 发出访问请求。

（2）Servlet1 调用 include()方法，在服务器端将 Servlet2 包含进来。

（3）最终由 Serlvet1 和 Servlet2 共同做出响应，返回给浏览器。

注意：

其实，通过浏览器就可以观察到服务器端使用了哪种跳转方式，当请求某个资源时，浏览器的地址栏会出现当前请求的地址，如果服务器端响应完成以后，发现地址栏的地址改变了，则证明是客户端跳转。相反，如果地址没有发生变化，则代表的是服务器端跳转或者没有跳转。

4.3.3　Servlet 跳转范例

本示例将实现两种跳转方式，开发两个 Servlet，分别是 RequestServlet1 和 RequestServlet2。RequestServlet1 从客户端获取一个参数，根据参数值使用不用的跳转方式跳转到 RequestServlet2。编写一个 HTML 页面，包含两个不同的超链接，通过单击超链接来完成两种不同的跳转方式。

【例 4-4】 请求转发和重定向。

1. 创建 request.html 文件

在 ch04 项目的 webapp 目录下新建一个名称为 request.html 的页面，该页面包含两个超链接，分别实现客户端跳转和服务器端跳转，完整代码如下所示。

```
<html>
<head>
<title>请求转发和重定向</title>
<meta http-equiv="Content-Type" content="text/html; charset=UTF-8">
</head>
<body>
    <!-- 定义超链接，跳转方式为：重定向 -->
    <a href="/ch04/RequestServlet1?type=redirect">重定向</a>
    <!-- 定义超链接，跳转方式为：请求转发 -->
    <a href="/ch04/RequestServlet1?type=dispatch">请求转发</a>
</body>
</html>
```

2. 创建 Servlet

（1）在 ch04 项目的 src/main/java 目录下新建一个名称为 com.ch04.jump 的包，在包中编写 RequestServlet1 类，该 Servlet 用于接收客户端请求参数并实现跳转，代码如下所示。

```
package com.ch04.jump;
import java.io.IOException;
import java.io.PrintWriter;
import jakarta.servlet.RequestDispatcher;
import jakarta.servlet.ServletException;
import jakarta.servlet.annotation.WebServlet;
import jakarta.servlet.http.HttpServlet;
import jakarta.servlet.http.HttpServletRequest;
import jakarta.servlet.http.HttpServletResponse;
@WebServlet("/RequestServlet1")
public class RequestServlet1 extends HttpServlet {
    private static final long serialVersionUID = 1L;
    public RequestServlet1() {
        super();
    }
```

```
    protected void doGet(HttpServletRequest request, HttpServletResponse response)
            throws ServletException, IOException {
        response.setContentType("text/html;charset=UTF-8");
        PrintWriter out = response.getWriter();
        String type = request.getParameter("type");     //获取请求类型参数
        if (type.equals("redirect")) {//如果请求类型为重定向，即客户端跳转
            response.sendRedirect("/ch04/RequestServlet2?type=" + type);
        } else {//请求转发，即服务器端跳转
            RequestDispatcher rd = request.getRequestDispatcher("/RequestServlet2");//使用
            request 获取转发对象，URL 可以以'/'开头，也可以不以'/'开头
        rd.forward(request, response);
        }
        out.close();
    }
    protected void doPost(HttpServletRequest request, HttpServletResponse response)
            throws ServletException, IOException {
        doGet(request, response);
    }
}
```

注意：

在 RequestServlet1.java 程序中，sendRedirect()方法和 getRequestDispatcher()方法中的 URL 都是以“/”开头，但是这两处的“/”含义不一样。sendRedirect()方法中的 URL 是给浏览器解析的，“/”代表 Tomcat 中 Web 程序发布的根目录，即<Tomcat 安装目录>/webapps，相当于地址栏中的“http://localhost:8080/”，而 getRequestDispatcher()方法中的 URL 是给服务器解析的，“/”代表当前 Web 应用程序的根目录，即<Tomcat 安装目录>/webapps/ch04，相当于地址栏中的“http://localhost:8080/ch04/”。

（2）在 com.ch04.jump 包中编写 RequestServlet2 类，该类用于向客户端输出跳转的类型，代码如下所示。

```
package com.ch04.jump;
import java.io.IOException;
import java.io.PrintWriter;
import jakarta.servlet.ServletException;
import jakarta.servlet.annotation.WebServlet;
import jakarta.servlet.http.HttpServlet;
import jakarta.servlet.http.HttpServletRequest;
import jakarta.servlet.http.HttpServletResponse;
@WebServlet("/RequestServlet2")
public class RequestServlet2 extends HttpServlet {
    private static final long serialVersionUID = 1L;
    public RequestServlet2() {
        super();
    }
    protected void doGet(HttpServletRequest request, HttpServletResponse response)
            throws ServletException, IOException {
```

```
        response.setContentType("text/html;charset=UTF-8");
        PrintWriter out = response.getWriter();
        //输出用户请求转发的类型
        out.println("欢迎，您的请求方式为: " + request.getParameter("type"));
        out.close();
    }
    protected void doPost(HttpServletRequest request, HttpServletResponse response)
            throws ServletException, IOException {
        doGet(request, response);
    }
}
```

3. 访问程序，查看运行结果

启动 Tomcat 服务器，在浏览器的地址栏中输入地址“http://localhost:8080/ch04/request.html”访问 request.html，浏览器显示的结果如图 4-17 所示。

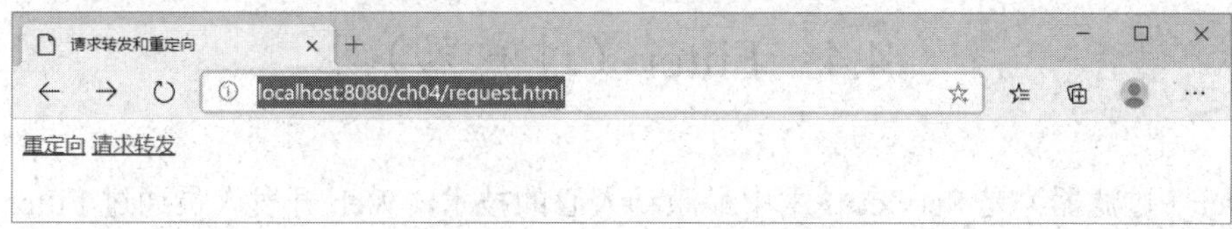

图 4-17　运行结果

在图 4-17 所示页面中单击【重定向】超链接，其页面显示效果如图 4-18 所示。

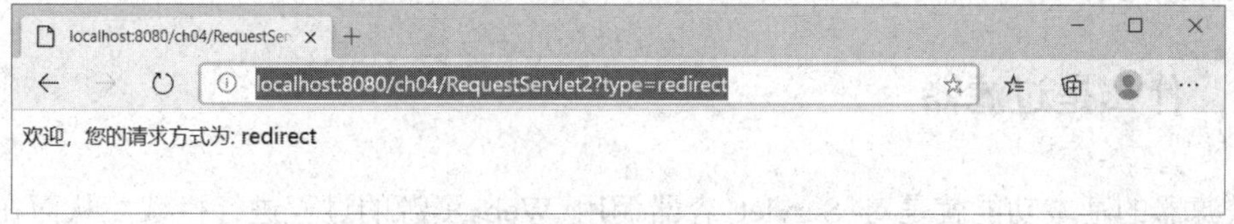

图 4-18　运行结果

在图 4-17 所示页面中单击【请求转发】超链接，其页面显示效果如图 4-19 所示。

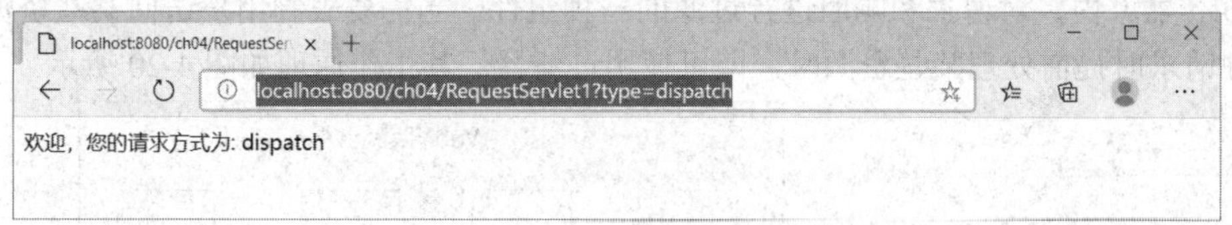

图 4-19　运行结果

对于重定向，即客户端跳转，服务器端在响应第一次请求时，让浏览器再向另外一个 URL 发出请求，从而达到跳转的目的，它本质上是两次 HTTP 请求，对应两个 request 和 response 对象，因此在 RequestServlet1 类中使用 response.sendRedirect("/ch04/RequestServlet2?type=" + type)方法跳转时需要向 RequestServlet2 传递参数 type。重定向的访问过程结束后，浏览器地址栏中显示的 URL 会发生改变，由初始的 URL 地址变成重定向的目标 URL，因此，图 4-18 所示的地址栏中显示的是跳转之后的地址 RequestServlet2。

对于请求转发，即服务器端跳转，客户端浏览器只发出一次请求，在服务器内部 Servlet 将请求转发给另外一个资源，由第二个资源响应该请求，两个信息资源共享同一个 request 对象和 response 对象，浏览器只知道发出了请求并得到了响应结果，并不知道在服务器程序内部发生了转发行为。因此在使用 request.getRequestDispatcher("/RequestServlet2")方法获得请求对象时，不需要再传递参数 type，因为 RequestServlet1 和 RequestServlet2 共享同样的请求对象。请求转发过程结束后，浏览器地址栏保持初始的 URL 地址不变，因此，图 4-19 所示的地址栏中仍然显示跳转之前的地址 RequestServlet1。

注意：

RequestDispatcher.forward()方法只能将请求转发给同一个 Web 应用中的资源；而 HttpServletResponse.sendRedirect()方法还可以重定向到同一个站点上其他应用程序中的资源，甚至是使用绝对 URL 重定向到其他站点的资源。

4.4　Filter（过滤器）

Filter（过滤器）是 Servlet 技术中最激动人心的技术，Web 开发人员通过 Filter 技术，对 Web 服务器管理的所有 Web 资源，如 JSP、Servlet 及静态 HTML 等进行拦截，从而实现一些特殊的功能。例如，实现 URL 级别的权限访问控制、过滤敏感词汇、压缩响应信息等一些高级功能。

4.4.1　什么是过滤器

过滤器的基本功能就是对 Servlet 容器调用 Web 资源的过程进行拦截，从而在 Web 资源进行响应处理前后实现一些特殊功能。这就好比污水处理厂处理污水一样，污水经过污水处理设备处理以后就变成了净水。对于 Web 应用程序来说，过滤器是处于服务器端（Web 容器）内，对请求和响应进行过滤的一种组件。当需要限制用户访问某些资源或者在处理请求时提前处理某些资源时，即可使用过滤器。其工作原理如图 4-20 所示。

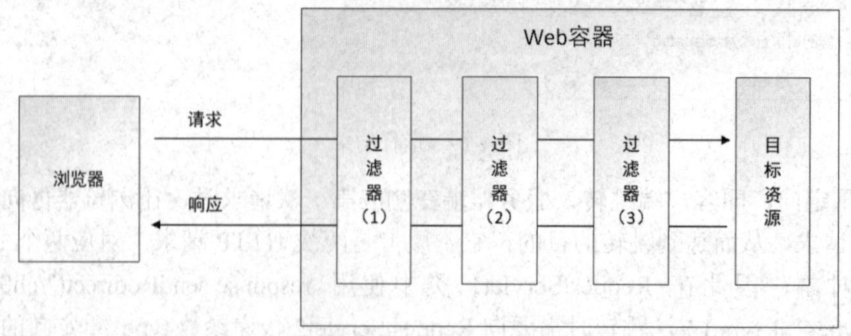

图 4-20　过滤器工作原理

当 Web 容器收到一个对某个目标资源的请求时，它会判断是否有过滤器与该目标资源关联。如果有的话，会把请求一一交给这些过滤器处理，然后再交给目标资源同样，响应时会以相反的顺序交给过滤器处理，再返回给客户端浏览器。

注意：

过滤器是一种很重要的设计模式，不仅仅应用在 Web 开发中，其他一些开发领域也会使用过滤器模式，它可以在不侵入原有代码的基础上为它们提供一些功能。

如果要定义一个过滤器，则直接让一个类实现 jakarta.servlet.Filter 接口即可。此接口定义了 3 个操作方法，如表 4-6 所示。

表 4-6　Filter 接口的方法

序　号	方　法	说　明
1	init(FilterConfig filterConfig) throws ServletException	过滤器初始化（容器启动时初始化）时调用，可以通过 FilterConfig 取得配置的初始化参数
2	doFilter(ServletRequest request,ServletResponse response,FilterChain chain)throws java.io.IOException,ServletException	完成具体的过滤操作，然后通过 FilterConfig 让请求继续向下传递
3	destroy()	过滤器销毁时调用

表 4-6 中的这 3 个方法都是 Filter 的生命周期方法，其中 init()方法在 Web 应用程序加载的时候调用，destroy()方法在 Web 应用程序卸载的时候调用，这两个方法都只会被调用一次，而 doFilter()方法就是业务处理的核心代码，类似于 Servlet 的 service()方法，不同的是，doFilter()方法的参数列表里有一个 FilterChain 接口的实现对象。

4.4.2　Filter 链

过滤器是以一种组件的形式绑定到 Web 应用程序当中的，与其他 Web 应用程序组件不同的是，过滤器是采用“链”的方式进行处理的。

一个 Web 应用程序中可以注册多个 Filter 程序，每个 Filter 程序都可以针对某一个目标资源进行拦截。如果多个 Filter 程序都对同一个目标资源进行拦截，那么这些 Filter 就会组成一个 Filter 链（也叫过滤器链）。Filter 链用 FilterChain 接口对象来表示，FilterChain 接口的主要作用是将用户的请求向下传递给其他的过滤器或者目标资源，此接口的方法如表 4-7 所示。

表 4-7　FilterChain 接口的方法

序　号	方　法	说　明
1	doFilter(ServletRequest request,ServletResponse response) throws java.io.IOException, ServletException	将请求向下继续传递

doFilter()方法的作用就是让 Filter 链上的当前过滤器放行，使请求进入下一个过滤器或者目标资源。在调用该方法之前的代码会在到达目标资源前执行，之后的代码会在目标资源响应以后执行。

4.4.3 实现过滤器

为了帮助读者快速了解 Filter 的开发过程，接下来将实现一个 Filter 程序，演示 Filter 程序如何对 Servlet 程序的调用过程进行拦截。

【例 4-5】一个简单的过滤器。

1. 编写过滤器类——SimpleFilter.java

在 ch04 项目中新建一个名称为 com.ch04.filter. example1 的包，在包中创建过滤器类 SimpleFilter，该过滤器用于拦截对某个目标资源的请求，具体代码如下。

```
package com.ch04.filter.example1;
import java.io.IOException;
import jakarta.servlet.Filter;
import jakarta.servlet.FilterChain;
import jakarta.servlet.FilterConfig;
import jakarta.servlet.ServletException;
import jakarta.servlet.ServletRequest;
import jakarta.servlet.ServletResponse;
public class SimpleFilter implements Filter {
    //过滤器初始化
    public void init(FilterConfig config)throws ServletException{
        // 接收初始化的参数
        String initParam = config.getInitParameter("charset") ;
        System.out.println("** 过滤器初始化，初始化参数=" + initParam) ;
    }
    //用于拦截用户的请求
    public void doFilter(ServletRequest request,ServletResponse response,FilterChain chain)
    throws IOException,ServletException{
        System.out.println("** 执行 doFilter()方法之前") ;
        chain.doFilter(request,response) ;
        System.out.println("** 执行 doFilter()方法之后") ;
    }
    //销毁时调用
    public void destroy(){
        System.out.println("** 过滤器销毁。") ;
    }
}
```

从上面的代码可以看出，Filter 的结构与 Servlet 类似，都包含初始化方法、服务方法和释放资源的方法，其实可以把 Filter 看作一个特殊的 Serlvet。

2. 编写测试用 Serlvet 类——TestServlet.java

在 com.ch04.filter.example1 包中编写 TestServlet 类，该类用于测试过滤器的调用。

```
package com.ch04.filter.example1;
```

```
import java.io.* ;
import jakarta.servlet.*;
import jakarta.servlet.http.*;
import jakarta.servlet.annotation.WebServlet;
@WebServlet("/TestServlet")
public class TestServlet extends HttpServlet {
    private static final long serialVersionUID = 1L;
    public TestServlet() {
        super();
    }
    protected void doGet(HttpServletRequest request, HttpServletResponse response) throws
    ServletException, IOException {
        System.out.println("** 目标资源输出");
    }
    protected void doPost(HttpServletRequest request, HttpServletResponse response) throws
    ServletException, IOException {
        doGet(request, response);
    }
}
```

3. 配置过滤器

（1）在 Servlet 2.5 版本中，在 web.xml 文件中对过滤器进行如下配置。

```
    <filter>
    <filter-name>SimpleFilter</filter-name>
    <filter-class>com.ch04.filter. exampl1.SimpleFilter </filter-class>
    <init-param>
        <param-name>charset</param-name>
        <param-value>utf-8</param-value>
    </init-param>
    </filter>
<filter-mapping>
    <filter-name>SimpleFilter</filter-name>
    <url-pattern>/TestServlet</url-pattern>
</filter-mapping>
```

在上述配置中，设置了过滤器对“/TestServlet”请求资源进行拦截，将在请求到达 TestServlet 程序前执行 SimpleFilter 程序。过滤器的配置样式与 Servlet 的配置样式非常相似，但是，需要注意的是，这里的<url-pattern>表示一个过滤器的过滤路径，当前设置的是“/TestServlet”，如果设置成“/*”，则表示对根目录下的一切操作都需要过滤。

（2）在 Servlet 3.0 版本中，使用注解配置过滤器。

```
@WebFilter(
    urlPatterns = { "/TestServlet" },
    initParams = {
            @WebInitParam(name = "charset", value = "UTF-8")
    })
```

4. 访问程序，查看运行结果

启动 Tomcat 服务器，在浏览器的地址栏中输入地址“http://localhost:8080/ch04/TestServlet”访问 TestServlet，程序运行结果会在 Tomcat 后台输出，输出内容如图 4-21 所示。

```
11月 19, 2020 11:37:30 下午 org.apache.catalina.startup.VersionLoggerListener log
信息:Command line argument: -Dfile.encoding=GBK
11月 19, 2020 11:37:30 下午 org.apache.catalina.core.AprLifecycleListener lifecycleEvent
信息:The APR based Apache Tomcat Native library which allows optimal performance in production environments
11月 19, 2020 11:37:31 下午 org.apache.coyote.AbstractProtocol init
信息:初始化协议处理器 ["http-nio-8080"]
11月 19, 2020 11:37:31 下午 org.apache.coyote.AbstractProtocol init
信息:初始化协议处理器 ["ajp-nio-8009"]
11月 19, 2020 11:37:31 下午 org.apache.catalina.startup.Catalina load
信息:服务器在[1,294]毫秒内初始化
11月 19, 2020 11:37:31 下午 org.apache.catalina.core.StandardService startInternal
信息:Starting service [Catalina]
11月 19, 2020 11:37:31 下午 org.apache.catalina.core.StandardEngine startInternal
信息:Starting Servlet engine: [Apache Tomcat/9.0.27]
11月 19, 2020 11:37:32 下午 org.apache.catalina.util.SessionIdGeneratorBase createSecureRandom
警告:Creation of SecureRandom instance for session ID generation using [SHA1PRNG] took [129] milliseconds.
** 过滤器初始化，初始化参数=UTF-8
11月 19, 2020 11:37:32 下午 org.apache.coyote.AbstractProtocol start
信息:开始协议处理句柄["http-nio-8080"]
11月 19, 2020 11:37:32 下午 org.apache.coyote.AbstractProtocol start
信息:开始协议处理句柄["ajp-nio-8009"]
11月 19, 2020 11:37:32 下午 org.apache.catalina.startup.Catalina start
信息:Server startup in [725] milliseconds
** 执行doFilter()方法之前
** 目标资源输出
** 执行doFilter()方法之后
```

图 4-21　过滤器输出

从图 4-21 可以看出，在使用浏览器访问 TestServlet 时，Tomcat 控制台除了显示 TestServlet 的输出信息，还显示了过滤器 SimpleFilter 的输出信息，说明 SimpleFilter 成功拦截了 TestServlet 程序。从程序输出结果中可以清楚地发现，过滤器的初始化方法是在容器启动时自动加载的，并且通过 FilterConfig 的 getInitParameter()方法获取了配置的初始化参数，只初始化一次。但是过滤器中的doFilter()方法实际上会调用两次，一次是在 FilterChain 操作之前，一次是在 FilterChain 操作之后。

注意：过滤器的路径。

如果想让过滤器拦截所有的请求访问，那么需要设置过滤器的过滤路径为“/*”，但在开发过程中有可能只对某一个或某几个目录过滤，此时就可以明确写出是对哪个目录过滤或者多增加过滤的映射路径。示例代码如下。

```
@WebFilter("/manager/*")
@WebFilter({ "/user/*", "/mamager/*" })
```

4.5　项 目 实 战

4.5.1　任务 4-1：统一全站编码

【任务目标】

在 Web 开发中经常会遇到中文乱码问题，按照前面所学的知识，通常解决乱码的做法都是在 Servlet 程序中设置编码方式，但是，如果多个 Servlet 程序都需要设置编码方式，

势必会造成大量的代码重复。为了解决上面的问题，可以在 Filter 中对获取到的请求和响应消息进行编码，统一全站的编码方式。

【实现步骤】

在 ch04 项目的 com.ch04.filter.example2 包中编写一个 CharsetFilter 类，该类用于拦截用户的请求访问，实现统一全站编码的功能。代码如下。

```
package com.ch04.filter.example2;
import java.io.IOException;
import jakarta.servlet.Filter;
import jakarta.servlet.FilterChain;
import jakarta.servlet.FilterConfig;
import jakarta.servlet.ServletException;
import jakarta.servlet.ServletRequest;
import jakarta.servlet.ServletResponse;
import jakarta.servlet.annotation.WebFilter;
import jakarta.servlet.annotation.WebInitParam;
@WebFilter(
        urlPatterns = { "/*" },
        initParams = {
                @WebInitParam(name = "charset", value = "utf-8")
        })
public class CharsetFilter implements Filter {
    private String charset=null;                                    //设置字符编码
    public CharsetFilter() {
    }
    public void destroy() {
    }
    public void doFilter(ServletRequest request, ServletResponse response, FilterChain chain)
    throws IOException, ServletException {
        //拦截所有请求，解决全站中文乱码
        request.setCharacterEncoding(this.charset);                 //设置请求和响应的字符编码
        response.setContentType("text/html;charset="+this.charset);
        chain.doFilter(request, response);                          //将请求向下传递
    }
    public void init(FilterConfig fConfig) throws ServletException {
        this.charset=fConfig.getInitParameter("charset");           //取得初始化参数
    }
}
```

本程序中，在初始化操作时，通过 FilterConfig 中的 getInitParameter()方法取得了一个配置的初始化参数，此参数的内容是一个指定的过滤编码，然后在 doFilter()方法中为所有页面设置统一的请求和响应编码。

4.5.2　任务 4-2：过滤非法用户访问

【任务目标】

登录验证是所有 Web 开发中不可缺少的部分，最早的做法是通过验证 Session 的方式

完成，但是如果每个页面都如此操作，则肯定会造成大量的代码重复，而通过过滤器的方式即可避免这种重复的操作。

接下来的这个实例利用过滤器判断用户是否登录或登录超时，如果没有登录或登录超时，就将请求跳转到登录页面。

【实现步骤】

1. 编写过滤器类 LoginFilter

新建项目 FilterLoginApp，新建一个名称为 com.ch04.filter.example3 的包，在包中创建过滤器 LoginFilter 类，代码如下。

```
package com.ch04.filter.example3;
import java.io.IOException;
import jakarta.servlet.Filter;
import jakarta.servlet.FilterChain;
import jakarta.servlet.FilterConfig;
import jakarta.servlet.ServletException;
import jakarta.servlet.ServletRequest;
import jakarta.servlet.ServletResponse;
import jakarta.servlet.annotation.WebFilter;
import jakarta.servlet.http.HttpServletRequest;
import jakarta.servlet.http.HttpServletResponse;
import jakarta.servlet.http.HttpSession;
@WebFilter("/manager/*")
public class LoginFilter implements Filter {
	public LoginFilter() {
	}
	public void doFilter(ServletRequest request, ServletResponse response, FilterChain chain)
	throws IOException, ServletException {
		//将 ServletRequest 请求对象转换成 HTTP 的请求
		HttpServletRequest req=(HttpServletRequest)request;
		//将 ServletResponse 响应对象转换成 HTTP 的响应
		HttpServletResponse resp=(HttpServletResponse)response;
		HttpSession session=req.getSession();
		//检查会话中是否有已经登录的用户对象
		if(session.getAttribute("userid")!=null) {
			chain.doFilter(request, response);//合法用户放行，请求向下传递给目标资源
		}
		else{
			resp.sendRedirect(req.getContextPath()+"/login.jsp");//非法用户，即未登录或会话
			超时，则跳转到登录表单页面
		}
	}
	public void init(FilterConfig fConfig) throws ServletException {
	}
	public void destroy(){
	}
}
```

doFilter()方法中的参数 request 是 ServletRequest 接口类型的对象，response 是 ServletResponse 接口类型的对象，而 getSession()方法是 HttpServletRequest 对象的方法，sendRedirect()方法是 HttpServletResponse 对象的方法，因此需要进行强制转换。

注意：

LoginFilter 中的过滤路径设置不能像编码过滤器那样使用“*”通配符拦截所有请求，此处只需过滤应用系统中的部分资源，即登录成功的合法用户才能查看到的资源，因此，过滤路径设置为@WebFilter("/manager/*")。

2. 创建 Servlet

（1）在 com.ch04.filter.example3 包中添加 LoginServlet.java 文件，代码参考【例 4-3】的中 LoginServlet.java 文件。

（2）在 com.ch04.filter.example3 包中编写 WelcomeServlet.java，代码如下。

```
package com.ch04.filter.example3;
import java.io.IOException;
import java.io.PrintWriter;
import jakarta.servlet.ServletException;
import jakarta.servlet.annotation.WebServlet;
import jakarta.servlet.http.HttpServlet;
import jakarta.servlet.http.HttpServletRequest;
import jakarta.servlet.http.HttpServletResponse;
import jakarta.servlet.http.HttpSession;
@WebServlet("/manager/WelcomeServlet")
public class WelcomeServlet extends HttpServlet {
	private static final long serialVersionUID = 1L;
	public void doGet(HttpServletRequest request, HttpServletResponse response) throws
	ServletException, IOException {
		this.doPost(request, response);
	}
	public void doPost(HttpServletRequest request, HttpServletResponse response) throws
	ServletException, IOException {
		response.setContentType("text/html;charset=UTF-8");
		PrintWriter out = response.getWriter();
		HttpSession session = request.getSession();
		out.println("<HTML>");
		out.println("   <HEAD><TITLE>欢迎！ </TITLE></HEAD>");
		out.println("   <BODY>");
		out.println("<h3>欢迎" + session.getAttribute("userid") + "进入管理后台,<a href=\"" +
		request.getContextPath()
				+ "/LogoutServlet'>注销</a>!</h3>");
		out.println("</BODY>");
		out.println("</HTML>");

	}
}
```

在此 WelcomeServlet 类中，不再需要判断 session 属性范围中是否存在用户登录成功的标识，而是将用户合法性的验证交给过滤器完成。注意，本示例中 Servlet 访问路径配置为@WebServlet("/manager/WelcomeServlet")，即将当前 Servlet 的访问 URL 设置在某个子目录之下，这是为了便于过滤器的过滤路径设置，当过滤路径设置为@WebFilter("/manager/*")时，表示让过滤器过滤“/manager/”目录之下的所有资源，达到过滤应用系统中部分资源的目的。

3. 创建 login.jsp 文件

在项目的 webapp 目录下编写登录表单页面 login.jsp 文件，此文件中的路径均采用绝对路径，代码如下。

```
<%@ page language="java" contentType="text/html; charset=UTF-8"
    pageEncoding="UTF-8"%>
<!DOCTYPE html>
<html>
<head>
    <meta charset="UTF-8">
    <meta http-equiv="Content-Type" content="text/html; charset=UTF-8">
    <link href="<%=request.getContextPath()%>/bootstrap/css/bootstrap.min.css" rel="stylesheet">
    <link href="<%=request.getContextPath()%>/css/signin.css" rel="stylesheet">
    <script src="<%=request.getContextPath()%>/jquery/jquery-1.9.1.min.js"></script>
    <script src="<%=request.getContextPath()%>/bootstrap/js/bootstrap.min.js"></script>
    <title>登录</title>
</head>
<body>
    <div class="container">
      <form class="form-signin" action="<%=request.getContextPath()%>/LoginServlet" method=
"post">
        <h2 class="form-signin-heading">请登录</h2>
        <label for="inputUsername" class="sr-only">用户名</label>
        <input type="text" id="username" name="username" class="form-control" placeholder="
用户名" required autofocus>
        <label for="inputPassword" class="sr-only">密码</label>
        <input type="password" id="password" name="password" class="form-control" placeholder=
"密码" required>
        <div class="checkbox">
          <label>
            <input type="checkbox" value="remember-me"> Remember me
          </label>
        </div>
        <button class="btn btn-lg btn-primary btn-block" type="submit">登录</button>
      </form>
    </div>
  </body>
</html>
```

4. 访问程序，查看运行结果

启动 Tomcat 服务器，在浏览器的地址栏中输入地址“http://localhost:8080/ch04/login.jsp”访问 login.jsp，输入正确的用户名和密码实现登录，可以看到管理后台的欢迎页面，如图 4-22 所示。

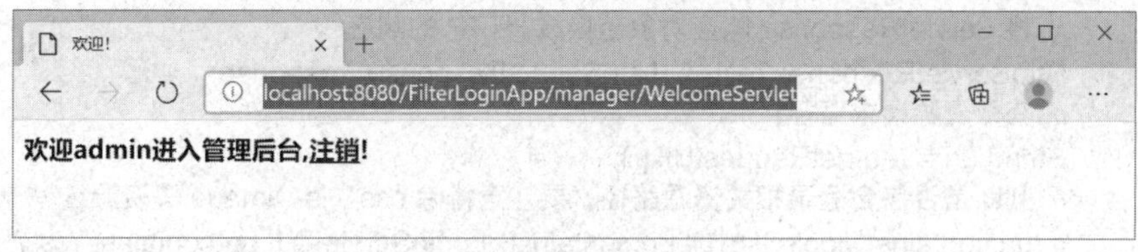

图 4-22　管理后台欢迎页面

以上是合法地访问资源的，现在试一试在没有登录的情况下直接访问后台信息资源时 WelcomeServlet 会出现什么情况。新打开一个窗口，在地址栏中输入“http://localhost:8080/FilterLoginApp/manager/WelcomeServlet”，按 Enter 键，此时并没有直接得到图 4-22 所示的结果，而是显示图 4-23 所示的登录页面。因为用户没有登录，即在 session 中找不到“userid”属性，所以过滤器拦截了这次请求并转发到 login.jsp 登录页面。

图 4-23　登录表单页面

本示例中通过对过滤器路径进行设置来拦截项目中的部分资源，也可以考虑在过滤器中编写代码来对项目中不需要被过滤器拦截的资源进行放行。修改 FilterServlet 类，代码如下所示。

```
package com.ch04.filter.example3;
import java.io.IOException;
import jakarta.servlet.Filter;
import jakarta.servlet.FilterChain;
import jakarta.servlet.FilterConfig;
import jakarta.servlet.ServletException;
import jakarta.servlet.ServletRequest;
import jakarta.servlet.ServletResponse;
import jakarta.servlet.annotation.WebFilter;
import jakarta.servlet.http.HttpServletRequest;
import jakarta.servlet.http.HttpServletResponse;
import jakarta.servlet.http.HttpSession;
```

```
@WebFilter("/*")
public class LoginFilter implements Filter {
    public void doFilter(ServletRequest request, ServletResponse response, FilterChain chain)
    throws IOException, ServletException {
        // 将 ServletRequest 请求对象转换成 HTTP 的请求
        HttpServletRequest req = (HttpServletRequest) request;
        // 将 ServletResponse 响应对象转换成 HTTP 的响应
        HttpServletResponse resp = (HttpServletResponse) response;
        // 获取资源请求路径
        String uri = req.getRequestURI();
        // 判断是否包含登录相关资源路径，要注意排除 css、js、image 等资源
        if (uri.contains("/login.jsp") || uri.contains("/LoginServlet") || uri.contains("/css/") ||
        uri.contains("/js/")|| uri.contains("/image/")) {
            chain.doFilter(req, resp);// 请求以上资源则放行
        } else {
            HttpSession session = req.getSession();
            // 检查会话中是否有已经登录的用户对象
            if (session.getAttribute("userid") != null) {
                chain.doFilter(request, response);// 合法用户放行，请求向下传递给目标资源
            } else {
                resp.sendRedirect(req.getContextPath() + "/login.jsp");// 非法用户，即未登录
                或会话超时，则跳转到登录表单页面
            }
        }
    }
    public void init(FilterConfig fConfig) throws ServletException {
    }
    public void destroy() {
    }
}
```

以上代码中，过滤器路径设置为@WebFilter("/*")，即过滤器拦截所有的请求访问，而事实上 login.html 和 LoginServlet 这些登录的相关资源是不能被过滤器拦截的，因此在程序中进行判断，对这些不需要经过过滤器拦截处理的资源直接放行。注意，本示例中 WelcomeServlet 的访问路径不必配置在“/manager/”路径之下。

随堂练习：

使用过滤器实现自动登录。

模块 4

模块 5　JSP 程序开发

【模块导读】

在动态网站开发中，我们经常需要保存页面数据和动态生成 HTML 内容。例如，要动态生成网站中某个链接的点击次数，如果采用 Servlet 来实现，就需要大量的输出语句。而 JSP 则能很好地解决这个问题。它使用 HTML 标记来设计 Web 页面的布局和风格，用 JSP 标记和相关内置对象来实现动态内容的输出。本模块将详细讲解 JSP 技术。

【学习目标】

知识目标：

- ❑ 了解 JSP 的概念。
- ❑ 掌握 JSP 的运行原理。
- ❑ 掌握 JSP 注释及脚本的使用。
- ❑ 掌握 page 指令元素。
- ❑ 掌握 include 指令和 include 动作标识的用法。
- ❑ 掌握 JSP 的九大内置对象。
- ❑ 掌握 JSP 中四种属性范围。

能力目标：

- ❑ 能够创建 JSP 页面。
- ❑ 能够使用 JSP 实现页面的增、删、改、查。

素质目标：

- ❑ 提升自学能力和问题分析能力。
- ❑ 具备规范化、标准化的代码编写习惯。

【学习导图】

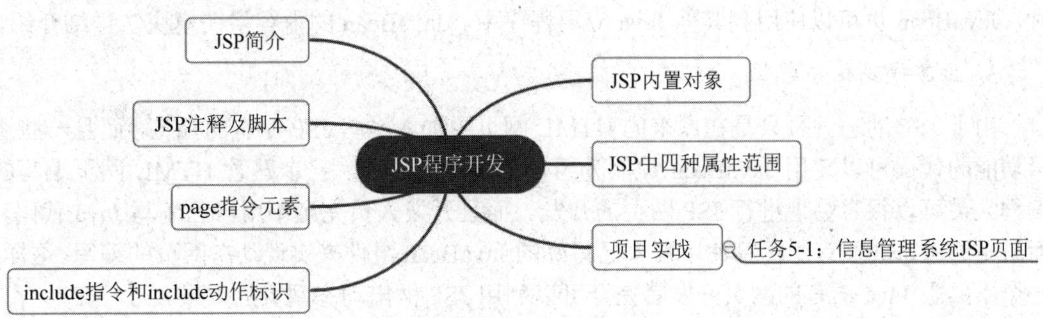

【任务导入】

JSP 是 Servlet 技术的延伸，它将 Java 和 HTML 融合在 JSP 页面中，方便界面的呈现。本模块将正式引导读者进入 JSP 程序的开发过程。增、删、改、查是动态网站的基本功能，通过本模块的学习，读者将能够用 JSP 实现对页面数据的增、删、改、查操作。

5.1 JSP 简介

JSP 全名是 Java Server Pages，它是由 Sun 公司发布的建立在 Servlet 规范之上的动态 Web 应用技术。它以其简单易学、跨平台的特性，在众多动态 Web 应用程序设计语言中异军突起，在短短几年中已经形成了一套完整的规范，并广泛地应用于各个领域的网站开发中。它使用 JSP 标签在 HTML 网页中插入 Java 代码，因此 HTML 代码与 Java 代码共存于 JSP 文件中，其中，HTML 代码用来实现网页中静态内容的显示，而 Java 代码则用来实现网页中动态内容的显示。

5.1.1 JSP 的特征

JSP 技术的设计目的是能够快速创建基于 Web 的应用程序，而这些应用程序能够运行于各种 Web 服务器和应用服务器中。JSP 技术所开发的 Web 应用程序具有如下几个特征。

1. 跨平台

由于 JSP 是基于 Java 的，它可以使用 Java API，拥有 Java 程序的跨平台特性，可以应用于不同的操作系统中，如 Wndows、Linux、Mac 等，当将 JSP 程序从一个平台移植到另一个平台时，JSP 的代码并不需要重新编译，这是因为 Java 的字节码是与平台无关的，拥有程序对平台的独立性，即“一次编译，到处运行”的特点。

2. 程序的可重用性

在 JSP 页面中可以不直接将脚本程序嵌入，而只是使用 JavaBean 将动态的交互部分编写为一个组件加以引用。这样，它可以为多个程序重复引用，实现了程序的可重用性。同时，JavaBean 也可以应用到其他 Java 应用程序中。JavaBean 的内容将在模块 7 详细介绍。

3. 业务代码相分离

由于 JSP 动态网页只是在原来的 HTML 网页中加入一些 JSP 专有的标签，而且一些逻辑功能的代码可以使用 JavaBean 编写为组件来引用。这样，一个熟悉 HTML 网页编写的编程人员可以很容易地进行 JSP 网页的开发。而且开发人员完全不用自己编写 Java 代码，而只是通过 JSP 独有的标签使用别人已写好的 JavaBean 组件来实现动态网页的编写。这样，一个不熟悉 Java 语言的网页开发者完全可以利用 JSP 做出动态网页的效果。

4. 程序的兼容性

JSP 中的动态内容可以以各种形式进行显示，所以它可以为各种客户提供服务，即从使用 HTML/DHTML 的浏览器到使用 XML 的 B2B 应用，都可以使用 JSP 的动态页面。

5.1.2　JSP 的运行原理

JSP 的工作模式是请求响应模式，客户端首先发出 HTTP 请求，JSP 程序收到请求后进行处理并返回处理结果。

（1）当客户第一次请求 JSP 页面时，服务器根据接收到的客户端的请求来加载相应的 JSP 文件，JSP 引擎会通过预处理把 JSP 文件中的静态数据（HTML 文本）和动态数据（Java 脚本）全部转换为 Java 代码。如果 JSP 文件中存在任何语法错误，则中断转换过程，并向服务端和客户端返回出错信息；如果没有任何错误，则用 out.println()方法将 HTML 文本包裹起来，对于 Java 脚本只是保留或做简单的处理。JSP 的运行过程如图 5-1 所示。

（2）如果转换成功，JSP 引擎把生成的.java 文件编译成 Servlet 类文件（.class）。对于 Tomcat 服务器而言，生成的类文件默认情况下存放在 work 目录。

（3）编译后的 class 文件被加载到 Servlet 容器中，创建一个该 Servlet（JSP 页面转换结果）实例，并根据用户的请求生成 HTML 格式的响应页面。

（4）服务器将执行结果以 HTML 格式发送给浏览器进行显示。

JSP 的运行过程如图 5-1 所示。

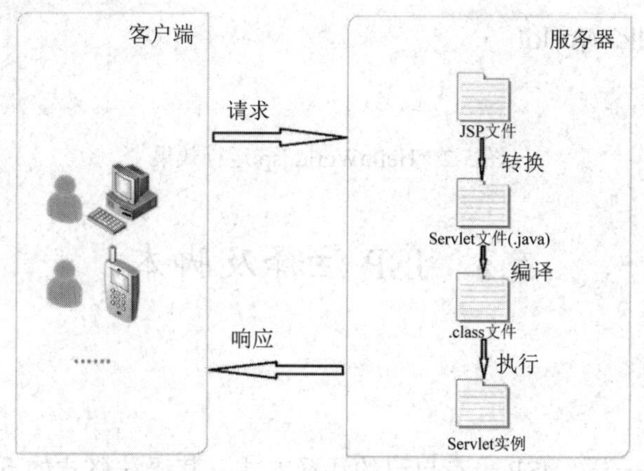

图 5-1　JSP 运行原理

5.1.3　编写第一个 JSP 文件

如果要编写一个 JSP 页面，需要完成以下两个步骤。

（1）编写一个 JSP 页面。

（2）把编写好的 JSP 页面部署到 Web 服务器中。

【例 5-1】 编写 HelloWorld.jsp。

在目录“D:\ch05”下编写以下 HelloWorld.jsp 代码。

```
<%@ page language="java" contentType="text/html; charset=UTF-8" pageEncoding="UTF-8"%>
```

```
<!DOCTYPE html>
<html>
<head>
<meta charset="UTF-8">
<title>这是我的第一个 JSP 页面</title>
</head>
<body>
<% out.println("Hello World!"); %>
</body>
</html>
```

从上述代码可看出，新创建的 JSP 文件与 HTML 文件十分相似，只是在页面代码的最上方多了一条 page 指令，并且该文件的扩展名为.jsp。page 指令的相关内容将在 5.3 节详细讲解。在<body>元素内通过<% %>嵌入 Java 代码 out.println("Hello World!");，实现输出"Hello World!"。JSP 文件必须发布到 Web 服务器中才能在浏览器中运行，因此，将 HelloWorld.jsp 复制到 Tomcat 安装目录下的 webapps\ROOT 里，然后启动 Tomcat，打开浏览器，在地址栏输入“localhost:8080/HelloWorld.jsp”，即可看到显示效果，如图 5-2 所示。

图 5-2　HelloWorld.jsp 运行效果

5.2　JSP 注释及脚本

5.2.1　JSP 注释

与其他编程语言一样，JSP 也有自己的注释方式，其语法格式如下。

```
<%-- 注释内容 --%>
```

在 JSP 页面中，如果用<% %>嵌入 Java 代码时，注释方式与 Java 的注释方式一样，可以用//注释单行代码，用/* */注释多行代码。

【例 5-2】编写 comment.jsp。

在目录“D:\ch05”下编写以下 comment.jsp 代码。

```
<!-- 这个注释客户端就可以看见 -->
<%-- JSP 中的注释，客户端无法看见 --%>
<%
    // Java 中提供的单行注释，客户端无法看见
    /*
```

```
        Java 中提供的多行注释，客户端无法看见
    */
%>
```

将 comment.jsp 复制到 Tomcat 安装目录下的 webapps\ROOT 里。在浏览器中运行 comment.jsp 页面后，查看页面源代码，可看到如图 5-3 所示。

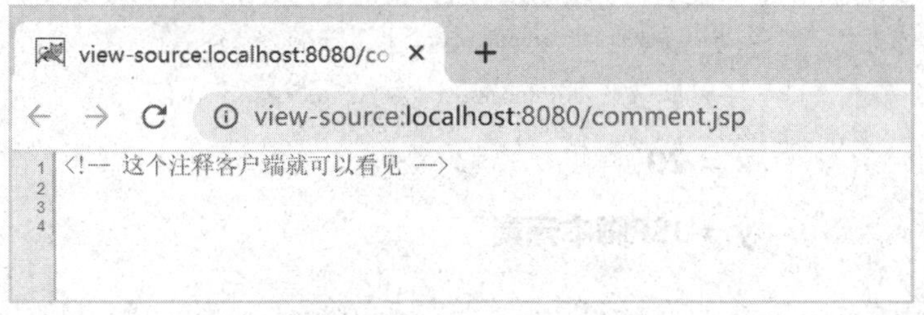

图 5-3　comment.jsp 运行后页面原代码图

注意：

在 comment.jsp 文件中，第一行为 HTML 代码注释，第二行为 JSP 注释，<% %>里面是 Java 代码注释，而 Tomcat 将 JSP 页面进行编译时，会忽略 JSP 页面中 JSP 注释和脚本中 Java 代码注释的内容，不会将注释信息发送到客户端，而 HTML 注释内容会被当成普通文本发送到客户端。

5.2.2　JSP 脚本

JSP 脚本元素是指嵌套在 JSP 文件的<% %>之中的 Java 程序代码。Java 代码通过此方式嵌入 HTML 页面中，所有可执行的 Java 代码都可以通过 JSP 脚本来执行。

JSP 脚本元素主要包含如下 3 种类型。

- ❑ JSP 脚本程序（Scriptlets）。
- ❑ JSP 声明语句（Declaration）。
- ❑ JSP 表达式（Expression）。

1. JSP 脚本程序

JSP Scriptlets 是一段在 JSP 页面中嵌入的代码段。JSP Scriptlets 的语法格式如下所示。

```
<%   Java 代码(变量、方法、表达式等)%>
```

在 JSP 脚本程序中声明的变量是 JSP 页面的局部变量，调用 JSP 脚本程序时，会为局部变量分配内存空间，执行结束后，释放局部变量占用的内存空间。

【例 5-3】编写 scriptlet.jsp，利用 JSP 脚本程序输出变量的值。

在目录“D:\ch05”下编写以下 scriptlet.jsp 代码。

```
<%
    int x = 20 ;                                    // 定义整型变量 x
    String y = "JSP 脚本元素" ;                      // 定义字符串变量
```

```
    out.println("<h1>x = " + x + "</h1>") ;            // 输出 x
    out.println("<h1>y = " + y + "</h1>") ;            // 输出 y
%>
```

将 scriptlet.jsp 复制到 Tomcat 安装目录下的 webapps\ROOT 里。在浏览器中运行 scriptlet.jsp 页面，显示效果如图 5-4 所示。

图 5-4　script.jsp 运行效果图

在 scriptlet.jsp 中，用 JSP 脚本元素的方式在<% %>之中嵌入 Java 代码，对定义的两个局部变量 x 和 y 进行输出，在输出语句中，将 HTML 的一对标签<h1>和</h1>一起输出，用于控制输出文字为 1 级标题的大小。

2. JSP 声明语句

JSP 的声明语句用于声明变量和方法，它以"<%!"开始，以"%>"结束，其语法格式如下所示。

```
<%!
    定义的变量和方法等
%>
```

声明语句块中的内容将被 JSP 编译到 Servlet 的_jspService()方法之外，是不会被包含到某个方法中的。因此，在 JSP 的声明语句块中就可以声明成员变量、实例方法、静态方法、静态代码块等内容。并且，这些内容均可被 JSP 的 Java 代码块中的代码访问。

【例 5-4】编写 declare.jsp,利用 JSP 声明语句定义变量和方法。

在目录"D:\ch05"下编写以下 declare.jsp 代码。

```
<%@ page language="java" contentType="text/html; charset=UTF-8"    pageEncoding="UTF-8"%>
<!DOCTYPE html>
<HTML>
<HEAD>
<TITLE>JSP 声明语句</TITLE>
</HEAD>
<%!
public int num=3;
public String declare()
{
    return "JSP 声明语句";
}
%>
<BODY>
```

```
<%
out.println(num++);
%>
<br>
<%
out.println(declare());
%>
</BODY>
</HTML>
```

将 declare.jsp 复制到 Tomcat 安装目录下的 webapps\ROOT 里。在浏览器中运行 declare.jsp 页面，显示效果如图 5-5 所示。

图 5-5　declare.jsp 运行效果

在 declare.jsp 中的代码<%!和%>里面是声明语句块的内容，定义的属性 num 是成员属性，相当于类的属性，declare()方法相当于全局的方法，也相当于类里面的方法。

需要注意的是，在 JSP 的声明语句块中是不能编写某些普通的 Java 语句的(比如 System.out.println("");)，因为它只是进行方法的定义和属性的定义。而在<%和%>语句块中既可以进行属性的定义，也可以输出内容，但是它不可以进行方法的定义。

总之，<%!和%>是用来定义成员变量属性和方法的，<%和%>主要是用来输出内容的，因此，如果涉及成员变量的操作，那么就应该使用<%!和%>；如果要输出内容，则应该使用<%和%>。

虽然在<%! %>中可以定义类或方法，但是应该尽量避免如此使用，JSP 中需要的类或方法往往通过 JAVABEAN 形式调用。

3. JSP 表达式

JSP 表达式用于将程序数据输出到客户端，其语法格式如下所示。

```
<%= expression %>
```

它将要输出的表达式或者变量封装在以“<%=”开头和以“%>”结尾的标记中，表达式可以是任何 Java 语言的完整表达式。该表达式的最终运算结果将被转换为字符串。

注意，<%与=之间不可以有空格，但是=与其后面的表达式之间可以有空格，且 JSP 表达式中的变量或表达式后面不能有分号。

【例 5-5】编写 expression.jsp,利用 JSP 表达式输出个人信息。

在目录“D:\ch05”下编写以下 expression.jsp 代码。

```
<%
    String name= "张三" ;
```

```
    int age= 20 ;
%>
<h3>姓名 = <%=name%></h3>
<h3>年龄 = <%=age-1%></h3>
<h3>性别 = <%="男"%></h3>
```

将 expression.jsp 复制到 Tomcat 安装目录下的 webapps\ROOT 里。在浏览器中运行 expression.jsp 页面，显示效果如图 5-6 所示。

图 5-6　expression.jsp 运行效果

在 expression.jsp 中，利用<% %>内的 JSP 脚本程序定义了 name 和 age 两个变量，再通过<%= %>内的 JSP 表达式输出 name、age 两个变量的值，其中对 age 变量进行减 1 操作后再输出，最后输出性别为“男”的字符串。

注意：

在 JSP 页面中尽量不要使用 out.println()输出，而应该使用表达式输出，这样可以更好地使 HTML 代码和 Java 代码分离。

【例 5-6】编写 99.jsp,实现九九乘法表的输出。

在目录“D:\ch05”下编写以下 99.jsp 代码。

```
<%@ page language="java" contentType="text/html; charset=UTF-8" pageEncoding="UTF-8"%>
<!DOCTYPE html>
<html>
<head>
<meta charset="UTF-8">
<title>99 乘法表</title>
</head>
<body>
<%!
    String str="";//利用 JSP 声明语句定义变量 str
%>
<%
//利用 JSP 脚本代码段，用双层循环将九九乘法表要输出的所有字符串赋值给变量 str
    for(int x=1;x<=9;x++){
        for(int y=1;y<=9;y++){
            if(y<=x)
            {
                str+=y+"*"+x+"="+y*x;
                str+=" ";
            }
```

```
                else
                {
                        break;
                }
        }
        str+="<br>";
    }
%>
<table width="640" height="126" border="2" >
<tr>
<td height="50" align="center">九九乘法表</td>
</tr>
<tr>
<td>
<!-- 利用 JSP 表达式输出变量 str 的值--!>
<%=str%>
</td>
</tr>
</table>
</body>
</html>
```

将 99.jsp 复制到 Tomcat 安装目录下的 webapps\ROOT 里。在浏览器中运行 99.jsp 页面，显示效果如图 5-7 所示。

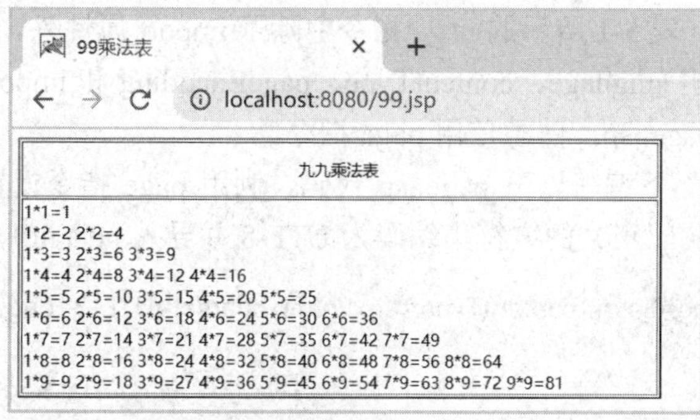

图 5-7　99.jsp 运行效果

5.3　pagc 指令元素

在 JSP 页面中，可以利用 page 指令来设置页面的属性，比如页面的编码方式，页面采用的语言，页面导入的包、输出的页面类型以及 session 的控制等。page 指令的具体语法格式如下所示。

```
<%@ page attr1="value1" attr2="value2" ...%>
```

表 5-1 中列出了一些 page 指令的常用属性及其功能。

表 5-1　page 指令的常用属性及其功能

序　号	属　性	功　能
1	contentType	设置响应报头，默认为 text/html
2	language	告知容器在翻译.jsp 文件时采用哪种语言，默认为 Java
3	info	定义 JSP 页面的描述信息
4	buffer	指定 out 对象使用缓冲区的大小
5	extends	告知容器需要继承哪个类
6	import	导入需要的包
7	isELIgnored	是否忽略 EL 表达式
8	errorPage	指定错误页面是哪个页面，指当前 JSP 页面发生错误时显示哪个页面
9	isErrorPage	判断是否是错误页面，isErrorPage="true"表示当前页面是一个异常处理页面，只有在 isErrorPage="true"的 JSP 页面上才会有一个 exception 的内置对象；isErrorPage="false"表示当前页面不是一个异常处理页面，这个是默认值
10	isThreadSafe	当前页面是否是线程安全的，可取值为 true 或者 false
11	pageEncoding	指定当前页面的编码
12	session	当前页面是否使用 session，true 表示需要使用；false 表示不需要使用
13	isScriptingEnabled	确定脚本元素能否被使用

在一个 JSP 页面，表 5-1 所示的 page 指令中除了 import 属性外，其他的属性都只能出现一次。下面举例说明 language、contentType、pageEncoding 和 import 属性的用法。

【例 5-7】编写 page.jsp，熟悉使用 page 指令。

在目录“D:\ch05”下编写以下 page.jsp 代码，利用 page 指令设置脚本语言为 Java,设置 JSP 页面本身以及响应正文的字符集编码为 UTF-8,并导入 java.util 包。

```
<%@ page language="java" contentType="text/html; charset=UTF-8" pageEncoding="UTF-8"
import="java.util.*" %>
<!DOCTYPE html>
<html>
<head>
<!-- <meta charset="UTF-8"> -->
<title> Page 指令元素页面</title>
</head>
<body>
设置字符串编码<br/>
</body>
</html>
```

将 page.jsp 复制到 Tomcat 安装目录下的 webapps\ROOT 里。在浏览器中运行 page.jsp 页面，显示效果如图 5-8 所示。

图 5-8　page.jsp 运行效果

在 page.jsp 代码中分别设置了 pageEncoding 和 contentType 的 charset 属性为 UTF-8。

pageEncoding 属性主要用来决定当前 JSP 页面的字符集编码，即 JSP 保存到磁盘上使用的字符集编码。在 JSP 中，如果 pageEncoding 属性存在，那么 JSP 页面的编码将由 pageEncoding 决定；如果没有设定 pageEncoding 属性，那么由 contentType 属性值中定义的 charset 的值决定；如果两者都不存在，那么使用 ISO-8859-1 作为当前 JSP 页面的编码。

contentType 属性定义 JSP 页面响应内容的 MIME 类型和字符编码，主要用来决定 JSP 页面响应内容的字符集编码，如果 pageEncoding 属性不存在，则也可决定 JSP 页面的字符集编码。

设置 JSP 源文件字符集时，优先级为 pageEncoding>contentType。如果都没有设置，默认选择 ISO-8859-1 编码方式。设置响应输出的字符集时，优先级为 contentType>pageEncoding。如果都没有设置，默认选择 ISO-8859-1 编码方式。

因此，为了简化代码的编写，只设置 contentType 的 charset 属性即可统一设置 JSP 页面的字符集编码和 JSP 页面响应内容的字符集编码。

5.4　include 指令和 include 动作标识

在 JSP 程序开发中，往往需要在一个 JSP 页面中引用其他页面的内容，这时候就需要用到 include 指令或 include 动作标识来实现。

include 指令的具体语法格式如下所示。

```
<%@ include file="文件的绝对路径或相对路径"%>
```

include 指令只有一个 file 属性，指定被插入 JSP 页面的文件路径，该属性不支持任何表达式，只能用绝对路径或相对路径。如果该属性值以“/”开头，那么指定的是一个绝对路径，将在当前应用的根目录下查找文件；如果是以文件名称或文件夹名开头，那么指定的是一个相对路径，将在当前页面的目录下查找文件

include 动作标识的具体语法格式如下所示。

```
<jsp:include page="被包含文件的路径" flush="true|false"><jsp:param name="参数名称" value="参数值"/></jsp:include>
```

page 属性：和 include 指令的 file 属性一样。

flush 属性：表示当输出缓冲区满时是否清空缓冲区。该属性值为 boolean 类型，默认值为 false，通常情况下设置为 true。

include 指令和 include 动作标识的区别如下。

（1）include 指令只能引入其他页面文件，不能传递参数，而 include 动作标识既可以引入其他页面文件，也能传递参数。

（2）include 指令是静态包含，先合成再编译。include 指令元素读入指定页面的内容。并把包含的文件的内容插入包含页中使用该指令的位置，将执行结果输出到浏览器中。JSP 编译器再对这个合成的文件进行编译，最终编译成的文件只有一个。

include 动作标识是动态包含，先编译再合成。include 动作标识被执行时，程序会将请求转发到（注意是转发而不是请求重定向）被包含的页面，并将执行结果输出到浏览器中，然后返回包含页继续执行后面的代码。对两个文件分别编译，服务器执行的其实是两个文件。

【例 5-8】编写 include.jsp 和 included.jsp,在 include.jsp 文件中分别用 include 指令和 include 动作标识来引入 included.jsp 文件。

在目录”D:\ch05”下编写以下 include.jsp 代码。

```
<%@ page language="java" contentType="text/html; charset=UTF-8" %>
<%="主文件 include.jsp"%>
<%="<br/>"%>
<%@include file="included.jsp" %>
```

在目录“D:\ch05”下编写以下 included.jsp 代码。

```
<%@ page language="java"   contentType="text/html; charset=GB2312"%>
<%="被包含的文件-included.jsp"%>
```

将 include.jsp 和 included.jsp 复制到 Tomcat 安装目录下的 webapps\ROOT 里。在浏览器中运行 include.jsp 页面，显示效果如图 5-9 所示。

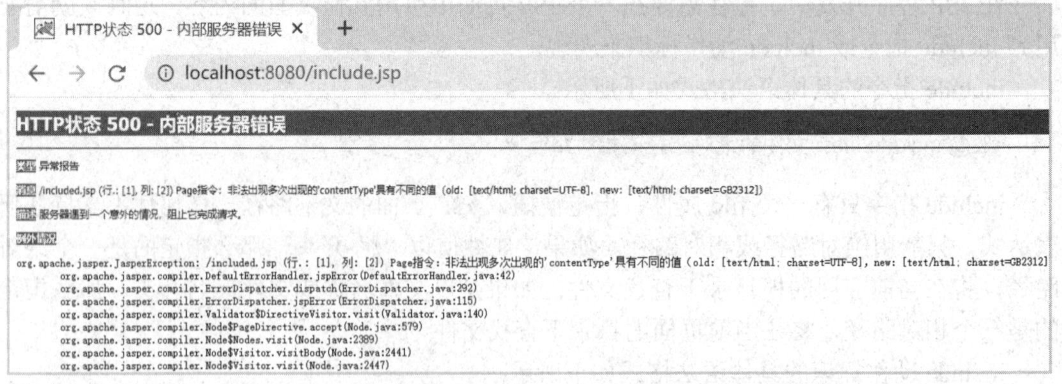

图 5-9　include.jsp 运行效果

图 5-9 中显示错误提示信息“HTTP 状态 500-内部服务器错误”，原因是使用 page 指令进行引入文件时，会将被引文件的所有内容原封不动地加载到引用页当中，因此，引用页 include.jsp 加载了被引页 included.jsp 后的代码如下。

```
<%@ page language="java" contentType="text/html; charset=UTF-8" %>
```

```
<%="主文件 include.jsp"%>
<%="<br/>"%>
<%@ page language="java" contentType="text/html; charset=GB2312" %>
<%="被包含的文件-included.jsp"%>
```

从代码可看出，page 指令中的 contentType 属性被设置了两次不同的 charset 值，因此，执行后会报错，解决方法为把两个 charset 都设置为统一的值，比如都设置为 UTF-8，然后再运行 include.jsp 页面，显示效果如图 5-10 所示。

图 5-10　include.jsp 运行效果

【例 5-9】将【例 5-8】中的 include.jsp 代码改为用 include 动作标识实现引入 included.jsp，并命名为 include2.jsp。

在目录“D:\ch05”下编写以下 include2.jsp 代码。

```
<%@ page language="java" contentType="text/html; charset=UTF-8" %>
<%="主文件 include.jsp"%>
<%="<br/>"%>
<jsp:include page="included.jsp" flush="true"></jsp:include>
```

将 include2.jsp 复制到 Tomcat 安装目录下的 webapps\ROOT 里。在浏览器中运行 include2.jsp 页面，显示效果如图 5-11 所示。

图 5-11　include2.jsp 运行效果

通过图 5-11 的运行结果可发现，将 include 指令改为 include 动作标识后，代码已经不会出现“HTTP 状态 500-内部服务器错误”信息，因为使用 include 动作标识引入文件时，服务器对两个文件分别编译，然后再将执行结果进行合并得到一个文件，所以不会出现两个 page 指令下的 contentType 属性 charset 值不一致的情况，但在第二行字符串输出时出现了乱码，解决方法是把 included.jsp 文件的 charset 值也设置为 UTF-8 即可。

5.5　JSP 内置对象

由于 Java 是 JSP 的脚本语言，所以 JSP 也具有 Java 语言的对象处理能力，而 JSP 页面系统中内置了 9 个对象，这些内置对象由 JSP 容器创建，不需要开发人员显式声明即可使用。

JSP 的内置对象包括 request、response、session、application、out、page、pageContext、config 和 exception。

5.5.1 request 对象

request 对象是 jakarta.servlet.HttpSeverletRequest 接口实现类的对象，代表从客户端用户发送过来的请求。它封装了由客户端生成的 HTTP 请求的所有细节，主要包括 HTTP 头信息、系统信息、请求方式和请求参数等，使用 request 对象可以获得客户端的信息以及用户提交的数据或参数，每次客户端请求都会产生一个 request 实例，而在请求结束后会销毁该 request 实例。request 对象的常用方法可参考 HttpServletRequest 接口的常用方法。

【例 5-10】编写两个页面 request_demo01.htm 和 request_demo01.jsp,从 request_demo01.htm 页面中输入信息，然后提交到 request_demo01.jsp 页面中进行显示。

在目录“D:\ch05”下编写以下 request_demo01.htm 代码。

```
<html>
<head><title>request 对象</title></head>
<body>
<form action="request_demo01.jsp" method="get">
    请输入信息：<input type="text" name="info">
    <input type="submit" value="提交">
</form>
</body>
</html>
```

在目录“D:\ch05”下编写以下 request_demo01.jsp 代码。

```
<%@ page contentType="text/html" pageEncoding="UTF-8"%>
<html>
<head><title>request 对象</title></head>
<body>
<%
    request.setCharacterEncoding("UTF-8") ;// 设置请求的字符编码为 UTF-8, 以便接收中文参数
    String content = request.getParameter("info") ;
%>
<h2><%=content%></h2>
</body>
</html>
```

将 request_demo01.htm 和 request_demo01.jsp 复制到 Tomcat 安装目录下的 webapps\ROOT 里。在浏览器中运行 request_demo01.htm 和 request_demo01.jsp 页面，显示效果如图 5-12 和图 5-13 所示。

将 request_demo01.htm 页面代码中名为 info 的文本输入框输入的内容提交到 request_demo01.jsp 页面进行处理，在 request_demo01.jsp 页面中利用 request 对象的 setCharacter-Encoding()方法来设置请求的字符编码方式为 UTF-8 编码，再利用 getParameter ()方法获取

info 的参数值并输出。

图 5-12 request_demo01.htm 运行效果

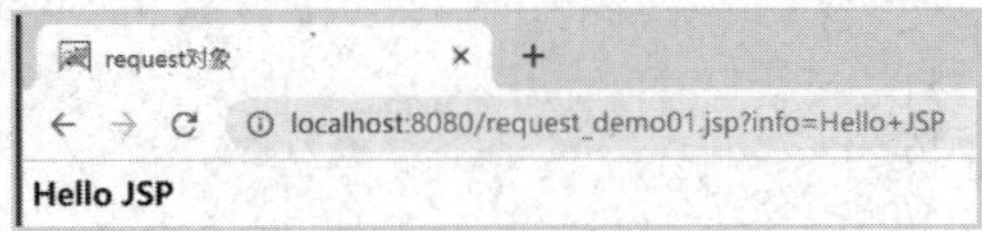

图 5-13 request_demo01.jsp 运行效果

【例 5-11】编写两个页面 request_demo02.htm 和 request_demo02.jsp，从 request_demo02. htm 页面中输入个人的姓名和兴趣信息，然后提交到 request_demo02.jsp 页面中进行显示。

在目录“D:\ch05”下编写以下 request_demo02.htm 代码。

```
<html>
<head><title>request 对象</title></head>
<body>
<form action="request_demo02.jsp" method="post">
    姓名：    <input type="text" name="uname"><br>
    兴趣：    <input type="checkbox" name="inst" value="唱歌">唱歌
              <input type="checkbox" name="inst" value="跳舞">跳舞
              <input type="checkbox" name="inst" value="游泳">游泳
              <input type="checkbox" name="inst" value="看书">看书
              <input type="checkbox" name="inst" value="旅游">旅游
          <br><input type="hidden" name="id" value="3">
              <input type="submit" value="提交">
              <input type="reset" value="重置">
</form>
</body>
</html>
```

在目录“D:\ch05”下编写以下 request_demo02.jsp 代码。

```
<%@ page contentType="text/html" pageEncoding="UTF-8"%>
<html>
<head><title>request 对象</title></head>
<body>
<%
    request.setCharacterEncoding("UTF-8") ; //设置请求的字符编码为 UTF-8, 以便接收中文参数
    String id = request.getParameter("id") ;
    String name = request.getParameter("uname") ;
    String inst[] = request.getParameterValues("inst") ;
%>
<h3>编号：<%=id%></h3>
<h3>姓名：<%=name%></h3>
<h3>兴趣：
<%
if(inst != null) {
    for(int x=0;x<inst.length;x++){
%>
```

```
            <%=inst[x]%>、
<%
        }
}
%>
</h3>
</body>
</html>
```

将 request_demo02.htm 和 request_demo02.jsp 复制到 Tomcat 安装目录下的 webapps\ROOT 里。在浏览器中运行 request_demo02.htm 和 request_demo02.jsp 页面，显示效果如图 5-14 和图 5-15 所示。

图 5-14　request_demo02.htm 运行效果

图 5-15　request_demo02.jsp 运行效果

通过将 request_demo02.htm 页面代码中的文本输入框输入的内容以及复选框选中的内容提交到 request_demo02.jsp 页面进行处理，在 request_demo02.jsp 页面中利用 request 对象的 setCharacterEncoding()方法来设置请求的字符编码方式为 UTF-8 编码，再利用 getParameter()方法获取隐藏域 id 的参数值和 uname 的参数值并输出，最后调用 getParameterValues()方法获取提交过来的复选框被选中的选项值，然后循环输出。

5.5.2　response 对象

reponse 对象用于响应客户请求，向客户端输出信息。它封装了 JSP 产生的响应，并发送到客户端以响应客户端的请求。请求的数据可以是各种数据类型，甚至是文件。response 对象在 JSP 页面内有效。

response 对象的常用方法可参考 HttpServletResponse 接口的常用方法。

下面将从重定向页面、处理 HTTP 头文件以及对 Cookie 的操作三方面介绍 response 对象常用方法的用法。

1. 重定向页面

reponse 对象的 sendRedirect()方法可以将网页重定向到另一个网页。重定向操作支持将地址重定向到不同的主机上。在客户端浏览器上将会得到跳转的地址，并重新发送请求链接。进行重定向操作后，request 中的属性全部失效，并且开始一个新的 request 对象。

sendRedirect()方法的语法格式如下。

```
Response.sendRedirect(String path);
```

参数 path 指定目标路径，可以是相对路径，也可以是 URL 地址。

【例 5-12】编写两个页面 hello.htm 和 response_demo01.jsp，实现从 response_demo01.jsp 页面跳转到 hello.htm 页面。

在目录“D:\ch05”下编写以下 hello.htm 代码。

```
<html>
<head><title>response 对象</title></head>
<body>
	<h2>Hello Java Web!!!</h2>
</body>
</html>
```

在目录“D:\ch05”下编写以下 response_demo01.jsp 代码。

```
<%@ page contentType="text/html" pageEncoding="UTF-8"%>
<html>
<head><title>sendRedirect()方法</title></head>
<body>
<%
	response.sendRedirect("hello.htm") ;
%>
</body>
</html>
```

将 hello.htm 和 response_demo01.jsp 复制到 Tomcat 安装目录下的 webapps\ROOT 里。在浏览器中运行 response_demo01.jsp，则可看到页面直接跳转到了 hello.htm。运行效果如图 5-16 所示。

图 5-16　response_demo01.jsp 运行效果

除用 sendRedirect()方法跳转页面之外，还可以用 jsp:forward 实现跳转，将 response_demo01.jsp 页面代码的 sendRedirect()方法改为 jsp:forward 后，代码如下。

```
<%@ page contentType="text/html" pageEncoding="UTF-8"%>
<html>
<head><title>sendRedirect()方法</title></head>
<body>
<jsp:forward page="hello.htm"></jsp:forward>
</body>
</html>
```

jsp:forward 实现页面跳转会保留地址栏的内容，因为是服务器跳转，而且属于无条件跳转，执行后立即跳转，跳转之前的语句会执行后再跳转，而跳转语句之后的代码不会再执行。

注意：
它不能改变浏览器地址，刷新的话会导致重复提交。

2. 处理 HTTP 头文件

response 对象的 setHeader()方法可以设置 HTTP 响应报头，其中，最常用的是禁用缓存、设置页面自动刷新和定时跳转网页。

【例 5-13】 编写页面 response_demo02.jsp,实现禁用缓存,并且 3 秒后自动跳转到 hello.htm 页面。

在目录“D:\ch05”下编写以下 response_demo02.jsp 代码。

```
<%@ page contentType="text/html" pageEncoding="UTF-8"%>
<html>
<head><title>response 对象设置响应头消息</title></head>
<body>
<h3>5 秒后跳转到 hello.htm 页面，如果没有跳转请按<a href="hello.htm">这里</a>！</h3>
<%
     response.setHeader("Cache-Control","no-store");            // 禁用缓存
     response.setDateHeader("Expires",0);                        // 设置过期的时间期限
     response.setHeader("refresh","3;URL=hello.htm") ;          // 3 秒后跳转到 hello.htm 页面
%>
</body>
</html>
```

将 response_demo02.jsp 复制到 Tomcat 安装目录下的 webapps\ROOT 里。在浏览器中运行 response_demo02.jsp，如图 5-17 所示，3 秒后则会自动跳转到 hello.htm 页面。

图 5-17　response_demo02.jsp 运行效果

3. Cookie 操作

Cookies 是一种 Web 服务器通过浏览器在访问者的硬盘上存储信息的手段，保存了大量用户记录信息。Netscape Navigator 使用一个名为 cookies.txt 本地文件保存从所有站点接收的 Cookie 信息；而 IE 浏览器把 Cookie 信息保存在类似于 C://windows//cookies 的目录下。当用户再次访问某个站点时，服务端将要求浏览器查找并返回先前发送的 Cookie 信息，以识别这个用户。

Cookie 是存储在客户端的文本文件，其用来识别回头客的步骤如下：

（1）服务器脚本发送一系列 Cookie 信息至浏览器。比如名字、年龄、ID 号码等。

（2）浏览器在本地机中存储这些用户信息。

（3）当下一次浏览器发送任何请求至服务器时，它会同时将这些 Cookie 信息发送给服务器，然后服务器使用这些信息来识别用户。

使用 JSP 对 Cookie 操作的 4 个步骤如下。

（1）创建一个 Cookie 对象：调用 Cookie 的构造函数，使用一个 Cookie 名称和值作为参数，它们都是字符串。

```
Cookie cookie = new Cookie("key","value");
```

注意：

名称和值中都不能包含空格或者如下所示字符。

```
[ ] ( ) = , " / ? @ : ;
```

（2）设置有效期：调用 setMaxAge()函数表明 Cookie 在多长时间（以秒为单位）内有效。下面的操作将有效期设置为了 24 个小时。

```
cookie.setMaxAge(60*60*24);
```

（3）将 Cookie 发送至 HTTP 响应头中：调用 response.addCookie()函数来向 HTTP 响应头中添加 Cookie。

```
response.addCookie(cookie);
```

（4）客户端通过 getCookie()方法取出 Cookie 的内容。

```
Cookie c[] = request.getCookies() ;
```

【例 5-14】编写页面 response_demo03.jsp，实现取出客户端 Cookie 的所有内容输出，并将个人信息内容保存到客户端。

在目录“D:\ch05”下编写以下 response_demo03.jsp 代码。

```
<%@ page contentType="text/html" pageEncoding="UTF-8"%>
<html>
<head><title>response 对象——添加和获取 Cookie</title></head>
<body>
<%
    Cookie c[] = request.getCookies() ;              // 取得客户端的全部 Cookie
    System.out.println(c) ;
    for(int x=0;x<c.length;x++){
%>
        <h3><%=c[x].getName()%> --> <%=c[x].getValue()%></h3>
<%
    }
%>
<%
    Cookie name = new Cookie("name","ZhangSan") ;          //创建 Cookie 保存姓名
    Cookie age = new Cookie("age","20") ;                  //创建 Cookie 保存年龄
    name.setMaxAge(60*60*24) ;                             //设置 Cookie 的有效期
    age.setMaxAge(60*60*24) ;                              //设置 Cookie 的有效期
    response.addCookie(name) ; //调用 addCookie()方法将 Cookie 对象 name 添加到 Cookie 集合
    response.addCookie(age) ;  //调用 addCookie()方法将 Cookie 对象 age 添加到 Cookie 集合
```

```
%>
</body>
</html>
```

将 response_demo03.jsp 复制到 Tomcat 安装目录下的 webapps\ROOT 里。在浏览器中运行 response_demo03.jsp，如图 5-18 所示，显示出客户端 Cookie 的名称和值，再刷新一次将得到如图 5-19 所示的运行效果，因为第一次运行页面时，把新添加的个人信息内容保存到客户端的 Cookie 文件中，再次运行就可以取出第一次运行时保存的 Cookie 内容。

图 5-18　第一次运行 response_demo03.jsp 页面效果

图 5-19　第二次运行 response_demo03.jsp 页面效果

5.5.3　session 对象

由于 HTTP 协议是一种无状态协议，也就是当一个客户向服务器发出请求，服务器接收请求并返回响应后，该连接就结束了，而服务器并不会保存相关的信息。当下一次连接时，服务器端已没有以前的连接信息了，无法判断这一次连接和以前的连接是否属于同一个客户。因此，为了保存一些状态信息，HTTP 协议提供了 session，session 在网络中被称为会话，通过 session 可以在应用程序的 Web 页面间进行跳转时保存用户的状态信息，使整个用户会话一直保持下去，直到关闭浏览器。然而，如果在一个会话中，客户端长时间不向服务器发出请求，session 对象就会自动消失。这个时间取决于服务器，例如，Tomcat 服务器默认为 30 分钟。不过这个时间可以通过编写程序进行修改。

session 的工作原理如下。

（1）客户首次访问服务器的一个页面时，服务器就会为该客户分配一个 session 对象，同时为该 session 对象指定一个唯一的 ID，并且将该 ID 号发送到客户端并写入到 cookie 中，使得客户端与服务器端的 session 建立一一对应关系。

（2）当客户继续访问服务器上的其他资源时，服务器不再为该客户分配新的 session 对象，直到客户端浏览器关闭、超时或调用 session 的 invalidate()方法使其失效，客户端与服务器的会话结束。

（3）当客户重新打开浏览器访问网站时，服务器会重新为客户分配一个 session 对象，并重新分配 session ID。

session 对象的常用方法可参考 HttpSession 接口的常用方法。

【例 5-15】 编写页面 is_new.jsp，实现判断客户是首次登录的新用户还是登录后的老用户。

在目录“D:\ch05”下编写以下 is_new.jsp 代码。

```
<%@ page contentType="text/html" pageEncoding="UTF-8"%>
<html>
<head><title>判断新用户</title></head>
<body>
<%
      if(session.isNew()){
%>
            <h3>欢迎新用户光临！</h3>
<%
      } else {
%>
            <h3>您已经是老用户了！</h3>
<%
      String id = session.getId() ;
%>
<h3>SESSION ID：<%=id%></h3>
<h3>SESSION ID 长度：<%=id.length()%></h3>
<%
      }
%>
</body>
</html>
```

将 is_new.jsp 复制到 Tomcat 安装目录下的 webapps\ROOT 里。在浏览器中运行 is_new.jsp，由于是新打开的一个浏览器运行程序，所以 session.isNew()返回 true，如图 5-20 所示，显示“欢迎新用户光临！”，再刷新一次将得到如图 5-21 的运行效果，因为第二次运行页面时 session.isNew()返回 false，所以显示为“你已经是老用户了！”，并且 session.getId()将首次打开网站生成的 session ID 输出显示。

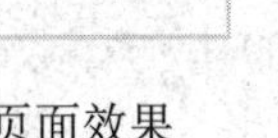

图 5-20　第一次运行 is_new.jsp 页面效果

图 5-21　第二次运行 is_new.jsp 页面效果

一般情况，在浏览器的默认设置中，打开一个网站就只新建一个 session，就算用多个浏览器(同一款浏览器)打开，都算一个 session；如果用不同款浏览器打开，就算多个 session，相同的浏览器之间只算一个 session。

【例 5-16】编写 3 个页面 login.jsp、welcome.jsp 和 logout.jsp，login.jsp 页面实现输入用户名和密码信息进行登录，如果登录成功，则显示“用户登录成功”，并且 5 秒后跳转到欢迎页 welcome.jsp，在 welcome.jsp 页中显示欢迎登录用户的信息，logout.jsp 页面实现注销用户的功能。

在目录“D:\ch05”下编写以下 login.jsp 代码。

```
<%@ page contentType="text/html" pageEncoding="UTF-8"%>
<html>
<head><title>登录表单页面</title></head>
<body>
<form action="login.jsp" method="post">
    用户名：<input type="text" name="uname"><br>
    密  码：<input type="password" name="upass"><br>
    <input type="submit" value="登录">
    <input type="reset" value="重置">
</form>
<%
    String name = request.getParameter("uname") ;       //获取在文本框中输入的用户名
    String password = request.getParameter("upass") ;  //获取在文本框中输入的密码
    //如果用户名为 zhangsan，密码为 123，则登录成功
    if(!(name==null || "".equals(name) || password==null || "".equals(password))){
        if("zhangsan".equals(name) && "123".equals(password)){
            // 如果登录成功，则设置 session 属性范围
            session.setAttribute("userid",name) ;       //将用户输入的用户名保存在 session 中
            response.setHeader("refresh","5;URL=welcome.jsp") ;//5 秒后跳转到欢迎页面
%>
            <h3>用户登录成功，5 秒后跳转到欢迎页！</h3>
            <h3>如果没有跳转，请按<a href="welcome.jsp">这里</a>！</h3>
<%
        } else {
%>
            <h3>错误的用户名或密码！</h3>
<%
        }
    }
%>
</body>
</html>
```

在目录“D:\ch05”下编写以下 welcome.jsp 代码。

```
<%@ page contentType="text/html" pageEncoding="UTF-8"%>
<html>
<head><title>登录成功显示的欢迎页面</title></head>
<body>
<%  // 如果已经设置过 session 属性，则肯定不为空
```

```
    if(session.getAttribute("userid")!=null){
%>
        <h3>欢迎<%=session.getAttribute("userid")%>光临本系统，<a href="logout.jsp">注销
</a></h3>
<%
    } else {    // 没有 session，则应该给出提示，先去登录
%>
        <h3>请先进行系统的<a href="login.jsp">登录</a>！</h3>
<%
    }
%>
</body>
</html>
```

在目录“D:\ch05”下编写以下 logout.jsp 代码。

```
<%@ page contentType="text/html" pageEncoding="UTF-8"%>
<html>
<head><title>实现登录注销</title></head>
<body>
<%
    response.setHeader("refresh","2;URL=login.jsp") ;
    session.invalidate() ;                          // 注销用户，使当前 session 失效
%>
<h3>您已成功退出本系统，两秒后跳转回首页！</h3>
<h3>如果没有跳转，请按<a href="login.jsp">这里</a>！</h3>
</body>
</html>
```

将 login.jsp、welcome.jsp 和 logout.jsp 复制到 Tomcat 安装目录下的 webapps\ROOT 里。在浏览器中运行 login.jsp，如图 5-22 所示，如果输入正确的用户名和密码则显示“用户登录成功”，如图 5-23 所示，5 秒后跳转到 welcome.jsp 欢迎页面，如图 5-24 所示。如果要注销用户，则运行 logout.jsp，在 logout.jsp 页面中调用 session.invalidate()销毁 session，如图 5-25 所示。

图 5-22　login.jsp 页面效果

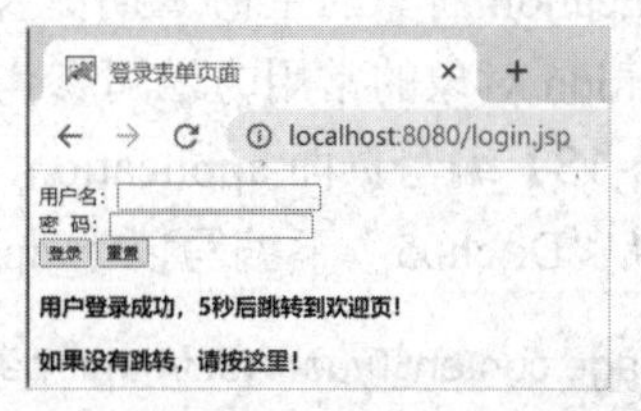

图 5-23　login.jsp 登录成功的效果

图 5-24　welcome.jsp 页面效果

图 5-25　logout.jsp 页面效果

【例 5-17】编写页面 get_time.jsp，实现取得用户浏览网站的时间。

在目录“D:\ch05”下编写以下 get_time.jsp 代码。

```
<%@ page contentType="text/html" pageEncoding="UTF-8"%>
<html>
<head><title>取得用户的操作时间</title></head>
<body>
<%
    long start = session.getCreationTime() ;                    //获取会话创建的时间
    long end = session.getLastAccessedTime() ;                  //获取会话最后访问的时间
    long time = (end - start) / 1000 ;
%>
<h3>您已经停留了<%=time%>秒！</h3>
</body>
</html>
```

将 get_time.jsp 复制到 Tomcat 安装目录下的 webapps\ROOT 里。在浏览器中运行 get_time.jsp，如图 5-26 所示。

图 5-26　get_time.jsp 页面效果

5.5.4　application 对象

application 对象用于保存所有应用程序中的公有数据。它在服务器启动时自动创建，在服务器停止时销毁。当 application 对象没有被销毁时，所有用户都可以共享该 application 对象。在任何页面对此对象属性进行操作时，都将影响到其他用户对其的访问。服务器的启动和关闭决定了 application 对象的生命。它是 ServletContext 类的实例。与 session 对象相比，application 对象的生命周期更长，类似于系统的“全局变量”。

application 对象的常用方法可参考 ServletContext 接口的常用方法。

【例 5-18】编写页面 application_demo01.jsp，实现网站计数器的功能。

在目录“D:\ch05”下编写以下 application_demo01.jsp 代码。

```
<%@page contentType="text/html" pageEncoding="UTF-8"%>
<html>
<head> </head>
<body>
<center>
<font size="5">application 对象的使用</font>
<hr/>
<%
  Object o = null;
```

```
    String strNum = (String) application.getAttribute("Num");      //获取属性 Num 的值
    int Num = 0;
    if (strNum != null)
    Num = Integer.parseInt(strNum) + 1;                     //每一次执行页面时，计数器 Num 的值加 1
    application.setAttribute("Num", String.valueOf(Num)); //设定属性 Num 的值为计数器的值
%>
application 对象中的
<font color="blue">Num</font>
变量值为：
<font color="red"><%=Num %> </font>
<br/>
</center>
</body>
</html>
```

将 application_demo01.jsp 复制到 Tomcat 安装目录下的 webapps\ROOT 里。在谷歌浏览器和 IE 浏览器分别运行 application_demo01.jsp，如图 5-27 所示。

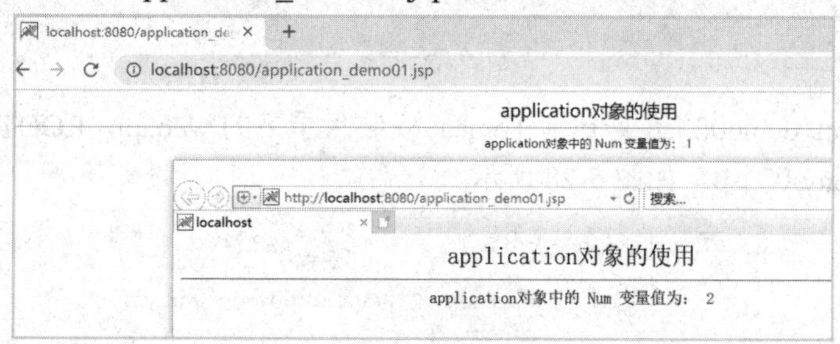

图 5-27　application_demo01.jsp 页面运行效果

在 application_demo01.jsp 代码中，通过 application.setAttribute()方法把计数器的值保存在属性 Num 中，在每次打开网页时，再通过 application.getAttribute()方法把属性 Num 值取出，然后输出。在不同浏览器先后打开同一个页面 application_demo01.jsp 时，都会共用 application 的属性值 Num，然后进行加 1 操作。因此，只要服务器没关闭，计数器将会一直记录访问网页的次数。但是，如果在本页面进行刷新时，计数器也会进行加 1 操作，为避免此情况出现，需要引入 session 对象来判断是否进行刷新页面操作。

【例 5-19】编写页面 application_demo02.jsp，实现网站在线人数显示的功能。

在目录“D:\ch05”下编写以下 application_demo02.jsp 代码。

```
<%@ page contentType="text/html; charset=UTF-8" %>
<HTML>
<HEAD>
<TITLE>application 统计在线人数</TITLE>
</HEAD>
<BODY>
<%
    Integer number=(Integer)application.getAttribute("Count");
    //检查 Count 属性是否可取得
 if(number==null)
```

```
    {
        number=new Integer(1);
        application.setAttribute("Count",number);
    }
    if(session.isNew()==true)                //判断用户是否执行刷新操作
    {
  //将取得的值增加 1
  number=new Integer(number.intValue()+1);
        application.setAttribute("Count",number);
    }
%>
<P><P>您是第
  <%int a=((Integer)pageContext.getAttribute("Count",PageContext.APPLICATION_SCOPE)).
      intValue();
    %>
    <%=a%>
个访问本站的客户。
</BODY>
</HTML>
```

将 application_demo02.jsp 复制到 Tomcat 安装目录下的 webapps\ROOT 里。在浏览器运行 application_demo02.jsp，如图 5-28 所示。

图 5-28　application_demo02.jsp 页面运行效果

在 application_demo02.jsp 代码中通过 session.isNew()方法来判断用户是否执行刷新操作，从而有效地过解决了由于刷新页面导致的计数器加 1 的问题。

【例 5-20】编写页面 application_demo03.jsp，实现获取虚拟目录的真实路径。

在目录“D:\ch05”下编写以下 application_demo03.jsp 代码。

```
<%@ page contentType="text/html" pageEncoding="UTF-8"%>
<html>
<head><title>application 对象——获取虚拟目录的真实路径</title></head>
<body>
<%
    String path = application.getRealPath("/") ;
%>
<h3>真实路径：<%=path%></h3>
</body>
</html>
```

将 application_demo03.jsp 复制到 Tomcat 安装目录下的 webapps\ROOT 里。在浏览器运行 application_demo03.jsp，如图 5-29 所示。

图 5-29　application_demo03.jsp 页面运行效果

5.5.5　out 对象

服务器通过 out 对象来完成页面信息的输出。虽然可以用表达式来完成输出，但是表达式最终也得转换成 out 对象输出。因为 JSP 页面中表达式的结果将转换成 String 对象，随后该 String 对象被发送到 out 对象输出。

out 对象的基类是 JspWriter。out 对象主要的方法有 print()方法和 println()方法。两者区别在于 print()方法输出完毕后并不结束当前行，而 println()方法在输出完毕后会输出换行符，但在页面中只显示增加一个空格。上述两种方法在 JSP 页面开发中经常用到，它们可以输出各种格式的数据类型，如字符型、整型、浮点型、布尔型、对象，还可以是字符串与变量的混合型以及表达式。

out 对象的 print()方法在之前的介绍案例中已经多次用到。out 对象的常用方法如表 5-2 所示。

表 5-2　out 对象常用方法

序　号	返 回 值	方　法	说　明
1	void	newLine()	输出一个换行符号
2	void	flush()	输出缓冲的数据
3	void	close()	关闭输出流，从而强制终止当前页面的剩余部分向浏览器输出
4	void	clearBuffer()	清除缓冲区里的数据，并把数据写到客户端
5	void	clear()	清除缓冲区里的数据，而不把数据写到客户端
6	int	getBufferSize()	获得缓冲区的大小，缓冲区的大小可用<%@ page buffer="Size"%>设置
7	boolean	isAutoFlush()	返回布尔值，若是 auto flush 则返回 true，否则返回 false
8	int	getRemaining()	获得缓冲区没有使用的空间的大小

在 JSP 中 out 对象除了向客户端输出内容，还可以用来管理响应缓冲区内容。

例如，利用下面两行代码输出。

```
out.print("<h3>JSP 中的</h3>");
out.print("<h3>out 对象</h3>");
```

上述两行代码的效果是在客户端的浏览器上输出两行文本。但是，程序实际在处理时是先将两行文本存放在缓冲区中，并非直接输出。这样就不用每次执行 out.print()语句向客户端进行响应，加快了处理的速度。而实际的输出操作是等到 JSP 容器解析完整个程序后才把缓冲区的数据输出到客户端浏览器上。如果在上述程序的后面添加一行代码，如下所示。

```
out.print("<h3>JSP 中的</h3>");
out.print("<h3>out 对象</h3>");
out.clearBuffer();
```

上述新增的 out.clearBuffer()语句用来清空缓冲区中的数据，所以输出到客户端浏览器上的将是空白。

response 对象的 flush()方法与 clearBuffer()方法一样会清除缓冲区中的数据。不同的是，flush()方法会在清除之前先将缓冲区中的数据输出至客户端。

【例 5-21】编写页面 out_demo.jsp，实现输出缓冲区大小、可用缓冲区大小和正在使用的缓冲区大小。

在目录“D:\ch05”下编写以下 out_demo.jsp 代码。

```
<%@ page contentType="text/html" pageEncoding="UTF-8"%>
<html>
<head><title>out 对象</title></head>
<body>
<%
      int buffer = out.getBufferSize() ;
      int avaliable = out.getRemaining() ;
      int use = buffer - avaliable ;
%>
<h3>缓冲区大小：<%=buffer%></h3>
<h3>可用的缓冲区大小：<%=avaliable%></h3>
<h3>使用中的缓冲区大小：<%=use%></h3>
</body>
</html>
```

将 out_demo.jsp 复制到 Tomcat 安装目录下的 webapps\ROOT 里。在浏览器运行 out_demo.jsp，如图 5-30 所示。

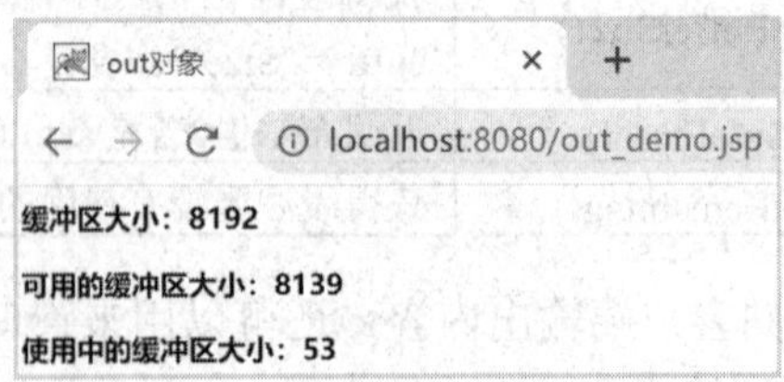

图 5-30　out_demo.jsp 运行效果

在 out_demo.jsp 代码中，通过 out.getBufferSize()获得缓冲区大小，通过 out.getRemaining()获得可用的缓冲区大小，两者的差值就是正在使用的缓冲区大小。

如果要清除缓冲区数据，则可使用 out.clear()方法，使用该方法时，如果响应已经提交，会产生 IOException 异常；而如果使用 out.clearBuffer()清除缓冲区的数据时，即使内容已经提交，也可以使用该方法。

5.5.6　page 对象

page 对象是为了执行当前页面应答请求而设置的 Servlet 类的实体，它代表 JSP 页面本身，只有在 JSP 页面才有效，与类的 this 指针类似，使用它来调用 Servlet 类中所定义的方法，它是 java.lang.Object 类的实例。表 5-3 列出了 page 对象的常用方法。

表 5-3　page 对象常用方法

No.	返 回 值	方　法	说　　明
1	class	getClass()	返回当前 Object 的类
2	int	hashCode()	返回 Object 的 hash 代码
3	String	toString()	把 Object 对象转换成 String 类的对象
4	boolean	equals(Object obj)	比较对象和指定的对象是否相等
5	void	copy (Object obj)	把对象复制到指定的对象中
6	Object	clone()	复制对象
7	void	wait()	使一个线程处于等待，直到被唤醒

【例 5-22】编写页面 page_demo.jsp，实现用 page 对象访问当前页面的信息。

在目录“D:\ch05”下编写以下 page_demo.jsp 代码。

```
<%@ page contentType="text/html;charset=UTF-8" %>
<html>
<body>
    <h2> page 对象应用</h2>
返回当前页面所在类：<%=page.getClass()%> <br>
返回当前页面的 hash 代码：<%=page.hashCode()%> <br>
转换成 String 类的对象：<%=page.toString()%> <br>
</body>
</html>
```

将 page_demo.jsp 复制到 Tomcat 安装目录下的 webapps\ROOT 里。在浏览器运行 page_demo.jsp，如图 5-31 所示。

图 5-31　page_demo.jsp 运行效果

5.5.7　pageContext 对象

JSP 内置对象中的 pageContext 对象即页面上下文，也就是指当前页面所在的环境。

pageContext 对象是 jakarta.servlet.jsp.PageContext 类实例，可以通过这个对象来访问 JSP 页面内所有的对象及名字空间，比如可以访问 page、request、session 和 application 作用域下的变量，它相当于页面中所有功能的集成者。

pageContext 对象通过如表 5-4 所示的 4 个 API 来设置和获取页面上下文中的属性值。

表 5-4 pageContext 对象常用方法

序　号	返 回 值	方　法	说　明
1	Object	getAttribute(String name)	取得 page 范围内的 name 属性
2	Object	getAttribute(String name, int scope)	取得指定范围内的 name 属性
3	void	setAttribute(String name, Object value)	设置 page 范围内的 name 属性
4	void	setAttribute(String name, Object value, int scope)	设置指定范围内的 name 属性

上述常用方法中的参数 scope 可以取以下值。

```
public static final int PAGE_SCOPE= 1;                // 对应于 page 范围
public static final int REQUEST_SCOPE= 2;             // 对应于 request 范围
public static final int SESSION_SCOPE = 3;            // 对应于 session 范围
public static final int APPLICATION_SCOPE = 4;        // 对应于 application 范围
```

【例 5-23】编写页面 pageContext_demo.jsp，实现利用 pageContext 对象设置和取出 page、request、session、appliacation 对象范围内的属性。

在目录“D:\ch05”下编写以下 pageContext_demo.jsp 代码。

```
<%@ page contentType="text/html" pageEncoding="UTF-8"%>
<html><head><title>pageContext 对象</title></head>
<body><br>
<%
    //使用 pageContext 设置属性，该属性默认在 page 范围内
    pageContext.setAttribute("name","pageContext 设置的 page 对象范围属性");
    //使用 pageContext 设置属性，该属性在 request 对象范围内
    pageContext.setAttribute("name","pageContext 设置的 request 对象范围属性",PageContext.
    REQUEST_SCOPE);
    //设置 session 属性 name
    session.setAttribute("name","session 对象属性");
    application.setAttribute("name","application 对象属性");
%>
page 设定的值:  <%=pageContext.getAttribute("name")%><br>
request 设定的值：<%=pageContext.getRequest().getAttribute("name")%><br>
session 设定的值：<%=pageContext.getSession().getAttribute("name")%><br>
application 设定的值：<%=pageContext.getServletContext().getAttribute("name")%><br>
范围 1 内的值：<%=pageContext.getAttribute("name",1)%><br>
范围 2 内的值：<%=pageContext.getAttribute("name",2)%><br>
范围 3 内的值：<%=pageContext.getAttribute("name",3)%><br>
范围 4 内的值：<%=pageContext.getAttribute("name",4)%><br>
</body>
</html>
```

将 pageContext_demo.jsp 复制到 Tomcat 安装目录下的 webapps\ROOT 里。在浏览器运行 pageContext_demo.jsp，如图 5-32 所示。

图 5-32　pageContext_demo.jsp 运行效果

5.5.8　config 对象

config 对象是在一个 Servlet 初始化时，JSP 引擎向它传递信息用的，此信息包括 Servlet 初始化时所要用到的参数（通过属性名和属性值构成）以及服务器的有关信息（通过传递一个 ServletContext 对象），可以在 web.xml 文件中为应用程序环境中的 Servlet 程序和 JSP 页面提供初始化参数。config 对象的常用方法可参考 ServletConfig 接口中的方法。

Tomcat 服务器配置的时候，在虚拟目录中必须存在一个 WEB-INF 文件夹，如果把一个 JSP 文件放到 WEB-INF 文件夹里，可以通过在 WEB-INF 文件夹里的 web.xml 文件配置映射路径完成对 JSP 文件的访问，且可把 web.xml 初始化的参数输出到 JSP 页面中。

【例 5-24】 在网站的 webapps\ROOT\WEB-INF 目录中，在 web.xml 文件中增加配置用户信息，并编写页面 config_demo.jsp，保存在 webapps\ROOT\WEB-INF 目录中，实现输出 web.xml 文件中的配置信息。

在目录“D:\ch05”下编写以下 web.xml 代码。

```
<?xml version="1.0" encoding="UTF-8"?>
<web-app xmlns="http://xmlns.jcp.org/xml/ns/javaee"
  xmlns:xsi="http://www.w3.org/2001/XMLSchema-instance"
  xsi:schemaLocation="http://xmlns.jcp.org/xml/ns/javaee
                      http://xmlns.jcp.org/xml/ns/javaee/web-app_4_0.xsd"
  version="4.0"
  metadata-complete="true">
  <display-name>Welcome to Tomcat</display-name>
  <description>
     Welcome to Tomcat
  </description>
<servlet>
        <!--指定 Servlet 的名字-->
        <servlet-name>config</servlet-name>
        <!--指定哪一个 JSP 页面配置成 Servlet-->
        <jsp-file>/config_demo.jsp</jsp-file>
```

```
        <!--配置名为 name 的参数，值为 zhangsan-->
        <init-param>
            <param-name>name</param-name>
            <param-value>zhangsan</param-value>
        </init-param>
        <!--配置名为 age 的参数，值为 20-->
        <init-param>
            <param-name>age</param-name>
            <param-value>20</param-value>
        </init-param>
    </servlet>
<servlet-mapping>
        <!--指定将 config Servlet 配置到/config 路径-->
        <servlet-name>config</servlet-name>
        <url-pattern>/config</url-pattern>
  </servlet-mapping>
</web-app>
```

在目录“D:\ch05”下编写以下 config_demo.jsp 代码。

```
<%@ page language="java" contentType="text/html; charset=UTF-8" %>
  <html>
    <head>
      <meta http-equiv="Content-Type" content="text/html; charset=ISO-8859-1">
      <title>测试 config 内置对象</title>
      </head>
      <body>
      <!-- 输出该 JSP 中名为 name 的参数配置信息 -->
      name 配置参数的值：<%=config.getInitParameter("name")%><br/>
      <!-- 输出该 JSP 中名为 age 的参数配置信息 -->
      age 配置参数的值：<%=config.getInitParameter("age")%>
    </body>
  </html>
```

将 web.xml 复制到 Tomcat 安装目录下的 webapps\ROOT\WEB-INF 下替换已有文件，然后将 config_demo.jsp 复制到 Tomcat 安装目录下的 webapps\ROOT 里。在浏览器地址栏中输入“http://localhost:8080/config”，运行效果如图 5-33 所示。

图 5-33　config_demo.jsp 运行效果

web.xml 中的 servletMapping 表示的是一个映射路径的配置，在访问的时候直接输入 url-pattern 指定的内容就可以找到 servlet-name，再找到 Servlet 节点中配置的 jsp-file，从而实现 JSP 文件的访问。配置完成后，一定要重启服务器。

5.5.9　exception 对象

exception 对象是一个异常对象，当一个页面在运行过程中发生了异常，就会产生这个对象，然后此对象会被传送到 page 指令中设定的错误页面中。如果一个 JSP 页面要应用此对象，就必须在 page 指令里把 isErrorPage 设置为 true，否则无法编译，它实际上是 java.lang.Throwable 的对象。

exception 对象常用方法如表 5-5 所示。

表 5-5　exception 对象常用方法

序　号	返 回 值	方　法	说　明
1	String	getMessage ()	返回描述异常的消息
2	String	toString ()	返回关于异常的简短描述消息
3	void	printStackTrace ()	显示异常及其栈轨迹
4	Throwable	FillInStackTrace ()	重写异常的执行栈轨迹

【例 5-25】编写两个页面 exception_error_demo.jsp 和 exception_get_error_demo.jsp，前者用于产生异常，后者用于接收异常。

在目录“D:\ch05”下编写以下 exception_error_demo.jsp 代码。

```
<%@ page language="java" contentType="text/html; charset=UTF-8" errorPage="exception_get_
error_demo.jsp"%>
<html>
  <head>
    <title>测试异常页面</title>
  </head>
  <body>
      <%
        int[] ints = new int[] { 1, 2, 3 };
        System.out.println(ints[3]);
      %>
  </body>
</html>
```

在目录“D:\ch05”下编写以下 exception_get_error_demo.jsp 代码。

```
<%@ page language="java" contentType="text/html; charset=UTF-8" isErrorPage="true"%>
<html>
  <head>
    <title>JSP 内置对象之 Exception 对象</title>
  </head>
  <body>
  异常信息：<%=exception.getMessage() %><br>
  异常信息 String 描述：<%=exception.toString() %>
  </body>
</html>
```

将 exception_error_demo.jsp 和 exception_get_error_demo.jsp 复制到 Tomcat 安装目录下的 webapps\ROOT 里。在浏览器运行 exception_error_demo.jsp，如图 5-34 所示。

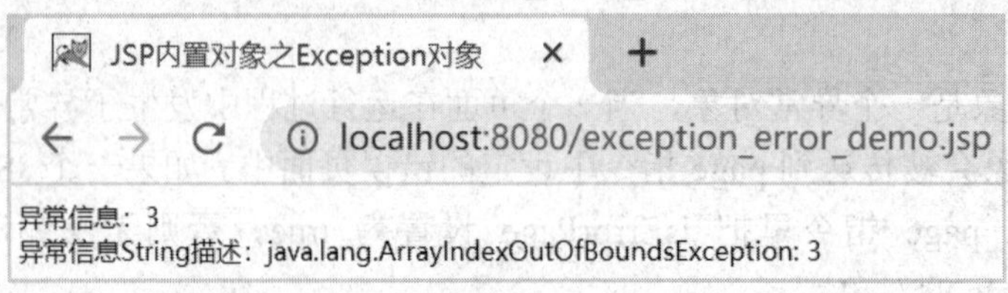

图 5-34　exception_error_demo.jsp 运行效果

在 exception_error_demo.jsp 页面中，首先用 page 指令的 errorPage 指定产生异常时跳转到的页面，如果产生异常，则跳转到 exception_get_error_demo.jsp 处理，在此页面中调用 exception.getMessage()方法和 exception.toString()方法分别获取描述异常的消息和返回关于异常的简短描述消息并输出。

5.6　JSP 中四种属性范围

5.6.1　四种属性范围及关系

所谓的四种属性范围，就是指对 JSP 四个内置对象 page、request、session、application 利用 setAttribute()方法设置了属性以后，在经历多个页面跳转后，仍可以被访问的有效范围。

- page 范围：在一个页面内保存属性。跳转之后无效。
- request 范围：在一次服务请求范围内。Server 跳转后依旧有效。
- session 范围：在一次会话范围内，不管何种跳转都能够使用，但是新开浏览器无法使用。
- application 范围：在整个 Server 上保存，全部用户都能够使用。

四种属性都支持的操作如表 5-6 所示。

表 5-6　四种属性对象常用方法

序　号	返 回 值	方　法	说　明
1	void	setAttribute(String name,Object value)	设置指定属性名的属性值
2	Object	getAttribute(String name)	获取指定属性名的属性值
3	Object	removeAttribute(String name)	移除指定的属性

5.6.2　page 范围

要想在 JSP 中设置一个页的属性范围，必须通过 pageContext 对象实现，pageContext 对象的使用已在 5.5.7 节介绍过，本小节将从 pageContext 属性值可以访问的范围进行介绍。

在 pageContext 属性范围内设置的属性，只在当前页面可以访问到属性值，在经历过服务端跳转后则访问不到。

【例 5-26】编写页面 page_scope_Demo1.jsp，利用 pageContext 对象设置和获取当前页面的属性值。

在目录“D:\ch05”下编写以下 page_scope_Demo1.jsp 代码。

```
<%@ page contentType="text/html" pageEncoding="UTF-8"%>
<%@ page import="java.util.*"%>
<html>
<head><title>设置 page 属性范围</title></head>
<body>
<%  // 设置属性
    pageContext.setAttribute("name","李明") ;
    pageContext.setAttribute("age","20") ;
%>
<%
    String username = (String) pageContext.getAttribute("name") ;
    String age = (String) pageContext.getAttribute("age") ;
%>
<h2>姓名：<%=username%></h2>
<h2>年龄：<%=age%></h2>
</body>
</html>
```

将 page_scope_Demo1.jsp 复制到 Tomcat 安装目录下的 webapps\ROOT 里。在浏览器运行 page_scope_Demo1.jsp，如图 5-35 所示。

图 5-35　page_scope_Demo1.jsp 运行效果

【例 5-27】编写 page_scope_Demo2.jsp，用于获取 page_scope_Demo1.jsp 传送过来的值。

在目录“D:\ch05”下编写以下 page_scope_Demo2.jsp 代码。

```
<%@ page contentType="text/html" pageEncoding="UTF-8"%>
<%@ page import="java.util.*"%>
<html>
<head><title>获取 page 属性范围</title></head>
<body>
<%
    String username = (String) pageContext.getAttribute("name") ;
    Date age= (Date)pageContext.getAttribute("age") ;
%>
```

```
<h2>姓名：<%=username%></h2>
<h2>年龄：<%=age%></h2>
</body>
</html>
```

在目录“D:\ch05”下修改 page_scope_Demo1.jsp 文件代码，增加一行代码，实现页面跳转。

```
<jsp:forward page="page_scope_Demo2.jsp"/>
```

将 page_scope_Demo2.jsp 复制到 Tomcat 安装目录下的 webapps\ROOT 里。在浏览器运行 page_scope_Demo1.jsp，如图 5-36 所示。

图 5-36　修改后的 page_scope_Demo1.jsp 运行效果

通过图 5-36 运行效果可发现，利用 pageContext 对象设置的属性，只能在当前页面获取，超出范围将不能获取。

5.6.3　request 范围

对于 request 范围内的属性，只要使用 Server 端跳转命令<jsp:forward/>进行跳转，不管跳转多少次，属性值都可以一直传递下去，因为多次跳转都是在一个请求之内，但如果是不同请求，则会超出属性值范围。

【例5-28】编写 3 个页面 request_scope_Demo1.jsp、request_scope_Demo2.jsp 和 request_scope_Demo3.jsp，实现从第一个页面通过服务器跳转，跳转到第二个页面，然后再通过服务器跳转，跳转到第三个页面，在第三个页面显示第一个页面保存的值。

在目录“D:\ch05”下编写以下 request_scope_Demo1.jsp 代码。

```
<%@ page contentType="text/html" pageEncoding="UTF-8"%>
<html>
<head><title>设置 request 范围属性——forward 跳转</title></head>
<body>
<%  // 设置属性
    request.setAttribute("name","zhangsan")  ;
    request.setAttribute("age","20") ;
%>
<jsp:forward page="request_scope_Demo2.jsp"/>
</body>
</html>
```

在目录“D:\ch05”下编写以下 request_scope_Demo2.jsp 代码。

```
<%@ page contentType="text/html" pageEncoding="UTF-8"%>
<html>
<head><title>获取 request 范围属性</title></head>
<body>
<%
    String username = (String) request.getAttribute("name") ;
    String age= (String) request.getAttribute("age") ;
%>
<h2>姓名：<%=username%></h2>
<h2>年龄：<%=age%></h2>
<jsp:forward page="request_scope_Demo3.jsp"/>
</body>
</html>
```

在目录“D:\ch05”下编写以下 request_scope_Demo3.jsp 代码。

```
<%@ page contentType="text/html" pageEncoding="UTF-8"%>
<html>
<head><title>获取 request 范围属性</title></head>
<body>
<%
    String username = (String) request.getAttribute("name") ;
    String age= (String) request.getAttribute("age") ;
%>
<h2>姓名：<%=username%></h2>
<h2>年龄：<%=age%></h2>
<a href="request_scope_Demo2.jsp">通过链接取得属性</a>
</body>
</html>
```

将三个页面复制到 Tomcat 安装目录下的 webapps\ROOT 里。在浏览器运行 request_scope_Demo1.jsp，如图 5-37 所示。

在图 5-37 中，单击【通过链接取得属性】超链接后，跳转到 request_scope_Demo2.jsp，如图 5-38 所示。

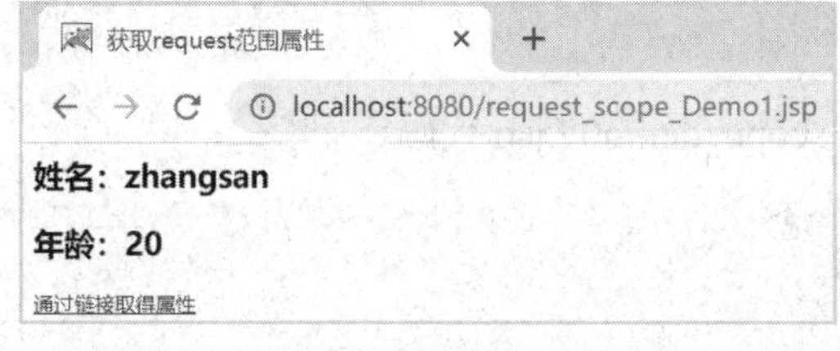

图 5-37　request_scope_Demo1.jsp 运行效果

图 5-38　request_scope_Demo2.jsp 运行效果

由于从 request_scope_Demo1.jsp 页面跳转到 request_scope_Demo2.jsp 再跳转到 request_scope_Demo3.jsp 页面都是服务器跳转，均属于一次 request 请求，因此，在第一个页面设置的属性值在另外两个页面中都能访问到，然而，从 request_scope_Demo3.jsp 页面通过单击超链接跳转到 request_scope_Demo2.jsp 页面属于另外一次 request 请求，超出了原有属性值的范围，因此，在 request_scope_Demo2.jsp 页面中对属性值的输出显示为 null。

5.6.4　session 范围

在 JSP 页面中，只要设置了 session 对象的属性，那么在同一款浏览器中，不管如何跳转，都能获取到该属性，session 只针对一个用户，常用于判断网站的页面是否由用户登录进来访问的。详细实例代码请参考 5.5.3 节。

5.6.5　application 范围

application 属性范围是整个服务器，它设置的值将会保存在服务器上。所以一旦设置后，所有用户都可以访问，但如果服务器关闭了，则属性就会消失。

【例 5-29】编写 2 个页面 application_scope_demo01.jsp 和 application_scope_demo02.jsp，实现从 application_scope_demo02.jsp 页面中获取 application_scope_demo01.jsp 页面使用 application 设置的属性值。

在目录“D:\ch05”下编写以下 application_scope_demo01.jsp 代码。

```
<%@page contentType="text/html" pageEncoding="UTF-8"%>
<html>
<head>
<meta http-equiv="Content-Type" content="text/html; charset=UTF-8">
<title> application 对象属性设置</title>
</head>
<body>
<%
    //设置 request 属性范围
    application.setAttribute("name", "zhangsan");
    application.setAttribute("age", "20");
%>
<a href="application_scope_demo02.jsp">获取 application 内容</a>
</body>
</html>
```

在目录“D:\ch05”下编写以下 application_scope_demo02.jsp 代码。

```
<%@ page contentType="text/html; charset=UTF-8" %>
<html>
<head>
<meta http-equiv="Content-Type" content="text/html; charset=UTF-8">
<title>application 对象属性获取</title>
</head>
<body>
获取 application 姓名：${applicationScope.name}<br>
获取 application 年龄：${applicationScope.age}<br>
```

```
</body>
</html>
```

将 application_scope_demo01.jsp 和 application_scope_demo02.jsp 页面复制到 Tomcat 安装目录下的 webapps\ROOT 里。在浏览器运行 application_scope_demo01.jsp，如图 5-39 所示。

在图 5-39 中，单击【获取 application 内容】超链接后，进入 application_scope_demo02.jsp 页面，在不同款浏览器中打开多个窗口运行 application_scope_demo02.jsp 页面，如图 5-40 所示。

图 5-39　application_scope_demo01.jsp 页面运行效

图 5-40　application_scope_demo02.jsp 页面运行

5.7　项 目 实 战

任务 5-1：信息管理系统 JSP 页面

【任务目标】

通过所学 JSP 知识，使用 JSP 技术，完成个人信息管理系统的注册、登录、修改以及注销功能。本项目使用到的页面以及功能如表 5-7 所示。

表 5-7　个人信息管理系统页面

序　号	页　面	说　明
1	register.jsp	用户注册页面
2	login.jsp	用户登录页面
3	index.jsp	系统主页，提供修改个人信息和注销登录的功能
4	update.jsp	修改个人信息页面
5	update_success.jsp	修改个人信息成功页面
6	logout.jsp	用户登录注销页面

【实现步骤】

1. 创建 register.jsp 注册页面

在目录“D:\ch05”下编写以下 register.jsp 代码。

```
<%@ page contentType="text/html" pageEncoding="UTF-8"%>
<html>
```

```
<head>
<title>注册页面</title>
</head>
<body>
    <h1>个人信息注册</h1>
    <form action="register.jsp" method="post">
        请输入用户名：<input type="text" name="uname"><br>
        请输入密码：<input type="password" name="upass"><br>
        请输入性别：<input type="text" name="sex"><br>
        请输入年龄：<input type="text" name="age"><br>
        请输入电话号码：<input type="text" name="tel"><br>
        请输入地址：<input type="text" name="address"><br>
        <input type="submit" value="注册"> <input type="reset" value="重置">
    </form>
    <%
        String name = request.getParameter("uname");         //获取在文本框中输入的用户名
        String password = request.getParameter("upass");     //获取在文本框中输入的密码
        String sex = request.getParameter("sex");            //获取在文本框中输入的性别
        String age = request.getParameter("age");            //获取在文本框中输入的年龄
        String tel = request.getParameter("tel");            //获取在文本框中输入的电话号码
        String address = request.getParameter("address");   //获取在文本框中输入的地址
        //如果输入的信息不为 null 或空字符串，则注册成功
        if (!(name == null || "".equals(name) || password == null || "".equals(password) || age == null
        || "".equals(age) || sex == null || "".equals(sex) || tel == null || "".equals(tel)
                || address == null || "".equals(address))) {
            Cookie c_name = new Cookie("c_name", name);
            Cookie c_password = new Cookie("c_password", password);
            Cookie c_sex = new Cookie("c_sex", sex);
            Cookie c_age = new Cookie("c_age", age);
            Cookie c_tel = new Cookie("c_tel", tel);
            Cookie c_address = new Cookie("c_address", address);
            c_name.setMaxAge(60 * 60 * 24);
            c_password.setMaxAge(60 * 60 * 24);
            c_sex.setMaxAge(60 * 60 * 24);
            c_age.setMaxAge(60 * 60 * 24);
            c_tel.setMaxAge(60 * 60 * 24);
            c_address.setMaxAge(60 * 60 * 24);
            response.addCookie(c_name);
            response.addCookie(c_password);
            response.addCookie(c_sex);
            response.addCookie(c_age);
            response.addCookie(c_tel);
            response.addCookie(c_address);
            response.setHeader("refresh", "6;URL=login.jsp");          //6 秒后跳转到欢迎页面
    %>
    <h3>用户注册成功，6 秒后跳转到登录页！</h3>
    <h3>
        如果没有跳转，请按<a href="login.jsp">这里</a>!
    </h3>
    <%
        }
```

```
        else {
    %>
    <h3>请填完以上注册信息！</h3>
    <%
        }
    %>
    <%
        Integer number = (Integer) application.getAttribute("Count");
        //从 application 对象中获取名为 Count 的属性值，如果存在则返回 Integer 类型，否则
        //返回 null
        if (number == null) {
            number = new Integer(1);
            application.setAttribute("Count", number);
        }
        if (session.isNew() == true) //如果会话对象 session 是新建的，说明用户是第一次访问或
                                     //者刷新了页面
        {
            //将取得的值增加 1
            number = new Integer(number.intValue() + 1);
            application.setAttribute("Count", number);
        }
    %>
    <P>
    <P>
        您是第
    <%
      int a = ((Integer) pageContext.getAttribute("Count", PageContext.APPLICATION_SCOPE)).
      intValue();
    %>
        <%=a%>
        位访问本站的客户
</body>
</html>
```

将 register.jsp 页面复制到 Tomcat 安装目录下的 webapps\ROOT 里。在浏览器运行 register.jsp，如图 5-41 所示。

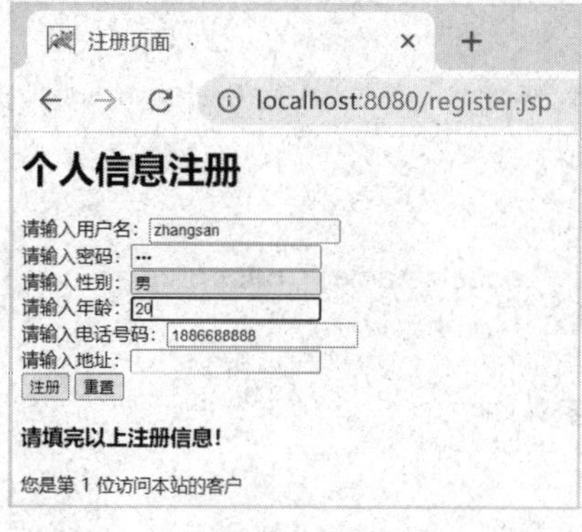

图 5-41　register.jsp 页面运行效果

2. 创建 login.jsp 登录页面

在目录“D:\ch05”下编写以下 login.jsp 代码。

```
<%@ page contentType="text/html" pageEncoding="UTF-8"%>
<html>
<head>
<title>用户登录</title>
</head>
<body>
    <h1>用户登录</h1>
    <form action="login.jsp" method="post">
        用户名：<input type="text" name="uname"><br>
密  码：<input type="password" name="upass"><br>
<input type="submit" value="登录"> <input type="reset" value="重置">
    </form>
    <%
        String name = request.getParameter("uname");       //获取在文本框中输入的用户名
        String password = request.getParameter("upass");   //获取在文本框中输入的密码
        Cookie[] cookies = request.getCookies();        //从 request 中获得 Cookie 对象的集合
        String user = "";                                  //注册的用户名
        String psd = "";                                   //注册的密码
        if (cookies != null) {
            for (int i = 0; i < cookies.length; i++) {     //遍历 Cookie 对象集合
                if (cookies[i].getName().equals("c_name")) {//如果 Cookie 对象的名称是 c_name
                    user = cookies[i].getValue();          //获取用户名

                }
                if (cookies[i].getName().equals("c_password")) {//如果 Cookie 对象的名称是
                c_password
                    psd = cookies[i].getValue();           //获取密码
                }
    %>

    <%
        }
        } else {
    %>
    <h3>没有 cookies 信息</h3>
    <%
        }

        if (name == null || "".equals(name) || password == null || "".equals(password)) {
            //如果没有输入
    %>
    <h3>请输入用户名和密码！</h3>

    <%
        } else {//已经输入
            if (user.equals(name) && psd.equals(password)) {
```

```
                    // 如果登录成功，则设置 session 属性范围
                    session.setAttribute("userid",name) ;        //将用户输入的用户名保存在 session 中
                    response.setHeader("refresh", "6;URL=index.jsp");   //6 秒后跳转到主页面
        %>
        <h3>用户注册成功，6 秒后跳转到登录页！</h3>
        <h3>
            如果没有跳转，请按<a href="index.jsp">这里</a>！
        </h3>
        <%
            } else {
        %>
        <h3>用户名或密码输入错误，请重新输入！</h3>
        <%
            }
            }
        %>
        <h3><a href="register.jsp">如果没注册，请先进行注册</a>！</h3>
</body>
</html>
```

将 login.jsp 页面复制到 Tomcat 安装目录下的 webapps\ROOT 里。在浏览器运行 login.jsp，如图 5-42 所示。

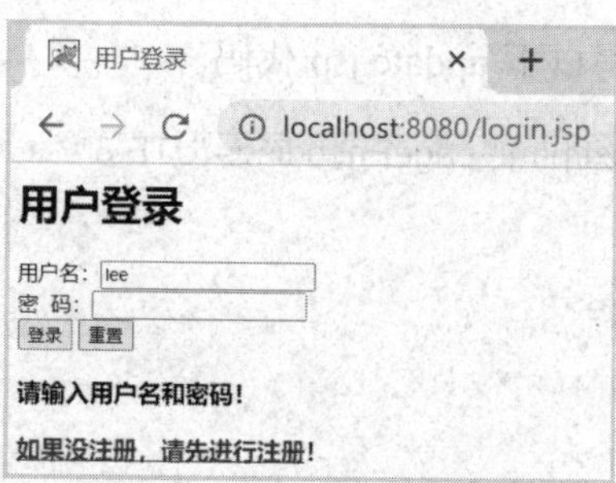

图 5-42　login.jsp 页面运行效果

3. 创建 index.jsp 主页面

在目录“D:\ch05”下编写以下 index.jsp 代码。

```
<%@ page contentType="text/html" pageEncoding="UTF-8"%>
<html>
<head><title>登录成功显示的欢迎页面</title></head>
<body>
<%  // 如果已经设置过 session 属性，则肯定不为空
    if(session.getAttribute("userid")!=null){
%>
            <h3>欢迎<%=session.getAttribute("userid")%>光临本系统</h3>
            <h3><a href="update.jsp">修改个人信息</a></h3>
            <h3><a href="logout.jsp">注销登录</a></h3>


<%
```

```
    } else {    // 没有 session，则应该给出先去登录的提示
%>
        <h3>请先进行系统的<a href="login.jsp">登录</a>！ </h3>
<%
    }
%>
</body>
</html>
```

将 index.jsp 页面复制到 Tomcat 安装目录下的 webapps\ROOT 里。在浏览器运行 index.jsp，如图 5-43 所示。

图 5-43　index.jsp 页面运行效果

4. 创建 update.jsp 个人信息修改页面

在目录“D:\ch05”下编写以下 update.jsp 代码。

```
<%@ page contentType="text/html" pageEncoding="UTF-8"%>
<html>
<head>
<title>个人信息修改页面</title>
</head>
<body>
    <h1>个人信息修改</h1>
    <%
        // 如果已经设置过 session 属性，则肯定不为空
        if (session.getAttribute("userid") != null) {
    %>
    <h3><%=session.getAttribute("userid")%>，您好，以下是您的个人信息
    </h3>

    <%
        } else { // 没有 session，则应该给出先去登录的提示
    %>
    <h3>
        请先进行系统的<a href="login.jsp">登录</a>！
    </h3>
    <%
        }
    %>
    <%
        String user = "";                               //注册的用户名
```

```
        String psd = "";                                  //注册的密码
        String sex = "";                                  //注册的性别
        String age = "";                                  //注册的年龄
        String tel = "";                                  //注册的电话号码
        String address = "";                              //注册的地址
        Cookie[] cookies = request.getCookies();  //从 request 中获得 Cookie 对象的集合
        if (cookies != null) {
            for (int i = 0; i < cookies.length; i++) { //遍历 Cookie 对象集合
                if (cookies[i].getName().equals("c_name")) {//如果 Cookie 对象的名称是 c_name
                    user = cookies[i].getValue();//获取用户名

                } else if (cookies[i].getName().equals("c_password")) {//如果 Cookie 对象的名
                称是 c_password
                    psd = cookies[i].getValue();//获取密码
                } else if (cookies[i].getName().equals("c_sex")) {//如果 Cookie 对象的名称是
                c_sex
                    sex = cookies[i].getValue();//获取性别
                } else if (cookies[i].getName().equals("c_age")) {//如果 Cookie 对象的名称是
                c_age
                    age = cookies[i].getValue();//获取年龄
                } else if (cookies[i].getName().equals("c_tel")) {//如果 Cookie 对象的名称是 c_tel
                    tel = cookies[i].getValue();            //获取电话号码
                } else {//如果 Cookie 对象的名称是 c_address
                    address = cookies[i].getValue();        //获取地址
                }
            }
        }
    %>
    <form action="update_success.jsp" method="post">
        请输入用户名：<input type="text" name="name" value=<%=user%>><br>
        请输入密码：<input type="text" name="upass" value=<%=psd%>><br>
        请输入性别：<input type="text" name="sex" value=<%=sex%>><br>
        请输入年龄：<input type="text" name="age" value=<%=age%>><br>
        请输入电话号码：<input type="text" name="tel" value=<%=tel%>><br>
        请输入地址：<input type="text" name="address" value=<%=address%>><br>
        <input type="submit" value="更新"> <input type="reset"
            value="重置">
    </form>

</body>
</html>
```

在目录“D:\ch05”下编写以下 update_success.jsp 代码。

```
<%@ page contentType="text/html" pageEncoding="UTF-8"%>
<html>
<head>
<title>个人信息修改成功页面</title>
</head>
<body>
```

```
    <%
        // 如果已经设置过 session 属性，则肯定不为空
        if (session.getAttribute("userid") != null) {
    %>
    <h3>您好，您的个人信息已成功修改</h3>
    <%
        } else { // 没有 session，则应该给出先去登录的提示
    %>
    <h3>
        请先进行系统的<a href="login.jsp">登录</a>!
    </h3>
    <%
        }
    %>
    <%
        String u_userid = request.getParameter("name");              //获取输入的用户名
        String u_password = request.getParameter("upass");           //获取输入的密码
        String u_sex = request.getParameter("sex");                  //获取输入的性别
        String u_age = request.getParameter("age");                  //获取输入的年龄
        String u_tel = request.getParameter("tel");                  //获取输入的电话号码
        String u_address = request.getParameter("address");          //获取输入的地址
        Cookie[] cookies = request.getCookies();           //从 request 中获得 Cookie 对象的集合
        if (cookies != null) {
            for (int i = 0; i < cookies.length; i++) { //遍历 Cookie 对象集合
                if (cookies[i].getName().equals("c_name")) {//如果 Cookie 对象的名称是 c_name
                    cookies[i].setValue(u_userid);           //设置用户名
                } else if (cookies[i].getName().equals("c_password")) {
                //如果 Cookie 对象的名称是 c_password
                    cookies[i].setValue(u_password);      //设置密码
                } else if (cookies[i].getName().equals("c_sex")) {//如果 Cookie 对象的名称是 c_sex
                    cookies[i].setValue(u_sex);              //设置性别
                } else if (cookies[i].getName().equals("c_age")) {//如果 Cookie 对象的名称是 c_age
                    cookies[i].setValue(u_age);              //设置年龄
                } else if (cookies[i].getName().equals("c_tel")) {//如果 Cookie 对象的名称是 c_tel
                    cookies[i].setValue(u_tel);              //设置电话号码
                } else {//如果 Cookie 对象的名称是 c_address
                    cookies[i].setValue(u_address);       //设置地址
                }
                response.addCookie(cookies[i]);
            }
        }
        response.setHeader("refresh", "6;URL=login.jsp");    //6 秒后跳转到主页面
    %>
    <h3>用户个人信息修改成功，6 秒后跳转到登录页！</h3>
    <h3>
        如果没有跳转，请按<a href="login.jsp">这里</a>!
    </h3>
    </body>
</html>
```

将 update.jsp 和 update_success.jsp 页面复制到 Tomcat 安装目录下的 webapps\ROOT 里。

单击 index.jsp 页面中【修改个人信息】链接，出现如图 5-44 所示的界面，在该页面中用户可以修改个人信息。

修改完个人信息后，单击【更新】按钮，则跳转到 update_success.jsp 页面，如图 5-45 所示。

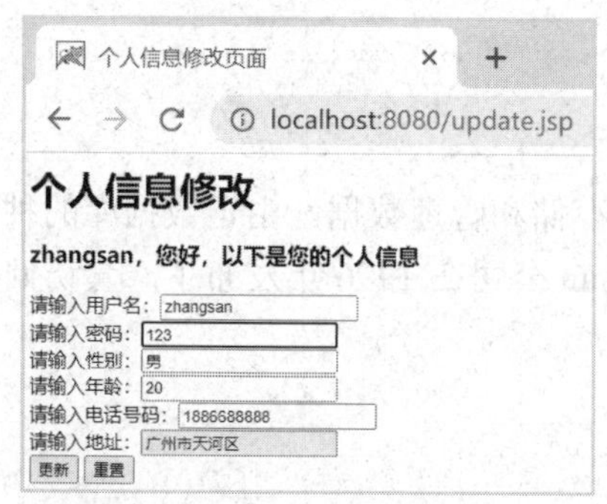

图 5-44　update.jsp 页面运行效果

个人信息修改成功页面
localhost:8080/update_success.jsp
您好，您的个人信息已成功修改
用户个人信息修改成功，6秒后跳转到登录页！
如果没有跳转，请按这里！

图 5-45　update_ success.jsp 页面运行效果

5. 创建 logout.jsp 注销页面

在目录“D:\ch05”下编写以下 logout.jsp 代码。

```
<%@ page contentType="text/html" pageEncoding="UTF-8"%>
<html>
<head><title>登录注销</title></head>
<body>
<%
    response.setHeader("refresh","2;URL=login.jsp") ;
    session.invalidate() ;                    // 注销，使当前的会话对象 session 失效
%>
<h3>您已成功退出本系统，两秒后跳转回首页！</h3>
<h3>如果没有跳转，请按<a href="login.jsp">这里</a>！</h3>
</body>
</html>
```

在 index.jsp 页面中，单击【注销登录】按钮，则跳转到 logout.jsp 页面，如图 5-46 所示。

图 5-46　logout.jsp 页面运行效果

本项目仅仅使用本模块所学习的 JSP 内置对象来实现信息管理系统的注册、登录、修改和注销功能，当然，在实际网站应用项目中，需要把数据保存在数据库中进行处理，这部分内容将在模块 6 中进行讲解。

模块 5

模块 6　JDBC 数据库访问

【模块导读】

一个成熟的 Java Web 项目一定会用数据库来存储和管理数据。由于数据库的种类繁多，为了使 Java 语言能够访问不同类型的数据库，Sun 公司在 1996 年发布了一套访问数据库的标准 Java 类库，这个类库就是 JDBC。

【学习目标】

知识目标：

- ❑ 了解 JDBC 的概念。
- ❑ 掌握 JDBC 访问数据库的基本流程和 API 的使用。
- ❑ 了解数据库连接池的概念。
- ❑ 掌握常用数据源 DBCP 和 C3P0 的使用。
- ❑ 掌握 DBUtils 工具的使用方法。

能力目标：

- ❑ 能够利用 JDBC 编程对 MySQL 数据库中的数据进行增、删、改、查。
- ❑ 能够利用 DBUtils 编程对 MySQL 数据库中的数据进行增、删、改、查。

素质目标：

- ❑ 提升自学能力和问题分析能力。
- ❑ 养成严谨的工作作风。

【学习导图】

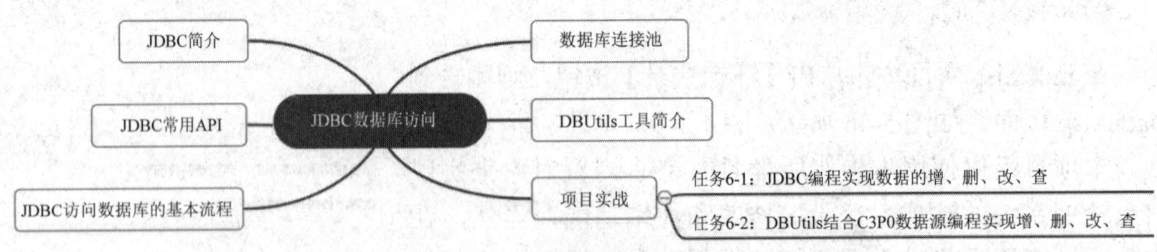

【任务导入】

在 Java Web 应用开发中，数据库访问是一个重要的内容。接下来我们就正式进入 JDBC 数据库访问相关知识点的学习。通过本模块的学习，读者可以使用 JDBC 及其相关的工具类实现对 MySQL 数据库中的数据进行增、删、改、查。

6.1　JDBC 简介

JDBC（Java Data Base Connectivity）是一种用于执行 SQL 语句的 Java API，它由一组用 Java 语言编写的类和接口组成。Java 应用程序通过 JDBC 可以访问关系数据库，实现数据的增加、修改、删除和查询。

由于关系数据库多种多样，不同的关系数据库内部数据处理的方式是不同的。因此，不同厂商提供数据库的访问接口也不同。假设我们在开发一个应用程序的时候访问的是 MySQL 数据库，那么我们必须使用 MySQL 提供的接口来编程。但是如果在开发过程中需要更换成 Oracle 数据库，那么我们又必须重新使用 Oracle 提供的接口来编程。如果又要换成 SQL Server 数据库，那么又要重新使用 SQL Server 提供的接口来编程。这样，随着数据库的更换，应用程序底层代码的改动量会非常大。JDBC 的出现为 Java 应用程序访问不同类型关系数据库提供了统一的编程接口。JDBC 要求各数据库厂商按照统一的规范提供各自的数据库驱动，应用程序只需通过 JDBC 和相应的数据库驱动相连，由数据库驱动去调用底层的接口来访问数据库。在编程时，我们只需利用 JDBC 提供的相关 API 写一个程序就能够访问相应的关系数据库，而不必直接与底层的数据接口交互。当数据库发生改变时，我们只需要改一些配置项就能访问新的关系数据库，而不必大量改动底层代码。

JDBC 构建了应用程序与数据库之间交互的桥梁。JDBC 的整体架构主要分为 JDBC Driver Interface 和 JDBC Driver 两部分，如图 6-1 所示。其中，JDBC Driver Interface 提供应用程序到 JDBC 驱动程序的连接。JDBC Driver 提供 JDBC 驱动程序到数据库的连接。当应用程序需要访问数据库时，首先通过 JDBC Driver Interface 找到 JDBC 驱动程序，然后 JDBC 驱动程序调用对应的数据库底层接口访问数据库。

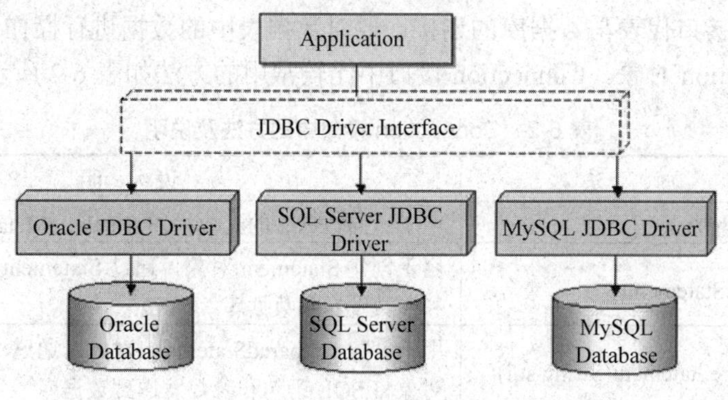

图 6-1　JDBC 整体架构

6.2　JDBC 常用 API

在利用 JDBC 访问数据库之前，首先需要了解一些 JDBC 常用接口和类的使用，这些接口和类对 JDBC 访问数据库非常重要，在后续编程当中应熟练使用。本节将对这部分内容进行详细介绍。

6.2.1 Driver 接口

所有的 JDBC 驱动程序都必须实现 Driver 接口，Driver 接口主要提供给数据库厂商使用，不同数据库厂商提供不同的实现。在应用程序中不需要直接去访问实现了 Driver 接口的类，而是由驱动程序管理器类（java.sql.DriverManager）去调用具体的 Driver 实现。在编写 JDBC 程序时，要记住必须把所使用的数据库驱动包加载到项目的 classpath 中，如 MySQL 的驱动 JAR 包。

6.2.2 DriverManager 类

DriverManager 类又称驱动程序管理器类。DriverManager 主要功能为注册并管理驱动，同时创建并获取数据库连接。DriverManager 类中比较常用的方法如表 6-1 所示。

表 6-1　DriverManager 类中的方法及说明

序　号	方　法	说　明
1	registerDriver(Driver driver)	用于向 DriverManager 注册传入的 JDBC 驱动程序
2	getConnection(String url, String user,String password)	用于创建数据库连接，并返回数据库连接对象

6.2.3 Connection 接口

Connection 接口代表与数据库的连接，要对数据表中的数据进行操作，首先要获取数据库连接 Connection 对象。Connection 接口中比较常用的方法如表 6-2 所示。

表 6-2　Connection 接口中的方法及说明

序　号	方　法	说　明
1	getMetaData()	用于返回数据库的元数据的 DatabaseMetaData 对象
2	createStatement()	用于创建 Statement 对象，通过 Statement 对象将 SQL 语句和参数发送到数据库
3	prepareStatement(String sql)	用于创建 PreparedStatement 对象，通过 PreparedStatement 对象将 SQL 语句和参数发送到数据库
4	prepareCall(String sql)	用于创建 CallableStatement 对象，通过 CallableStatement 对象可以调用数据库存储过程

6.2.4　Statement 接口

Statement 接口主要用来执行 SQL 语句，并返回 SQL 语句的执行结果。Statement 接口的对象可以通过 Connection 对象的 createStatement()方法获取。Statement 接口中有 3 个常用的执行 SQL 语句的方法，如表 6-3 所示。

表 6-3　Statement 接口中的方法及说明

序　号	方　法	说　明
1	execute(String sql)	用于执行所有的 SQL 语句，返回结果为 boolean 型。如果返回值为 true，则有结果集返回。如果为 false，则没有结果集返回
2	executeUpdate(String sql)	用于执行 DML 语句（insert、update 和 delete）和 DDL 语句。返回结果为 int 类型，执行 DML 语句表示 SQL 执行完数据库中受影响的行数，执行 DDL 语句返回 0
3	executeQuery(String sql)	用于执行 select 语句，返回结果为 ResultSet 对象，查询到的数据封装在 ResultSet 对象中

6.2.5　PreparedStatement 接口

PreparedStatement 接口是 Statement 的子接口，二者都可以用来执行 SQL 语句，但是在大部分情况下，一般我们选取 PreparedStatement 执行 SQL 语句。原因有以下 3 点。

（1）如果执行 SQL 语句中带有的参数过多，则使用 Statement 接口执行 SQL 语句在编程时会比较烦琐。而使用 PreparedStatement 接口能够很好地解决这个问题。例如，在编写 SQL 进行查询过程中，往往查询条件有多个，如果使用 Statement 接口来执行 SQL 语句，则需要把每个查询条件以拼接字符串的形式拼接在 SQL 语句的 where 条件后面，这样很不方便，代码的可读性差、维护难度大。而使用 PreparedStatement 接口则可以在编写 SQL 语句时通过使用占位符“？”来代替 SQL 语句中的参数，然后通过 PreparedStatement.setXxx()方法为 SQL 语句动态赋值，简化了编码的复杂度。

（2）Statement 接口执行 SQL 语句时，每次执行都需要先编译，一定程度上影响了 SQL 执行的效率。而 PreparedStatement 在执行 SQL 语句之前会先对 SQL 语句进行预编译，后续如果再次执行该 SQL 语句，则不需要再进行编译，提高了 SQL 语句重复执行的效率。

（3）由于 PreparedStatement 会对 SQL 语句进行预编译，保留了 SQL 语句的主干，在 SQL 语句重复执行时，只有参数层面的变动，增强了 SQL 语句执行的安全性。如利用 PreparedStatement 就能有效地防止 SQL 注入问题。

PreparedStatement 接口的常用方法如表 6-4 所示。

表 6-4 PreparedStatement 接口中的方法及说明

序　号	方　法	说　明
1	executeUpdate()	用于执行数据库更新操作，SQL 语句可以是 DML 类的语句或无返回值的 SQL 语句，如 insert、update 和 delete 语句
2	executeQuery()	用于执行 select 语句。返回结果为 ResultSet 对象，查询到的数据封装在 ResultSet 对象中
3	setInt(int parameterIndex, int x)	用于将指定序号的参数设置为给定的 int 值
4	setFloat(int parameterIndex, float x)	用于将指定序号的参数设置为给定的 float 值
5	setString(int parameterIndex, String x)	用于将指定序号的参数设置为给定的 String 值
6	setCharacterStream(parameterIndex, reader, length)	用于将指定的输入流写入数据库的文本字段
7	setBinaryStream(parameterIndex, x, length)	用于将二进制的输入流数据写入二进制的字段中

6.2.6 ResultSet 接口

ResultSet 接口主要用来保存 JDBC 查询返回的数据，数据以结果集的形式存储在 ResultSet 对象中。ResultSet 对象内部有一个指向数据行的游标，初始化时该游标位于第一行之前。可以调用 next()方法让游标移动到下一行数据，如果没有下一行数据，则返回 false。通常可以用 while 循环和 next()方法配合，遍历整个结果集的数据。表 6-5 列出了 ResultSet 接口中常用的方法。

表 6-5 ResultSet 接口中的方法及说明

序　号	方　法	说　明
1	getString(int columnIndex)	用于获取指定字段的 String 类型的值，参数 columnIndex 代表字段的索引，字段索引从 1 开始
2	getString(String columnName)	用于获取指定字段的 String 类型的值，参数 columnName 代表字段的名称
3	getInt(int columnIndex)	用于获取指定字段的 int 类型的值，参数 columnIndex 代表字段的索引，字段索引从 1 开始
4	getInt(String columnName)	用于获取指定字段的 int 类型的值，参数 columnName 代表字段的名称
5	next()	用于将游标从当前位置移到下一行
6	absolute(int row)	用于将游标从当前位置移到指定的行
7	previous()	用于将游标从当前位置移到前一行
8	last()	用于将游标从当前位置移到最后一行

续表

序　号	方　法	说　明
9	afterLast()	用于将游标从当前位置移到最后一行之后
10	beforeFirst()	用于将游标从当前位置移到第一行之前

6.3　JDBC 访问数据库的基本流程

在 6.2 节学习了 JDBC 的常用 API 以后，我们对 JDBC 的常用 API 有了初步的了解，本节将介绍如何使用 JDBC 的常用 API 编程来访问数据库。

6.3.1　JDBC 访问数据库的基本流程

JDBC 访问数据库基本流程主要分为 5 个步骤，如图 6-2 所示。下面以 JDBC 访问 MySQL 数据库为例对其中每个步骤的编程做详细介绍。

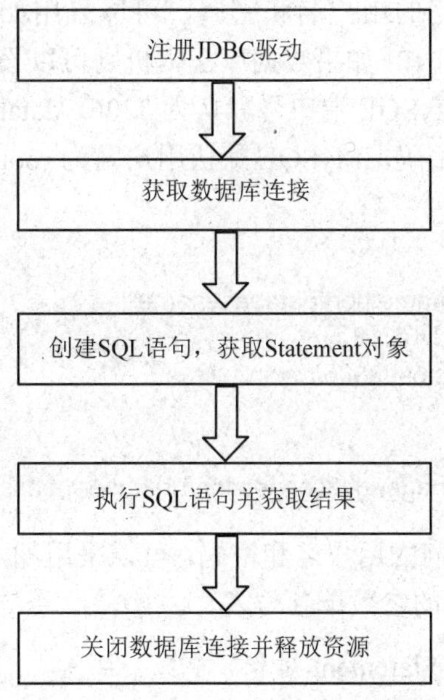

图 6-2　JDBC 访问数据库基本流程

1．注册 JDBC 驱动

注册 JDBC 驱动有两种方式，一般选择方式 1，具体编码实现如下。

```
//方式 1
Class.forName("com.mysql.jdbc.Driver");
//方式 2，使用此方式注册 JDBC 驱动会被注册两次，一般不选用该方式
Driver driver = new com.mysql.jdbc.Driver();
DriverManager.registerDriver(driver);
```

注意：

编码之前应把 JDBC 访问数据库的驱动程序包（JAR 包）复制到 Web 应用程序的 WEB-INF\lib 目录下，这样 Web 应用程序才能通过 JDBC 接口访问数据库。JDBC 访问 MySQL 的数据库驱动包的命名形式为 mysql-connector-java-驱动包版本号-bin.jar。

2. 获取数据库连接

可利用 DriverManager 类的 getConnection()方法获取数据库连接，该方法将返回一个 Connection 连接实例。getConnection()方法有两种调用方式。具体编码实现如下。

```
//方式 1
//URL 书写格式
String url="jdbc:mysql://hostname:port/databasename?user=username
&password=password";
//访问本机的 MySQL 数据库 URL 如下
String url="jdbc:mysql://localhost:3306/mydb?user=root&password=123456";
Connection conn = DriverManager.getConnection(url);
```

如果 URL 里面包含访问的用户名和密码，可以采用如上方式访问数据库。其中，hostname 为数据库所在的主机 IP，如果数据库在本机则可以设成 localhost 或 127.0.0.1，port 为访问数据库的端口号，如 MySQL 端口号默认为 3306，databasename 为数据库名称。user 和 password 分别为用户名和密码，MySQL 默认用户名为 root、password 为 123456。

```
//方式 2
//URL 书写格式
String url="jdbc:mysql://hostname:port/databasename";
//访问本机的 MySQL 数据库 URL 如下
String url="jdbc:mysql://localhost:3306/mydb";
String user = "root";
String password = "123456";
Connection conn= DriverManager.getConnection(url , user , password);
```

如果 URL 里面不包含访问的用户名和密码，可以采用如上方式访问数据库。用户名和密码作为 getConnection()方法的参数单独传入。

3. 创建 SQL 语句，获取 Statement 对象

可通过调用 Connection 对象的相关方法获取 Statement 对象。Statement 对象有 3 种，分别是基本的 Statement 对象、PreparedStatement 对象和 CallableStatement 对象。

其中，基本的 Statement 对象和 PreparedStatement 对象用于执行 SQL 语句，CallableStatement 对象用于执行存储过程。这里主要介绍获取基本的 Statement 对象和 PreparedStatement 对象的方法。

```
String sql = "select * from mytable";
//获取 Statement 对象
Statement statement = conn.createStatement();
//获取 PreparedStatement 对象
```

```
PreparedStatement pst = conn. prepareStatement(sql);
```

4. 执行 SQL 语句并获取结果

利用 Statement 对象调用相关方法执行 SQL 语句，并获取执行结果。通常利用 executeQuery()方法执行查询语句并获取结果集 ResultSet，利用 executeUpdate()方法执行 insert、updata 和 delete 语句。

1）Statement 对象执行 SQL 语句

```
//用于执行任何 SQL 语句
String sql = "select * from mytable";
Boolean flag=statement .execute(sql);
//用于执行查询 SQL 语句
String sql = "select * from mytable";
ResultSet rs = statement.executeQuery(sql);
//用于执行 insert、updata 和 delete 类的 SQL 语句
String sql = "insert into mytable (id,name) values(1,'aa') ";
Int result = statement.executeUpdate(sql);
```

2）PreparedStatement 对象执行 SQL 语句

PreparedStatement 对象执行 SQL 语句时可以使用占位符“?”代替参数。

```
//用于执行查询 SQL 语句
String sql = "select * from mytable where id=?";
PreparedStatement pst = conn. prepareStatement(sql);
pst .setInt(1,1);
ResultSet rs =pst .executeQuery();
//用于执行 insert、updata 和 delete 类的 SQL 语句
String sql = "insert into mytable (id,name) values(?,?)";
PreparedStatement pst = conn. prepareStatement(sql);
pst .setInt(1,1);
pst .setString(2,"aa");
pst .executeUpdate();
```

5. 关闭数据库连接并释放资源

对 ResultSet、Statement、Connection 等对象关闭和释放资源。编码形式如下。

```
//关闭结果集 rs
rs .close();
//关闭 Statement 对象
statement.close();
//关闭数据库连接 conn 对象
conn.close();
```

6.3.2　JDBC 编程实现一个简单访问数据库案例

通过 6.2 节的学习，初步掌握了 JDBC 访问数据库的基本流程。下面使用 Servlet 和 JDBC

实现一个简单的程序，程序功能为查询 MySQL 中 product 表中所有数据，并将查询结果以表格的形式打印在页面上，本案例中 MySQL 数据库选用版本为 8.0.15。

【例 6-1】查询 product 表中所有数据。

1. 搭建和配置数据库环境

（1）在 MySQL 数据库中创建一个数据库，库名为 mydb，然后在 mydb 数据库中创建一张表，表名为 product。然后在 product 表中插入 2 条记录。创建数据库和表的 SQL 语句如下。

```
drop database if EXISTS 'mydb';
create database 'mydb' CHARACTER SET utf8 COLLATE utf8_general_ci;
use 'mydb';

DROP TABLE IF EXISTS 'product';
CREATE TABLE IF NOT EXISTS 'product' (
  'pid' int(11) NOT NULL AUTO_INCREMENT,
  'name' varchar(50) DEFAULT NULL,
  'note' varchar(200) DEFAULT NULL,
  'price' float DEFAULT NULL,
  'amount' int(11) DEFAULT NULL,
   PRIMARY KEY ('pid')
) ENGINE=InnoDB DEFAULT CHARSET=utf8;
```

（2）在 product 表中插入 2 条记录。插入数据的 SQL 语句如下。

```
INSERT INTO 'product' VALUES ('1', '衣服', '衣服', '100.5', '20');
INSERT INTO 'product' VALUES ('2', '鞋子', '鞋子', '50.5', '30');
```

（3）使用 select 语句查询 product 表中数据，查看记录是否插入成功。查询结果如图 6-3 所示。

2. 创建 Web 项目，添加 MySQL 驱动包

在 Eclipse 中新建一个 Web 项目，项目名为 ch06，然后将 MySQL 数据库驱动文件复制到本项目的 lib 目录下，并发布到类路径下。加入驱动后整个项目结构如图 6-4 所示。

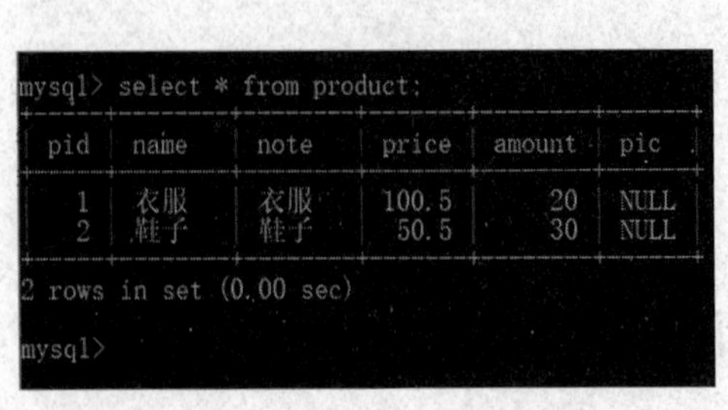

图 6-3　product 表中的数据

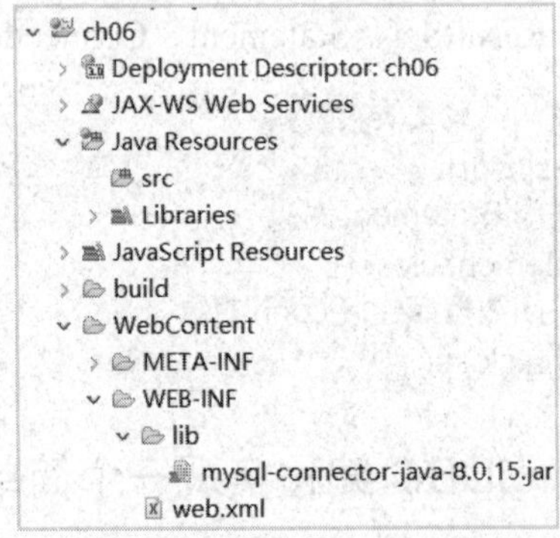

图 6-4　ch06 项目结构

3. 编写程序查询 MySQL 中 product 表中所有数据

在项目的 src/main/java 目录下新建一个 Java 文件，文件名为 SimpleQueryServlet.java，在文件中输入以下代码。

```
import java.io.IOException;
import java.io.PrintWriter;
import java.sql.Connection;
import java.sql.DriverManager;
import java.sql.ResultSet;
import java.sql.SQLException;
import java.sql.Statement;
import jakarta.servlet.ServletException;
import jakarta.servlet.annotation.WebServlet;
import jakarta.servlet.http.HttpServlet;
import jakarta.servlet.http.HttpServletRequest;
import jakarta.servlet.http.HttpServletResponse;
@WebServlet("/SimpleQueryServlet")
public class SimpleQueryServlet extends HttpServlet {
    private static final long serialVersionUID = 1L;

public SimpleQueryServlet() {
        super();
        // TODO Auto-generated constructor stub
    }
    protected void doGet(HttpServletRequest request,
                HttpServletResponse response) throws ServletException, IOException {
        // TODO Auto-generated method stub
        response.setContentType("text/html;charset=utf-8");
        Connection conn=null;
        Statement st =null;
        ResultSet rs=null;
        try {
            //第一步：装载驱动
            Class.forName("com.mysql.cj.jdbc.Driver");

            //第二步：建立连接
            conn = DriverManager.getConnection(
                    "jdbc:mysql://localhost:3306/mydb?"
                    +"serverTimezone=UTC&useSSL=false","root","123456");
            //第三步：执行 SQL 语句
            String sql = "select * from product";
            st = conn.createStatement();
            rs = st.executeQuery(sql);
            //第四步：提取结果集中的数据
```

```
            PrintWriter pw = response.getWriter();
            pw.write("<table border='1'>");
            pw.write("<tr>");
            pw.write("<th>序号</th>");
            pw.write("<th>名称</th>");
            pw.write("<th>说明</th>");
            pw.write("<th>价格</th>");
            pw.write("<th>数量</th>");
            pw.write("</tr>");
            while(rs.next()) {
                pw.write("<tr>");
                pw.write("<td>"+rs.getInt("pid")+"</td>");
                pw.write("<td>"+rs.getString("name")+"</td>");
                pw.write("<td>"+rs.getString("note")+"</td>");
                pw.write("<td>"+rs.getFloat("price")+"</td>");
                pw.write("<td>"+rs.getInt("amount")+"</td>");
                pw.write("</tr>");
            }
            pw.write("</table>");
        }catch(Exception ex) {
            ex.printStackTrace();
        }finally{
            //第五步：关闭连接
            try {
                rs.close();
            } catch (SQLException e) {
                // TODO Auto-generated catch block
                e.printStackTrace();
            }
            try {
                st.close();
            } catch (SQLException e) {
                // TODO Auto-generated catch block
                e.printStackTrace();
            }
            try {
                conn.close();
            } catch (SQLException e) {
                // TODO Auto-generated catch block
                e.printStackTrace();
            }
        }
    }
    protected void doPost(HttpServletRequest request,
```

```
                HttpServletResponse response) throws ServletException, IOException {
            // TODO Auto-generated method stub
            doGet(request, response);
    }
}
```

代码编写思路如下：加载 MySQL 数据库驱动，通过 DriverManager 获取一个数据库连接 Connection 对象，使用 Connection 对象创建 Statement 对象，使用 Statement 对象执行 executeQuery 方法查询数据，得到结果集 ResultSet，遍历结果集并将数据以表格的形式打印在页面上。

注意：

（1）由于选用的 MySQL 为 8.0.15 版本，因此数据库驱动名称为 com.mysql.cj.jdbc.Driver，而不是 com.mysql.jdbc.Driver。

（2）释放资源的代码应该放在 finally 代码块中，因为无论前面的程序执行正确与否，数据库资源最终都要被释放回收。这样能增强代码的健壮性。

将项目发布到 Tomcat，启动 Tomcat。在页面输入网址 http://localhost:8080/ch06/SimpleQueryServlet"，页面出现的数据结果如图 6-5 所示。

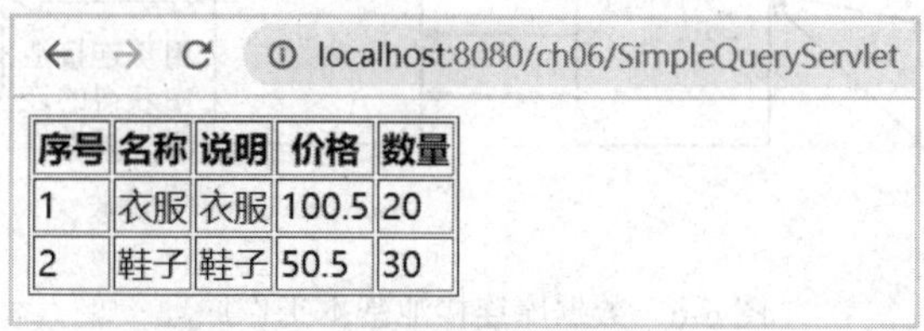

序号	名称	说明	价格	数量
1	衣服	衣服	100.5	20
2	鞋子	鞋子	50.5	30

图 6-5 查询结果

6.4 数据库连接池

在 6.3 节的案例中，每访问一次数据库就必须创建一次数据库连接，访问结束后又要释放资源回收连接，假设 Web 应用程序一天要访问 1 万次数据库，那么就需要执行 1 万次创建数据库连接和 1 万次释放资源回收连接。这样频繁的操作会直接影响 Java 虚拟机、数据库的性能和稳定性，导致数据库无法对外界提供数据服务。为了解决这个问题，数据库连接池的思想被引入 Web 开发中。

6.4.1 数据库连接池概念

数据库连接池是一个专门用来负责分配、管理和释放数据库连接的工具。它的设计思想就是 Web 应用程序系统在启动时，数据连接池预先创建多个数据库连接对象，并将这些对象持久地保存在数据库连接池中。当应用程序需要访问数据库时，则从数据库连接池中直接取出一个数据库连接对象分配给调用者，访问数据库完毕后又将该数据库连接对象放回数据库连接池中，放回数据库连接池后这些连接对象并不会释放资源被回收，而是准备分配给下一个数据库访问者调用。这样虽然会占用一定的内存空间用以保存初始化的数据库连接，但是规避了大量的数据库连接打开和关闭的动作，节省了后续每次执行 SQL 查询时创建连接和关闭连接消耗的时间，提升了整个系统的性能和稳定性。

数据库连接池在应用程序访问数据库的过程中起到一个桥梁的作用，把数据库比喻成一个池塘，数据库连接池就像引入池塘中水的一个管道集群，数据库连接就是该管道集群中具体引水的某条管道，应用程序要从池塘中引入水，就必须通过管道集群中的一条或某几条管道引水。数据库连接池的基本工作原理如图 6-6 所示。

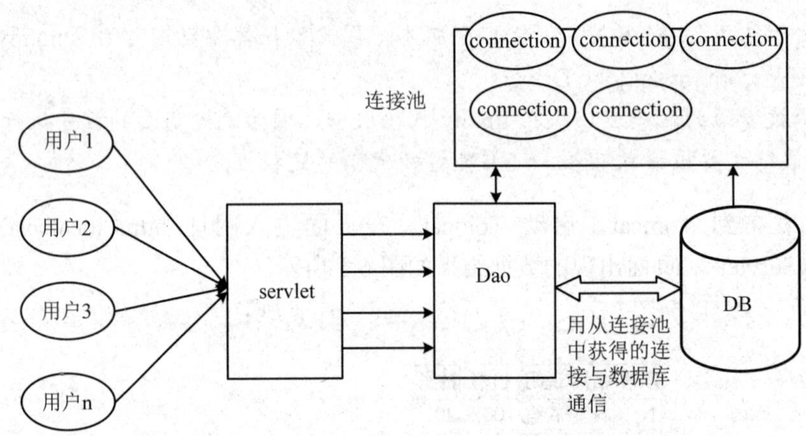

图 6-6　数据库连接池基本工作原理

在 JDBC 的 API 中没有提供现成的连接池方法。但是我们可以利用很多开源的数据库连接池来实现。开源数据库连接池有很多，具有代表性的有 DBCP、C3P0 和 Durid 等，下面我们结合具体案例介绍这些数据库连接池的具体使用方法。

6.4.2　数据源

在前面的内容中我们使用 DriverManager 对象获取一个数据库连接对象。除此之外，我们也可以使用 DataSource 数据源来获取一个数据库连接对象，在实际开发项目中，这种方式运用得更加普遍。可以通过 DataSource 建立多个数据库连接，这些数据库连接会被保存在数据库连接池中，当应用程序需要访问数据库时，只需要从数据库连接池中获取空闲的数据库连接，当应用程序访问数据库结束时，数据库连接会放回数据库连接池中。DataSource 是一个数据源接口，根据不同的数据源，DataSource 可以拥有不同的具体实现类。DataSource 获取数据库连接有两种方法，一种是没有参数的，一种是带有参数的，参数为用户名和密码。具体代码实现如下。

```
public interface DataSource   extends CommonDataSource, Wrapper {
```

```
    Connection getConnection() throws SQLException;
    Connection getConnection(String username, String password)
      throws SQLException;
}
```

在使用过程中 DataSource 数据源有 3 种具体的实现方式。

（1）基本数据源：使用该方式不支持数据库连接池和分布式。

（2）连接池数据源：使用该方式支持数据库连接池。

（3）分布式数据源：使用该方式支持数据库分布式事务。

在 Java Web 开发中，我们不需要自己去编写 DataSource 的具体实现类，DataSource 数据源接口已经有很多开源的具体实现，具有代表性的有 DBCP、C3P0 等，下面我们结合具体案例介绍这些数据源的具体使用方法。

6.4.3　DBCP 数据源

DBCP 全称为 DataBase Connection Pool，是 Apache 旗下基于 Java 访问数据库的开源数据源，同时也是 Tomcat 服务器使用的数据库连接池组件。DBCP 数据源实现 DataSource 接口的实现类是 BasicDataSource，BasicDataSource 类是 DBCP 数据源的核心类，其中包含了获取数据库连接和数据库连接池相关信息的方法。BasicDataSource 类中的常用方法如表 6-6 所示。

表 6-6　BasicDataSource 类的常用方法

序　号	方　法	说　明
1	setDriverClassName(String driverClassName)	用于设置连接数据库驱动包名称
2	setUrl(String url)	用于设置连接数据库的 URL 路径
3	setUsername(String username)	用于设置连接数据库的用户名
4	setPassword(String password)	用于设置连接数据库的密码
5	setMaxTotal(int maxActive)	用于设置数据库连接池的最大活跃连接数
6	setInitialSize(int initialSize)	用于设置数据库连接池的初始化连接数
7	setMaxIdle(int maxIdle）	用于设置数据库连接池的最大空闲连接数
8	setMinIdle(int minIdle)	用于设置数据库连接池的最小连接数
9	getConnection()	获取一条数据库连接对象

DBCP 数据源有 2 个版本，即 DBCP 和 DBCP2，DBCP2 版本支持 Java 1.7 以上版本，目前使用较多。这里主要介绍 DBCP2 的使用方法。单独使用 DBCP2 数据源需要添加如下 3 个包。

第一个为 commons-dbcp2.jar。commons-dbcp2.jar 包是 DBCP 数据源的核心包，包内部实现了 DataSource 接口的具体实现类 BasicDataSource，该类有一个无参构造方法，可以实例化一个 BasicDataSource 对象。

第二个为 commons-pool2.jar。commons-pool2.jar 包是 DBCP 数据源实现数据库连接池的依赖包，为 commons-dbcp2.jar 包内方法的实现提供依赖支持。

第三个为 commons-logging.jar。commons-logging.jar 是创建 BasicDataSource 的依赖包，没有此包则程序会报错。

DBCP 数据源获取数据库连接对象的步骤如下。

（1）获取 BasicDataSource 对象。获取 BasicDataSource 对象的方法有 2 种。

第一种：如果数据库相关配置信息写在代码中，则通过调用 BasicDataSource 类的无参构造方法创建 BasicDataSource 对象。

第二种：如果数据库相关配置信息写在配置文件中，则通过调用 BasicDataSourceFactory 类的 createDataSource 方法创建 BasicDataSource 对象。

（2）调用表 6-6 所示的相关方法设置 BasicDataSource 对象连接数据库的一些配置信息。

（3）调用 BasicDataSource 对象的 getConnection()方法获取数据库连接对象。

下面分别以两种方式编程获取 BasicDataSource 对象，创建数据库连接并获取数据库连接信息。

1. 调用 BasicDataSource 类的无参构造方法创建 BasicDataSource 对象

（1）在 ch06 项目的 webapp/lib 目录下添加 commons-dbcp2-2.8.0.jar、commons-pool2-2.9.0.jar 和 commons-logging-1.2.jar 三个 JAR 包，然后在项目的 src/main/java 目录下新建一个类文件，文件名为 DbcpDemo1.java。在文件内输入以下代码。

```
import java.sql.Connection;
import java.sql.DatabaseMetaData;
import java.sql.SQLException;
import javax.sql.DataSource;
import org.apache.commons.dbcp2.BasicDataSource;

public class DbcpDemo1 {
        public static DataSource ds=null;
        static{
              BasicDataSource bds = new BasicDataSource();
                  // 设置连接数据库配置信息
                  bds.setDriverClassName("com.mysql.cj.jdbc.Driver");
                  bds.setUrl("jdbc:mysql://localhost:3306/mydb?"
                              + "serverTimezone=UTC");
                  bds.setUsername("root");
                  bds.setPassword("123456");
                  // 设置数据库连接池参数
                  bds.setInitialSize(10);
                  bds.setMaxTotal(10);
                  bds.setMinIdle(5);
                  ds = bds;
        }
        public static void main(String[] args) throws SQLException {
                  Connection conn = ds.getConnection();
                  //获取数据库连接信息
                  DatabaseMetaData dbmetaData = conn.getMetaData();
                  System.out.println("URL"+dbmetaData.getURL()
```

```
                    +",UserName="+dbmetaData.getUserName());
        }

}
```

（2）运行 DbcpDemo1.java 文件的 main 方法，程序运行结果如图 6-7 所示。

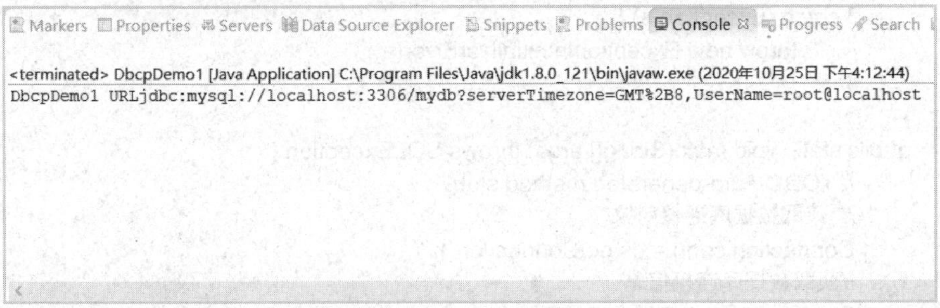

```
Markers  Properties  Servers  Data Source Explorer  Snippets  Problems  Console  Progress  Search
<terminated> DbcpDemo1 [Java Application] C:\Program Files\Java\jdk1.8.0_121\bin\javaw.exe (2020年10月25日 下午4:12:44)
DbcpDemo1 URLjdbc:mysql://localhost:3306/mydb?serverTimezone=GMT%2B8,UserName=root@localhost
```

图 6-7　运行结果

2. 调用 BasicDataSourceFactory 类中的 createDataSource 方法创建 BasicDataSource 对象

（1）在 ch06 项目的 src/main/java 目录下创建 dbcpconfig.properties 配置文件，在文件内输入以下内容。

```
#连接设置
driverClassName=com.mysql.jdbc.Driver
url=jdbc:mysql://localhost:3306/mydb?serverTimezone=UTC
username=root
password=123456
initialSize=10
maxTotal=10
minIdle=5
```

（2）在 ch06 项目的 src/main/java 目录下新建 Java 文件，文件名为 DbcpDemo2.java。在文件内输入以下代码。

```
import java.io.InputStream;
import java.sql.Connection;
import java.sql.DatabaseMetaData;
import java.sql.SQLException;
import java.util.Properties;
import javax.sql.DataSource;
import org.apache.commons.dbcp2.BasicDataSourceFactory;

public class DbcpDemo2 {
    public static DataSource ds = null;
    static {
        // 新建一个配置文件对象
        Properties prop = new Properties();
        try {
```

```
                // 通过类加载器找到文件路径，读取配置文件
                InputStream in =DbcpDemo2.class.getResourceAsStream(
                "dbcpconfig.properties");
                // 把文件以输入流的形式加载到配置对象中
                prop.load(in);
                // 创建数据源对象
                ds = BasicDataSourceFactory.createDataSource(prop);
            } catch (Exception e) {
                throw new ExceptionInInitializerError(e);
            }
        }
        public static void main(String[] args) throws SQLException {
            // TODO Auto-generated method stub
            // 获取数据库连接对象
            Connection conn = ds.getConnection();
            //获取数据库连接信息
            DatabaseMetaData dbmetaData = conn.getMetaData();
            //打印数据库连接信息
            System.out.println("DbcpDemo2 URL"+dbmetaData.getURL()
            +",UserName="+dbmetaData.getUserName());

        }
}
```

（3）运行 DbcpDemo2.java 文件的 main 方法，程序运行结果如图 6-8 所示。

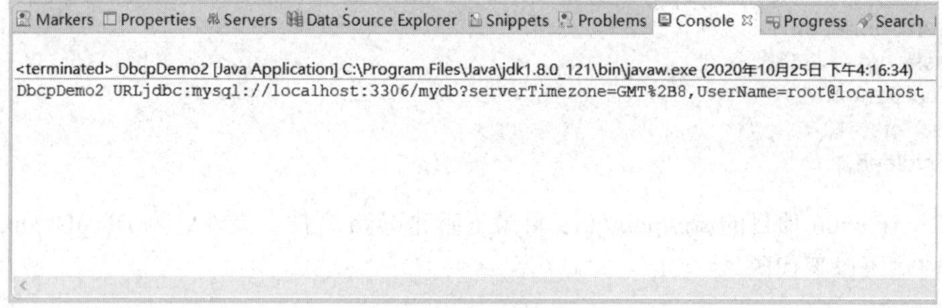

图 6-8　运行结果

6.4.4　C3P0 数据源

C3P0 数据源是一种广泛使用的数据源，JavaWeb 的许多流行开发框架，如 Spring、Hibernate 和 Mybatis 等，都支持 C3P0 数据源。C3P0 数据源和 DBCP 数据源一样，都是 DataSource 接口的实现类。C3P0 数据源的核心类是 ComboPooledDataSource，它提供了获取数据库连接和数据库连接池相关信息的方法。表 6-7 列出了一些常用的方法。

表 6-7　ComboPooledDataSource 类的常用方法

序　号	方　法	说　明
1	setDriverClass(String driverClassName)	用于设置连接数据库驱动包名称
2	setJdbcUrl(String url)	用于设置连接数据库的 URL 路径
3	setUser(String username)	用于设置连接数据库的用户名
4	setPassword(String password)	用于设置连接数据库的密码
5	setInitialPoolSize(int initialpoolsize)	用于设置数据库连接池的初始化连接数
6	setMaxPoolSize((intmaxpoolsize)	用于设置数据库连接池的最大连接数
7	setAcquireIncrement(int num）	用于在数据库连接池连接不足时自动创建 num 条连接
8	setMinPoolSize(int MinPoolSize)	用于设置数据库连接池的最小连接数
9	getConnection()	获取一条数据库连接对象

C3P0 数据源的使用非常简单，只需要导入 C3P0.jar 和 mchange-commons-java.jar 即可。C3P0.jar 为 C3P0 数据源的核心包，mchange-commons-java.jar 是 C3P0 数据库连接池的辅助包。C3P0 数据源获取数据库连接对象的步骤如下。

（1）获取 ComboPooledDataSource 对象。获取 ComboPooledDataSource 对象的方法有 2 种。

第一种：如果数据库相关配置信息写在代码中，则通过调用 ComboPooledDataSource 类的无参构造方法创建 ComboPooledDataSource 对象。

第二种：如果数据库相关配置信息写在配置文件中，则通过调用 ComboPooled DataSource 类的有参构造方法创建 ComboPooledDataSource 对象。ComboPooledDataSource 的有参构造方法形式为 ComboPooledDataSource(String ConfigName)。

（2）调用表 6-7 所示的相关方法设置 ComboPooledDataSource 对象连接数据库的一些配置信息。

（3）调用 ComboPooledDataSource 对象的 getConnection()方法获取数据库连接对象。

下面分别以两种方式编程获取 ComboPooledDataSource 对象，创建数据库连接并获取数据库连接信息。

1. 调用 ComboPooledDataSource 类的无参构造方法创建 ComboPooledDataSource 对象

（1）在 ch06 项目的 webapp/lib 目录下添加 C3P0-0.9.5.2.jar 包和 mchange-commons-java-0.2.12.jar 包，然后在项目的 src/main/java 目录下新建一个 Java 文件，文件名为 C3P0Demo1.java。在文件内输入以下代码。

```
import java.sql.Connection;
import java.sql.DatabaseMetaData;
import java.sql.SQLException;
import javax.sql.DataSource;
import com.mchange.v2.c3p0.ComboPooledDataSource;

public class C3P0Demo1 {
```

```
public static DataSource ds = null;
    static {
        ComboPooledDataSource cpds = new ComboPooledDataSource();
        // 设置连接数据库的配置信息
        try {
            cpds.setDriverClass("com.mysql.cj.jdbc.Driver");
            cpds.setJdbcUrl("jdbc:mysql://localhost:3306/mydb?"
                    + "serverTimezone=UTC");
            cpds.setUser("root");
            cpds.setPassword("123456");
            // 设置数据库连接池的参数
            cpds.setInitialPoolSize(10);
            cpds.setMaxPoolSize(15);
            cpds.setAcquireIncrement(3);
            cpds.setMinPoolSize(5);
            ds = cpds;
        } catch (Exception e) {
            throw new ExceptionInInitializerError(e);
        }
    }
public static void main(String[] args) throws SQLException {
    // TODO Auto-generated method stub
    Connection conn = ds.getConnection();
    //获取数据库连接信息
    DatabaseMetaData dbmetaData = conn.getMetaData();
    System.out.println("DbcpDemo1 URL"+dbmetaData.getURL()
        +",UserName="+dbmetaData.getUserName());
}

}
```

（2）运行 C3P0Demo1.java 文件的 main 方法，程序运行结果如图 6-9 所示。

```
Markers  Properties  Servers  Data Source Explorer  Snippets  Problems  Console ⊠  Progress  Search
<terminated> C3P0Demo1 (1) [Java Application] C:\Program Files\Java\jdk1.8.0_121\bin\javaw.exe (2020年10月25日 下午10:49:17
十月 25, 2020 10:49:17 下午 com.mchange.v2.log.MLog
信息: MLog clients using java 1.4+ standard logging.
十月 25, 2020 10:49:18 下午 com.mchange.v2.c3p0.C3P0Registry
信息: Initializing c3p0-0.9.5.2 [built 08-December-2015 22:06:04 -0800; debug? true; trace: 10
十月 25, 2020 10:49:18 下午 com.mchange.v2.c3p0.impl.AbstractPoolBackedDataSource
信息: Initializing c3p0 pool... com.mchange.v2.c3p0.ComboPooledDataSource [ acquireIncrement -
C3P0Demo1 URLjdbc:mysql://localhost:3306/mydb?serverTimezone=GMT%2B8,UserName=root@localhost
```

图 6-9　运行结果

2. 调用 ComboPooledDataSource 类的有参构造方法创建 ComboPooledDataSource 对象

（1）在 ch06 项目的 src/main/java 目录下创建 c3p0-config.xml 配置文件，这里配置文件名称必须为 c3p0-config.xml 或 c3p0.properties，否则 c3p0 找不到配置文件。在文件内输入以下内容。

```
<?xml version="1.0" encoding="UTF-8"?>
<c3p0-config>
    <default-config>
        <property name="driverClass">com.mysql.cj.jdbc.Driver</property>
        <property name="jdbcUrl">
            jdbc:mysql://localhost:3306/mydb?serverTimezone=GMT%2B8
        </property>
        <property name="user">root</property>
        <property name="password">123456</property>
        <property name="initialPoolSize">10</property>
        <property name="maxPoolSize">15</property>
        <property name="acquireIncrement">3</property>
        <property name="minPoolSize">5</property>
    </default-config>
    <named-config name="myc3p0config">
        <property name="driverClass">com.mysql.cj.jdbc.Driver</property>
        <property name="jdbcUrl">
          jdbc:mysql://localhost:3306/mydb?serverTimezone=GMT%2B8
       </property>
        <property name="user">root</property>
        <property name="password">123456</property>
        <property name="initialPoolSize">10</property>
        <property name="maxPoolSize">20</property>
        <property name="minPoolSize">3</property>
    </named-config>
</c3p0-config>
```

（2）在 ch06 项目的 src/main/java 目录下新建 Java 文件，文件名为 C3P0Demo2. java。在文件内输入以下代码。

```
import java.sql.Connection;
import java.sql.DatabaseMetaData;
import java.sql.SQLException;
import javax.sql.DataSource;
import com.mchange.v2.c3p0.ComboPooledDataSource;
public class C3P0Demo2 {
    public static DataSource ds = null;
    static {
        /*使用 c3p0-config.xml 配置文件中的 named-config 节点中
        name 属性的值的配置信息创建 ComboPooledDataSource，
        如果 named-config 节点中 name 属性的值匹配不到，
        则以<default-config>标签下的默认配置
        创建 ComboPooledDataSource*/
        ComboPooledDataSource cpds = new ComboPooledDataSource("myc3p0config");
        ds = cpds;
    }
    public static void main(String[] args) throws SQLException {
        // TODO Auto-generated method stub
```

```
            Connection conn = ds.getConnection();
            //获取数据库连接信息
            DatabaseMetaData dbmetaData = conn.getMetaData();
            System.out.println("DbcpDemo1 URL"+dbmetaData.getURL()
                +",UserName="+dbmetaData.getUserName());
        }
}
```

（3）运行 C3P0Demo2.java 文件的 main 方法，程序运行结果如图 6-10 所示。

```
Markers  Properties  Servers  Data Source Explorer  Snippets  Problems  Console ⊠  Progress  Search

<terminated> C3P0Demo2 [Java Application] C:\Program Files\Java\jdk1.8.0_121\bin\javaw.exe (2020年10月25日 下午10:49:44)
信息: Initializing c3p0-0.9.5.2 [built 08-December-2015 22:06:04 -0800; debug? true; trace: 10
十月 25, 2020 10:49:45 下午 com.mchange.v2.c3p0.cfg.C3P0Config
警告: named-config with name 'itcast' does not exist. Using default-config.
十月 25, 2020 10:49:45 下午 com.mchange.v2.c3p0.cfg.C3P0Config
警告: named-config with name 'itcast' does not exist. Using default-config extensions.
十月 25, 2020 10:49:45 下午 com.mchange.v2.c3p0.impl.AbstractPoolBackedDataSource
信息: Initializing c3p0 pool... com.mchange.v2.c3p0.ComboPooledDataSource [ acquireIncrement -
C3P0Demo2 URLjdbc:mysql://localhost:3306/mydb?serverTimezone=GMT%2B8,UserName=root@localhost
```

图 6-10　运行结果

6.5　DBUtils 工具简介

为了提高编码效率，减少 JDBC 访问数据库的代码量，Apache 提供了 DBUtils 工具，DBUtils 工具对 JDBC 访问数据库的常用方法进行了封装，极大简化了 JDBC 编程。

DBUtils 工具的核心类是 org.apache.commons.dbutils.QueryRunner 类和 org.apache.commons.dbutils.ResultSetHandler 接口。接下来将对 QueryRunner 类和 ResultSetHandler 接口做详细的介绍。

6.5.1　QueryRunner 类

QueryRunner 类（org.apache.commons.dbutils.QueryRunner）是 DBUtils 的核心类之一，可以有效简化执行 SQL 语句的代码。编程时，一般将 QueryRunner 与 ResultSetHandler 接口结合使用，可以大幅减少编码量。

QueryRunner 类访问数据库的常见方法如表 6-8 所示。

表 6-8　QueryRunner 类的常用方法

No.	方　法	说　明
1	query(Connection conn, String sql, Object[] params, ResultSetHandler rsh)	用于执行查询操作，在查询过程中，数据库连接对象作为参数传入，params 的值作为 SQL 语句的置换参数

续表

No.	方　法	说　明
2	query(String sql, Object[] params, ResultSetHandler rsh)	用于执行查询操作，在查询过程中，数据库连接对象不作为参数传入，params 的值作为 SQL 语句的置换参数
3	query(Connection conn, String sql, ResultSetHandler rsh)	用于执行查询操作，在查询过程中，数据库连接对象不作为参数传入，没有置换参数
4	update(Connection conn, String sql, Object... params)	用于执行增加、修改和删除操作，params 的值作为 SQL 语句的置换参数
5	update(Connection conn, String sql)	用于执行增加、修改和删除操作，没有置换参数

6.5.2　ResultSetHandler 接口

ResultSetHandler 是一个接口，主要是完成对象关系映射（ORM），把查询结果 ResultSet 映射成 JavaBean 对象。ResultSetHandler 提供了几种常用的实现类来处理结果集，具体如表 6-9 所示。

表 6-9　ResultSetHandler 常用的实现类

序　号	类　名	说　明
1	BeanHandler	用于把单行结果集的数据封装成 JavaBean 对象
2	BeanListHandler	用于把多行结果集封装成对象，并把对象添加到集合中
3	MapHandler	用于把单行结果集封装到一个 map 对象中，其中 map 的键是表中的列名，值为对应列的列值
4	MapListHandler	用于把多行结果集的每行结果封装成一个 map，然后存放在集合中，集合中的每个元素都是一个 map 对象
5	ScalarHandler	用于获取单行结果集的某一列数据，并存储成 Object 对象，多用于聚合函数的查询

6.5.3　DBUtils 工具实现访问数据库案例

下面利用 DBUtils 工具对数据库 mydb 中的 product 表中的数据进行查询，并演示表 6-9 中 5 个常用实现类的使用方法。具体步骤如下。

1. BeanHandler

（1）在项目 ch06 的 src/main/java 目录下创建实体类 Product.java 文件，用于封装 prodcut 对象。在 Product.java 文件中输入以下代码。

```
public class Product {
    private int pid;
    private String name;
    private String note;
    private float price;
    private int amount;
```

```
    private String pic;
    public int getPid() {
        return pid;
    }
    public void setPid(int pid) {
        this.pid = pid;
    }
    public String getName() {
        return name;
    }
    public void setName(String name) {
        this.name = name;
    }
    public String getNote() {
        return note;
    }
    public void setNote(String note) {
        this.note = note;
    }
    public float getPrice() {
        return price;
    }
    public void setPrice(float price) {
        this.price = price;
    }
    public int getAmount() {
        return amount;
    }
    public void setAmount(int amount) {
        this.amount = amount;
    }
    public String getPic() {
        return pic;
    }
    public void setPic(String pic) {
        this.pic = pic;
    }
}
```

（2）在项目 ch06 的 src/main/java 目录下创建实体类 DBUtilsDemo1.java 文件，在文件中输入以下代码。

```
import java.sql.Connection;
import java.sql.DriverManager;
import java.sql.SQLException;
import org.apache.commons.dbutils.QueryRunner;
import org.apache.commons.dbutils.handlers.BeanHandler;
```

```
public class DBUtilsDemo1 {

    public static void main(String[] args) throws ClassNotFoundException, SQLException {
        // TODO Auto-generated method stub
        //获取数据连接
        Class.forName("com.mysql.cj.jdbc.Driver");
        String url = "jdbc:mysql://localhost:3306/mydb?serverTimezone=UTC";
        String username = "root";
        String password = "123456";
        Connection conn = DriverManager.getConnection(url, username, password);
        String sql="select * from product where pid=?";
        //创建 QueryRunner 对象
        QueryRunner qr=new QueryRunner();
        //查询结果封装在 Product 对象中
        Product product=(Product) qr.query(conn,
                sql, new BeanHandler(Product.class),1);
        //取出数据

        System.out.println(" pid=1 的商品名称为"+
                    product.getName());
        }
}
```

（3）运行 DBUtilsDemo1.java 文件的 main 方法，程序运行结果如图 6-11 所示。

```
Markers  Properties  Servers  Data Source Explorer  Snippets  Problems  Console  Progress  Search

<terminated> DbUtilsDemo1 [Java Application] C:\Program Files\Java\jdk1.8.0_121\bin\javaw.exe (2020年10月27日 下午9:17:16)
pid=1的商品名称为衣服
```

图 6-11　运行结果

2. BeanListHandler

（1）在项目 ch06 的 src/main/java 目录下创建实体类 DBUtilsDemo2.java 文件，在文件中输入以下代码。

```
import java.sql.Connection;
import java.sql.DriverManager;
import java.sql.SQLException;
import java.util.ArrayList;
import org.apache.commons.dbutils.QueryRunner;
import org.apache.commons.dbutils.handlers.BeanListHandler;
```

```
public class DBUtilsDemo2 {
    public static void main(String[] args) throws ClassNotFoundException, SQLException {
        // TODO Auto-generated method stub
        //获取数据连接
        Class.forName("com.mysql.cj.jdbc.Driver");
        String url = "jdbc:mysql://localhost:3306/mydb?serverTimezone=UTC";
        String username = "root";
        String password = "123456";
        Connection conn = DriverManager.getConnection(url, username, password);
        String sql="select * from product";
        //创建 QueryRunner 对象
        QueryRunner qr=new QueryRunner();
        //查询结果封装在 Product 对象中，并放入 ArrayList 中
        ArrayList<Product> productlist=(ArrayList<Product>) qr.query(conn,
                sql, new BeanListHandler(Product.class));
        //遍历 ArrayList 取出数据
        for (int i = 0; i < productlist.size(); i++) {
            System.out.println("第" + (i + 1) + "件产品的名称为:"
                    + productlist.get(i).getName());
        }
    }
}
```

（2）运行 DBUtilsDemo2.java 文件的 main 方法，程序运行结果如图 6-12 所示。

```
Markers  Properties  Servers  Data Source Explorer  Snippets  Problems  Console ☒  Progress  Search
<terminated> DbUtilsDemo2 [Java Application] C:\Program Files\Java\jdk1.8.0_121\bin\javaw.exe (2020年10月27日 下午8:55:05)
第1件产品的名称为:衣服
第2件产品的名称为:鞋子
```

图 6-12　运行结果

3. MapHandler

（1）在项目 ch06 的 src/main/java 目录下创建实体类 DBUtilsDemo3.java 文件，在文件中输入以下代码。

```
import java.sql.Connection;
import java.sql.DriverManager;
import java.sql.SQLException;
import java.util.Map;
import org.apache.commons.dbutils.QueryRunner;
import org.apache.commons.dbutils.handlers.MapHandler;
```

```
public class DBUtilsDemo3 {
    public static void main(String[] args) throws ClassNotFoundException, SQLException {
        // TODO Auto-generated method stub
        //获取数据连接
        Class.forName("com.mysql.cj.jdbc.Driver");
        String url = "jdbc:mysql://localhost:3306/mydb?serverTimezone=UTC";
        String username = "root";
        String password = "123456";
        Connection conn = DriverManager.getConnection(url, username, password);
        String sql="select * from product where pid=?";
        //创建 QueryRunner 对象
        QueryRunner qr=new QueryRunner();
        //查询结果封装在 map 对象中，map 的键是表中的列名，值为对应列的列值
        Map<String,Object> map = qr.query(conn,sql, new MapHandler(),1);
        System.out.println(map);
        }
}
```

（2）运行 DBUtilsDemo3.java 文件的 main 方法，程序运行结果如图 6-13 所示。

```
Markers  Properties  Servers  Data Source Explorer  Snippets  Problems  Console ⊠  Progress  Search

<terminated> DbUtilsDemo3 [Java Application] C:\Program Files\Java\jdk1.8.0_121\bin\javaw.exe (2020年10月27日 下午9:12:14)
{pid=1, name=衣服, note=衣服, price=100.5, amount=20, pic=null}
```

图 6-13　运行结果

4. MapListHandler

（1）在项目 ch06 的 src/main/java 目录下创建实体类 DBUtilsDemo4.java 文件，在文件中输入以下代码。

```
import java.sql.Connection;
import java.sql.DriverManager;
import java.sql.SQLException;
import java.util.List;
import java.util.Map;
import org.apache.commons.dbutils.QueryRunner;
import org.apache.commons.dbutils.handlers.MapListHandler;
public class DBUtilsDemo4 {
    public static void main(String[] args) throws ClassNotFoundException, SQLException {
        // TODO Auto-generated method stub
        //获取数据连接
        Class.forName("com.mysql.cj.jdbc.Driver");
        String url = "jdbc:mysql://localhost:3306/mydb?serverTimezone=UTC";
        String username = "root";
```

```
String password = "123456";
        Connection conn = DriverManager.getConnection(url, username, password);
        String sql="select * from product";
        //创建 QueryRunner 对象
        QueryRunner qr=new QueryRunner();
        /*把查询的多行结果集中每行结果封装成一个 map，
        然后存放在集合 mapList 中*/
        List<Map<String,Object>> mapList = qr.query(conn,sql, new MapListHandler());
        for(Map<String,Object> map:mapList) {
            System.out.println(map);
        }
    }
}
```

（2）运行 DBUtilsDemo4.java 文件的 main 方法，程序运行结果如图 6-14 所示。

```
Markers Properties Servers Data Source Explorer Snippets Problems Console Progress Search
<terminated> DbUtilsDemo4 [Java Application] C:\Program Files\Java\jdk1.8.0_121\bin\javaw.exe (2020年10月27日 下午9:25:51)
{pid=1, name=衣服, note=衣服, price=100.5, amount=20, pic=null}
{pid=2, name=鞋子, note=鞋子, price=50.5, amount=30, pic=null}
```

图 6-14　运行结果

5. ScalarHandler

（1）在项目 ch06 的 src/main/java 目录下创建实体类 DBUtilsDemo5.java 文件，在文件中输入以下代码。

```
import java.sql.Connection;
import java.sql.DriverManager;
import java.sql.SQLException;
import org.apache.commons.dbutils.QueryRunner;
import org.apache.commons.dbutils.handlers.ScalarHandler;

public class DBUtilsDemo5 {
    public static void main(String[] args) throws ClassNotFoundException, SQLException {
        // TODO Auto-generated method stub
        //获取数据连接
        Class.forName("com.mysql.cj.jdbc.Driver");
        String url = "jdbc:mysql://localhost:3306/mydb?serverTimezone=UTC";
        String username = "root";
String password = "123456";
        Connection conn = DriverManager.getConnection(url, username, password);
        String sql="select avg(price)as avgprice from product";
        //创建 QueryRunner 对象
        QueryRunner qr=new QueryRunner();
        //查询价格的平均值，并返回一个 Object 类型
```

```
        Double avg = (Double) qr.query(conn,sql, new ScalarHandler());
        System.out.println(avg);
    }
}
```

（2）运行 DBUtilsDemo5.java 文件的 main 方法，程序运行结果如图 6-15 所示。

```
Markers  Properties  Servers  Data Source Explorer  Snippets  Problems  Console  Progress  Search
<terminated> DbUtilsDemo5 [Java Application] C:\Program Files\Java\jdk1.8.0_121\bin\javaw.exe (2020年10月27日 下午9:35:53)
75.5
```

图 6-15　运行结果

6.6　项 目 实 战

6.6.1　任务 6-1：JDBC 编程实现数据的增、删、改、查

【任务目标】

利用前面所学的 JDBC 知识完成数据的增、删、改、查功能。

【实现步骤】

1. 查询商品信息功能

（1）在 ch06 项目的 webapp/lib 目录下添加 jstl.jar 和 standard.jar 两个 JAR 包，以便在页面显示查询数据。然后在 webapp 目录下新建 jdbc-queryproduct.jsp 文件，文件内输入以下内容。

```
<%@ page language="java" contentType="text/html; charset=UTF-8"
    pageEncoding="UTF-8"%>
<%@ taglib uri="http://java.sun.com/jsp/jstl/core" prefix="c"%>
<%@ taglib uri="http://java.sun.com/jsp/jstl/functions" prefix="fn"%>
<!DOCTYPE html PUBLIC "-//W3C//DTD HTML 4.01 Transitional//EN"
                              "http://www.w3.org/TR/html4/loose.dtd">
<html>
<head>
<meta http-equiv="Content-Type" content="text/html; charset=UTF-8">
<title>查询数据</title>
</head>
<body>
<form action="ProductQueryServlet" method="post">
```

```
    请输入需要查询的商品名称：<input type="text" name="name"
value='${productname}' />
    <input type="submit" value="查询"/>
</form>
<table >
        <thead>
            <tr>
                <c:forEach items="${thead}" var="item">
                    <th>${item}</th>
                </c:forEach>
            </tr>
        </thead>
        <tbody>
            <c:forEach items="${tbody}" var="item">
                <tr>
                    <c:forEach var="i" begin="0" end="${fn:length(thead)-1}" step="1">
                        <td align="center">${item[i]}</td>
                    </c:forEach>
                </tr>
            </c:forEach>
        </tbody>
</table>
</body>
</html>
```

（2）在 ch06 项目的 src/main/java 目录下新建名为 jdbc 的包，在 jdbc 包里面新建 ProductQueryServlet.java 文件，在文件中输入以下内容。

```
package jdbc;
import java.io.IOException;
import java.io.PrintWriter;
import java.sql.Connection;
import java.sql.DriverManager;
import java.sql.PreparedStatement;
import java.sql.ResultSet;
import java.sql.SQLException;
import java.util.ArrayList;
import jakarta.servlet.ServletException;
import jakarta.servlet.annotation.WebServlet;
import jakarta.servlet.http.HttpServlet;
import jakarta.servlet.http.HttpServletRequest;
import jakarta.servlet.http.HttpServletResponse;
@WebServlet("/ProductQueryServlet")
public class ProductQueryServlet extends HttpServlet{
    public ProductQueryServlet() {
        super();
    }
    protected void doGet(HttpServletRequest request,
            HttpServletResponse response) throws ServletException, IOException {
```

```
// TODO Auto-generated method stub
response.setContentType("text/html;charset=utf-8");
request.setCharacterEncoding("utf-8");
String productname = request.getParameter("name");
Connection conn=null;
PreparedStatement pst=null;
ResultSet rs=null;
try {
    //装载驱动
    Class.forName("com.mysql.cj.jdbc.Driver");

    //建立连接
    conn = DriverManager.getConnection(
            "jdbc:mysql://localhost:3306/mydb?"
            +"serverTimezone=UTC&useSSL=false","root","123456");

    //执行 SQL 语句
    if(null==productname||productname.trim().equals("")){
        String sql = "select * from product";
        pst = conn.prepareStatement(sql);
    }else{
        String sql = "select * from product where name=?";
        pst = conn.prepareStatement(sql);
        pst.setString(1, productname);
    }
    rs=pst.executeQuery();
    //提取结果集中的数据，输出页面生成表格
    //设置表头
    ArrayList<String> thead = new ArrayList<String>();
    thead.add("序号");
    thead.add("名称");
    thead.add("说明");
    thead.add("价格");
    thead.add("数量");
    //设置表格数据
    ArrayList tbody = new ArrayList();
    while(rs.next()) {
        ArrayList row = new ArrayList();
        row.add(rs.getInt("pid"));
        row.add(rs.getString("name"));
        row.add(rs.getString("note"));
        row.add(rs.getFloat("price"));
        row.add(rs.getInt("amount"));
        tbody.add(row);
    }
    request.setAttribute("productname", productname);
    request.setAttribute("thead", thead);
    request.setAttribute("tbody", tbody);
    request.getRequestDispatcher("jdbc-queryproduct.jsp")
```

```
                .forward(request, response);
        }catch(Exception ex) {
                request.setAttribute("msg", "无法连接数据库，加载驱动异常");
                request.getRequestDispatcher("jdbc-queryproduct.jsp")
                .forward(request, response);
                ex.printStackTrace();
        }finally{
                //关闭连接
                try {
                        if(rs!=null){
                                rs.close();
                        }
                } catch (SQLException e) {
                        // TODO Auto-generated catch block
                        e.printStackTrace();
                }
                try {
                        if(pst!=null){
                                pst.close();
                        }
                } catch (SQLException e) {
                        // TODO Auto-generated catch block
                        e.printStackTrace();
                }
                try {
                        if(conn!=null){
                                conn.close();
                        }
                } catch (SQLException e) {
                        // TODO Auto-generated catch block
                        e.printStackTrace();
                }
        }
    }
    protected void doPost(HttpServletRequest request,
                HttpServletResponse response) throws ServletException, IOException {
        // TODO Auto-generated method stub
        doGet(request, response);
    }
}
```

（3）将项目发布到 Tomcat，启动 tomcat。在页面输入网址“http://localhost:8080/ch06/jdbc-queryproduct.jsp”，跳转到 jdbc-queryproduct.jsp。在页面输入框输入“衣服”，单击【查询】按钮，结果如图 6-16 所示。若不输入任何数据，单击【查询】按钮则查询所有商品数据，结果如图 6-17 所示。

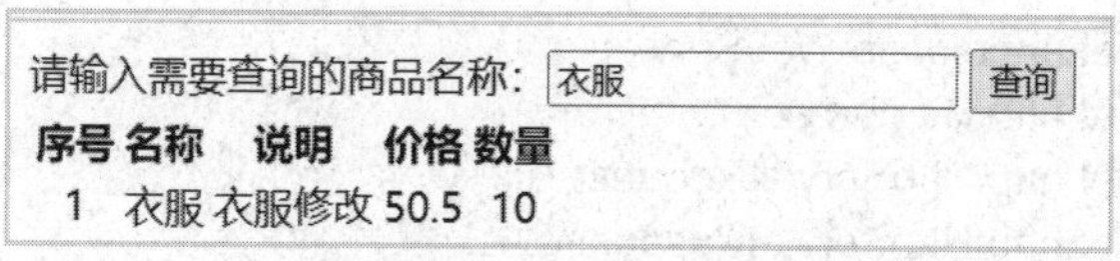

请输入需要查询的商品名称：衣服 查询
序号 名称 说明 价格 数量
1 衣服 衣服修改 50.5 10

图 6-16　查询结果

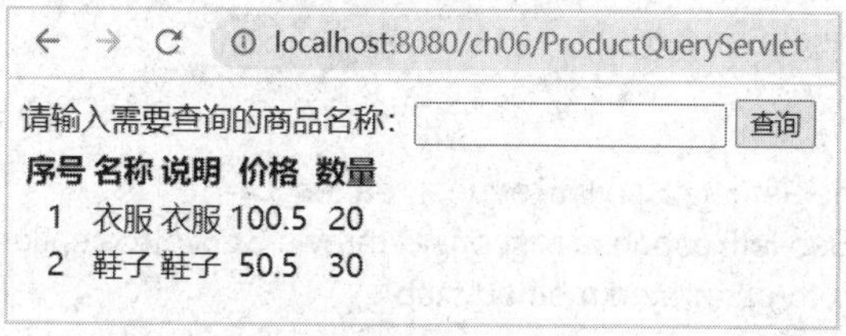

localhost:8080/ch06/ProductQueryServlet
请输入需要查询的商品名称： 查询
序号 名称 说明 价格 数量
1 衣服 衣服 100.5 20
2 鞋子 鞋子 50.5 30

图 6-17　查询所有商品

2. 新增商品功能

（1）在 webapp 目录下新建 jdbc-insertproduct.jsp 文件，在文件内输入以下内容。

```
<%@ page language="java" contentType="text/html; charset=UTF-8"
    pageEncoding="UTF-8"%>
<!DOCTYPE html PUBLIC "-//W3C//DTD HTML 4.01 Transitional//EN"
                                        "http://www.w3.org/TR/html4/loose.dtd">
<html>
<head>
<meta http-equiv="Content-Type" content="text/html; charset=UTF-8">
<title>新增数据</title>
</head>
<body>
<form action="ProductInsertServlet" method="post">
    名称：<input type="text" name="name" required="true"/><br/>
    说明：<input type="text" name="note" required="true"/><br/>
    价格：<input type="text" name="price" required="true"/><br/>
    数量：<input type="text" name="amount" required="true"/><br/>
    <input type="submit" value="新增"/>
</form>
<span style="color:red;">${msg}</span>
</body>
</html>
```

（2）在 ch06 项目的 src/main/java/jdbc 目录下新建 ProductInsertServlet.java 文件，在文件中输入以下内容。

```
package jdbc;
import java.io.IOException;
import java.sql.Connection;
import java.sql.DriverManager;
import java.sql.PreparedStatement;
import java.sql.SQLException;
import jakarta.servlet.ServletException;
```

```
import jakarta.servlet.annotation.WebServlet;
import jakarta.servlet.http.HttpServlet;
import jakarta.servlet.http.HttpServletRequest;
import jakarta.servlet.http.HttpServletResponse;
@WebServlet("/ProductInsertServlet")
public class ProductInsertServlet extends HttpServlet{
    public ProductInsertServlet() {
        super();
    }
    protected void doGet(HttpServletRequest request,
            HttpServletResponse response) throws ServletException, IOException {
        // TODO Auto-generated method stub
        response.setContentType("text/html;charset=utf-8");
        request.setCharacterEncoding("utf-8");
        String name = request.getParameter("name");
        String note = request.getParameter("note");
        String price = request.getParameter("price");
        String amount = request.getParameter("amount");
        Connection conn=null;
        PreparedStatement pst=null;
        try {
            //第一步：装载驱动
            Class.forName("com.mysql.cj.jdbc.Driver");

            //第二步：建立连接
            conn = DriverManager.getConnection(
                    "jdbc:mysql://localhost:3306/mydb?"
                    +"serverTimezone=UTC&useSSL=false","root","123456");
            //第三步：执行 SQL 语句
            String sql = "insert into product (name,note,price,amount)values(?,?,?,?)";
            pst = conn.prepareStatement(sql);
            pst.setString(1, name);
            pst.setString(2, note);
            pst.setFloat(3, Float.parseFloat(price));
            pst.setInt(4, Integer.parseInt(amount));
            int rs=pst.executeUpdate();
            if(rs>0){
                request.setAttribute("msg", "数据新增成功");
                response.sendRedirect("/ch06/ProductQueryServlet");
            }else{
                request.setAttribute("msg", "数据新增失败");
                request.getRequestDispatcher("jdbc-insertproduct.jsp")
                .forward(request, response);
            }
        }catch(Exception ex) {
        request.setAttribute("msg", "无法连接数据库，加载驱动异常");
            request.getRequestDispatcher("jdbc-insertproduct.jsp")
            .forward(request, response);
            ex.printStackTrace();
```

```
        }finally{
            //第四步：关闭连接
            try {
                if(pst!=null){
                    pst.close();
                }
            } catch (SQLException e) {
                // TODO Auto-generated catch block
                e.printStackTrace();
            }
            try {
                if(conn!=null){
                    conn.close();
                }
            } catch (SQLException e) {
                // TODO Auto-generated catch block
                e.printStackTrace();
            }
        }
    }
    protected void doPost(HttpServletRequest request,
            HttpServletResponse response) throws ServletException, IOException {
        // TODO Auto-generated method stub
        doGet(request, response);
    }
}
```

（3）将项目发布到 Tomcat，启动 tomcat。在页面输入网址“http://localhost:8080/ch06/jdbc-insertproduct.jsp”，跳转到 jdbc-insertproduct.jsp。在页面输入新增的数据，单击【新增】按钮。如图 6-18 所示。

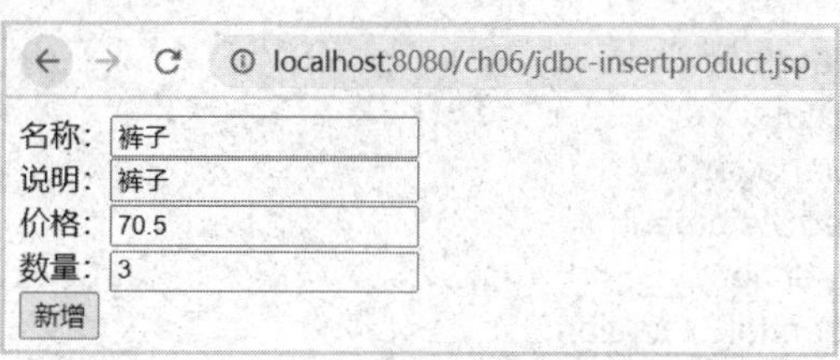

图 6-18　新增数据

（4）新增成功后跳转到查询界面，如图 6-19 所示，可以看到新增的数据已经能够被查询到了。

localhost:8080/ch06/ProductQueryServlet

请输入需要查询的商品名称: 查询

序号	名称	说明	价格	数量
1	衣服	衣服	100.5	20
2	鞋子	鞋子	50.5	30
3	裤子	裤子	70.5	3

图 6-19　查询结果

3. 修改商品信息功能

这里修改第一个商品衣服的说明、价格和数量。步骤如下。

（1）在 webapp 目录下新建 jdbc-updateproduct.jsp 文件，在文件内输入以下内容。

```
<%@ page language="java" contentType="text/html; charset=UTF-8"
    pageEncoding="UTF-8"%>
<!DOCTYPE html PUBLIC "-//W3C//DTD HTML 4.01 Transitional//EN"
                          "http://www.w3.org/TR/html4/loose.dtd">
<html>
<head>
<meta http-equiv="Content-Type" content="text/html; charset=UTF-8">
<title>修改数据</title>
</head>
<body>
<form action="ProductUpdateServlet" method="post">
     名称：<input type="text" name="name" required="true"/><br/>
     说明：<input type="text" name="note" required="true"/><br/>
     价格：<input type="text" name="price" required="true"/><br/>
     数量：<input type="text" name="amount" required="true"/><br/>
     <input type="submit" value="修改"/>
</form>
<span style="color:red;">${msg}</span>
</body>
</html>
```

（2）在 ch06 项目的 src/main/java/jdbc 目录下新建 ProductUpdateServlet.java 文件，在文件中输入以下内容。

```
package jdbc;
import java.io.IOException;
import java.sql.Connection;
import java.sql.DriverManager;
import java.sql.PreparedStatement;
import java.sql.SQLException;
import jakarta.servlet.ServletException;
import jakarta.servlet.annotation.WebServlet;
import jakarta.servlet.http.HttpServlet;
import jakarta.servlet.http.HttpServletRequest;
import jakarta.servlet.http.HttpServletResponse;
@WebServlet("/ProductUpdateServlet")
public class ProductUpdateServlet extends HttpServlet{
     public ProductUpdateServlet() {
          super();
     }
     protected void doGet(HttpServletRequest request,
               HttpServletResponse response) throws ServletException, IOException {
          // TODO Auto-generated method stub
          response.setContentType("text/html;charset=utf-8");
```

```
request.setCharacterEncoding("utf-8");
String name = request.getParameter("name");
String note = request.getParameter("note");
String price = request.getParameter("price");
String amount = request.getParameter("amount");
Connection conn=null;
PreparedStatement pst=null;
try {
    //第一步：装载驱动
    Class.forName("com.mysql.cj.jdbc.Driver");
    //第二步：建立连接
    conn = DriverManager.getConnection(
            "jdbc:mysql://localhost:3306/mydb?"
            +"serverTimezone=UTC&useSSL=false","root","123456");
    //第三步：执行 SQL 语句
    String sql = "update product set note=?,price=?,amount=? where name=?";
    pst = conn.prepareStatement(sql);
    pst.setString(1, note);
    pst.setFloat(2, Float.parseFloat(price));
    pst.setInt(3, Integer.parseInt(amount));
    pst.setString(4, name);
    int rs=pst.executeUpdate();
    if(rs>0){
        request.setAttribute("msg", "数据修改成功");
        response.sendRedirect("/ch06/ProductQueryServlet");
    }else{
        request.setAttribute("msg", "数据修改失败");
        request.getRequestDispatcher("jdbc-updateproduct.jsp")
        .forward(request, response);
    }
}catch(Exception ex) {
    request.setAttribute("msg", "无法连接数据库，加载驱动异常");
    request.getRequestDispatcher("jdbc-updateproduct.jsp")
    .forward(request, response);
    ex.printStackTrace();
}finally{
    //第四步：关闭连接
    try {
        if(pst!=null){
            pst.close();
        }
    } catch (SQLException e) {
        // TODO Auto-generated catch block
        e.printStackTrace();
    }
    try {
        if(conn!=null){
            conn.close();
```

```
                }
            } catch (SQLException e) {
                // TODO Auto-generated catch block
                e.printStackTrace();
            }
        }
    }
    protected void doPost(HttpServletRequest request,
            HttpServletResponse response) throws ServletException, IOException {
        // TODO Auto-generated method stub
        doGet(request, response);
    }
}
```

（3）将项目发布到 Tomcat，启动 tomcat。在页面输入网址“http://localhost:8080/ch06/jdbc-updateproduct.jsp”，跳转到 jdbc-updateproduct.jsp。在页面输入修改的数据，单击【修改】按钮。修改的数据如图 6-20 所示。

（4）修改成功后跳转到查询界面，如图 6-21 所示，可以看到衣服的相关数据已经被修改了。

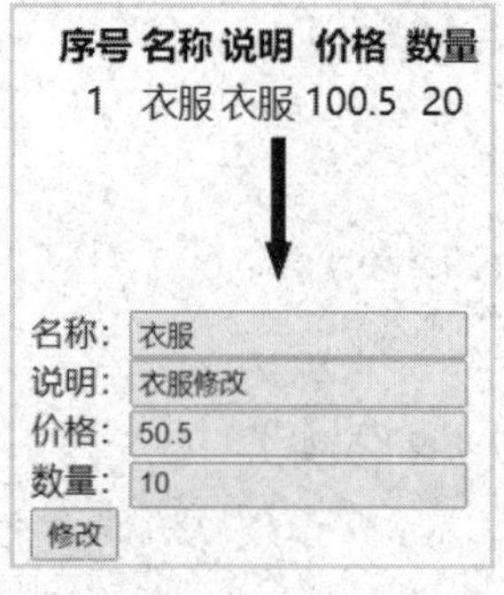

图 6-20　修改数据

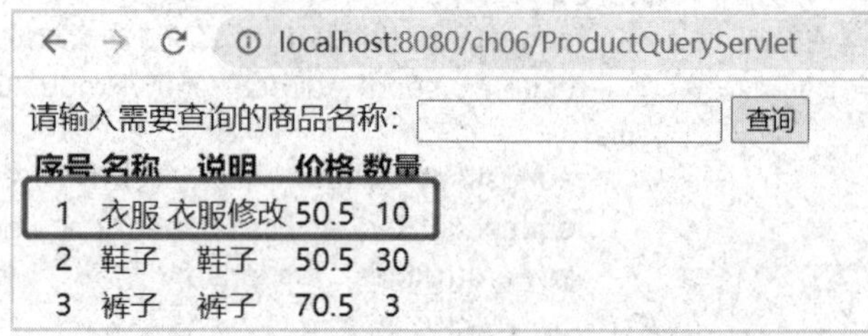

图 6-21　运行结果

4. 删除商品功能

这里删除商品名称为裤子的商品。步骤如下。

（1）在 webapp 目录下新建 jdbc-deleteproduct.jsp 文件，在文件内输入以下内容。

```
<%@ page language="java" contentType="text/html; charset=UTF-8"
    pageEncoding="UTF-8"%>
<!DOCTYPE html PUBLIC "-//W3C//DTD HTML 4.01 Transitional//EN"
                        "http://www.w3.org/TR/html4/loose.dtd">
<html>
<head>
<meta http-equiv="Content-Type" content="text/html; charset=UTF-8">
<title>删除数据</title>
</head>
<body>
<form action="ProductDeleteServlet" method="post">
    请输入需要删除的商品名称：<input type="text" name="name"/>
```

```
        <input type="submit" value="删除"/>
</form>
<span style="color:red;">${msg}</span>
</body>
</html>
```

（2）在 ch06 项目的 src/main/java/jdbc 目录下新建 ProductDeleteServlet.java 文件，在文件中输入以下内容。

```
package jdbc;
import java.io.IOException;
import java.sql.Connection;
import java.sql.DriverManager;
import java.sql.PreparedStatement;
import java.sql.SQLException;
import jakarta.servlet.ServletException;
import jakarta.servlet.annotation.WebServlet;
import jakarta.servlet.http.HttpServlet;
import jakarta.servlet.http.HttpServletRequest;
import jakarta.servlet.http.HttpServletResponse;
@WebServlet("/ProductDeleteServlet")
public class ProductDeleteServlet extends HttpServlet{
    public ProductDeleteServlet() {
        super();
    }
    protected void doGet(HttpServletRequest request,
            HttpServletResponse response) throws ServletException, IOException {
        // TODO Auto-generated method stub
        response.setContentType("text/html;charset=utf-8");
        request.setCharacterEncoding("utf-8");
        String name = request.getParameter("name");

        Connection conn=null;
        PreparedStatement pst=null;
        try {
            //第一步：装载驱动
            Class.forName("com.mysql.cj.jdbc.Driver");

            //第二步：建立连接
            conn = DriverManager.getConnection(
                    "jdbc:mysql://localhost:3306/mydb?"
                    +"serverTimezone=UTC&useSSL=false","root","123456");
            //第三步：执行 SQL 语句
            String sql = "delete from product where name=?";
            pst = conn.prepareStatement(sql);
            pst.setString(1, name);
            int rs=pst.executeUpdate();
            if(rs>0){
                request.setAttribute("msg", "数据删除成功");
```

```
                response.sendRedirect("/ch06/ProductQueryServlet");
            }else{
                request.setAttribute("msg", "数据删除失败");
                request.getRequestDispatcher("jdbc-deleteproduct.jsp")
                .forward(request, response);                    }
        }catch(Exception ex) {
        request.setAttribute("msg", "无法连接数据库，加载驱动异常");
            request.getRequestDispatcher("jdbc-deleteproduct.jsp")
            .forward(request, response);
            ex.printStackTrace();
        }finally{
            //第四步：关闭连接
            try {
                if(pst!=null){
                    pst.close();
                }
            } catch (SQLException e) {
                // TODO Auto-generated catch block
                e.printStackTrace();
            }
            try {
                if(conn!=null){
                    conn.close();
                }
            } catch (SQLException e) {
                // TODO Auto-generated catch block
                e.printStackTrace();
            }
        }
    }

    protected void doPost(HttpServletRequest request,
            HttpServletResponse response) throws ServletException, IOException {
        // TODO Auto-generated method stub
        doGet(request, response);
    }
}
```

（3）将项目发布到 Tomcat，启动 Tomcat。在页面输入网址“http://localhost:8080/ch06/jdbc-deleteproduct.jsp”，跳转到 jdbc-deleteproduct.jsp。在页面输入删除的商品名称“裤子”，单击【删除】按钮。输入数据如图 6-22 所示。

图 6-22　删除数据

（4）删除成功后跳转到查询界面，如图 6-23 所示，可以看到裤子这个商品已经被删除了。

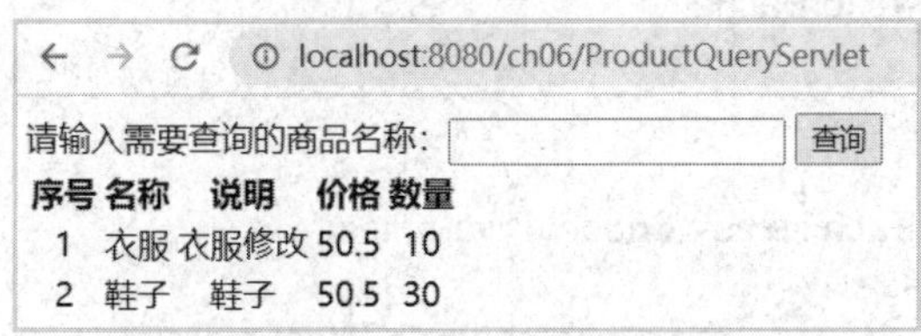

图 6-23 删除数据

至此，JDBC 编程实现数据增、删、改、查的案例已经全部完成。

6.6.2 任务 6-2：DBUtils 结合 C3P0 数据源编程实现增、删、改、查

【任务目标】

利用前面所学的 DBUtils 工具结合 C3P0 数据源完成数据的增、删、改、查功能。

【实现步骤】

1. 查询商品信息功能

（1）在 webapp 目录下新建 dbutils-queryproduct.jsp 文件，在文件内输入以下内容。

```
<%@ page language="java" contentType="text/html; charset=UTF-8"
    pageEncoding="UTF-8"%>
<%@ taglib uri="http://java.sun.com/jsp/jstl/core" prefix="c"%>
<%@ taglib uri="http://java.sun.com/jsp/jstl/functions" prefix="fn"%>

<!DOCTYPE html PUBLIC "-//W3C//DTD HTML 4.01 Transitional//EN"
                                    "http://www.w3.org/TR/html4/loose.dtd">
<html>
<head>
<meta http-equiv="Content-Type" content="text/html; charset=UTF-8">
<title>查询数据</title>
</head>
<body>
<form action="DbutilsProductQueryServlet" method="post">
     请输入需要查询的商品名称：<input type="text" name="name"
     value='${productname}' />
     <input type="submit" value="查询"/>
</form>
<form action="LinkProductInsertPageServlet" method="post">
     <input type="submit" value="新增"/>
</form>
<span style="color:red;">${msg}</span>
<table border="${border?1:0}">
          <thead>
               <tr>
```

```
                    <c:forEach items="${thead}" var="item">
                         <th>${item}</th>
                    </c:forEach>
               </tr>
          </thead>
          <tbody>
               <c:forEach items="${tbody}" var="item">
                    <tr>
                              <td align="center">${item.pid}</td>
                              <td align="center">${item.name}</td>
                              <td align="center">${item.note}</td>
                              <td align="center">${item.price}</td>
                              <td align="center">${item.amount}</td>
                              <td>
                              <a href="LinkProductUpdatePageServlet?
                              pid=${item.pid}">修改</a>
                              <a href="DbutilsProductDeleteServlet?
                              pid=${item.pid}">删除</a>
                              </td>
                    </tr>
               </c:forEach>
          </tbody>
</table>

</body>
</html>
```

（2）在 ch06 项目的 src/main/java 目录下新建名为 dbutils 的包，把 src/main/java 目录下的 Product.java 文件复制到 dbutils 包里，在 dbutils 包里面新建 DbutilsProductQueryServlet.java 文件，在文件中输入以下内容。

```
package dbutils;

import java.io.IOException;
import java.sql.SQLException;
import java.util.ArrayList;
import jakarta.servlet.ServletException;
import jakarta.servlet.annotation.WebServlet;
import jakarta.servlet.http.HttpServlet;
import jakarta.servlet.http.HttpServletRequest;
import jakarta.servlet.http.HttpServletResponse;
import org.apache.commons.dbutils.QueryRunner;
import org.apache.commons.dbutils.handlers.BeanListHandler;
import com.mchange.v2.c3p0.ComboPooledDataSource;
@WebServlet("/DbutilsProductQueryServlet")
public class DbutilsProductQueryServlet extends HttpServlet{
     public DbutilsProductQueryServlet() {
          super();
     }
```

```
protected void doGet(HttpServletRequest request,
        HttpServletResponse response) throws ServletException, IOException {
    // TODO Auto-generated method stub
        response.setContentType("text/html;charset=utf-8");
        request.setCharacterEncoding("utf-8");
        String productname = request.getParameter("name");
        /*调用 QueryRunner 的有参构造方法创建 QueryRunner 对象,
        输入为 DataSource 对象，利用 DataSource 对象获取数据库连接*/
        QueryRunner qr=new QueryRunner(new ComboPooledDataSource());
        ArrayList<Product> tbody=new  ArrayList<Product>();
        String sql ="";
    if(null==productname||productname.trim().equals("")){
        sql = "select * from product";
        try {
            tbody=(ArrayList<Product>) qr.query(sql,
                    new BeanListHandler(Product.class));
        } catch (SQLException e) {
            // TODO Auto-generated catch block
            e.printStackTrace();
        }

    }else{
        sql = "select * from product where name=?";
        try {
            tbody=(ArrayList<Product>) qr.query(sql,
                    new BeanListHandler(Product.class),productname);
        } catch (SQLException e) {
            // TODO Auto-generated catch block
            e.printStackTrace();
        }
    }
    if(tbody.size()!=0) {
        //设置表头
        ArrayList<String> thead = new ArrayList<String>();
        thead.add("序号");
        thead.add("名称");
        thead.add("说明");
        thead.add("价格");
        thead.add("数量");
        thead.add("操作");
        //设置表格数据
        request.setAttribute("productname", productname);
        request.setAttribute("border", true);
        request.setAttribute("thead", thead);
        request.setAttribute("tbody", tbody);
        request.getRequestDispatcher("dbutils-queryproduct.jsp")
        .forward(request, response);
    }else {
        request.setAttribute("msg", "未查询到数据");
```

```
            }
            request.getRequestDispatcher("dbutils-queryproduct.jsp")
            .forward(request, response);
        }
        protected void doPost(HttpServletRequest request,
                    HttpServletResponse response) throws ServletException, IOException {
            // TODO Auto-generated method stub
            doGet(request, response);
        }
}
```

（3）将项目发布到 Tomcat，启动 Tomcat。在页面输入网址“http://localhost:8080/ch06/dbutils-queryproduct.jsp”，跳转到 dbutils-queryproduct.jsp。在页面输入框输入“衣服”，单击【查询】按钮，结果如图 6-24 所示。若不输入任何数据，单击【查询】按钮则查询所有商品数据，结果如图 6-25 所示。

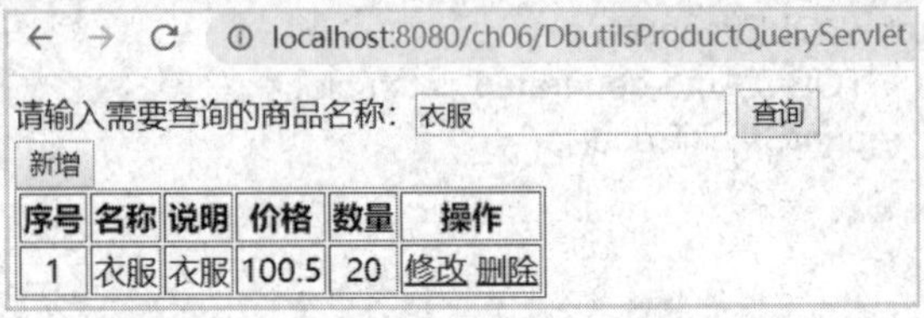

localhost:8080/ch06/DbutilsProductQueryServlet

请输入需要查询的商品名称：衣服　查询

新增

序号	名称	说明	价格	数量	操作
1	衣服	衣服	100.5	20	修改 删除

图 6-24　查询结果

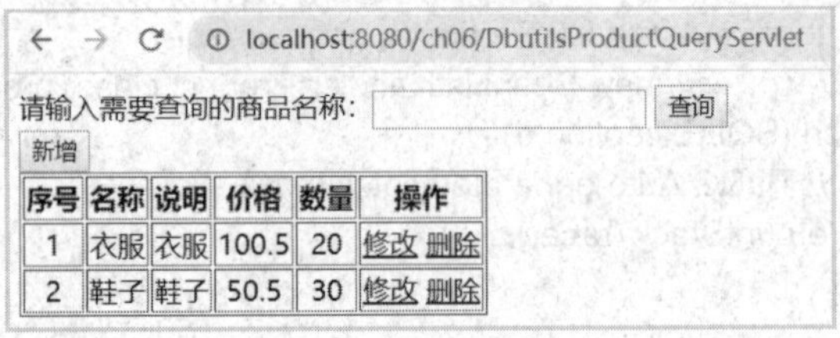

localhost:8080/ch06/DbutilsProductQueryServlet

请输入需要查询的商品名称：　查询

新增

序号	名称	说明	价格	数量	操作
1	衣服	衣服	100.5	20	修改 删除
2	鞋子	鞋子	50.5	30	修改 删除

图 6-25　查询所有商品

2. 新增商品功能

（1）在 webapp 目录下新建文件 dbutils-insertproduct.jsp，在文件中输入以下内容。

```
<%@ page language="java" contentType="text/html; charset=UTF-8"
    pageEncoding="UTF-8"%>


<!DOCTYPE html PUBLIC "-//W3C//DTD HTML 4.01 Transitional//EN"
                                    "http://www.w3.org/TR/html4/loose.dtd">
<html>
<head>
<meta http-equiv="Content-Type" content="text/html; charset=UTF-8">
<title>新增数据</title>
</head>
<body>
<form action="DbutilsProductUpdateServlet" method="post">
```

```
    <input type="hidden" name="pid" value='${p.pid}'/>
    名称：<input type="text" name="name" required="true" value='${p.name}'/><br/>
    说明：<input type="text" name="note" required="true" value='${p.note}'/><br/>
    价格：<input type="text" name="price" required="true" value='${p.price}'/><br/>
    数量：<input type="text" name="amount" required="true" value='${p.amount}'/><br/>
    <input type="submit" value="新增"/>
</form>
<span style="color:red;">${msg}</span>
</body>
</html>
```

（2）在 dbutils 包里面新建 LinkProductInsertPageServlet.java 文件，用于在 dbutils-queryproduct.jsp 页面单击【新增】按钮时页面跳转到 dbutils-insertproduct.jsp。在 LinkProduct-InsertPageServlet.java 文件中输入以下内容。

```
package dbutils;
import java.io.IOException;
import jakarta.servlet.ServletException;
import jakarta.servlet.annotation.WebServlet;
import jakarta.servlet.http.HttpServlet;
import jakarta.servlet.http.HttpServletRequest;
import jakarta.servlet.http.HttpServletResponse;

@WebServlet("/LinkProductInsertPageServlet")
public class LinkProductInsertPageServlet extends HttpServlet{
    public LinkProductInsertPageServlet() {
        super();
    }
    protected void doGet(HttpServletRequest request,
            HttpServletResponse response) throws ServletException, IOException {
        // TODO Auto-generated method stub
        response.setContentType("text/html;charset=utf-8");
        request.setCharacterEncoding("utf-8");
        response.sendRedirect("/ch06/dbutils-insertproduct.jsp");
    }
    protected void doPost(HttpServletRequest request,
            HttpServletResponse response) throws ServletException, IOException {
        // TODO Auto-generated method stub
        doGet(request, response);
    }
}
```

（3）在 dbutils 包里面新建 DbutilsProductInsertServlet.java 文件，用于处理新增数据的请求。在文件中输入以下内容。

```
package dbutils;
import java.io.IOException;
import java.sql.SQLException;
import jakarta.servlet.ServletException;
```

```
import jakarta.servlet.annotation.WebServlet;
import jakarta.servlet.http.HttpServlet;
import jakarta.servlet.http.HttpServletRequest;
import jakarta.servlet.http.HttpServletResponse;
import org.apache.commons.dbutils.QueryRunner;
import com.mchange.v2.c3p0.ComboPooledDataSource;
@WebServlet("/DbutilsProductInsertServlet")
public class DbutilsProductInsertServlet extends HttpServlet{
    public DbutilsProductInsertServlet() {
        super();
    }
    protected void doGet(HttpServletRequest request,
            HttpServletResponse response) throws ServletException, IOException {
        // TODO Auto-generated method stub
        response.setContentType("text/html;charset=utf-8");
        request.setCharacterEncoding("utf-8");
        String name = request.getParameter("name");
        String note = request.getParameter("note");
        String price = request.getParameter("price");
        String amount = request.getParameter("amount");
        /*调用 QueryRunner 的有参构造方法创建 QueryRunner 对象，
        输入为 DataSource 对象，利用 DataSource 对象获取数据库连接*/
        if(name!=null&&note!=null&&price!=null&&price!=amount) {
                    QueryRunner qr=new QueryRunner(new ComboPooledDataSource());
                    String sql = "insert into product (name,note,price,amount)"
                        + "values(?,?,?,?)";
                    try {
                    int row=qr.update(sql, new Object[]{name,note,price,amount});
                    if(row>0){
                        response.sendRedirect("/ch06/DbutilsProductQueryServlet");
                    }else{
                    request.setAttribute("msg", "数据新增失败");
                    request.getRequestDispatcher("dbutils-insertproduct.jsp")
                    .forward(request, response);
                }
            } catch (SQLException e) {
                // TODO Auto-generated catch block
                request.setAttribute("msg", "数据新增失败");
                request.getRequestDispatcher("dbutils-insertproduct.jsp")
                .forward(request, response);
                e.printStackTrace();
            }
        }
    }
    protected void doPost(HttpServletRequest request,
```

```
                HttpServletResponse response) throws ServletException, IOException {
            // TODO Auto-generated method stub
            doGet(request, response);
        }
}
```

（4）将项目发布到 Tomcat，启动 Tomcat。在页面输入网址“http://localhost:8080/ch06/dbutils-insertproduct.jsp”，跳转到 dbutils-insertproduct.jsp。在页面输入框输入新增的数据，单击【新增】按钮。内容如图 6-26 所示。

（5）数据新增成功，跳转到查询界面。可以在查询界面看到新增的数据，如图 6-27 所示。

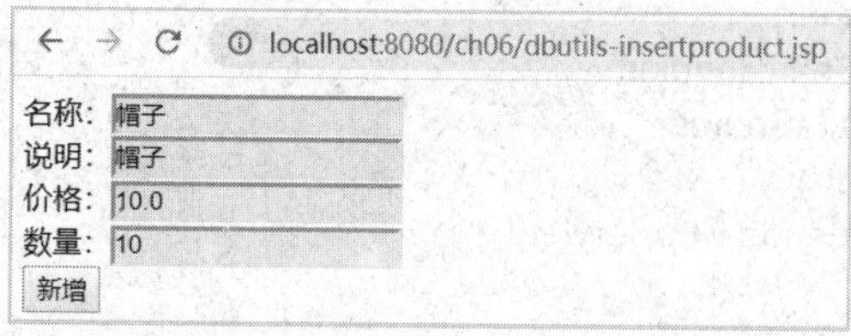

图 6-26　新增数据

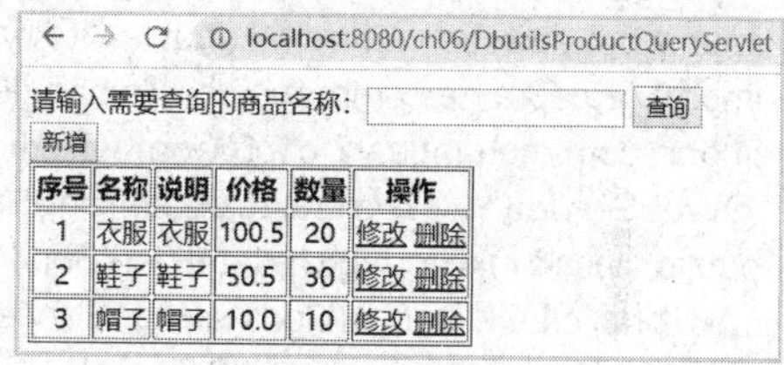

图 6-27　查询结果

3. 修改商品信息功能

这里修改第二件商品鞋子的数据。步骤如下。

（1）在 webapp 目录下新建 dbutils-updateproduct.jsp 文件。在文件中输入以下内容。

```
<%@ page language="java" contentType="text/html; charset=UTF-8"
    pageEncoding="UTF-8"%>
<!DOCTYPE html PUBLIC "-//W3C//DTD HTML 4.01 Transitional//EN"
                        "http://www.w3.org/TR/html4/loose.dtd">
<html>
<head>
<meta http-equiv="Content-Type" content="text/html; charset=UTF-8">
<title>修改数据</title>
</head>
<body>
<form action="DbutilsProductUpdateServlet" method="post">
    <input type="hidden" name="pid" value='${p.pid}'/>
     名称：<input type="text" name="name" required="true" value='${p.name}'/><br/>
     说明：<input type="text" name="note" required="true" value='${p.note}'/><br/>
     价格：<input type="text" name="price" required="true" value='${p.price}'/><br/>
     数量：<input type="text" name="amount" required="true" value='${p.amount}'/><br/>
     <input type="submit" value="修改"/>
</form>
<span style="color:red;">${msg}</span>
<a href="/ch06/dbutils-queryproduct.jsp">${link}</a>
</body>
</html>
```

（2）在 dbutils 包里面新建 LinkProductUpdatePageServlet.java 文件，用于在 dbutils-queryproduct.jsp 页面单击【修改】按钮时页面跳转到 dbutils-updateproduct.jsp 并显示将要修改的数据。在文件中输入以下内容。

```
package dbutils;
import java.io.IOException;
import java.sql.SQLException;
import jakarta.servlet.ServletException;
import jakarta.servlet.annotation.WebServlet;
import jakarta.servlet.http.HttpServlet;
import jakarta.servlet.http.HttpServletRequest;
import jakarta.servlet.http.HttpServletResponse;
import org.apache.commons.dbutils.QueryRunner;
import org.apache.commons.dbutils.handlers.BeanHandler;
import com.mchange.v2.c3p0.ComboPooledDataSource;
@WebServlet("/LinkProductUpdatePageServlet")
public class LinkProductUpdatePageServlet extends HttpServlet{
    public LinkProductUpdatePageServlet() {
        super();
    }
    protected void doGet(HttpServletRequest request,
            HttpServletResponse response) throws ServletException, IOException {
        // TODO Auto-generated method stub
        response.setContentType("text/html;charset=utf-8");
        request.setCharacterEncoding("utf-8");
        String pid = request.getParameter("pid");
        /*调用 QueryRunner 的有参构造方法创建 QueryRunner 对象,
        输入为 DataSource 对象，利用 DataSource 对象获取数据库连接*/
        if(pid!=null) {
            QueryRunner qr=new QueryRunner(new ComboPooledDataSource());
                String sql = "select * from product where pid=?";
                try {
                    Product p=(Product) qr.query(
                            sql,new BeanHandler(Product.class),pid);
                    if(p!=null){
                        request.setAttribute("p", p);
                    }else {
                        request.setAttribute("msg", "获取数据失败");
                    }
                    request.getRequestDispatcher("dbutils-updateproduct.jsp")
                    .forward(request, response);
                } catch (SQLException e) {
                    // TODO Auto-generated catch block
                    request.setAttribute("msg", "获取数据失败");
                    request.getRequestDispatcher("dbutils-updateproduct.jsp")
                    .forward(request, response);
                    e.printStackTrace();
                }
        }
```

```
    }
    protected void doPost(HttpServletRequest request,
                HttpServletResponse response) throws ServletException, IOException {
        // TODO Auto-generated method stub
        doGet(request, response);
    }
}
```

（3）在 dbutils 包里面新建 DbutilsProductUpdateServlet.java 文件，在文件中输入以下内容。

```
package dbutils;
import java.io.IOException;
import java.sql.SQLException;
import jakarta.servlet.ServletException;
import jakarta.servlet.annotation.WebServlet;
import jakarta.servlet.http.HttpServlet;
import jakarta.servlet.http.HttpServletRequest;
import jakarta.servlet.http.HttpServletResponse;
import org.apache.commons.dbutils.QueryRunner;
import com.mchange.v2.c3p0.ComboPooledDataSource;
@WebServlet("/DbutilsProductUpdateServlet")
public class DbutilsProductUpdateServlet extends HttpServlet{
    public DbutilsProductUpdateServlet() {
        super();
    }
    protected void doGet(HttpServletRequest request,
                HttpServletResponse response) throws ServletException, IOException {
        // TODO Auto-generated method stub
        response.setContentType("text/html;charset=utf-8");
        request.setCharacterEncoding("utf-8");
        String pid = request.getParameter("pid");
        String name = request.getParameter("name");
        String note = request.getParameter("note");
        String price = request.getParameter("price");
        String amount = request.getParameter("amount");
        if(pid!=null&&!pid.equals("")) {
            /*调用 QueryRunner 的有参构造方法创建 QueryRunner 对象，
             输入为 DataSource 对象，利用 DataSource 对象获取数据库连接*/
            QueryRunner qr=new QueryRunner(new ComboPooledDataSource());
            String sql = "update product set name=?,note=?,price=?,amount=?"
                    + " where pid=?";
            try {
                int row=qr.update(sql, new Object[]{note,price,amount,name,pid});
                if(row>0){
                    response.sendRedirect("/ch06/DbutilsProductQueryServlet");
                }else{
                    request.setAttribute("msg", "数据修改失败");
                    request.getRequestDispatcher("dbutils-updateproduct.jsp")
```

```
                    .forward(request, response);
                }
            } catch (SQLException e) {
                // TODO Auto-generated catch block
                request.setAttribute("msg", "数据修改失败");
                request.getRequestDispatcher("dbutils-updateproduct.jsp")
                .forward(request, response);
                e.printStackTrace();
            }
        }else {
            request.setAttribute("msg", "商品编号为空，请先查询商品信息再修改");
            request.setAttribute("link", "点击查询数据");
            request.getRequestDispatcher("dbutils-updateproduct.jsp")
            .forward(request, response);
        }

    }
    protected void doPost(HttpServletRequest request,
            HttpServletResponse response) throws ServletException, IOException {
        // TODO Auto-generated method stub
        doGet(request, response);
    }
}
```

（4）将项目发布到 Tomcat，启动 Tomcat。在页面输入网址“http://localhost:8080/ch06/dbutils-queryproduct.jsp”，先查询数据，然后单击第二条记录“鞋子”的【修改】按钮，跳转到 dbutils-updateproduct.jsp。在页面输入框输入修改后的数据，单击【修改】按钮。内容如图 6-28 所示。

（5）数据修改成功，跳转到查询界面。可以在查询界面看到鞋子的数据已经被修改了，如图 6-29 所示。

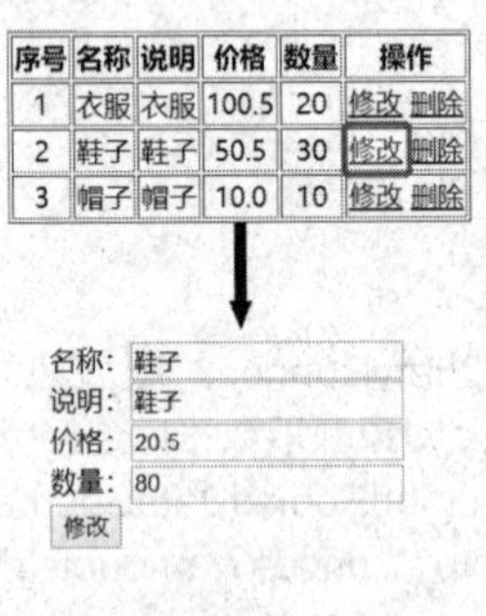

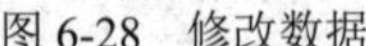

图 6-28　修改数据

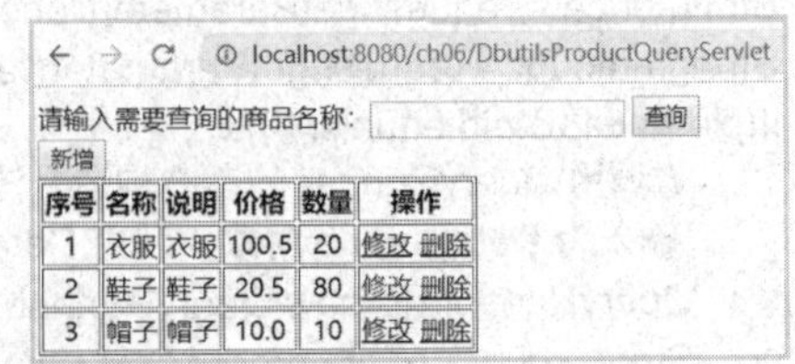

图 6-29　查询结果

4. 删除商品功能

这里删除商品名称为帽子的商品。步骤如下。

（1）在 dbutils 包里面新建 DbutilsProductDeleteServlet.java 文件，在文件中输入以下内容。

```
package dbutils;
```

```
import java.io.IOException;
import java.sql.SQLException;
import jakarta.servlet.ServletException;
import jakarta.servlet.annotation.WebServlet;
import jakarta.servlet.http.HttpServlet;
import jakarta.servlet.http.HttpServletRequest;
import jakarta.servlet.http.HttpServletResponse;
import org.apache.commons.dbutils.QueryRunner;
import com.mchange.v2.c3p0.ComboPooledDataSource;
@WebServlet("/DbutilsProductDeleteServlet")
public class DbutilsProductDeleteServlet extends HttpServlet{
    public DbutilsProductDeleteServlet() {
        super();
    }
    protected void doGet(HttpServletRequest request,
            HttpServletResponse response) throws ServletException, IOException {
        // TODO Auto-generated method stub
        response.setContentType("text/html;charset=utf-8");
        request.setCharacterEncoding("utf-8");
        String pid = request.getParameter("pid");
        /*调用 QueryRunner 的有参构造方法创建 QueryRunner 对象,
        输入为 DataSource 对象，利用 DataSource 对象获取数据库连接*/
        if(pid!=null) {
            QueryRunner qr=new QueryRunner(new ComboPooledDataSource());
            String sql = "delete from product where pid=?";
            try {
                int row=qr.update(sql, new Object[]{pid});
                if(row>0){
                    response.sendRedirect("/ch06/DbutilsProductQueryServlet");
                }else{
                    request.setAttribute("msg", "数据删除失败");
                    request.getRequestDispatcher("dbutils-queryproduct.jsp")
                    .forward(request, response);
                }
            } catch (SQLException e) {
                // TODO Auto-generated catch block
                request.setAttribute("msg", "数据删除失败");
                request.getRequestDispatcher("dbutils-queryproduct.jsp")
                .forward(request, response);
                e.printStackTrace();
            }
        }
    }
    protected void doPost(HttpServletRequest request,
            HttpServletResponse response) throws ServletException, IOException {
        // TODO Auto-generated method stub
        doGet(request, response);
    }
}
```

（2）将项目发布到 Tomcat，启动 Tomcat。在页面输入网址“http://localhost:8080/ch06/dbutils-queryproduct.jsp”，先查询数据，然后单击第三条记录“帽子”的【删除】按钮，如图 6-30 所示。

（3）数据删除成功，跳转到查询界面。可以在查询界面看到帽子这件商品已经被删除了，如图 6-31 所示。

序号	名称	说明	价格	数量	操作
1	衣服	衣服	100.5	20	修改 删除
2	鞋子	鞋子	20.5	80	修改 删除
3	帽子	帽子	10.0	10	修改 删除

图 6-30　删除数据

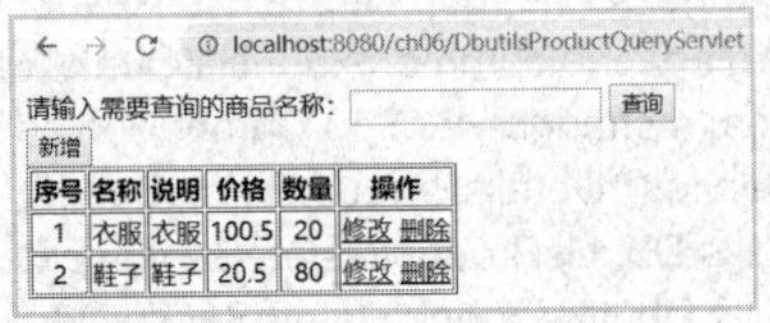

序号	名称	说明	价格	数量	操作
1	衣服	衣服	100.5	20	修改 删除
2	鞋子	鞋子	20.5	80	修改 删除

图 6-31　查询结果

至此，DBUtils 结合 C3P0 数据源编程实现数据增、删、改、查的案例已经全部完成。

模块 6

模块 7　JavaBean

【模块导读】

在前文所述的 JSP 开发中可以发现很多业务逻辑的 Java 代码嵌入 HTML 代码当中，导致代码的可读性很差，出现大量的代码重复且混乱问题，而且维护起来也不方便。在 Web 开发中如果想编写结构良好的代码，则需要使用 JavaBean。

JSP 与 JavaBean 技术的结合是 Java Web 开发的一种模式，这种模式一般应用在中小型系统当中，具有较高的效率和较好的可维护性。通过本模块的学习，读者将能够结合 JavaBean 进行 JSP 开发。

【学习目标】

知识目标：

❑ 掌握 JavaBean 的基本定义格式。

❑ 掌握 DAO 设计模式。

能力目标：

❑ 能够在 JSP 中调用 JavaBean。

❑ 能够熟练使用 DAO 模式进行程序开发。

素质目标：

❑ 养成良好的编程习惯和工程规范。

❑ 养成严谨的工作作风。

【学习导图】

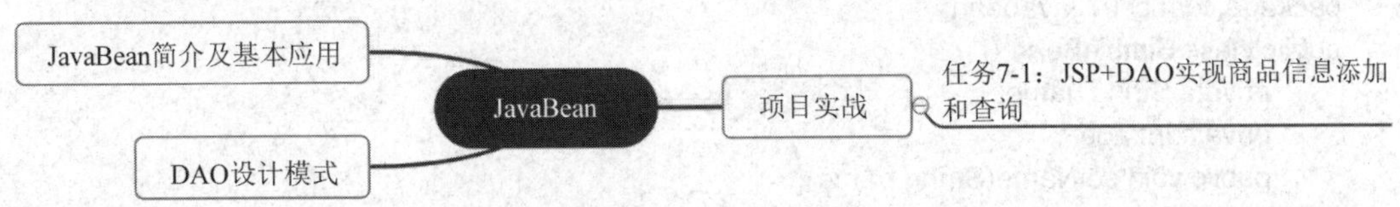

【任务导入】

在实际项目开发中，页面的开发和逻辑代码的编写往往是由不同的程序员负责的，如果 Java 代码和 HTML 代码混杂在一起，Java 程序员就会受到 HTML 的影响而降低工作效率；同样，页面美工也有可能破坏 Java 代码而导致程序不能正常运行。即使所有代码都是同一个人编写的，也不便于后期系统的修改和维护。

针对以上问题，可以考虑把业务代码独立出来，并由 JSP 直接调用以完成同样的功能。通过本模块对 JavaBean 的学习，读者可以整合 JSP+JavaBean 完成信息管理系统中商品信息的添加和查询功能。

7.1　JavaBean 简介及基本应用

7.1.1　什么是 JavaBean

JavaBean 是使用 Java 语言开发的一个可重用的组件，在 JSP 开发中可以使用 JavaBean 减少重复代码，使整个 JSP 代码的开发更简洁。JSP 搭配 JavaBean 使用有以下优点。

- ❑ 可将 HTML 和 Java 代码分离，以方便日后代码的维护。如果把所有的程序代码（HTML 和 Java）都写到 JSP 页面中，会使整个程序代码混乱且复杂，造成日后维护上的困难。
- ❑ 可利用 JavaBean 可重用的优点。将常用到的程序写成 JavaBean 组件，当 JSP 使用时，只要调用 JavaBean 组件来执行用户所需要的功能即可，不需要再重复编写相同的程序，以节省开发时间。

JavaBean 本质上就是一个普通的 Java 类，但是这个类的组成必须符合一定的规则，因此，编写一个 JavaBean 必须满足如下规范。

- ❑ 所有的类必须放在一个包中，在 Web 中没有包的类是不存在的。
- ❑ 所有的类必须声明为 public class，这样才能被外部访问。
- ❑ 类中所有的属性都必须封装，即使用 private 声明。
- ❑ 封装的属性如果需要被外部访问，则必须编写对应的 setter()、getter()方法。
- ❑ 一个 JavaBean 中至少存在一个无参的构造方法。

【例 7-1】开发第一个 JavaBean。

新建 Web 项目 ch07，在项目的 src/main/java 目录下创建名为 com.ch07.javabean 的包，在该包下创建 SimpleBean 类，代码如下所示。

```
package com.ch07.javabean;
public class SimpleBean {
	private String name;
	private int age;
	public void setName(String name){
		this.name=name;
	}
	public String getName(){
		return this.name;
	}
	public void setAge(int age){
		this.age=age;
	}
	public int getAge(){
		return age;
	}
```

```
}
```

以上代码中定义了一个 SimpleBean 类，此类就是一个 JavaBean，它没有定义构造方法，Java 编译器在编译时会自动为这个类提供一个默认的构造方法。SimpleBean 类中定义了 name 和 age 两个属性，同时包含对应的 getter()、setter()方法供外界访问这两个属性。属性是 JavaBean 与外部程序通信的接口，为了让外部程序能够知道 JavaBean 提供了哪些属性，属性的命名方式有一定的规定：set/get+属性名（属性名的第一个字母必须大写）。如下代码是一个可读写的姓名属性。

```
public String getName()                    //指定了一个可读的姓名属性
public void setName(String name)           //指定了一个可写的姓名属性
```

对于 boolean 类型的属性，定义可读属性时有一个特例，可以用 is 代替 get，下面代码就定义了一个属性名为 Married 的可读属性。

```
public boolean isMarried()                 //通过 is 的形式指定了一个是否已婚的可读属性
```

对于一个属性，可以只定义为可读属性，也可以只定义为可写属性，当然，也可以定义为可读写属性，上例中定义的 name 和 age 属性就是可读写属性。

注意：类的名字。

如果在一个类中只包含了属性、setter()、getter()方法，那么这种类就称为简单 JavaBean。除以上称呼之外，还有以下几种称呼。

- POJO（Plain Ordinary Java Objects）：简单 Java 对象。
- VO（Value Object）：与简单 Java 对象对应，专门用于传递值的操作上。
- TO（Transfer Object）：传输对象，进行远程传输时，对象所在的类必须实现 java.io.Serializable 接口。

实际上这些名词之间没有什么本质的不同，都是表示同一种类型的 Java。随着对 Java 知识的深入学习，读者也会对以上名词理解得更透彻。

7.1.2　在 JSP 中使用 JavaBean

在 JSP 中可以使用<%@page%>指令导入指定的 classpath 里所需要的包和类，那么一个 JavaBean 开发完成后，也可以按照此方式导入。

【例 7-2】导入并使用 JavaBean。

在 ch07 项目的 webapp 目录下新建一个名称为 useBean.jsp 的页面，代码如下所示。

```
<%@ page contentType="text/html" pageEncoding="UTF-8"%>
<%@ page import="com.ch07.javabean.*"%>
<!DOCTYPE html>
<html>
<head><title>JavaBean 测试</title></head>
<body>
<%
```

```
        SimpleBean simple = new SimpleBean();
        simple.setName("刘明");
        simple.setAge(30);
%>
<h3>姓名：<%=simple.getName()%></h3>
<h3>年龄：<%=simple.getAge()%></h3>
</body>
</html>
```

本程序只是将所需要的开发包导入 JSP 文件中，然后产生 SimpleBean 的实例化对象，并调用其中的 setter()和 getter()方法。程序运行结果如图 7-1 所示。

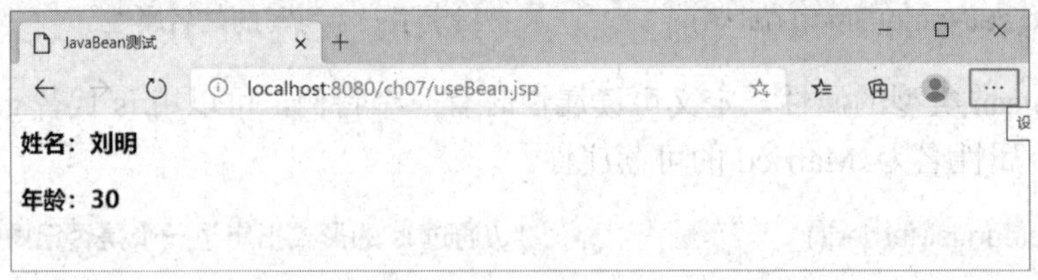

图 7-1　运行结果

7.2　DAO 设计模式

DAO（data access object，数据访问对象）主要的功能是用于进行数据操作，在程序的标准开发架构中属于数据层的操作。程序的标准开发架构如图 7-2 所示。

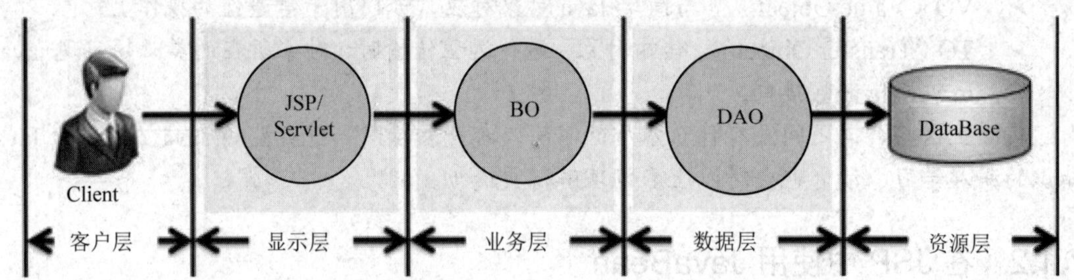

图 7-2　程序的标准开发架构

其中客户层、显示层、业务层和数据层的介绍如下。

- 客户层：如果采用 B/S 开发架构，一般客户端都是使用浏览器进行访问，当然也可以使用其他程序访问。
- 显示层：与用户直接接触，用于显示数据和接收用户输入的数据，为用户提供一种交互式操作的界面，可以使用 JSP/Servlet 实现。
- 业务层（business object，业务对象）：用于对具体问题进行逻辑判断与执行操作，主要负责对数据层的操作，将多个原子性的 DAO 操作组合成一个完整的业务逻辑。
- 数据层（DAO）：提供多个原子性的 DAO 操作，如增加、修改、删除等。

注意：关于 BO（业务层）的理解。

以上操作是将程序分为 5 层的开发架构，对于 DAO 层的操作相对好理解一些，就是编写一些具体的操作代码。但是对于 BO 层相对比较难理解，在此简要说明：对于一些大的系统，如果业务关联较多，BO 才会发挥作用；而如果业务操作较为简单，可以不使用 BO，而完全通过 DAO 完成操作。本书中的示例由于不涉及过于复杂的业务，所以大量的代码都将使用 DAO 直接完成。

在整个 DAO 中实际上是以接口为操作标准，即客户端依靠 DAO 实现的接口进行操作，而服务端要将接口进行具体的实现。DAO 由以下几个部分组成。

- DatabaseConnection：专门负责数据库打开与关闭操作的类。
- VO：主要由属性、setter()、getter()方法组成，VO 类中的属性与表中的字段相对应，每一个 VO 类的对象都表示表中的每一条记录。
- DAO：主要定义操作的接口，定义一系列数据库的原子性操作，如增、删、改、查等。
- Impl：DAO 接口的真实实现类，主要完成具体数据库操作，但不负责数据库的打开和关闭。
- Proxy：代理实现类，主要完成数据库的打开和关闭并且调用真实实现类对象的操作。
- Factory：工厂类，通过工厂类取得一个 DAO 的实例化对象。

在编写 DAO 时注意包的命名。一个好的程序必须有严格的命名要求，在使用 DAO 定义操作时一定要注意包的命名是很严格的。本节将按照以下方式进行包的命名。

- 数据库连接：xxx.dbc.DatabaseConnection。
- DAO 接口：xxx.dao.IXxxDAO。
- DAO 接口真实实现类：xxx.dao.impl.XxxDAOImpl。
- DAO 接口代理实现类：xxx.dao.proxy.XxxDAOProxy。
- VO 类：xxx.vo.Xxx，VO 命名要与表的命名一致。
- 工厂类：xxx.factory.DAOFactory。

7.3　项目实战

任务 7-1：JSP+DAO 实现商品信息添加和查询

【任务目标】

通过 DAO 相关知识，学会如何使用 JSP+DAO 对商品信息进行添加和查询操作。

【实现步骤】

1. 数据库设计

DAO 的开发完全围绕着数据操作进行，本小节将使用如表 7-1 所示的 product 表的结构完成。

表 7-1 product 表的结构

字 段 名	类 型	描 述
pid	int	自增 id，主键
pname	varchar(50)	产品名称
note	varchar(200)	产品描述
price	float	单价
amount	int	库存
pic	varchar(200)	产品图片链接

数据库创建脚本如下。

```
/*================删除数据库================*/
DROP DATABASE IF EXISTS bmdb;
/*================创建数据库================*/
CREATE DATABASE bmdb;
/*================使用数据库================*/
USE bmdb;
/*================删除数据表================*/
DROP TABLE IF EXISTS product;
/*================创建数据表================*/
CREATE TABLE product   (
   pid INT(4) PRIMARY KEY AUTO_INCREMENT,
   name VARCHAR(50) ,
   note VARCHAR (200) ,
   price FLOAT(10, 2),
   amount INT(4),
   pic VARCHAR(200)
);
```

2. 程序结构设计

用 JSP+DAO 实现商品信息添加和查询功能所需要的文件列表如表 7-2 所示。

表 7-2 商品信息添加和查询程序清单

页 面 名 称	文 件 类 型	描 述
Product.java	JavaBean	商品信息 VO 操作类
DataBaseConnection.java	JavaBean	负责数据库的连接和关闭操作
IProductDAO.java	JavaBean	定义商品信息操作的 DAO 接口
ProductDAOImpl.java	JavaBean	DAO 接口的真实实现类，完成具体的商品添加和查询操作

续表

页 面 名 称	文 件 类 型	描　　述
ProductDAOProxy.java	JavaBean	定义代理操作，负责数据库的打开和关闭并且调用真实实现类
DAOFactory.java	JavaBean	工厂类，取得 DAO 接口的实例
product_list.jsp	JSP	商品信息查询显示页面
product_insert.jsp	JSP	提供商品录入的表单
product_insert_do.jsp	JSP	获得商品录入参数，调用 DAO 完成商品添加操作

3. 创建封装商品信息的 VO 类——Product.java

在项目 ch07 的 src/main/java 目录下创建一个名为 com.ch07.vo 的包，然后在该包下创建 Product 类，用于封装商品基本信息，具体代码如下所示。

```
package com.ch07.vo;              // 保存在 vo 包
public class Product{
    //商品 ID，与 product 表中的 pid 类型对应
    private int pid;
    //商品名称，与 product 表中的 pname 类型对应
    private String pname;
    // 商品描述，与 product 表中的 note 类型对应
    private String note;
    // 价格，与 product 表中的 price 类型对应
    private float price;
    // 库存数量，与 product 表中的 amount 类型对应
    private int amount;
    // 商品图片，与 product 表中的 pic 类型对应，本示例中暂时不处理此属性
    private String pic;
    public int getPid() {
        return pid;
    }
    public void setPid(int pid) {
        this.pid = pid;
    }
    public String getPname() {
        return pname;
    }
    public void setPname(String pname) {
        this.pname = pname;
    }
    public String getNote() {
        return note;
    }
    public void setNote(String note) {
        this.note = note;
    }
    public float getPrice() {
```

```
        return price;
    }
    public void setPrice(float price) {
        this.price = price;
    }
    public int getAmount() {
        return amount;
    }
    public void setAmount(int amount) {
        this.amount = amount;
    }
    public String getPic() {
        return pic;
    }
    public void setPic(String pic) {
        this.pic = pic;
    }
}
```

本程序只是一个简单的 VO 类，包含了属性、gettter()、setter()方法。

4. 创建数据库连接类——DataBaseConnection.java

如果要使用 MySQL 数据库进行开发，首先要配置好数据库驱动程序，将 MySQL 驱动程序复制到 ch07 项目的/webapp/WEB-INF/lib 目录下。

在项目 ch07 的 src/main/java 目录下创建一个名为 com.ch07.dbc 的包，在包中创建一个 DataBaseConnection 类，用于数据库的打开和关闭操作，代码如下所示。

```
package com.ch07.dbc;
import java.sql.*;
public class DatabaseConnection {
    private static final String DBDRIVER="com.mysql.cj.jdbc.Driver";
    private static final String
    DBURL="jdbc:mysql://localhost:3306/bmdb?serverTimezone= UTC&useSSL= false&allow
    PublicKeyRetrieval=true";
    private static final String DBUSER="root";
    private static final String DBPASSWORD="123456";
    private Connection conn=null;
    public DatabaseConnection() throws Exception{//在构造方法中进行数据库连接
        try{
        Class.forName(DBDRIVER);                         //加载驱动程序
        this.conn=DriverManager.getConnection
        (DBURL,DBUSER,DBPASSWORD);                       //建立连接
        }catch(Exception e){
            throw e;
        }
    }
    public Connection getConnection(){                   // 取得数据库连接
        return this.conn;
```

```
    }
    public void close() throws Exception{        //关闭连接
        if(this.conn!=null){
            try{
                this.conn.close();
            }catch(Exception e){
                throw e;
            }
        }
    }
}
```

在执行数据库连接和关闭的操作时，由于可能出现意外情况而导致无法操作成功时，所有的异常将统一交给被调用处处理。

5. 定义 DAO 接口——IProductDAO.java

在 DAO 设计模式中，最重要的就是定义 DAO 接口，在定义 DAO 接口之前必须对业务进行详细的分析，要清楚地知道一张表在整个系统中应该具备何种功能。本程序只完成商品信息的添加、查询全部、按商品编号查询的功能。

在项目 ch07 的 src/main/java 目录下创建一个名为 com.ch07.dao 的包，在包中定义 IProductDAO 接口，用于定义操作商品信息表的三个方法，代码如下所示。

```
package com.ch07.dao;                    //定义在 dao 包中
import java.util.List;
import com.ch07.vo.Product;
public interface IProductDAO {           //定义 DAO 操作标准
    /**
     * 数据的增加操作，一般以 doXxx 的方式命名
     * @param product 要增加的数据对象
     * @return 是否增加成功的标记
     * @throws Exception 有异常交给被调用处处理
     */
    public boolean doCreate(Product product) throws Exception;
    /**
     * 查询全部的数据，一般以 findXxx 的方式命名
     * @param keyWord 查询关键字
     * @return 返回全部的查询结果，每一个 Product 对象表示表的一行记录
     * @throws Exception 有异常交给被调用处处理
     */
    public List<Product> findAll(String keyWord) throws Exception;
    /**
     * 根据商品编号查询商品信息
     * @param pid 商品编号
     * @return 商品的 vo 对象
     * @throws Exception 有异常交给被调用处处理
     */
    public Product findById(int pid) throws Exception;
}
```

在 DAO 的操作标准中定义了 doCreate()、findAll()和 findByld()三个功能。doCreate()方法主要执行数据库的插入操作，在执行插入操作时要传入一个 Product 对象，Product 对象中保存了所要增加的商品信息：findAll()方法主要完成数据的查询操作，由于返回的是多条查询结果，所以使用 List 返回；findByld()方法根据商品编号返回一个 Product 对象，此对象中将包含一条完整的数据信息。

注意：关于命名规范。

DAO 接口的命名：进行 DAO 接口命名时需要注意的是，由于类和接口的命名规范是一样的，因此为了清楚地区分接口和类，在定义接口时往往在接口名称前加上一个字母“I”，表示定义的是一个接口。

DAO 方法的命名：在定义 DAO 接口方法时要将数据库的更新及查询操作分开执行，规则如下。

- 数据库更新操作：doXxx，操作以 do 方式开头。
- 数据库查询操作：findXxx 或者 getXxx，操作以 find 或 get 开头。

DAO 接口定义完成后需要编写具体的实现类，但是这里 DAO 的实现类有两种，一种是真实实现类，另外一种是代理操作类。

6. 创建真实实现类——ProductDAOImpl.java

在项目 ch07 的 src/main/java 目录下创建一个名为 com.ch07.dao.impl 的包，在包中定义 ProductDAOImpl 类，该类主要负责具体的数据库操作，代码如下所示。

```
package com.ch07.dao.impl;
import java.sql.Connection;
import java.sql.PreparedStatement;
import java.sql.ResultSet;
import java.util.ArrayList;
import java.util.List;
import com.ch07.dao.IProductDAO;
import com.ch07.vo.Product;

public class ProductDAOImpl implements IProductDAO{    //定义在 impl 包中
    // 数据库连接对象
    private Connection conn=null;
    // 数据库操作对象
    private PreparedStatement pstmt=null;
    // 通过构造方法取得数据库连接
    public ProductDAOImpl(Connection conn) {
        this.conn = conn;
    }

    //商品信息添加操作
    public boolean doCreate(Product product) throws Exception{
        // 定义标志位
        boolean flag=false;
```

```
        String sql="INSERT INTOproduct(pid,pname,note,price,amount) VALUES(?,?,?,?)";
        // 实例化 PreparedStatement 对象
        this.pstmt=this.conn.prepareStatement(sql);
        this.pstmt.setInt(1,product.getPid());
        this.pstmt.setString(2,product.getPname());
        this.pstmt.setString(3,product.getNote());
        this.pstmt.setFloat(4,product.getPrice());
        this.pstmt.setInt(5,product.getAmount());
        if(this.pstmt.executeUpdate()>0){
            //修改标志位
            flag=true;
        }
        this.pstmt.close();
        return flag;

    }

    //按条件查询所有员工信息
    public List<Product> findAll(String keyWord) throws Exception{
        //定义集合，接收全部数据
        List<Product> all=new ArrayList<Product>();
        //本示例中暂时不处理商品图片字段
        String sql="SELECT * FROM product WHERE pname like ? OR note like ?";
        this.pstmt=this.conn.prepareStatement(sql);
        //设置查询关键字
        this.pstmt.setString(1, "%"+keyWord+"%");
        this.pstmt.setString(2, "%"+keyWord+"%");
        //执行查询操作
        ResultSet rs=this.pstmt.executeQuery();
        Product product=null;
        //依次取出每一条数据
        while(rs.next()){
            //实例化新的 Product 对象
            product=new Product();
            product.setPid(rs.getInt(1));
            product.setPname(rs.getString(2));
            product.setNote(rs.getString(3));
            product.setPrice(rs.getFloat(4));
            product.setAmount(rs.getInt(5));
            //向集合中添加对象
            all.add(product);
        }
        //关闭 PreparedStatement 对象
        this.pstmt.close();
        // 返回全部结果
        return all;
    }

    //按商品编号查询商品信息
```

```
    public Product findById(int pid) throws Exception{
        Product product=null;
        String sql="SELECT * FROM product WHERE pid=?";
        this.pstmt=this.conn.prepareStatement(sql);
        this.pstmt.setInt(1, pid);
        ResultSet rs=this.pstmt.executeQuery();
        if(rs.next()){
            product=new Product();
            product.setPid(rs.getInt(1));
            product.setPname(rs.getString(2));
            product.setNote(rs.getString(3));
            product.setAmount(rs.getInt(4));
            product.setPic(rs.getString(5));
        }
        this.pstmt.close();
        //返回查询到的 Product 对象，如果查询不到结果则返回 null
        return product;
    }
}
```

在 DAO 的实现类中定义了 Connection 和 PreparedStatement 两个接口对象，并在构造方法中接收外部传递来的 Connection 的实例化对象。

在进行数据增加时，首先要实例化 PreparedStatement 接口，然后将 Product 对象中的内容依次设置到 PreparedStatement 操作中，如果最后更新的记录数大于 0，则表示插入成功，将标志位修改为 true。

在执行查询全部数据时，首先实例化了 List 接口的对象；在定义 SQL 语句时，将商品名称和描述定义成了模糊查询的字段，然后分别将查询关键字设置到 PreparedStatement 对象中，由于查询出来的是多条记录，所以每一条记录都重新实例化了一个 Product 对象，同时会将内容设置到 Product 对象的对应属性之中，并将这些对象全部加载到 List 集合中。

按编号查询时，如果此编号的商品存在，则实例化 Product 对象，并将内容取出后赋予 Product 对象的属性；如果没有查询到相应的商品，则返回 null。

7. 创建代理实现类——ProductDAOProxy.java

在项目 ch07 的 src/main/java 目录下创建一个名为 com.ch07.dao.proxy 的包，在包中定义 ProductDAOProxy 类，该类主要负责数据库的打开和关闭，并且调用真实实现类对象，具体代码如下所示。

```
package com.ch07.dao.proxy;
import java.util.List;
import com.ch07.dao.IProductDAO;
import com.ch07.dao.impl.ProductDAOImpl;
import com.ch07.dbc.DatabaseConnection;
import com.ch07.vo.Product;
public class ProductDAOProxy implements IProductDAO{    //定义在 proxy 包中
    //定义数据库连接类
    private DatabaseConnection dbc=null;
```

```
//声明 DAO 对象
private IProductDAO dao=null;
//在构造方法中实例化连接，实例化 DAO 对象
public ProductDAOProxy() throws Exception{
    this.dbc=new DatabaseConnection();
    //实例化 DAO 真实实现类
    this.dao=new ProductDAOImpl(this.dbc.getConnection());
}

//商品信息添加操作
public boolean doCreate(Product product) throws Exception{
    boolean flag=false;
    try{
        //如果要插入的商品编号不存在
        if(this.dao.findById(product.getPid())==null){
            //调用真实现类的方法
            flag=this.dao.doCreate(product);
        }
    }catch(Exception e){
        //把异常交给被调用处处理
        throw e;
    }finally{
        //关闭数据库连接
        this.dbc.close();
    }
    return flag;
}

//按关键字查找所有商品
public List<Product> findAll(String keyWord) throws Exception{
    List<Product> all=null;
    try{
        all=this.dao.findAll(keyWord);
    }catch(Exception e){
        throw e;
    }finally{
        this.dbc.close();
    }
    return all;
}

//按编号查询商品信息
public Product findById(int pid) throws Exception{
    Product product=null;
    try{
        product=this.dao.findById(pid);
    }catch(Exception e){
        throw e;
    }finally{
```

```
                this.dbc.close();
            }
            return product;
        }
}
```

可以发现，在代理类的构造方法中实例化了数据库连接类的对象以及真实实现类，而在代理中的各个方法也只是调用了真实实现类中的相应方法。

注意：可以在代理类中增加事务的控制。

在这里之所以增加代理类，主要是为以后进行更复杂的业务而准备的。如果一个程序可以由 A→B，那么中间最好加入一个过渡，使用 A→C→B 的形式，这样可以有效地避免程序耦合度过高的问题，但在简单的代码中其作用并不会十分明显。

另外，如果业务有需求，可以直接在代理中加入事务的处理功能，这样会使开发结构更加清晰。

DAO 的真实实现类和代理实现类编写完成后就需要编写工厂类，以降低代码间的耦合度。

8. 创建 DAO 工厂类——DAOFactory.java

在项目 ch07 的 src/main/java 目录下创建一个名为 com.ch07.dao.factory 的包，在包中定义 DAOFactory 工厂类，通过该类取得 DAO 的实例化对象，代码如下所示。

```
package com.ch07.factory;
import com.ch07.dao.proxy.ProductDAOProxy;
import com.ch07.dao.IProductDAO;
public class DAOFactory {                                //定义在 factory 包中
    //取得 DAO 接口实例
    public static IProductDAO getIProductDAOInstance() throws Exception{
        //取得代理类的实例
        return new ProductDAOProxy();
    }
}
```

本工厂类中的功能就是直接返回 DAO 接口的实例化对象，以后的客户端直接通过工厂类就可以取得 DAO 接口的实例化对象。

编写完成一个 DAO 程序后，即可使用 JSP 进行前台功能的实现。下面将在 JSP 中直接应用之前写好的 DAO 完成雇员的增加、查询操作。

9. 编写添加商品页面——product_insert.jsp

在项目 ch07 的 webapp 目录下新建一个名为 product_insert.jsp 的 JSP 文件，该文件包含一个提供商品信息录入的表单，代码如下所示。

```
<%@ page contentType="text/html" pageEncoding="UTF-8"%>
<!DOCTYPE html>
<html>
```

```
<head><title>增加商品</title></head>
<body>
<h2>增加商品</h2>
<form action="product_insert_do.jsp" method="post">
          编号：<input type="text" name="pid"><br><br/>
     名称：<input type="text" name="pname"/><br/><br/>
     描述：<input type="text" name="note"><br/><br/>
     价格：<input type="text" name="price"/><br/><br/>
     库存：<input type="text" name="amount"/><br/><br/>
     <input type="submit" value="保存">
     <input type="reset" value="重置">
</form>
</body>
</html>
```

由于现在的程序没有引入 JavaScript 验证，所以要求输入的商品编号、价格、库存量必须是数字。

10. 编写实现商品添加操作的 JSP——product_insert_do.jsp

在项目 ch07 的 webapp 目录下新建一个名为 product_insert_do.jsp 的 JSP 文件，完成商品插入功能，代码如下所示。

```
<%@ page contentType="text/html" pageEncoding="UTF-8"%>
<%@ page import="com.ch07.vo.*,com.ch07.factory.*"%>
<!DOCTYPE html>
<html>
<head>
<title>完成增加商品信息的操作</title>
</head>
<%request.setCharacterEncoding("UTF-8");     //解决 POST 请求参数乱码 %>
<body>
     <%
          Product product = new Product();        //实例化 Product 对象
     product.setPid(Integer.parseInt(request.getParameter("pid")));
          product.setPname(request.getParameter("pname"));
          product.setNote(request.getParameter("note"));
     product.setPrice(Float.parseFloat(request.getParameter("price")));
     product.setAmount(Integer.parseInt(request.getParameter("amount")));
     try {
          if (DAOFactory.getIProductDAOInstance().doCreate(product)) { //执行插入操作
     %>
               <h3>商品信息添加成功！</h3>
     <%
          } else {
     %>
               <h3>商品信息添加失败！</h3>
     <%
          }
     %>
```

```
    <%
        } catch (Exception e) {
            e.printStackTrace();
        }
    %>
</body>
</html>
```

本程序首先定义了一个 Product 对象，然后将表单提交过来的参数依次设置到 Product 对象中，并通过 DAO 完成数据的插入操作。如果插入正确，则提示“商品信息添加成功！”的信息；如果插入错误，则提示“商品信息添加失败！”的信息。

11. 编写商品查询显示页面——product_list.jsp

在项目 ch07 的 webapp 目录下新建一个名为 product_list.jsp 的 JSP 文件，实现商品查询显示功能，代码如下所示。

```
<%@ page contentType="text/html" pageEncoding="UTF-8"%>
<%@ page import="com.ch07.factory.*,com.ch07.vo.*"%>
<%@ page import="java.util.*"%>
<!DOCTYPE html>
<html>
<head>
<title>商品信息查询</title>
</head>
<%  request.setCharacterEncoding("UTF-8") ; %>
<body>
<%
    //接收查询关键字
    String keyWord = request.getParameter("kw") ;
    //判断是否有传递参数
    if(keyWord == null){
        // 如果没有查询关键字，则查询全部
        keyWord = "" ;
    }
    //取得全部记录
    List<Product> all =
    DAOFactory.getIProductDAOInstance().findAll(keyWord);
    //实例化迭代器对象
    Iterator<Product> iter = all.iterator() ;
%>
<form action="product_list.jsp" method="post">
    请输入查询关键字：<input type="text" name="kw">
    <input type="submit" value="查询">
</form><br/>
<table border="1" class="td">
    <tr>
```

```
            <td>编号</td>
            <td>名称</td>
            <td>描述</td>
            <td>价格</td>
            <td>库存</td>
        </tr>
<%
        //循环输出每一个商品信息
        while(iter.hasNext()){
            Product product = iter.next() ;
%>
        <tr>
            <td><%=product.getPid()%></td>
            <td><%=product.getPname()%></td>
            <td><%=product.getNote()%></td>
            <td><%=product.getPrice()%></td>
            <td><%=product.getAmount()%></td>
        </tr>
<%
        }
%>
</table>
</body>
</html>
```

本程序首先根据 DAO 定义的 findAll()方法取得全部的查询结果，然后采用迭代的方式输出全部数据。如果现在有查询关键字，则将查询关键字设置到 findAll()方法中，以实现模糊查询的功能。

12. *访问程序，查看运行结果*

启动 Tomcat 服务器，在浏览器的地址栏中输入地址“http://localhost:8080/ch07/product_insert.jsp”访问 product_insert.jsp，浏览器显示结果如图 7-3 所示。

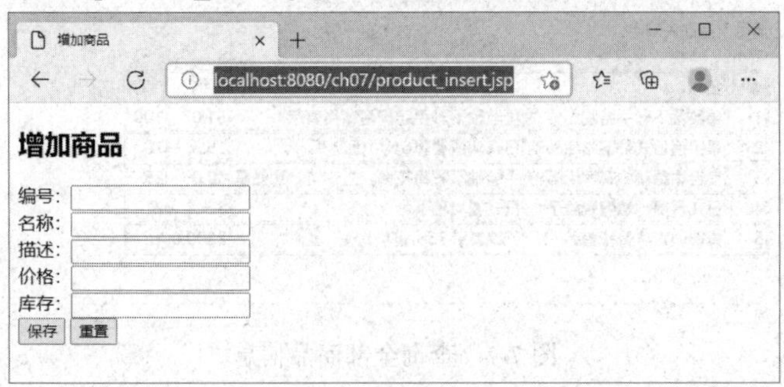

图 7-3　增加商品表单

在图 7-3 所示的文本框中录入商品基本信息，其结果如图 7-4 所示。

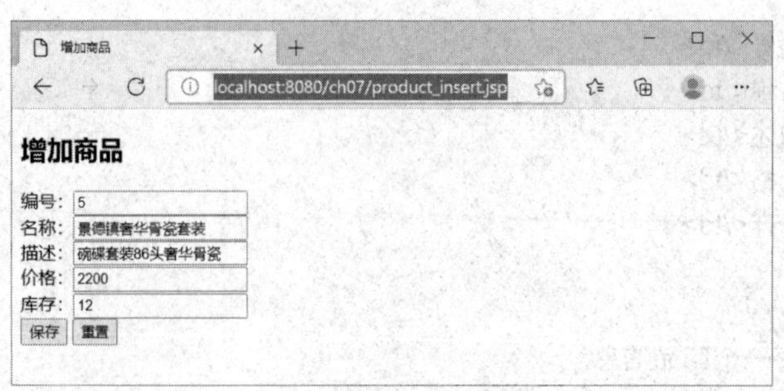

图 7-4　录入商品信息

在图 7-4 中单击【保存】按钮，实现添加商品操作，其页面显示结果如图 7-5 所示。

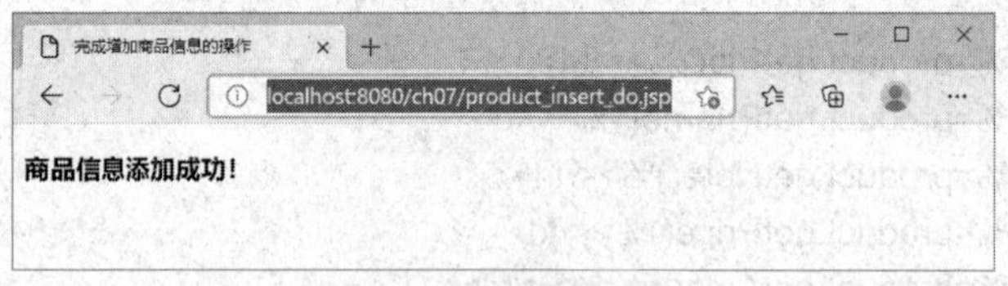

图 7-5　商品添加成功

如果在图 7-4 中录入已经存在的商品编号，单击【保存】按钮时，会显示如图 7-6 所示页面。

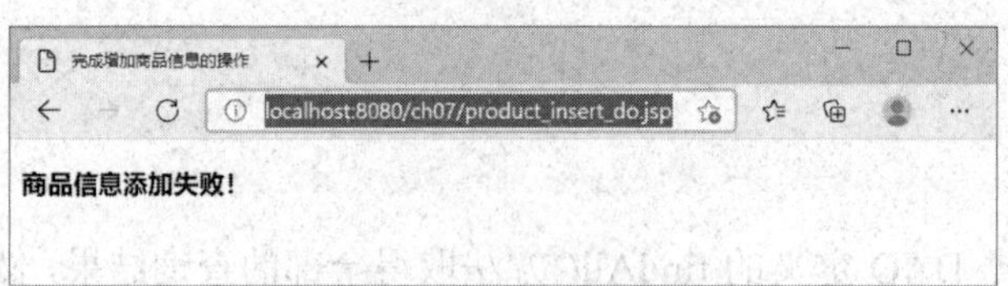

图 7-6　商品添加失败

在浏览器的地址栏中输入地址“http://localhost:8080/ch07/product_list.jsp”访问 product_list.jsp，浏览器显示结果如图 7-7 所示。

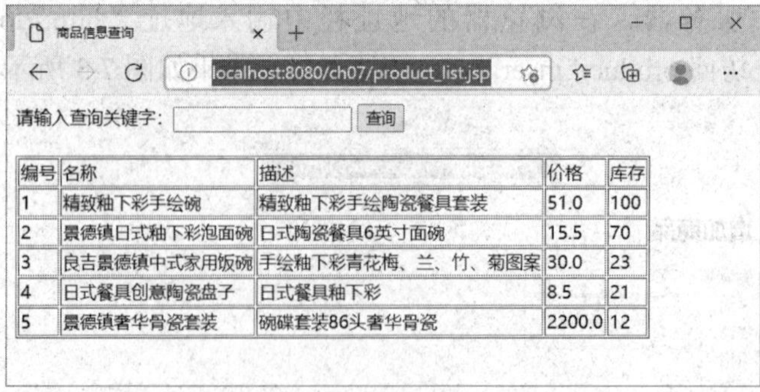

编号	名称	描述	价格	库存
1	精致釉下彩手绘碗	精致釉下彩手绘陶瓷餐具套装	51.0	100
2	景德镇日式釉下彩泡面碗	日式陶瓷餐具6英寸面碗	15.5	70
3	良吉景德镇中式家用饭碗	手绘釉下彩青花梅、兰、竹、菊图案	30.0	23
4	日式餐具创意陶瓷盘子	日式餐具釉下彩	8.5	21
5	景德镇奢华骨瓷套装	碗碟套装86头奢华骨瓷	2200.0	12

图 7-7　查询全部商品信息

在图 7-7 所示的文本框中输入查询条件，如图 7-8 所示。

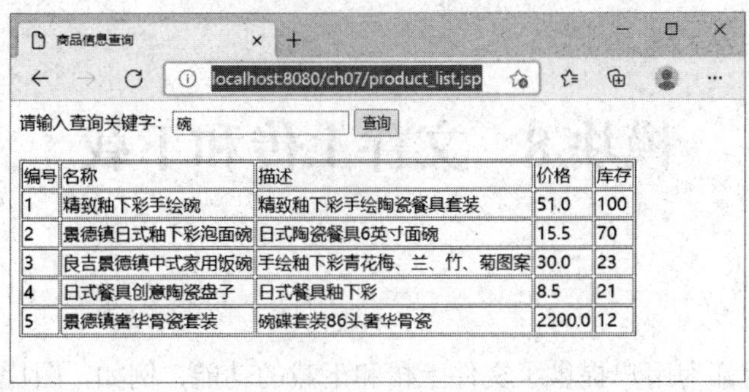

编号	名称	描述	价格	库存
1	精致釉下彩手绘碗	精致釉下彩手绘陶瓷餐具套装	51.0	100
2	景德镇日式釉下彩泡面碗	日式陶瓷餐具6英寸面碗	15.5	70
3	良吉景德镇中式家用饭碗	手绘釉下彩青花梅、兰、竹、菊图案	30.0	23
4	日式餐具创意陶瓷盘子	日式餐具釉下彩	8.5	21
5	景德镇奢华骨瓷套装	碗碟套装86头奢华骨瓷	2200.0	12

图 7-8　输入查询条件

在图 7-8 中单击【查询】按钮，运行结果如图 7-9 所示。

商品信息查询

localhost:8080/ch07/product_list.jsp

请输入查询关键字：　查询

编号	名称	描述	价格	库存
1	精致釉下彩手绘碗	精致釉下彩手绘陶瓷餐具套装	51.0	100
2	景德镇日式釉下彩泡面碗	日式陶瓷餐具6英寸面碗	15.5	70
3	良吉景德镇中式家用饭碗	手绘釉下彩青花梅、兰、竹、菊图案	30.0	23
5	景德镇奢华骨瓷套装	碗碟套装86头奢华骨瓷	2200.0	12

图 7-9　按关键字查询结果

从上述示例中可以发现，使用 JSP+DAO 开发模式时，JSP 中的 Java 代码已经减少了很多，而 JSP 页面的功能就是简单地将 DAO 返回的结果进行输出。

模块 8　文件上传和下载

【模块导读】

许多 Web 应用都为用户提供了文件上传和下载的功能，例如，图片的上传与下载、邮件附件的上传与下载等。下面将围绕文件上传和下载功能进行详细的介绍。

【学习目标】

知识目标：

- ❑ 掌握文件上传操作的方法。
- ❑ 了解文件上传原理及其相关 API。
- ❑ 理解文件下载的原理。

能力目标：

- ❑ 能够通过 Servlet 3.0 实现文件上传。
- ❑ 能够实现文件下载。

素质目标：

- ❑ 提升分析问题和解决问题的能力。
- ❑ 养成良好的编程习惯和工程规范。
- ❑ 养成严谨的工作作风。

【学习导图】

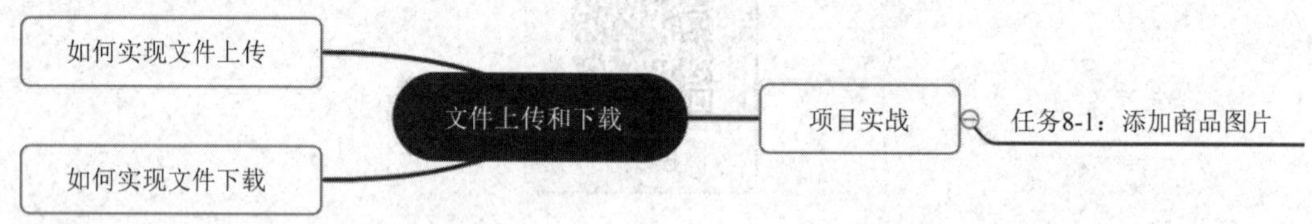

【任务导入】

在执行商品信息添加操作时，服务器除保存商品基本信息之外，还需要获得商品图片信息并保存到数据库。通过本模块的学习，并在任务 7-1 的基础之上，完成商品图片信息的上传和保存操作。

8.1　如何实现文件上传

使用 Servlet 3.0 之前的版本实现文件上传需要引入第三方插件，而从 Servlet 3.0 开始直接支持文件上传功能，上传文件操作变得非常简单。

要实现 Web 开发中的文件上传功能，通常需要完成两步操作：一是在 Web 页面中添加上传输入项；二是在 Servlet 中读取上传文件的数据，并保存到本地硬盘中。接下来，本节将对这两步操作内容进行详细讲解。

由于大多数文件的上传都是通过表单的形式提交给服务器，因此，要想在程序中实现文件上传的功能，首先要创建一个用于提交上传文件的表单页面。表单中使用 file 控件进行文件的选择，即用<input type="file">标签在 Web 页面中添加文件上传输入项。

<input type="file">标签的使用需要注意以下三点。

- 必须设置 input 输入项的 name 属性，否则浏览器不会发送上传文件的数据。
- 必须将表单页面的 method 属性设置为 post 方式。
- 表单的 enctype 属性必须设置为"multipart/form-data"，表单使用 enctype 属性进行表单封装，该属性规定了 form 表单发送到服务器时的编码方式，"multipart/form-data"表示表单将按照二进制的方式提交。

示例代码如下。

```
<%--指定表单数据的 enctype 属性以及提交方式--%>
<form enctype="multipart/ form-data" method="post">
<%--指定表单元素的类型和文件域的名称--%>
选择上传文件：<input type="file" name="myfile"/><br/>
</form>
```

获取上传的文件可以通过 HttpServletRequest 的 getPart()和 getParts()两个方法实现，前者接受一个表单名为参数，返回对应的 Part 对象，后者返回一个包含所有 Part 对象的集合，Part 接口是 Servlet 3.0 的新特性。

通过获取的 Part 对象，可以实现对所上传文件的操作，包括读取上传文件的内容、删除文件以及把文件保存到磁盘上。Part 还支持上传文件的各种属性的获取，包括文件大小、文件名、文件类型（通过）、请求头内容。

8.1.1　文件上传相关 API

HttpServletRequest 提供了两个方法用于从请求中解析上传的文件，如表 8-1 所示。

表 8-1　HttpServletRequest 接口中的方法及说明

方　法	说　明
Part getPart(String name)	获取表单中一项，Part 表示从 post 请求中接收的表单项，可以是普通表单项，也可以是文件项，参数 name 为表单项的 name 属性值
Collection< Part > getParts()	返回请求中所有上传部分的集合，通过此方法获取请求中全部的文件

每一个文件用 jakarta.servlet.http.Part 对象来表示，该接口提供了很多处理文件的方法，如表 8-2 所示。

表 8-2　Part 接口中的方法及说明

方　法	说　明
String getSubmittedFileName()	获取上传的文件名，Tomcat 8.0 及以上版本支持
void write(String fileName)	把文件写到服务器指定的路径
void delete()	清除上传过程中生成的临时文件，默认会删除
write(String fileName)	将文件内容写入指定的磁盘位置
getName()	获取 file 控件的 name 属性
getHeader(String name)	获取指定请求头
getContentType()	获取文件 MIME 类型

在使用 Part 类时，还需要与@MutipartConfig 注解相配合，才能完成整个文件上传流程。@MultipartConfig 注解主要是为了辅助 Servlet 3.0 中 HttpServletRequest 接口提供的对上传文件的支持，该注解表示 Servlet 处理的请求是 multipart/form-data 类型的，@MultipartConfig 注解属性说明如表 8-3 所示。

表 8-3　@MultipartConfig 注解属性说明

属　性	类　型	是否必须	说　明
location	String	否	指定上传文件的临时目录，默认为""
fileSizeThreshold	int	否	指定缓存大小，超过会先存入临时目录，默认为 0
maxFileSize	long	否	单个上传文件的最大内存限制，默认是-1，表示没有限制，单位为 Byte
maxRequestSize	long	否	限制该 multipart/form-data 请求中数据的大小，默认是-1，表示没有限制，单位为 Byte

注意：

在创建上传文件的 Servlet 时需要额外添加一个注解@MultipartConfig，否则 Servlet 3.0 的 HttpServletRequest 接口中提供的新方法无法使用。

8.1.2　实现文件上传

【例 8-1】实现文件上传。

1. 创建文件上传页面——upload.html

新建项目 ch08，在项目的 webapp 目录下创建一个名称为 upload 的 html 页面，该页面用于提供文件上传的 form 表单，需要注意的是，form 表单的 enctype 属性值要设置为“multipart/form-data”，method 属性值要设置为“post”，并将其 action 属性值设置为“FileUploadSerlvet”。upload.html 的代码如下所示。

```
<!DOCTYPE html>
<html>
<head>
<meta charset="UTF-8">
```

```
<title>文件上传</title>
</head>
<body>
<h1>文件上传演示</h1>
<form name="uploadform" method="post" action="FileUploadServlet" enctype="multipart/form-data">
<h4>请选择文件:<input type="file" name="uploadfile"/></h4>
<input type="submit" value="上传" class="button"/>
</form>
</body>
</html>
```

2. 创建 Servlet

在项目的 src/main/java 目录下创建一个名称为 com.ch08.fileupload 的包，在该包中编写一个名称为 FileUploadServlet 的类，该类主要用于获取表单上传文件的信息，其具体实现代码如下所示。

```
package com.ch08.fileupload;
import java.io.File;
import java.io.IOException;
import java.io.PrintWriter;
import java.net.URLEncoder;
import jakarta.servlet.ServletException;
import jakarta.servlet.annotation.MultipartConfig;
import jakarta.servlet.annotation.WebServlet;
import jakarta.servlet.http.HttpServlet;
import jakarta.servlet.http.HttpServletRequest;
import jakarta.servlet.http.HttpServletResponse;
import jakarta.servlet.http.Part;
@WebServlet("/FileUploadServlet")
//使用注解@MultipartConfig 将一个 Servlet 标志为支持文件上传
@MultipartConfig
public class FileUploadServlet extends HttpServlet {
    private static final long serialVersionUID = 1L;
    public FileUploadServlet() {
        super();
    }
    protected void doGet(HttpServletRequest request, HttpServletResponse response)
            throws ServletException, IOException {
        request.setCharacterEncoding("UTF-8");
        response.setContentType("text/html;charset=UTF-8");
        PrintWriter out=response.getWriter();
        // 创建目录，如果文件要保存在当前上下文的 tmp 目录下则可以这样设置
        File path = new File(this.getServletContext().getRealPath("/tmp"));
        if (!path.exists()) {
            path.mkdir();
        }
        // 获取文件对应的 Part 对象
```

```
            Part part = request.getPart("uploadfile");
            // 获取文件名称
            String filename = part.getSubmittedFileName();
            String filePath = path.getPath() + "\\" + filename;
            //写入文件
            part.write(filePath);
            //对文件名称进行 URL 编码
            String urlname = URLEncoder.encode(filename, "UTF-8");
            out.write("<h2>文件上传成功，请点击如下链接下载查看</h2>");
            //FileDownloadServlet 是实现文件下载的 Servlet
            out.write("<a href='FileDownloadServlet?file=" + urlname + "'>" + filename + "</a>");
        }
        protected void doPost(HttpServletRequest request, HttpServletResponse response)
                throws ServletException, IOException {
            doGet(request, response);
        }
    }
```

Servlet 处理文件上传的要点如下。

- 在 Servlet 上添加注解@MultipartConfig。
- 得到文件的 Part 对象。
- 写入文件在指定目录下，使用服务器的真实地址。

3. 启动项目，查看运行结果

将 ch08 项目发布到 Tomcat 服务器，并启动服务器，通过浏览器访问地址“http://localhost:8080/ch08/upload.html”，浏览器显示的结果如图 8-1 所示。

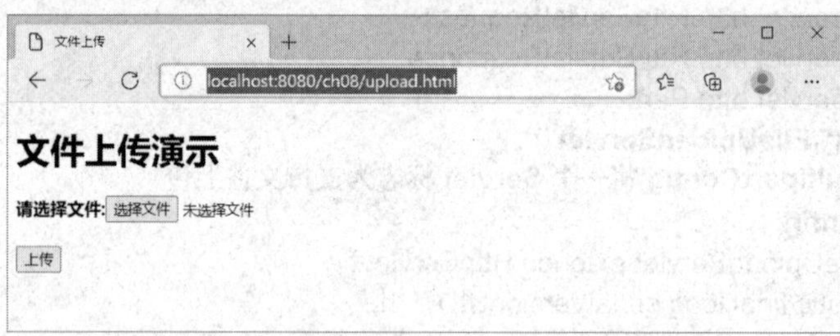

图 8-1　文件上传表单页面

在图 8-1 所示的 form 表单中选择需要上传的文件，浏览器的显示界面如图 8-2 所示。

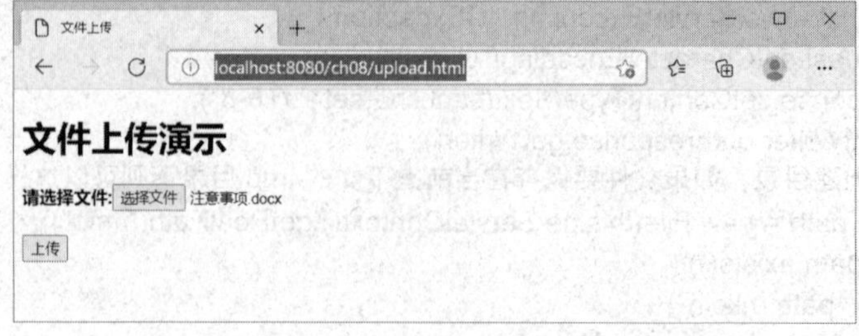

图 8-2　选择文件显示界面

单击【上传】按钮，进行文件上传，文件上传成功后，浏览器的显示界面如图 8-3 所示。

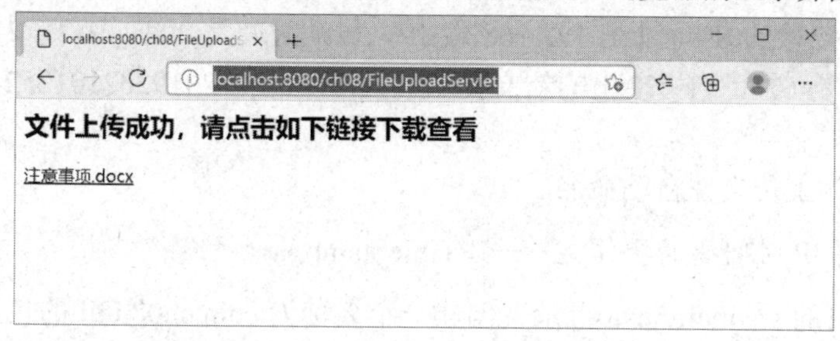

图 8-3　上传成功运行结果

如果低版本服务器不支持 getSubmittedFileName()方法获取文件名，则用以下方式获取，代码如下。

```
String header = part.getHeader("Content-Disposition");
String filename = header.substring(header.indexOf("filename=\"") + 10, header.lastIndexOf("\""));
```

以上代码利用 getHeader()方法获得了文件名，getHeader()方法的参数 Content-Disposition 是上传文件请求头中的一个属性，该属性值为以分号为分隔符的三个字符串“form-data；name=“”；filename=“””，图 8-4 所示为当前示例中 Content-Disposition 属性值。

```
form-data; name="uploadfile"; filename="注意事项.docx"
```

图 8-4　content-disposition 属性值

如果要实现一次性上传多个文件，可以使用 HttpServletRequest 接口的 getParts()方法实现。

示例代码如下。

```
/*一次性上传多个文件*/
//创建文件保存目录
File path = new File(this.getServletContext().getRealPath("/tmp"));
for (Part part : request.getParts()) {//循环处理上传的文件
    //获取文件名
    String filename = part.getSubmittedFileName();
    String filePath = path.getPath() + "\\" + filename;
    //把文件写到指定路径
    part.write(filePath);
}
```

8.1.3　为上传文件自动命名

在上传操作中，如果多个用户上传的文件名称一样，则肯定会发生覆盖的情况。为解决这个问题，可以采用为上传文件自动命名的方式。自动命名的简单方式可以采用 java.util.UUID 类 randomUUID()方法生成随机数。本小节中为了防止重名，文件名采用如下格式：IP 地址+时间戳+三位随机数。

例如，现在连接的 IP 地址是 192.168.12.19，日期时间是 2021-01-25 21:15:35:123，而要取得的随机数是 678，则拼凑出的新文件名称为 19216801201920210125211535123678.文件后缀。

【例 8-2】为上传文件自动命名。

1. 定义取得 IP 时间戳的操作类——IPTimeStamp.java

在 ch08 项目的 src/main/java 目录下创建一个名称为 com.ch08.util 的包，在该包中编写一个名称为 IPTimeStamp 的类，该类实现自动生成文件名，具体代码如下所示。

```
package com.ch08.util;
import java.text.SimpleDateFormat ;
import java.util.Date ;
import java.util.Random ;
//IP 地址+时间戳+三位随机数
public class IPTimeStamp {
    private SimpleDateFormat sdf = null ;              //定义 SimpleDateFormat 对象
    private String ip = null ;
    public IPTimeStamp(){
    }
    public IPTimeStamp(String ip){                     //接收 IP 地址
        this.ip = ip ;
    }
    public String getIPTimeRand(){                     //得到 IP 地址+时间戳+三位随机数
        StringBuffer buf = new StringBuffer() ;        //实例化 StringBuffer 对象
        if(this.ip != null){
            String s[] = this.ip.split("\\.") ;        //进行拆分操作
            for(int i=0;i<s.length;i++){               //循环设置 IP 地址
                buf.append(this.addZero(s[i],3)) ;     //不够三位则数字要补 0
            }
        }
        buf.append(this.getTimeStamp()) ;              //取得时间戳
        Random r = new Random() ;                      //定义 Random 对象，以产生随机数
        for(int i=0;i<3;i++){                          //循环三次
            buf.append(r.nextInt(10)) ;                //增加一个随机数
        }
        return buf.toString() ;                        //返回名称
    }
    public String getDate(){                           //取得当前系统时间
        this.sdf = new SimpleDateFormat("yyyy-MM-dd HH:mm:ss.SSS") ;
        return this.sdf.format(new Date()) ;
    }
    public String getTimeStamp(){                      //取得时间戳
        this.sdf = new SimpleDateFormat("yyyyMMddHHmmssSSS") ;
        return this.sdf.format(new Date()) ;
    }
    private String addZero(String str,int len){ //补 0 操作
```

```
            StringBuffer s = new StringBuffer() ;           //定义 StringBuffer 对象
            s.append(str) ;                                 //将传递的内容放到 StringBuffer 中
            while(s.length() < len){                        //如果不够指定位数，则在前面补 0
                s.insert(0,"0") ;                           //补 0 操作
            }
            return s.toString() ;                           //返回结果
    }
}
```

下面直接修改实现上传操作的 FileUploadServlet.java，将程序中获取文件名的代码 String filename = part.getSubmittedFileName()；替换为如下代码。

```
//为上传文件自动命名
IPTimeStamp its = new IPTimeStamp(request.getRemoteAddr());
String ext[] = part.getSubmittedFileName().split("\\.");
String filename = its.getIPTimeRand() + "." + ext[1];
```

上述程序在进行上传操作时使用了 IPTimeStamp 类完成文件的自动命名操作。在实际的上传操作中，都会采用拼凑上传文件名称的方式完成，拼凑的规则可能与本小节不同，但是代码的操作过程都是一样的。

2. *启动项目，查看运行结果*

将 ch08 项目发布到 Tomcat 服务器，并启动服务器，通过浏览器访问地址“http://127.0.0.1:8080/ch08/upload.html”，浏览器显示的结果如图 8-5 所示。

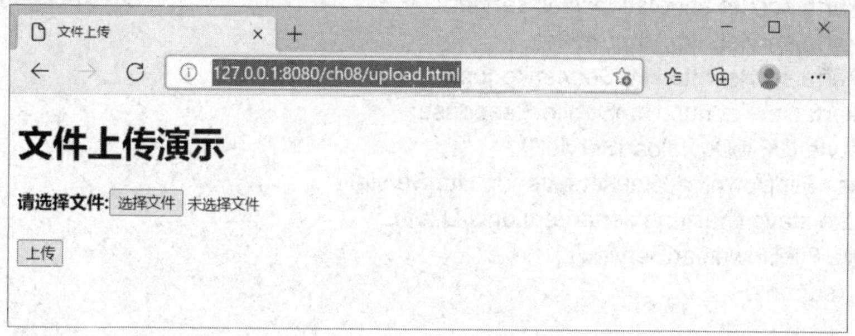

图 8-5　运行结果

注意：本示例地址栏中的地址使用 127.0.0.1，而不是 localhost。

当地址栏中采用 localhost 请求时，request.getRemoteAddr()获取的值为 0:0:0:0:0:0:0:1，为了避免此问题，本示例请求时采用 127.0.0.1。

8.2　如何实现文件下载

Web 项目大部分文件下载不需要写代码实现，通过超链接即可实现，即在链接地址中写上文件的路径，单击超链接，浏览器会自动打开该文件，如果是普通的文本、图片等浏览器能直接预览的文件，浏览器都能直接打开并显示，但如果是浏览器无法打开的文件，

比如 rar、docx、exe 等文件，那么浏览器就会提示你下载该文件或者使用当前系统自带的工具打开该文件。

```
<a href="test.docx">下载</a>
```

如果是文本文件或者图片，浏览器就会直接打开，此时可以直接复制想要得到的内容，或者右击另存文件实现下载，如果希望所有的文件都能够直接下载而不是打开文件，那么需要通过代码实现。

通过 Servlet 的响应设置可以设置服务器响应文件流给客户端实现文件下载，思路如下：客户端发送请求给服务器端，告诉服务端需要下载的文件，服务端读取该文件，转换为输入流，通过 outputstream 响应给客户端，同时，需要设置 response 的头信息。

【例 8-3】实现文件下载。

1. 创建 Servlet

在 ch08 项目的 src/main/java 目录下创建一个名称为 com.ch08.filedownload 的包，在该包中编写一个名称为 FileDownloadServlet 的类，该类实现文件下载功能，具体代码如下所示。

```
package com.ch08.filedownload;
import java.io.FileInputStream;
import java.io.IOException;
import jakarta.servlet.ServletException;
import jakarta.servlet.annotation.WebServlet;
import jakarta.servlet.http.HttpServlet;
import jakarta.servlet.http.HttpServletRequest;
import jakarta.servlet.http.HttpServletResponse;
@WebServlet("/FileDownloadServlet")
public class FileDownloadServlet extends HttpServlet {
    private static final long serialVersionUID = 1L;
    public FileDownloadServlet() {
        super();
    }
    protected void doGet(HttpServletRequest request, HttpServletResponse response) throws
    ServletException, IOException {
        String filename = request.getParameter("file");
        // 获取当前上下文中 tmp 目录下的文件路径
        String filepath = getServletContext().getRealPath("/tmp/") + filename;
        // 根据文件名称获取文件的 MIME 类型，用于指定 ContentType
        String mimetype = getServletContext().getMimeType(filename);
        // 设置 MIME 类型
        response.setContentType(mimetype);
        // 设定 Content-Disposition 属性值，设置下载文件的文件名，支持中文文件名
        response.addHeader("Content-Disposition", "attachment; filename="+new String
        (fileName.getBytes("UTF-8"),"ISO8859_1"));
        // 获得文件输入流
        FileInputStream fis = new FileInputStream(filepath);
        byte[] in = new byte[2048];
```

```
        // 循环读取文件并写到 response 响应对象的输出流中
        while (fis.read(in, 0, in.length) != -1) {
            response.getOutputStream().write(in);
        }
        // 清空缓存
        response.getOutputStream().flush();
        // 关闭文件输入流
        fis.close();
    }
    protected void doPost(HttpServletRequest request, HttpServletResponse response)
            throws ServletException, IOException {
        doGet(request, response);
    }
}
```

2. 启动项目，查看结果

在【例 8-1】的运行结果（见图 8-3）页面中单击文件链接，浏览器的显示结果如图 8-6 所示。

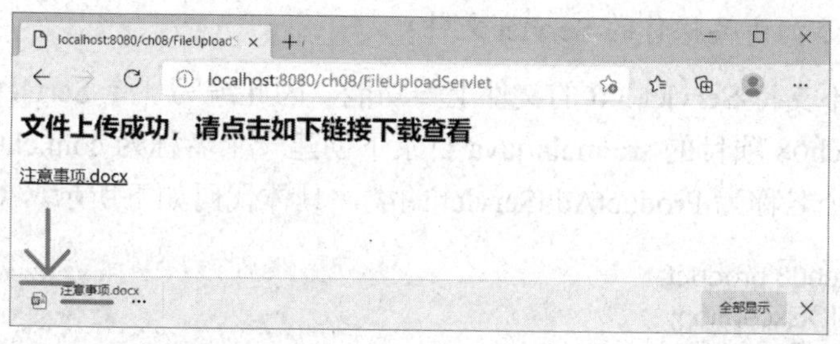

图 8-6　下载成功页面

8.3　项　目　实　战

任务 8-1：添加商品图片

【任务目标】

为了完善任务 7-1 中商品信息添加功能，修改程序代码，实现在添加商品信息的同时上传商品图片文件，并把图片名保存在数据库表中。

【实现步骤】

1. 修改商品页面——product_insert.jsp

将 ch07 项目中的 product_insert.jsp 文件复制到 ch08/webapp 目录下，修改此文件，将表单的属性 enctype 设置为"multipart/form-data"，并且添加一个文件选择的表单元素，修改后的代码如下所示。

```
<%@ page contentType="text/html" pageEncoding="UTF-8"%>
<!DOCTYPE html>
<html>
<head><title>增加商品</title></head>
<body>
<h2>增加商品</h2>
<form action="ProductAddServlet" method="post" enctype="multipart/form-data">
    编号：<input type="text" name="pid"><br>
    名称：<input type="text" name="pname"/><br/>
    描述：<input type="text" name="note"><br/>
    价格：<input type="text" name="price"/><br/>
    库存：<input type="text" name="amount"/><br/>
    图片：<input type="file" name="pic"/><br/>
    <input type="submit" value="保存">
    <input type="reset" value="重置">
</form>
</body>
</html>
```

2. 编写实现添加商品操作的 Servlet 文件

由于 JSP 并不支持 Servlet 3.0 的文件上传功能，因此编写一个 Servlet 文件实现商品信息添加操作。在 ch08 项目的 src/main/java 目录下创建一个名称为 com.ch08.product 的包，在该包中编写一个名称为 ProductAddServlet 的类，具体代码如下所示。

```
package com.ch08.product;
import java.io.IOException;
import java.util.UUID;
import jakarta.servlet.ServletException;
import jakarta.servlet.annotation.MultipartConfig;
import jakarta.servlet.annotation.WebServlet;
import jakarta.servlet.http.HttpServlet;
import jakarta.servlet.http.HttpServletRequest;
import jakarta.servlet.http.HttpServletResponse;
import jakarta.servlet.http.Part;
import com.ch08.factory.*;
import com.ch08.vo.*;
@MultipartConfig
@WebServlet("/ProductAddServlet")
public class ProductAddServlet extends HttpServlet {
    private static final long serialVersionUID = 1L;
    public ProductAddServlet() {
        super();
    }
    protected void doGet(HttpServletRequest request, HttpServletResponse response)
            throws ServletException, IOException {
        request.setCharacterEncoding("UTF-8"); // 解决 POST 请求参数乱码
        response.setContentType("text/html;charset=UTF-8");
        String pic = null;
```

```
            // 获取/pic 的物理路径
            String path = getServletContext().getRealPath("/pic");
            // 获取文件
            Part part = request.getPart("pic");
            // 判断是否有上传文件
            if (part.getSize() != 0) {
                String filename = part.getSubmittedFileName();
                String str[] = filename.split("\\.");
                // 获取文件的扩展名，如 png、jpg 等
                String suffix = str[str.length - 1];
                // 生成唯一编码，使用唯一编码作为上传图片的名称，避免重复
                UUID uuid = UUID.randomUUID();
                pic = uuid.toString() + "." + suffix;
                String filePath = path + "\\" + pic;
                // 写入文件
                part.write(filePath);
                // 封装商品对象
                Product product = new Product(); // 实例化 Product 对象
                product.setPid(Integer.parseInt(request.getParameter("pid")));
                product.setPname(request.getParameter("pname"));
                product.setNote(request.getParameter("note"));
                product.setPrice(Float.parseFloat(request.getParameter("price")));
                product.setAmount(Integer.parseInt(request.getParameter("amount")));
                product.setPic(pic);
                try {// 执行插入操作
                    if (DAOFactory.getIProductDAOInstance().doCreate(product)) {
                        response.getWriter().write("<h3>商品信息添加成功！</h3>");
                    } else {
                        response.getWriter().write("<h3>商品信息添加失败！</h3>");
                    }
                } catch (Exception e) {
                    e.printStackTrace();
                }
            }
        }
    protected void doPost(HttpServletRequest request, HttpServletResponse response)
            throws ServletException, IOException {
        doGet(request, response);
    }
}
```

为了避免上传的图片文件名重名，本示例采用 UUID 类生成随机数为文件命名。

3. 修改商品信息添加操作的 DAO

将 ch07 项目中商品信息添加操作的 DAO 复制到 ch08 项目中，修改 ProductDAOImpl.java 中的 doCreate()方法，修改后的代码如下所示。

```
public boolean doCreate(Product product) throws Exception{//商品信息添加操作
        boolean flag=false;                                    // 定义标志位
```

```
            String sql="INSERT INTO product(pid,pname,note,price,amount,pic) VALUES
            (?,?,?,?,?,?)";//插入 pic 字段
            this.pstmt=this.conn.prepareStatement(sql);         // 实例化 PreparedStatement 对象
            this.pstmt.setInt(1,product.getPid());
            this.pstmt.setString(2,product.getPname());
            this.pstmt.setString(3,product.getNote());
            this.pstmt.setFloat(4,product.getPrice());
            this.pstmt.setInt(5,product.getAmount());
            this.pstmt.setString(6, product.getPic());
            if(this.pstmt.executeUpdate()>0){
                flag=true;                                       // 修改标志位
            }
            this.pstmt.close();
            return flag;
}
```

4. 访问程序，查看运行结果

启动 Tomcat 服务器，在浏览器的地址栏中输入地址“http://localhost:8080/ch08/product_insert.jsp”访问 product_insert.jsp，在此页面中输入商品信息，选择商品图片文件，浏览器显示结果如图 8-7 所示。

单击图 8-7 中的【保存】按钮，显示结果如图 8-8 所示。

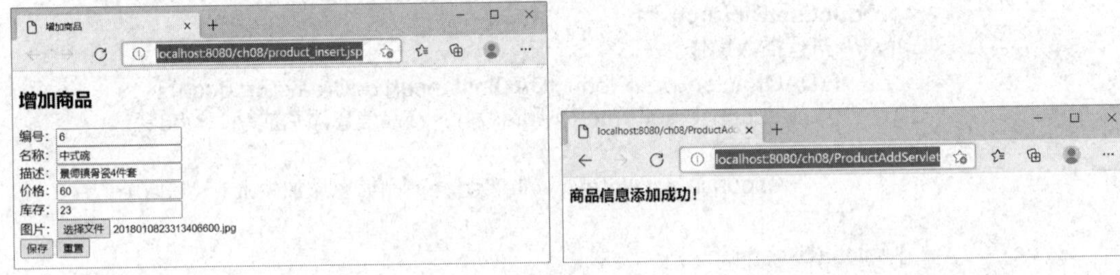

图 8-7　添加商品页面　　　　图 8-8　商品添加成功

本示例中完成了商品信息的添加，将商品图片上传到服务器并保存在应用程序上下文的 pic 目录下，数据库表中最新插入的数据如图 8-9 所示。

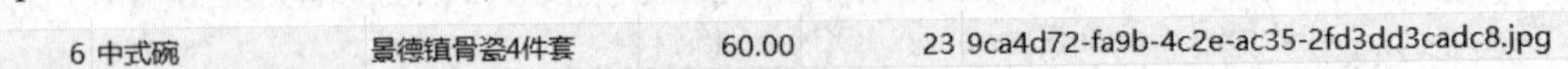

6	中式碗	景德镇骨瓷4件套	60.00	23	9ca4d72-fa9b-4c2e-ac35-2fd3dd3cadc8.jpg

图 8-9　数据库表中最新插入的数据

模块 9　EL 表达式和 JSTL

【模块导读】

为了降低 JSP 页面的复杂度，增强代码的重用性，可以借助一些开源工具并使用一些公共的标签完成代码的开发，JSTL 就是一种使用广泛的通用标签。同时为了获取 Servlet 域对象中存储的数据，在 JSP 2.0 规范里还提供了表达式语言 EL，大大简化了开发的难度。本模块将针对 EL（表达式语言）以及 JSTL 标签库进行详细的讲解。

【学习目标】

知识目标：

- ❑ 掌握表达式语言的作用及四种属性范围的关系。
- ❑ 掌握表达式语言中各种运算符的使用方法。
- ❑ 掌握表达式语言中常见的隐式对象。
- ❑ 了解 JSTL 的主要作用及配置方法。
- ❑ 掌握 JSTL 中核心标签的使用方法。

能力目标：

- ❑ 能够使用表达式语言完成数据的输出。
- ❑ 能够在实际开发中使用 JSTL 标签。

素质目标：

- ❑ 提升分析问题和解决问题的能力。
- ❑ 养成良好的编程习惯和工程规范。
- ❑ 养成严谨的工作作风。

【学习导图】

【任务导入】

在 JSP 开发中，为了获取 Servlet 域对象中存储的数据，经常需要书写很多 Java 代码，这样的做法会使 JSP 页面混乱，其代码也难以维护，为此，在 JSP 2.0 规范中提供了表达式语言（EL），使得访问存储在 JavaBean 中的数据变得非常简单。

在之前所编写的 JSP 页面中可以发现，即便使用了 JSP+JavaBean 的开发模式，一个 JSP 文件中也会存在大量的 Java 脚本代码，而一个完善的 JSP 文件是不应该包含任何脚本代码的，此时需要通过标签编程来解决此问题，即在 JSP 中使用 JSLT 标准标签库以避免过多的脚本代码。下面将围绕 EL（表达式语言）和 JSTL 标准标签库进行详细的介绍。

9.1　EL 表达式

9.1.1　表达式语言简介

表达式语言（expression language，EL）是 JSP 2.0 中新增的功能。使用表达式语言，可以方便地访问标志位【JSP 中一共提供了 page(pageContext)、request、session 和 application 四种标志位】中的属性内容，这样就可以避免出现许多 Java 脚本代码，访问的语法如下：

```
${属性名称}
```

使用表达式语言可以方便地访问对象中的属性、提交的参数或者是进行各种数学运算，且使用表达式语言最大的特点是如果输出的内容为 null，则会自动使用空字符串（""）表示。下面先通过一段代码来分析使用表达式语言的好处。

【例 9-1】不使用表达式语言，输出属性内容。

新建 Web 项目 ch09，在该项目的 webapp 目录下新建文件 print_attribute01.jsp，代码如下所示。

```
<%@ page contentType="text/html" pageEncoding="UTF-8"%>
<html>
<head><title>表达式语言简介</title></head>
<body>
<%  // 假设以下的设置属性操作是在 Servlet 之中完成
    request.setAttribute("info","www.baidu.com");  // 设置一个 request 属性范围
%>
<%
    if(request.getAttribute("info") != null){ // 如果有属性存在
%>
        <h3><%=request.getAttribute("info")%></h3><!--输出 request 属性-->
<%
    }
%>
</body>
</html>
```

本程序在输出 info 属性时，首先通过判断语句，判断在 request 范围是否存在 info 属性，如果存在则进行输出，之所以加入判断的操作，主要是为了避免一旦没有设置 request 属性而输出 null 的情况。程序的运行结果如图 9-1 所示。

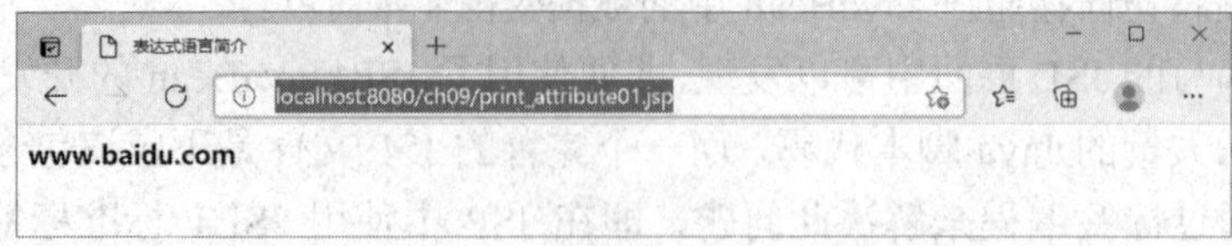

图 9-1　输出 request 属性

如果使用表达式语言进行操作，实现同样的功能就会简单许多。

【例 9-2】使用表达式语言，输出属性内容。

在项目的 webapp 目录下新建文件 print_attribute02.jsp，代码如下所示。

```
<%@ page contentType="text/html" pageEncoding="UTF-8"%>
<html>
<head><title>表达式语言简介</title></head>
<body>
<%  // 假设以下的设置属性操作是在 Servlet 之中完成
    request.setAttribute("info","www.baidu.com") ;         // 设置一个 request 范围属性
%>
<h3>${info}</h3>                                          <!-- 表达式输出 -->
</body>
</html>
```

本程序完成了与【例 9-1】一样的功能，但是从代码量上来看【例 9-2】的代码更简单、更容易。

9.1.2　表达式语言的内置对象

表达式语言的主要功能就是进行内容的显示，为了显示的方便，在表达式语言中提供了许多内置对象，通过对不同内置对象的设置，表达式语言可以输出不同的内容，这些内置对象如表 9-1 所示。

表 9-1　表达式语言的内置对象

序　号	表达式内置对象	说　明
1	pageContext	表示 jakarta.servlet.jsp.PageContext 对象
2	pageScope	表示从 page 属性范围查找输出属性
3	requestScope	表示从 request 属性范围查找输出属性
4	sessionScope	表示从 session 属性范围查找输出属性
5	applicationScope	表示从 application 属性范围查找输出属性
6	param	接收传递到本页面的参数
7	paramValues	接收传递到本页面的一组参数
8	header	取得一个头信息数据
9	headerValues	取出一组头信息数据
10	cookie	取得 cookie 中的数据
11	initParam	取得配置的初始化参数

1. 访问四种属性范围的内容

使用表达式语言可以输出四种属性范围中的内容，如果此时在不同的属性范围中设置了同一个属性名称，则将按照如下顺序查找：page→ request→ session→ application。

【例 9-3】设置同名属性。

在项目的 webapp 目录下新建文件 repeat_attribute.jsp，代码如下所示。

```
<%@ page contentType="text/html" pageEncoding="UTF-8"%>
<html>
<head><title>设置指定范围属性</title></head>
<body>
<%
    pageContext.setAttribute("info","page 属性范围");          //设置一个 page 属性
    request.setAttribute("info","request 属性范围");           //设置一个 request 属性
    session.setAttribute("info","session 属性范围");           //设置一个 session 属性
    application.setAttribute("info","application 属性范围");   //设置一个 application 属性
%>
<h3>${info}</h3>                                                <!-- 表达式输出 -->
</body>
</html>
```

此时，按照顺序，输出的肯定是 page 范围的 info 属性内容。程序的运行结果如图 9-2 所示。

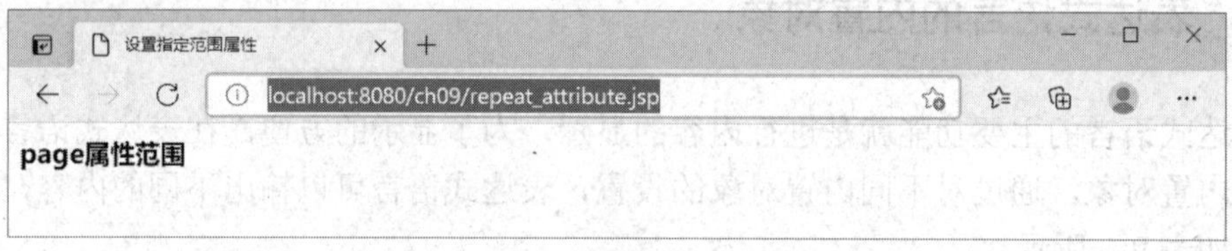

图 9-2　按照顺序输出

这时可以指定一个要取出属性的范围，范围一共有四种标记，如表 9-2 所示。

表 9-2　属性范围

序　号	属 性 范 围	范　例	说　明
1	pageScope	${pageScope.属性}	取出 page 范围的属性内容
2	requestScope	${requestScope.属性}	取出 request 范围的属性内容
3	sessionScope	${ sessionScope.属性}	取出 session 范围的属性内容
4	applicationScope	${ applicationScope.属性}	取出 application 范围的属性内容

【例 9-4】指定取出范围的属性。

在项目的 webapp 目录下新建文件 get_attribute.jsp，代码如下所示。

```
<%@ page contentType="text/html" pageEncoding="UTF-8"%>
<html>
<head><title>获取四种范围的属性</title></head>
<body>
<%
    pageContext.setAttribute("info","page 属性范围");          //设置一个 page 属性
    request.setAttribute("info","request 属性范围");           //设置一个 request 属性
    session.setAttribute("info","session 属性范围");           //设置一个 session 属性
    application.setAttribute("info","application 属性范围");   //设置一个 application 属性
```

```
%>
<h3>PAGE 属性内容：${pageScope.info}</h3>                    <!-- 表达式输出 -->
<h3>REQUEST 属性内容：${requestScope.info}</h3>              <!-- 表达式输出 -->
<h3>SESSION 属性内容：${sessionScope.info}</h3>              <!-- 表达式输出 -->
<h3>APPLICATION 属性内容：${applicationScope.info}</h3>  <!-- 表达式输出 -->
</body>
</html>
```

此时，由于已经指定了范围，所以可以取出不同属性范围的同名属性。程序的运行结果如图 9-3 所示。

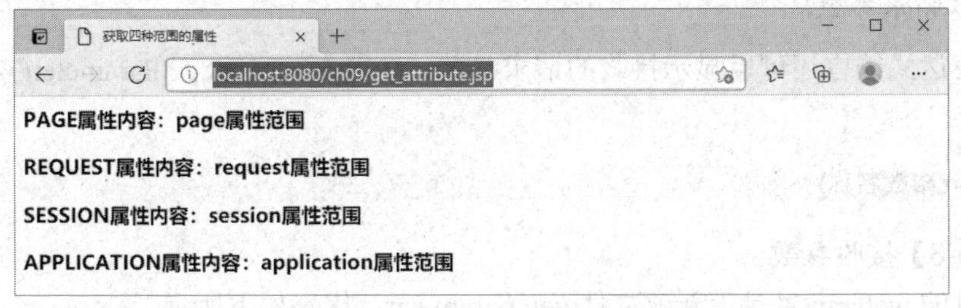

图 9-3　输出指定范围的属性

2. 调用内置对象操作

在 5.5 节讲解 JSP 内置对象时就曾介绍过 pageContext 内置对象的作用，使用 pageContext 对象可以取得 request、session、application 实例，所以在表达式语言中，可以通过 pageContext 这个表达式的内置对象调用 JSP 内置对象中提供的方法。

注意：调用方法是通过反射机制完成的。

表达式语言中更多的是利用反射的操作机制，在通过表达式的内置对象调用方法时，都是以调用 getXxx()或 isXxx()形式的方法居多。

【例 9-5】调用 JSP 内置对象的方法。

在项目的 webapp 目录下新建文件 invoke_method.jsp，代码如下所示。

```
<%@ page contentType="text/html" pageEncoding="UTF-8"%>
<html>
<head><title>调用 JSP 内置对象的方法</title></head>
<body>
<h3>IP 地址：${pageContext.request.remoteAddr}</h3>
<h3>SESSION ID：${pageContext.session.id}</h3>
<h3>session 创建时间：${pageContext.session.creationTime}</h3>
</body>
</html>
```

本程序通过 request 方法输出客户端的 IP 地址，同时通过 session 取得当前用户的 Session ID。程序的运行结果如图 9-4 所示。

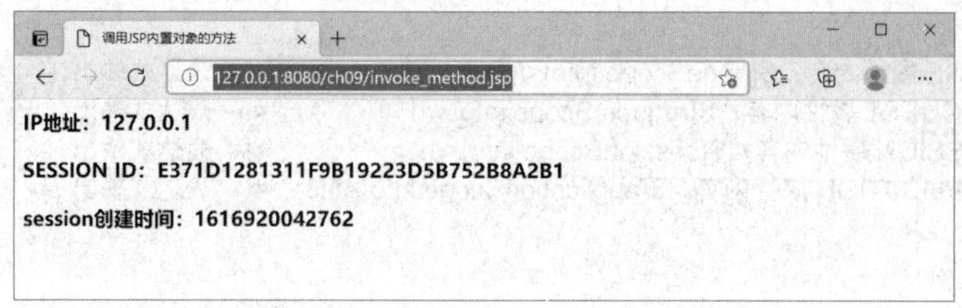

图 9-4　通过表达式语言调用内置对象

3. 接收请求参数

使用表达式语言还可以显示接收的请求参数，功能与 request.getParameter()类似，语法如下所示。

```
${param.参数名称}
```

【例 9-6】接收参数。

在项目的 webapp 目录下新建文件 get_param.jsp，代码如下所示。

```
<%@ page contentType="text/html" pageEncoding="UTF-8"%>
<html>
<head><title>获取参数信息</title></head>
<body>
<h3>通过内置对象接收输入参数：<%=request.getParameter("name")%></h3>
<h3>通过表达式语言接收输入参数：${param.name}</h3>
</body>
</html>
```

本程序为了说明功能，同时使用了 request 和表达式两种方式获取参数，在本页面运行时，使用 get 方式给页面传递参数，请在地址栏中输入“http://localhost:8080/ch09/get_param.jsp?name=kelly”发送请求，程序的运行结果如图 9-5 所示。

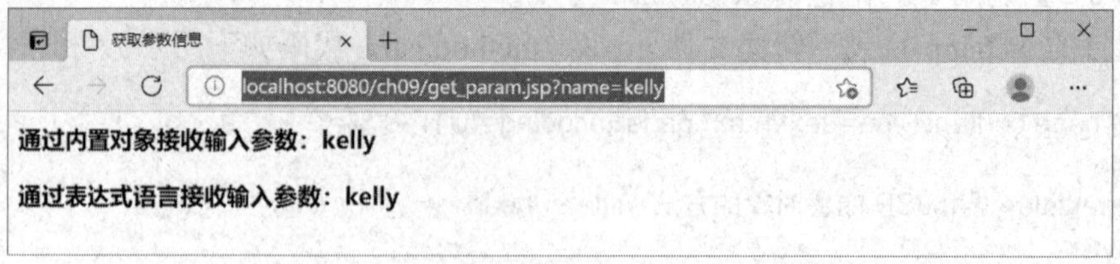

图 9-5　显示输入参数

以上传递的是一个单独的参数，如果现在传递的是一组参数，则可以按照如下方式接收。

```
${paramValues.参数名称}
```

需要注意的是，现在接收的是一组参数，所以如果想要取出，则需要分别指定下标。下面将演示如何接收一组参数。

【例 9-7】接收一组参数。

（1）定义表单，设置复选框。在项目的 webapp 目录下新建文件 param_values.html，代码如下所示。

```
<html>
<head>
<meta charset="UTF-8">
<title>表单</title>
</head>
<body>
<form action="param_values.jsp" method="post">
    兴趣：      <input type="checkbox" name="inst" value="唱歌">唱歌
                        <input type="checkbox" name="inst" value="游泳">游泳
                        <input type="checkbox" name="inst" value="看书">看书
                        <input type="submit" value="显示">
</form>
</body>
</html>
```

（2）使用表达式接收参数。在项目的 webapp 目录下新建文件 param_values.jsp，代码如下所示。

```
<%@ page contentType="text/html" pageEncoding="UTF-8"%>
<html>
<head>
<title>获取多值参数</title>
</head>
<body>
<%  // 项目开发中，此代码要通过过滤器实现
    request.setCharacterEncoding("UTF-8") ;
%>
<h3>第一个参数：${paramValues.inst[0]}</h3>
<h3>第二个参数：${paramValues.inst[1]}</h3>
<h3>第三个参数：${paramValues.inst[2]}</h3>
</body>
</html>
```

程序的运行结果如图 9-6 所示。

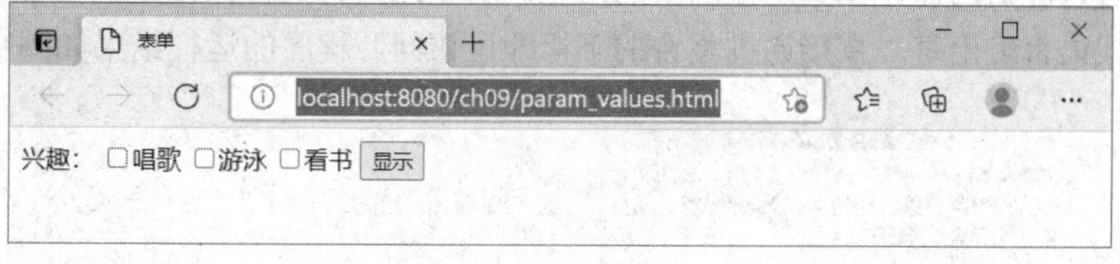

（a）复选框表单

图 9-6　接收一组参数

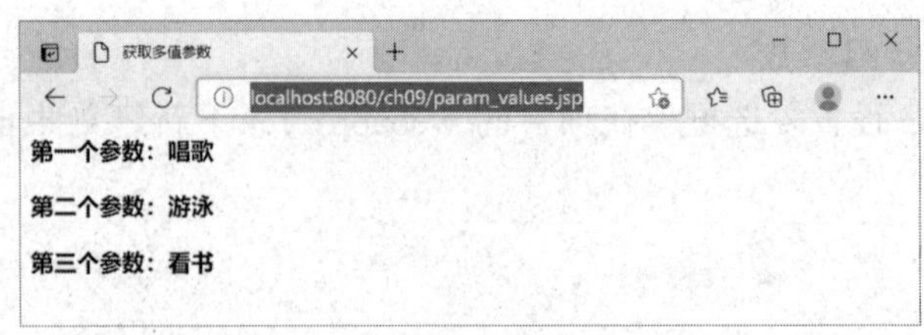

（b）接收表单参数

图 9-6　接收一组参数（续）

9.1.3　集合操作

集合操作在开发中的应用较为广泛，在表达式语言中也得到了很好的支持，可以方便地使用表达式语言输出 Collection（子接口：List、Set）、Map 集合中的内容。

【例 9-8】输出 Collection 接口集合。

在项目的 webapp 目录下新建文件 use_collection.jsp，代码如下所示。

```
<%@ page contentType="text/html" pageEncoding="UTF-8"%>
<%@ page import="java.util.*"%>
<html>
<head><title>输出 Collection 接口集合</title></head>
<body>
<%
    List<String> all = new ArrayList<String>() ;
    all.add("李丹") ;                                    // 向集合中增加内容
    all.add("中国广州") ;                                // 向集合中增加内容
    all.add("2021@gdip.edu.cn") ;                        // 向集合中增加内容
    request.setAttribute("allinfo",all) ;               // 向 request 集合中保存
%>
<h3>第一个元素：${allinfo[0]}</h3>
<h3>第二个元素：${allinfo[1]}</h3>
<h3>第三个元素：${allinfo[2]}</h3>
</body>
</html>
```

本程序首先定义了一个 List 集合对象，之后利用 add()方法向集合中增加了 3 个元素，由于表达式语言只能访问保存在属性范围中的内容，所以此处将集合保存在了 request 范围中，在使用表达式语言输出时，直接通过集合的下标即可访问。程序的运行结果如图 9-7 所示。

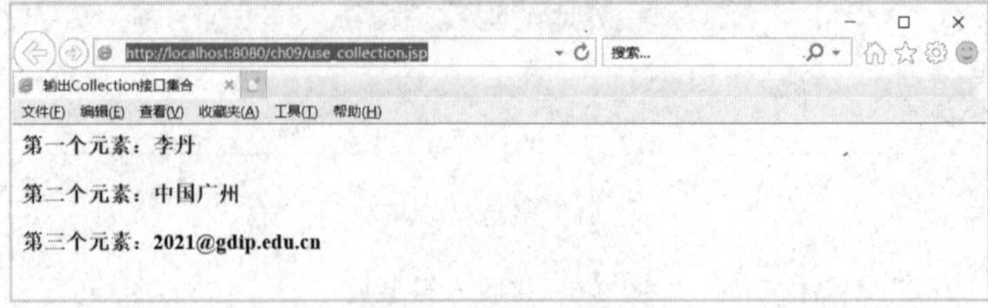

图 9-7　输出 List 集合

注意：使用 request 范围保存属性的目的是为 MVC 设计模式做准备。

在本程序中使用 request 属性范围保存集合，主要是为以后的 MVC 设计模式做准备，因为在 MVC 设计模式中使用 request 属性范围将 Servlet 中的内容传递给 JSP 显示，而表达式语言的最大优点也要结合 MVC 设计模式才可以体现。

【例 9-9】输出 Map 集合。

在项目的 webapp 目录下新建文件 use_map.jsp，代码如下所示。

```
<%@ page contentType="text/html" pageEncoding="GBK"%>
<%@ page import="java.util.*"%>
<html>
<head><title>输出 Map 集合</title></head>
<body>
<%
    Map<String,String> map = new HashMap<String,String>() ;     // 实例化 Map 对象
    map.put("name","李丹") ;                                    // 向集合中增加内容
    map.put("address","广东广州") ;                             // 向集合中增加内容
    map.put("email","2021@gdip.edu.cn") ;                       // 向集合中增加内容
    request.setAttribute("info", map) ;                         // 在 request 范围内保存集合
%>
<h3>KEY 为 name 的内容：${info.name}</h3>
<h3>KEY 为 address 的内容：${info["address"]}</h3>
<h3>KEY 为 email 的内容：${info["email"]}</h3>
</body>
</html>
```

本程序利用 Map 集合保存数据，所以在访问 Map 数据时，就需要通过 key 找到对应的 value，在表达式语言中，除了可以采用“.”的形式访问，也可以采用“[]”的形式访问。程序的运行结果如图 9-8 所示。

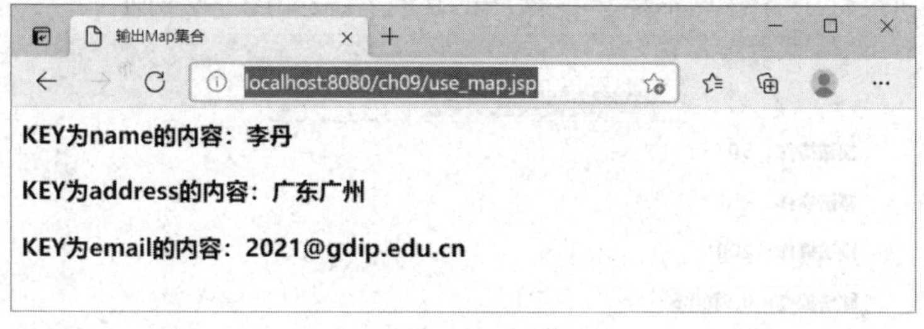

图 9-8　输出 Map 集合

9.1.4　运算符

在表达式语言中为了方便用户的显示操作，定义了许多算术运算符、关系运算符、逻辑运算符等，使用这些运算符可使 JSP 页面更加简洁，但是对于太复杂的操作还是应该在 Servlet 或 JavaBean 中完成。在使用这些运算符时，所有的操作内容可以直接使用设置的属性，而不用考虑转型的问题。

在表达式语言中提供了 5 种算术运算符，如表 9-3 所示。

表 9-3　算术运算符

序　号	算术运算符	描　述	范　例	结　果
1	+	加法操作	${10+20}	30
2	-	减法操作	${10-20}	-10
3	*	乘法操作	${10*20}	200
4	/或 div	除法操作	${10/20}或${10 div 20}	0.5
5	%或 mod	取模（余数）	${10%20}或${10 mod 20}	10

【例 9-10】算术运算操作。

在项目的 webapp 目录下新建文件 math.jsp，代码如下所示。

```
<%@ page contentType="text/html" pageEncoding="UTF-8"%>
<html>
<head><title>算术运算符</title></head>
<body>
<%  // 设置 page 范围属性，基本数据类型自动变为包装类
    pageContext.setAttribute("num1",10) ;
    pageContext.setAttribute("num2",20) ;
%>
<h3>加法操作：${num1 + num2}</h3>
<h3>减法操作：${num1 - num2}</h3>
<h3>乘法操作：${num1 * num2}</h3>
<h3>除法操作：${num1 / num2}和${num1 div num2}</h3>
<h3>取模操作：${num1 % num2}和${num1 mod num2}</h3>
</body>
</html>
```

本程序分别执行了各种算术运算，程序的运行结果如图 9-9 所示。

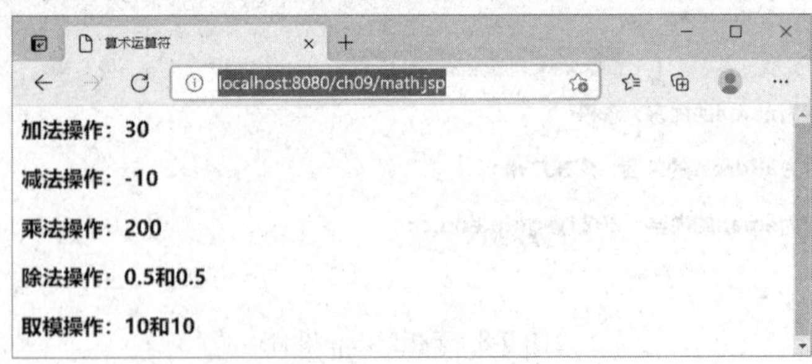

图 9-9　执行算术运算的结果

在表达式语言中提供了 6 种关系运算符，如表 9-4 所示。

表 9-4　关系运算符

序　号	关系运算符	描　述	范　例	结　果
1	==或 eq	等于	${10 == 20} 或 ${10 eq 20}	false
2	!=或 ne	不等于	${10 != 20} 或 ${10 ne 20}	true

续表

序　　号	关系运算符	描　　述	范　　例	结　果
3	<或 lt	小于	${10 < 20} 或 ${10 lt 20}	true
4	>或 gt	大于	${10 > 20} 或 ${10 gt 20}	false
5	<=或 le	小于或等于	${10 <= 20} 或 ${10 le 20}	true
6	>=或 ge	大于或等于	${10 >= 20} 或 ${10 ge 20}	false

【例 9-11】验证关系运算符。

在项目的 webapp 目录下新建文件 rel.jsp，代码如下所示。

```
<%@ page contentType="text/html" pageEncoding="UTF-8"%>
<html>
<head><title>关系运算符</title></head>
<body>
<%  //设置 page 范围属性，基本数据类型自动变为包装类
    pageContext.setAttribute("num1",10) ;
    pageContext.setAttribute("num2",20) ;
%>
<h3>相等判断：${num1 == num2} 和 ${num1 eq num2}</h3>
<h3>不等判断：${num1 != num2} 和 ${num1 ne num2}</h3>
<h3>小于判断：${num1 < num2} 和 ${num1 lt num2}</h3>
<h3>大于判断：${num1 > num2} 和 ${num1 gt num2}</h3>
<h3>小于等于判断：${num1 <= num2} 和 ${num1 le num2}</h3>
<h3>大于等于判断：${num1 >= num2} 和 ${num1 ge num2}</h3>
</body>
</html>
```

本程序分别执行了各种关系运算，程序的运行结果如图 9-10 所示。

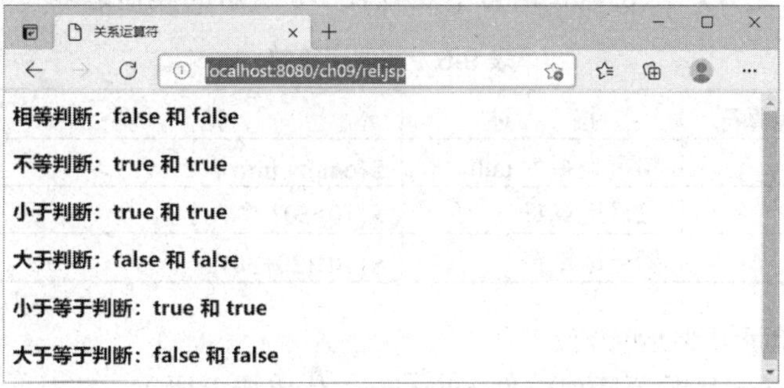

图 9-10　执行关系运算的结果

在表达式语言中提供了 3 种逻辑运算符，如表 9-5 所示。

表 9-5　逻辑运算符

序　　号	逻辑运算符	描　　述	范　　例	结　果
1	&&或 and	与操作	${true && false} 或 ${true and false}	false
2	||或 or	或操作	${true || false} 或 ${true or false}	true
3	!或 not	非操作（取反）	${!true} 或 ${not true}	false

【例 9-12】验证逻辑运算符。

在项目的 webapp 目录下新建文件 logic.jsp，代码如下所示。

```
<%@ page contentType="text/html" pageEncoding="UTF-8"%>
<html>
<head><title>逻辑运算符</title></head>
<body>
<%  //设置 page 范围属性，基本数据类型自动变为包装类
    pageContext.setAttribute("flagA",true) ;
    pageContext.setAttribute("flagB",false) ;
%>
<h3>与操作：${flagA && flagB} 和 ${flagA and flagB}</h3>
<h3>或操作：${flagA || flagB} 和 ${flagA or flagB}</h3>
<h3>非操作：${!flagA} 和 ${not flagB}</h3>
</body>
</html>
```

本程序分别执行了各种逻辑运算，程序的运行结果如图 9-11 所示。

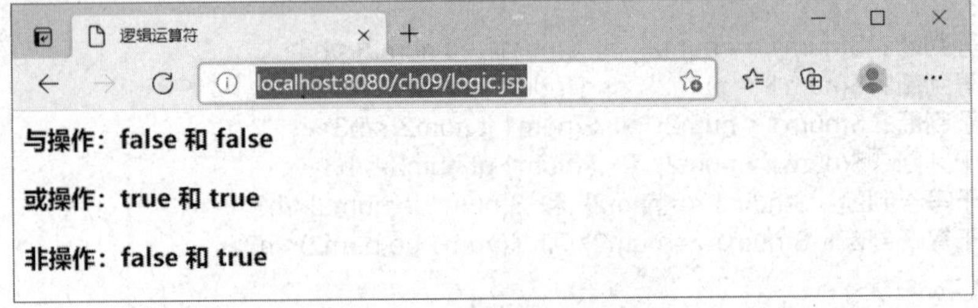

图 9-11　执行逻辑运算的结果

除以上运算符之外，在表达式语言中还有表 9-6 所示的其他运算符。

表 9-6　其他运算符

序　号	其他运算符	描　述	范　例	结　果
1	empty	判断是否为 null	${empty info }	true
2	?:	三目运算符	${10>20? “大于” ： “小于” }	小于
3	()	括号运算符	${10*(20+30)}	500

【例 9-13】验证其他运算符。

在项目的 webapp 目录下新建文件 other.jsp，代码如下所示。

```
<%@ page contentType="text/html" pageEncoding="UTF-8"%>
<html>
<head><title>其他运算符</title></head>
<body>
<%  //设置 page 范围属性，基本数据类型自动变为包装类
    pageContext.setAttribute("num1",10);
    pageContext.setAttribute("num2",20);
    pageContext.setAttribute("num3",30);
%>
```

```
<h3>empty 操作：${empty info}</h3>
<h3>三目操作：${num1>num2 ? "大于" : "小于"}</h3>
<h3>括号操作：${num1 * (num2 + num3)}</h3>
</body>
</html>
```

程序的运行结果如图 9-12 所示。

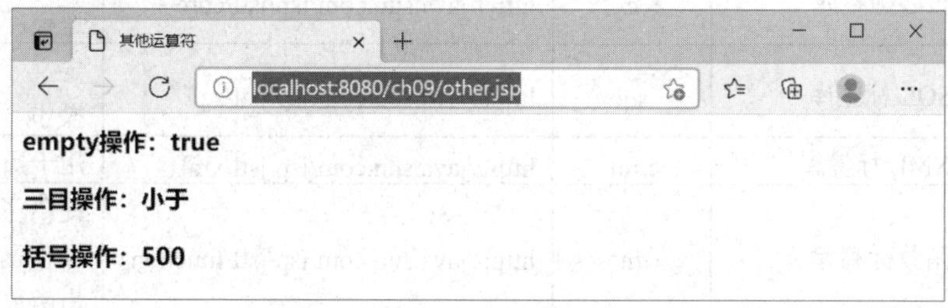

图 9-12　执行其他运算的结果

9.2　JSTL 标准标签库

9.2.1　JSTL 简介

从 JSP 1.1 规范开始，JSP 就支持使用自定义标签，使用自定义标签大大降低了 JSP 页面的复杂度，同时增强了代码的重用性。为此，许多 Web 应用厂商都定制了自身应用的标签库，然而同一功能的标签由不同的 Web 应用厂商制定的话可能是不同的，这就导致市面上出现了很多功能相同的标签，令网页制作者无从选择。为了解决此问题，制定了一套 JSP 标准标签库（JSP standard tag library，JSTL）。

JSTL 是一个开放源代码的标签组件，由 Apache 的 Jakarta 小组开发，可以直接从 https://jakarta.ee/zh/specifications/tags/2.0/网址上下载，如图 9-13 所示。

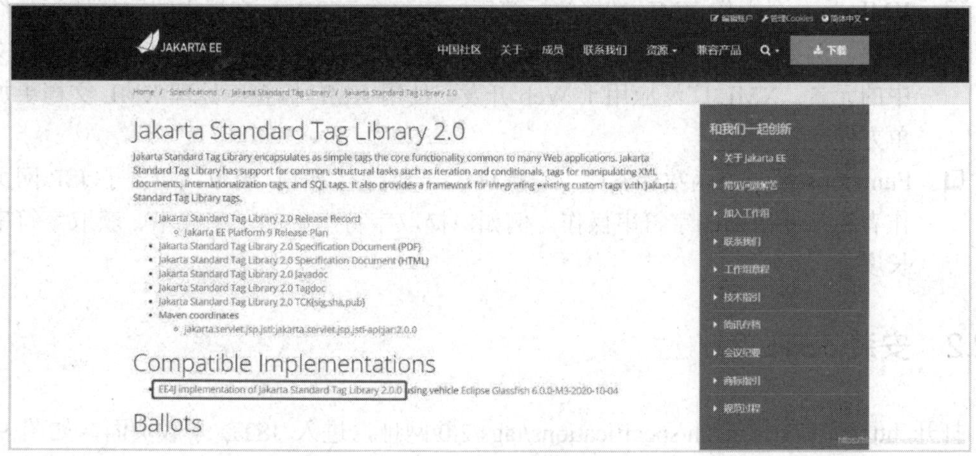

图 9-13　JSTL 下载页

JSTL 实际上是由 5 个不同功能的标签库共同组成的，在 JSTL 2.0 版本中主要有如下几个标签库支持，如表 9-7 所示。

表 9-7　JSTL 中主要的标签库

序　号	JSTL	前　缀	标签库的 URI	描　述
1	核心标签库	c	http://java.sun.com/jsp/jstl/core	定义了属性管理、迭代、判断、输出
2	SQL 标签库	sql	http://java.sun.com/jsp/jstl/sql	定义了查询数据库操作
3	XML 标签库	xml	http://java.sun.com/jsp/jstl/xml	用于操作 XML 数据
4	函数标签库	fn	http://java.sun.com/jsp/jstl/functions	提供了一些常用的操作函数，如字符串函数
5	I18N 格式标签库	fmt	http://java.sun.com/jsp/jstl/fmt	格式化数据

表 9-7 中列举了 JSTL 中包含的所有标签库，以及 JSTL 中各个标签库的 URI 和建议使用的前缀，接下来将分别对这些标签库进行讲解。

- Core 是一个核心标签库，其中包含了实现 Web 应用中通用操作的标签。例如，用于输出文本内容的<c:out>标签、用于条件判断的<c:if>标签、用于迭代循环的<c:forEach>标签。
- I18N 是一个国际化、格式化标签库，它包含实现 Web 应用程序的国际化标签和格式化标签。例如，设置 JSP 页面的本地信息、设置 JSP 页面的时区、使日期按照本地格式显示等。
- SQL 是一个数据库标签库，其中包含了用于访问数据库和对数据库中的数据进行操作的标签。例如，从数据库中获得数据库连接、从数据库表中检索数据等。由于在软件分层开发模型中 JSP 页面仅作为表示层，一般不会在 JSP 页面中直接操作数据库，因此，JSTL 中提供的这套标签库不经常使用。
- XML 是一个操作 XML 文档的标签库，它包含对 XML 文档中的数据进行操作的标签。例如，解析 XML 文件、输出 XML 文档中的内容以及迭代处理 XML 文档中的元素。XML 广泛应用于 Web 开发，使用 XML 标签库处理 XML 文档更加简单方便。
- Functions 是一个函数标签库，它提供了一套自定义 EL 函数，包含了 JSP 网页制作者经常要用到的字符串操作。例如，提取字符串中的子字符串、获取字符串的长度等。

9.2.2　安装 JSTL 2.0

打开 https://jakarta.ee/zh/specifications/tags/2.0/网址，进入 JSTL 下载页面，如图 9-13 所示，直接单击 EE4J implementation of Jakarta Standard Tag Library 2.0.0 即可进行下载。下

载的 JSTL 文件名为 jakarta.servlet.jsp.jstl-2.0.0.jar，直接将此 JAR 包保存在 WEB-INF\lib 目录中，如图 9-14 所示。

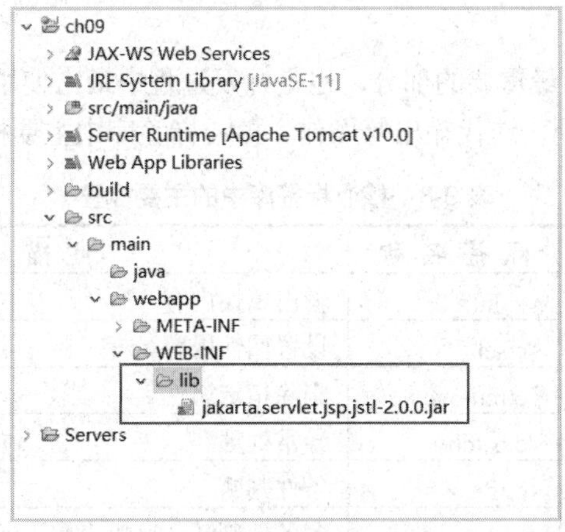

图 9-14　保存 JSTL

配置完成后，下面通过一段代码进行测试。

【例 9-14】第一个 JSTL 程序。

在项目的 webapp 目录下新建文件 hello_jstl.jsp，代码如下所示。

```
<%@ page contentType="text/html" pageEncoding="UTF-8"%>
<%@ taglib prefix="c" uri="http://java.sun.com/jsp/jstl/core"%>
<html>
<head><title>简单的 JSTL 程序</title></head>
<body>
    <h3><c:out value="Hello World!!!"/></h3>
</body>
</html>
```

在上述代码中，taglib 指定的 uri 属性用于指定引入标签库描述符文件的 URI；prefix 属性用于指定引入标签库描述符文件的前缀，在 JSP 文件中使用这个标签库中的某个标签时，都需要使用这个前缀。本程序通过 taglib 指令引入 Core 标签库，之后利用<c:out>标签输出了一个字符串。程序的运行结果如图 9-15 所示。

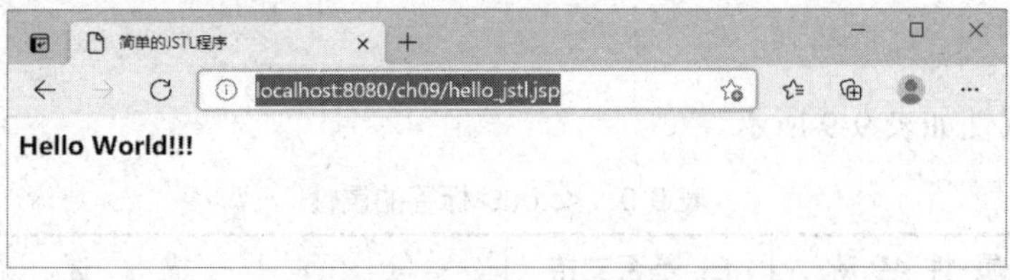

图 9-15　第一个 JSTL 程序的运行结果

9.2.3　核心标签库

核心标签库是 JSTL 中最重要的部分，也是开发过程中最常使用到的部分，在核心标签库中主要完成的就是流程控制、迭代输出等操作。核心标签库中主要标签的名称如表 9-8 所示。

表 9-8　核心标签库中的主要标签

序　号	功能分类	标签名称	描　述
1	基本标签	<c:out>	输出属性内容
2		<c:set>	设置属性内容
3		<c:remove>	删除指定属性
4		<c:catch>	异常处理
5	流程控制标签	<c:if>	条件判断
6		<c:choose>	多条件判断，可以设置< c:when>和< c: otherwise>标签
7	迭代标签	<c:forEach>	输出数组、集合
8		<c:forTokens>	字符串拆分及输出操作
9	包含标签	<c:import>	将一个指定的路径包含到当前页进行显示
10	生成 URL 标签	<c:url>	根据路径和参数生成一个新的 URL
11	客户端跳转	<c:redirect>	重定向，即客户端跳转

下面通过实例依次讲解部分标签的使用。

1. <c:out>标签

<c:out>标签主要用于输出内容，与表达式语言或表达输出的作用是一样的。

<c:out>标签的语法如下。

【语法 9-1：<c:out>输出——没有标签体】

```
<c:out value="打印的内容" [escapeXml="[true|false]"] [default="默认值"]/>
```

【语法 9-2：<c:out>输出——有标签体】

```
<c:out value="打印的内容" [escapeXml="[true|false]"]>
    默认值
</c:out>
```

本标签的属性如表 9-9 所示。

表 9-9　<c:out>标签的属性

序　号	属性名称	EL 是否支持	描　述
1	value	是	设置要显示的内容
2	default	是	如果要显示的 value 内容为 null，则显示 default 定义的内容
3	escapeXml	是	是否转换字符串，如将“>”转换成“> ”，默认为 true

【例 9-15】使用<c:out >输出。

新建文件 out.jsp，代码如下所示。

```
<%@ page contentType="text/html" pageEncoding="UTF-8"%>
<%@ taglib prefix="c" uri="http://java.sun.com/jsp/jstl/core"%>
<html>
<head><title>c:out 输出</title></head>
<body>
<%
    pageContext.setAttribute("info","广东广州") ;
%>
<h3>属性存在：<c:out value="${info}"/></h3>
<h3>属性不存在：<c:out value="${ref}" default="没有此内容！"/></h3>
<h3>属性不存在：<c:out value="${ref}">没有此内容！</c:out></h3>
</body>
</html>
```

本程序首先设置了一个 page 范围的属性 info，之后利用<c:out>进行输出，可以发现，如果要输出的属性存在，则输出具体的属性内容；如果属性不存在，则显示默认值，默认值可以设置在 default 中，也可以设置在标签主体中。程序的运行结果如图 9-16 所示。

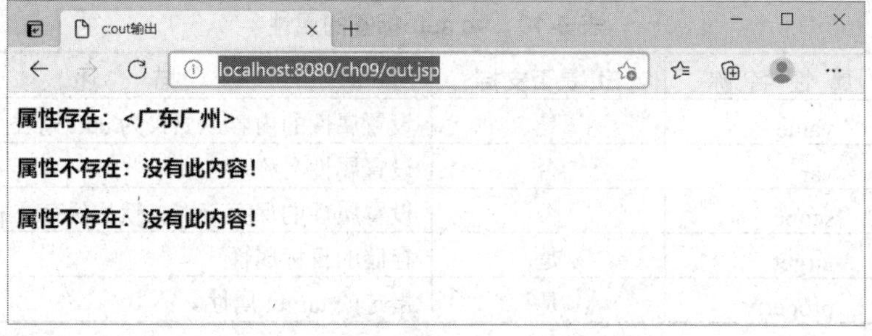

图 9-16　使用<c:out>输出

本程序输出时，所有的特殊字符都已经自动转换成了相应的实体参照进行显示，如图 9-17 所示。

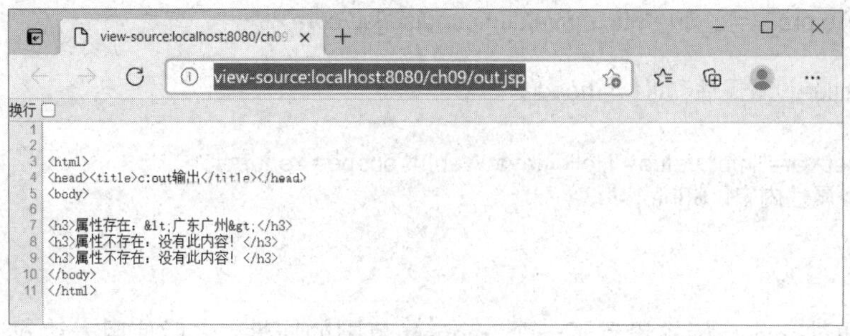

图 9-17　输出结果

2. <c:set>标签

<c:set>标签主要用来将属性保存在四种属性范围中，与 setAttribute()方法的作用类似，

语法如下。

【语法 9-3：<c:set>设置——没有标签体】

```
< c:set var="属性名称" value="属性内容" [ scope="page| request| session| application]"]/>
```

【语法 9-4：<c:set>设置——有标签体】

```
< c:set var="属性名称" [ scope=" [page| request | session| application"]>
    属性内容
</c:set>
```

【语法 9-5：<c:set>设置内容到对象——没有标签体】

```
< c:set value="属性内容" target="属性名称" property="属性名称"/>
```

【语法 9-6：<c:set>设置内容到对象——有标签体】

```
<c:set target="属性名称" property="属性名称>
    属性内容
</c:set>
```

本标签的属性如表 9-10 所示。

表 9-10　<c:set>标签的属性

序　号	属 性 名 称	EL 是否支持	描　述
1	value	是	设置属性的内容，如果为 null 则表示删除属性
2	var	否	设置属性名称
3	scope	否	设置属性的保存范围，默认保存在 page 范围中
4	target	是	存储的目标属性
5	property	是	指定的 target 属性

【例 9-16】通过<c:set>设置属性。

新建文件 set_demo.jsp，代码如下所示。

```
<%@ page contentType="text/html" pageEncoding="UTF-8"%>
<%@ taglib prefix="c" uri="http://java.sun.com/jsp/jstl/core"%>
<html>
<head><title>设置属性</title></head>
<body>
    <c:set var="info" value="Hello Java Web!!!" scope="request"/>
    <h3>属性内容：${info}</h3>
</body>
</html>
```

本程序通过<c:set>标签设置了一个 request 范围的属性，之后使用表达式语言输出。程序的运行结果如图 9-18 所示。

还可以将指定的内容设置到一个 JavaBean 的属性中，此时就需要通过 target 和 property 进行操作。

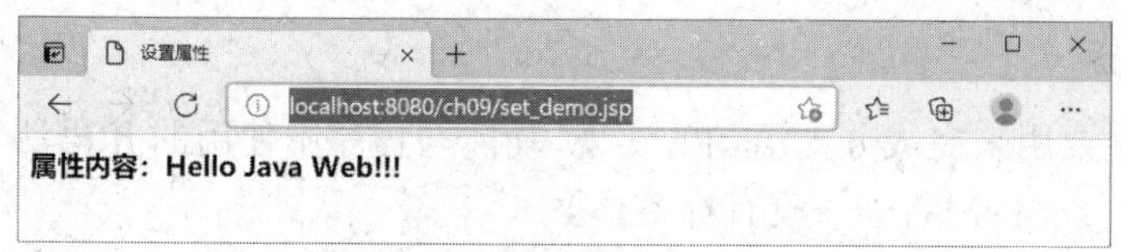

图 9-18　设置属性并输出

【例 9-17】通过<c:set>设置内容到对象。

首先需要定义 JavaBean，新建文件 SimpleBean.java，代码如下所示。

```
package com.org.vo ;
public class SimpleBean {
    private String info ;
    public String getInfo(){
        return this.info ;
    }
    public void setInfo(String info){
        this.info = info ;
    }
}
```

之后在一个 JSP 页面中引入此 JavaBean，并且将此 JavaBean 保存在 page 范围中。然后设置属性，新建文件 set_bean.jsp，代码如下所示。

```
<%@ page contentType="text/html" pageEncoding="UTF-8"%>
<%@ page import="com.org.vo.SimpleBean"%>
<%@ taglib prefix="c" uri="http://java.sun.com/jsp/jstl/core"%>
<html>
<head><title>设置属性</title></head>
<body>
    <%//定义一个 JavaBean
        SimpleBean sim = new SimpleBean() ;
        request.setAttribute("simple",sim) ;
    %>
    <!-- 将 value 的内容设置到 simple 对象的 info 属性中 -->
    <c:set value="Hello Java Web!" target="${simple}" property="info"/>
    <h3>属性内容：${simple.info}</h3>
</body>
</html>
```

本程序首先在 request 范围中保存了一个 simple 的属性，之后通过<c:set>标签将 value 的内容设置到 info 属性中，程序的运行结果如图 9-19 所示。

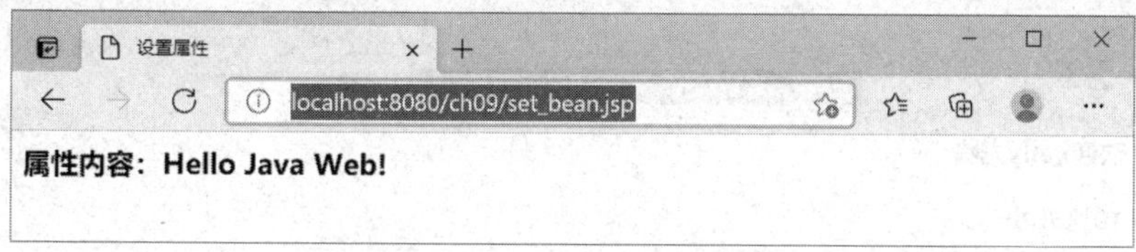

图 9-19　使用<c:set>设置属性内容

3. <c:if>标签

<c:if>标签主要用来完成分支语句的实现，功能与程序中使用的 if 语法一样，语法如下。

【语法 9-7：<c:if>判断——没有标签体】

```
<c:if test="判断条件" var="储存判断结果" [scope="[page|request|session|application]"]/>
```

【语法 9-8：<c:if>判断——有标签体】

```
<c:if test="判断条件" var="储存判断结果" [scope="[page|request|session|application]"]>
满足条件时执行的语句
</c:if>
```

本标签的属性如表 9-11 所示。

表 9-11　<c:if>标签的属性

序　　号	属 性 名 称	EL 是否支持	描　　述
1	test	是	用于判断条件，如果条件为 true，则执行标签体的内容
2	var	否	保存判断的结果
3	scope	否	指定判断结果的保存范围，默认是 page 范围

【例 9-18】判断操作。

新建文件 if_demo.jsp，代码如下所示。

```
<%@ page contentType="text/html" pageEncoding="UTF-8"%>
<%@ taglib prefix="c" uri="http://java.sun.com/jsp/jstl/core"%>
<html>
<head><title>判断操作</title></head>
<body>
    <c:if test="${param.ref=='kelly'}" var="res1" scope="page">
        <h3>欢迎${param.ref}光临</h3>
    </c:if>
    <c:if test="${10<30}" var="res2">
        <h3>10 比 30 小</h3>
    </c:if>
</body>
</html>
```

本程序中的第一个<c:if>标签通过表单发送的请求参数进行判断，如果传递 ref 参数的内容是“kelly”，则显示欢迎光临的信息；在第二个<c:if>标签中通过一个“10<30”的语句进行判断，如果满足则打印信息。程序的运行结果如图 9-20 所示。

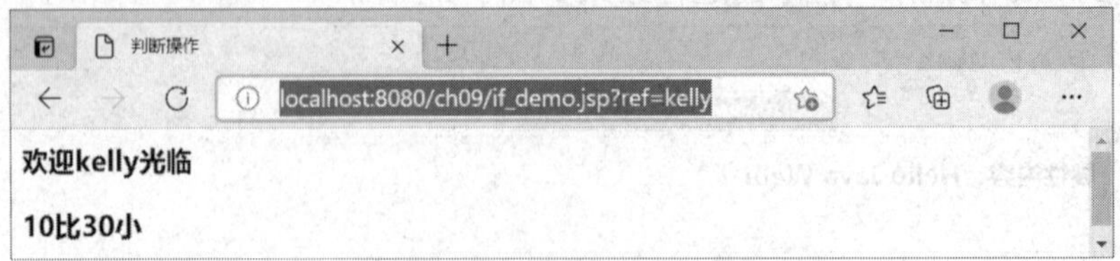

图 9-20　判断语句

4. <c:choose>、<c: when>、<c:otherwise>标签

<c:if>标签可以提供的功能只是针对一个条件的判断，如果现在要同时判断多个条件，可以使用<c:choose>标签，但是<c:choose>标签只能作为<c:when>和<c:otherwise>的父标签出现。<c: choose>标签的语法如下。

【语法 9-9：<c:choose>条件选择】

```
<c:choose>
    标签体内容（< c:when>、< c:otherwise>）
</c:choose>
```

本标签中没有任何属性，而且本标签中只能有以下所示内容。

- <c:when>标签：可以出现一次或多次，用于进行条件判断。
- < c:otherwise>标签：可以出现 0 次或一次，用于所有条件都不满足时操作。

<c:when>标签与<c:if>标签类似，都需要通过 test 进行条件判断，此标签的语法如下。

【语法 9-10：<c:when>条件判断】

```
<c:when test="判断条件">
        满足条件时执行的语句
</c:when>
```

本标签的属性如表 9-12 所示

表 9-12　<c:when>标签的属性

序　号	属 性 名 称	EL 是否支持	描　述
1	test	是	用于判断条件，如果条件为 true，则执行标签体的内容

<c:otherwise>标签的功能与 switch 语句中的 default 语句的功能类似，当所有的<c:when>定义的条件都不能满足时，使用<c:otherwise>标签，此标签的语法如下。

【语法 9-11：<c: otherwise>】

```
<c:otherwise>
    当所有< c:when>不满足时，执行本标签体内容
</c:otherwise >
```

【例 9-19】多条件判断。

新建文件 choose_demo.jsp，代码如下所示。

```
<%@ page contentType="text/html" pageEncoding="UTF-8"%>
<%@ taglib prefix="c" uri="http://java.sun.com/jsp/jstl/core"%>
<html>
<head><title>多条件判断</title></head>
<body>
    <%
        pageContext.setAttribute("num",15) ;
    %>
    <c:choose>
```

```
            <c:when test="${num==10}">
                <h3>num 属性的内容是 10！</h3>
            </c:when>
            <c:when test="${num==20}">
                <h3>num 属性的内容是 20！</h3>
            </c:when>
            <c:otherwise>
                <h3>没有一个条件满足！</h3>
            </c:otherwise>
        </c:choose>
</body>
</html>
```

本程序通过 page 范围保存了一个数字的属性内容，之后在<c:choose>中通过不同的<c:when>标签进行判断，如果满足条件则执行，如果没有一个条件满足则执行<c:otherwise>标签的内容。程序的运行结果如图 9-21 所示。

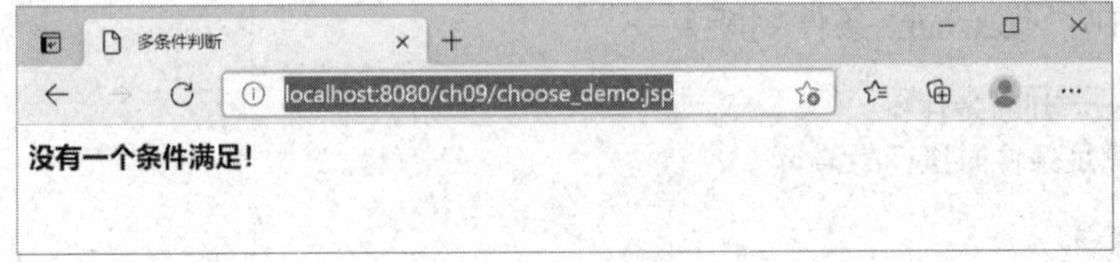

图 9-21　多条件判断

注意：<c:otherwise>要写在<c:when>之后。

<c:otherwise>标签是当所有的<c:when>都不满足时执行的，所以此标签在编写时一定要放在所有<c:when>标签的最后。

5. <c:forEach>标签

< c:forEach>标签的主要功能为循环控制，可以将集合中的成员进行迭代输出，功能与 Iterator 接口类似。<c:forEach>标签的语法如下。

【语法 9-12：<c:forEach>输出标签】

```
< c:forEach  [var="每一个对象的属性名称"] items="集合" [varStatus="保存相关成员信息"]
[begin="集合的开始输出位置" [end="集合的结束输出位置" ] [step="每次增长的步长"]>
    标签体
</c:forEach>
```

本标签的属性如表 9-13 所示。

表 9-13　<c:forEach>标签的属性

序　号	属性名称	EL 是否支持	描　述
1	var	否	用来存放集合中的每一个对象
2	items	是	保存所有的集合，主要是数组、Collection（List、Set）及 Map
3	varStatus	否	用于存放当前对象的成员信息

续表

序　　号	属 性 名 称	EL 是否支持	描　　述
4	begin	是	集合的开始位置，默认从 0 开始
5	end	是	集合的结束位置，默认为集合的最后一个元素
6	step	是	每次迭代的间隔数，默认为 1

【例 9-20】输出数组。

新建文件 print_arrays.jsp，代码如下所示。

```
<%@ page contentType="text/html" pageEncoding="UTF-8"%>
<%@ taglib prefix="c" uri="http://java.sun.com/jsp/jstl/core"%>
<html>
<head><title>输出数组</title></head>
<body>
    <%
        String info[] = {"广州","李丹","www.gdqy.edu.cn"} ;
        pageContext.setAttribute("ref",info) ;
    %>
    <h3>输出全部：
    <c:forEach items="${ref}" var="mem">
        ${mem}、
    </c:forEach></h3>
    <h3>输出全部（间隔为 2）：
    <c:forEach items="${ref}" var="mem" step="2">
        ${mem}、
    </c:forEach></h3>
    <h3>输出前两个：
    <c:forEach items="${ref}" var="mem" begin="0" end="1">
        ${mem}、
    </c:forEach></h3>
</body>
</html>
```

本程序在 page 范围中保存了一个数组的信息，之后采用<c:forEach>进行输出。程序的运行结果如图 9-22 所示。

图 9-22　输出数组

【例 9-21】输出集合。

新建文件 print_list.jsp，代码如下所示。

```
<%@ page contentType="text/html" pageEncoding="UTF-8"%>
<%@ page import="java.util.*"%>
<%@ taglib prefix="c" uri="http://java.sun.com/jsp/jstl/core"%>
<html>
<head><title>输出 List 集合</title></head>
<body>
    <%
        List<String> all = new ArrayList<String>() ;
        all.add("广州") ;                          // 向集合中加入内容
        all.add("李丹") ;                          // 向集合中加入内容
        all.add("www.gdqy.edu.cn");                // 向集合中加入内容
        pageContext.setAttribute("ref",all) ;
    %>
    <h3>输出全部：
    <c:forEach items="${ref}" var="mem">
        ${mem}、
    </c:forEach></h3>
</body>
</html>
```

本程序定义一个 List 集合，之后通过 add()方法向 List 集合中增加了 3 个内容，并将 List 保存在 page 属性范围中，最后采用< c: forEach>进行输出。程序的运行结果如图 9-23 所示。

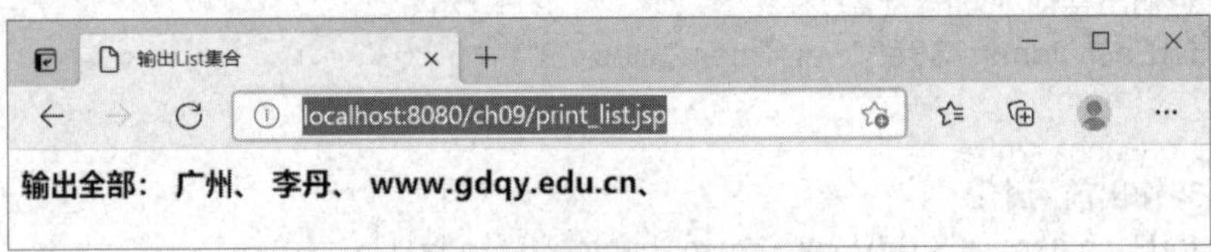

图 9-23　输出 List 集合

注意：也可以输出 Set 和 Collection。

在使用<c:forEach>输出时，不仅可以输出 List，也可以输出 Set，即只要是 Collection 接口的子接口或类都可以输出。

也可以使用<c:forEach>输出 Map 集合，但是在输出 Map 集合时需要注意，所有保存在 Map 集合中的对象都是通过 Map.Entry 的形式保存的，所以要想分离出 key 和 value，则需要通过 Map.Entry 提供的 getKey()和 getValue()方法。

【例 9-22】输出 Map 集合。

新建文件 print_map.jsp，代码如下所示。

```
<%@ page contentType="text/html" pageEncoding="UTF-8"%>
<%@ page import="java.util.*"%>
<%@ taglib prefix="c" uri="http://java.sun.com/jsp/jstl/core"%>
<html>
<head><title>输出 Map 集合</title></head>
<body>
```

```
    <%
        Map<String,String> map = new HashMap<String,String>() ;
        map.put("site","www.gdqy.edu.cn") ; // 向集合中加入内容
        map.put("address","广州") ;
        pageContext.setAttribute("ref",map) ;
    %>
    <c:forEach items="${ref}" var="mem">
        <h3>${mem.key} --> ${mem.value}</h3>
    </c:forEach>
</body>
</html>
```

本程序通过 Map 保存了两组数据，之后采用<c:forEach>进行输出。程序的运行结果如图 9-24 所示。

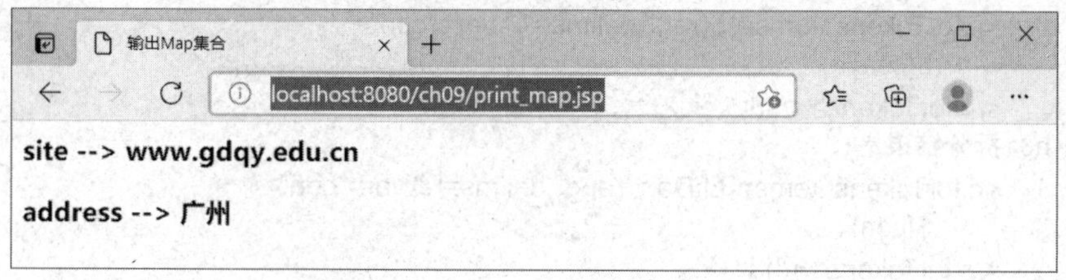

图 9-24　输出 Map 集合

6. <c:forTokens>标签

<c:forTokens>标签也是用于输出操作的，它更像是 String 类中的 split()方法和循环输出的一种集合。<c:forTokens>标签的语法如下。

【语法 9-13：<c:forTokens>输出标签】

```
<c:forTokens items="输出的字符串" delims="字符串分割符" [var="存放每一个字符串变量"]
[varStatus="存放当前对象的相关信息"] [begin="输出位置"] [end="结束位置"] [step="输出间隔"]>
    标签体内容
</c:forTokens>
```

本标签的属性如表 9-14 所示。

表 9-14　<c:forTokens>标签的属性

序　号	属 性 名 称	EL 是否支持	描　　述
1	var	否	用来存放集合中的每一个对象
2	items	是	要输出的字符串
3	delims	否	定义分隔字符串的内容
3	varStatus	否	存放当前对象的相关信息
4	begin	是	开始的输出位置，默认从 0 开始
5	end	是	结束的输出位置，默认为最后一个成员
6	step	是	迭代输出的间隔

【例 9-23】使用<c:forTokens>进行输出。

新建文件 print_tokens.jsp，代码如下所示。

```
<%@ page contentType="text/html" pageEncoding="UTF-8"%>
<%@ page import="java.util.*"%>
<%@ taglib prefix="c" uri="http://java.sun.com/jsp/jstl/core"%>
<html>
<head><title>forTokens</title></head>
<body>
    <%
        String info = "www.gdqy.edu.cn" ;          //定义字符串，使用"."分隔
        pageContext.setAttribute("ref",info) ;
    %>
    <h3>拆分结果是：
        <c:forTokens items="${ref}" delims="." var="con">
            ${con}、
        </c:forTokens></h3>
    <h3>拆分结果是：
        <c:forTokens items="Li:Dan:Yang" delims=":" var="con">
            ${con}、
        </c:forTokens></h3>
</body>
</html>
```

本程序通过设置两种内容验证了<c:forTokens>标签的使用：一个是通过属性范围设置 items；另一个是将一个字符串直接设置到 items 中，并分别通过 delims 指定了分隔的字符串。程序的运行结果如图 9-25 所示。

图 9-25　使用<c:forTokens>输出

模块 10　MVC 分层 Web 开发

【模块导读】

JSP 是当前流行的动态技术标准之一，使用 JSP 技术开发 Web 应用程序时有两种开发模型可供选择，被称为 JSP Mode I和 JSP Mode II。本模块将主要针对 JSP 的两种开发模型以及 MVC 模式进行详细的讲解。

【学习目标】

知识目标：

- ❑ 了解什么是 JSP 开发模式。
- ❑ 熟悉 MVC 设计模式的原理。
- ❑ 熟悉 JSP ModeⅠ和 JSP ModeⅡ。
- ❑ 掌握 MVC 模式的实际应用方法。

能力目标：

- ❑ 能够熟练使用 MVC 进行 Web 程序开发。
- ❑ 能够基于 MVC 实现信息管理和分页查询功能。

素质目标：

- ❑ 提升分析问题和解决问题的能力。
- ❑ 养成良好的编程习惯和工程规范。
- ❑ 养成严谨的工作作风。

【学习导图】

【任务导入】

随着业务功能的复杂度逐渐提高，多人协同、代码复用等已经成为大家所关注的问题，如何使得开发的 Web 系统结构清晰且具有较好的健壮性，并且在多人协同时能够做到代码重用，是一个亟须解决的问题。

10.1　JSP 开发模式：Mode I与 Mode II

在实际的 Web 开发中有两种主要的开发模型，称为 JSP ModeⅠ和 JSP ModeⅡ。JSP

Mode Ⅰ简单轻便，适合小型 Web 项目的快速开发；JSP ModeⅡ模型是在 JSP Mode Ⅰ的基础上提出的，它提供了更清晰的代码分层，更适用于多人合作开发的大型 Web 项目。实际开发过程中可以根据项目需求，选择合适的模型。接下来就针对这两种开发模型进行详细介绍。

10.1.1　JSP Mode I

在讲解 JSP Mode Ⅰ之前，先来了解一下 JSP 开发的早期模型。在早期使用 JSP 开发的 Java Web 应用中，JSP 文件是一个独立的、能自主完成所有任务的模块，主要负责处理业务逻辑、控制网页流程和向用户展示页面等。接下来通过一张图来描述 JSP 早期模型的工作原理，如图 10-1 所示。

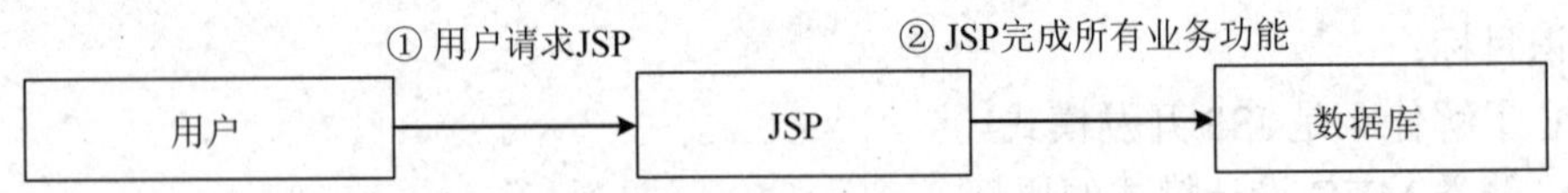

图 10-1　早期模型的工作原理示意图

从图 10-1 中可以看出，首先浏览器会发送请求给 JSP，然后 JSP 会直接对数据库进行读取、保存或修改等操作，最后 JSP 会将操作结果响应给浏览器。但是在程序中，JSP 页面功能的“过于复杂”会给开发带来一系列的问题，比如 JSP 页面中 HTML 代码和 Java 代码强耦合在一起，使得代码的可读性很差；数据、业务逻辑、控制流程混合在一起，使得程序难以修改和维护。为了解决上述问题，提出了一种 JSP 开发的架构模型——JSP Mode Ⅰ。

JSP Mode Ⅰ采用 JSP+ JavaBean 的技术，将页面显示和业务逻辑分开。其中，JSP 实现流程控制和页面显示，JavaBean 对象封装数据和业务逻辑。接下来通过一张图来描述 JSP Mode Ⅰ的工作原理，如图 10-2 所示。

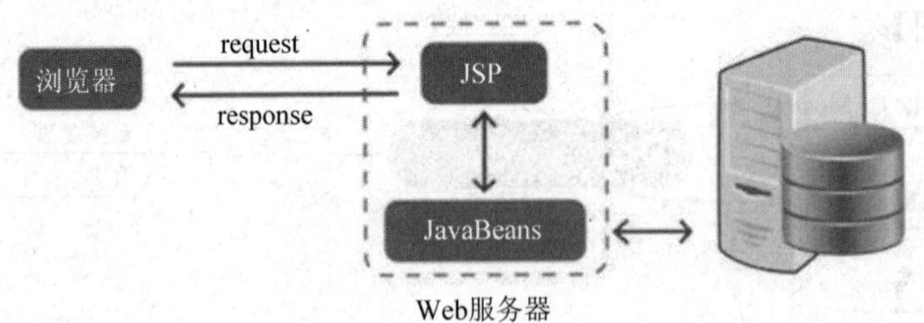

图 10-2　JSP Mode Ⅰ的工作原理示意图

从图 10-2 中可以看出，JSP Mode Ⅰ模型将封装数据和处理数据的业务逻辑交给了 JavaBean 组件，JSP 只负责接收用户请求和调用 JavaBean 组件来响应用户的请求。这种设计实现了数据、业务逻辑和页面显示的分离，在一定程度上实现了程序开发的模块化，降低了程序修改和维护的难度。

10.1.2　JSP Mode II

JSP Mode I 虽然将数据和部分的业务逻辑从 JSP 页面中分离出去，但是 JSP 页面仍然需要负责流程控制和产生用户界面。对于一个业务流程复杂的大型应用程序来说，在 JSP 页面中依旧会嵌入大量的 Java 代码，这样会给项目管理带来很大的麻烦。为了解决以上问题，在 Mode I 的基础上又提出了 JSP Mode II 架构模型。

JSP Mode II 架构模型采用 JSP+Servlet+JavaBean 的技术，此技术将原本 JSP 页面中的流程控制代码提取出来，封装到 Servlet 中，从而实现了整个程序页面显示、流程控制和业务逻辑的分离。实际上，JSP Mode II 模型就是 MVC[模型（model）-视图（view）-控制器（controller）]设计模式。其中，控制器的角色是由 Servlet 实现的，视图的角色是由 JSP 页面实现的，模型的角色是由 JavaBean 实现的。接下来通过一张图来描述 JSP Mode II 的工作原理，如图 10-3 所示。

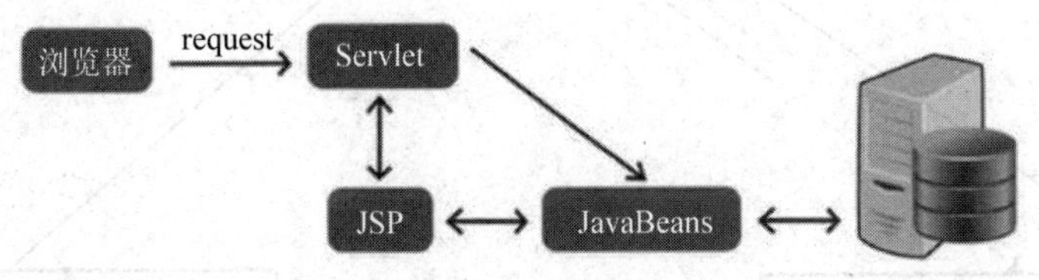

图 10-3　JSP Mode II 的工作原理示意图

从图 10-3 中可以看出，Servlet 充当了控制器的角色，它首先接收浏览器发送的请求，然后根据请求信息实例化 JavaBean 对象来封装操作数据库后返回的数据，最后选择相应的 JSP 页面将响应结果显示在浏览器中。

10.2　MVC 设计模式应用

10.2.1　什么是 MVC 设计模式

MVC 即 model-view-controller（模型-视图-控制器），是一种软件设计模式，最早出现在 Smalltalk 语言中，后被推荐为 Java EE 平台的设计模式。MVC 设计模式将软件程序分为 3 个核心模块：模型（model）、视图（view）和控制器（controller），这三者在应用程序中的主要作用如下。

1. 模型

模型（model）负责实现应用程序的业务逻辑，封装各种对数据的处理方法。它不关心它会如何被视图层显示或被控制器调用，它只接收数据并进行处理，然后返回一个结果。一般都是以 JavaBean 的形式进行定义。

2. 视图

视图（view）负责与用户进行交互，获取用户输入的数据并通过控制层传递给模型层处理，然后再通过控制层获取模型层返回的结果并显示给用户。

3. 控制器

控制器（controller）负责控制应用程序的流程，它负责从视图中读取数据，然后选择模型层中的某个业务方法来处理，接收模型层返回的结果并选择视图层中的某个视图来显示结果。

为了帮助读者更加清晰直观地理解这 3 个模块之间的关系和功能，接下来通过一张图来描述，如图 10-4 所示。

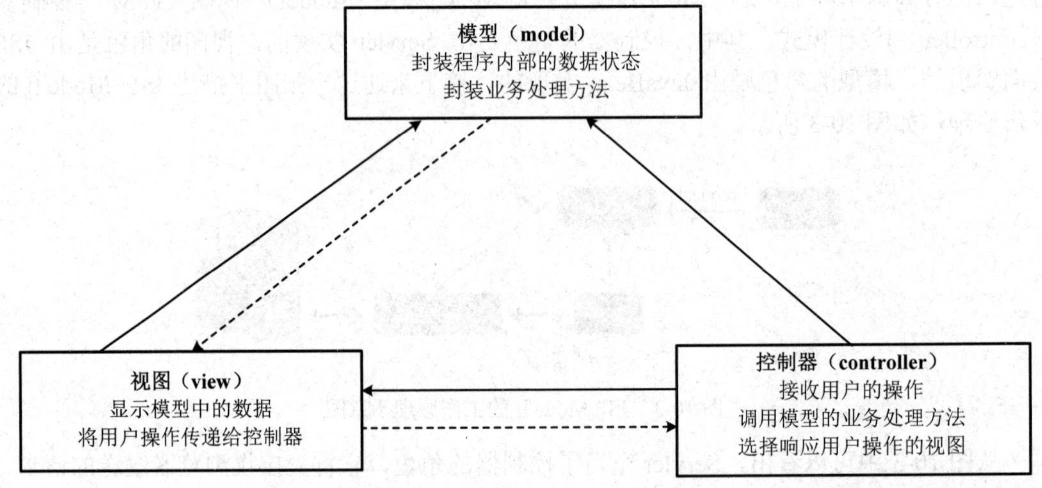

图 10-4　MVC 模型 3 个模块之间的关系和功能图

在图 10-4 中，当控制器接收到用户的请求后，会根据请求信息调用模型组件的业务方法，对业务方法处理完毕后，再根据模型的返回结果选择相应的视图组件来显示处理结果和模型中的数据。

MVC 框架模式的优势如下。

- 有利于代码的复用。
- 有利于开发人员分工。
- 有利于降低程序模块间的耦合，便于程序的维护与扩展。

10.2.2　MVC 模式应用

本小节使用 MVC 设计模式来实现用户注册功能，具体了解 MVC 模式在实现业务功能上的流程。具体功能需求如下。

（1）用户单击【注册】按钮，系统弹出注册页面。

（2）用户输入注册信息，单击【提交】按钮，系统保存用户信息，并返回到登录页面。

在这项功能中，用户与系统的交互有两次，并且这两次交互中都需要应用 MVC 模式。

（1）第一次交互应用 MVC 模式的过程如图 10-5 所示。

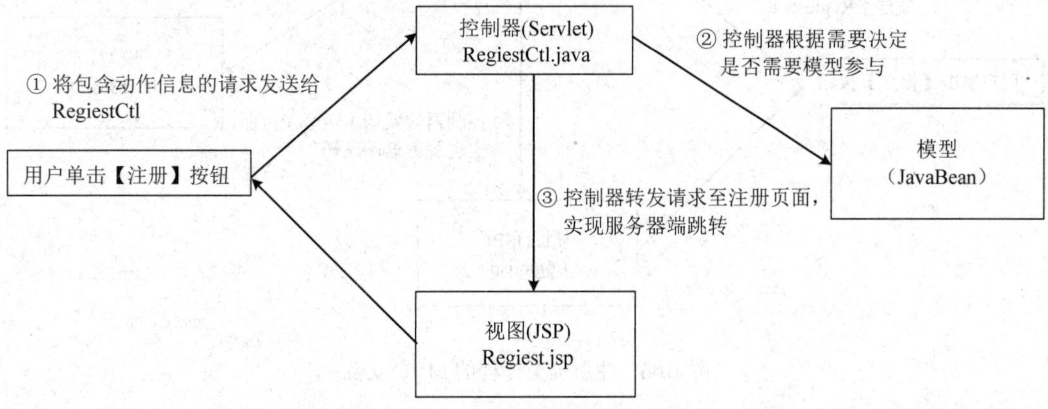

图 10-5　注册过程的 MVC 交互

在上述过程中，浏览器首先将包含动作信息的请求发送给 RegiestCtl，如下所示。

```
http://localhost:8080/webapp/RegiestCtl?action=regiest
```

然后控制器根据 action 的信息判断是用户注册的业务，然后根据业务需要决定是否需要模型参与，例如，注册页面中如果需要加载省份、城市等信息让用户选择，而且这些信息是存储在数据库中的，则此时就需要借助模型获取省份、城市信息，并返回给控制器。控制器获取到模型返回的数据后，需要做一个关键的操作，即将该数据绑定到请求对象中，如下所示。

```
request.setAttribute(“attrname”,attrobj);
```

该操作将数据以对象的形式绑定到请求对象中。

随后，通过 dispatch 操作，将请求转发至 JSP 页面。如下所示。

```
RequestDispatcher requestDispatcher = request.getRequestDispatcher("/Regiest.jsp");
requestDispatcher.forward(request, response);
```

经过此操作后，之前绑定到请求中的数据就会随着请求转发而进入注册页面。注册页面也就可以通过 getAttribute 操作获取数据进行展示。

```
Object obj = request.getAttribute(“attrname”);
```

（2）第二次交互是用户录入注册信息之后，单击【提交】按钮，本次交互过程应用 MVC 模式，如图 10-6 所示。

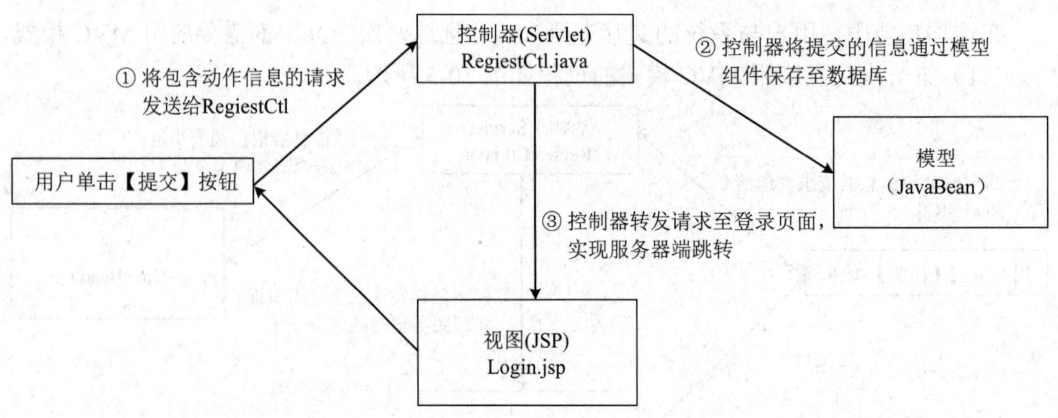

图 10-6　注册提交过程的 MVC 交互

在上述过程中，浏览器将包含动作信息的请求发送给 RegiestCtl，如下所示。

```
http://localhost:8080/webapp/RegiestCtl?action=submit
```

控制器根据 action 的信息判断是注册提交的业务，然后根据业务需要将提交来的信息借助模型组件保存至数据库。因为是保存操作，无须返回数据，因此保存信息之后，可以直接通过 dispatch 操作，将请求转发至 JSP 页面。如下所示。

```
RequestDispatcher requestDispatcher = request.getRequestDispatcher("/Login.jsp");
requestDispatcher.forward(request, response);
```

经过上述操作，用户可以看到登录页面了，本次基于 MVC 的交互过程完成。

10.3　项 目 实 战

10.3.1　任务 10-1：基于 MVC 的信息管理系统实现

【任务目标】

本次任务的信息管理系统是实现产品信息的管理，主要包括增加、删除和修改功能。

【实现步骤】

1. 产品信息的新增

产品信息的新增功能与 10.2 节介绍的注册功能类似，都需要两次交互过程。

（1）用户单击【产品新增】按钮，系统返回产品新增页面。

（2）用户录入产品信息之后，单击【提交】按钮，系统保存产品信息，并返回到主页。

按照 10.2 节的示例，用户单击【产品新增】按钮后，浏览器将提交如下请求。

```
http://localhost:8080/webapp/product?action=new
```

该请求将提交给名字为 product 的 Servlet 进行处理，该 Servlet 主要代码如下所示。

```
protected void doGet(HttpServletRequest request,
            HttpServletResponse response) throws ServletException, IOException {
            request.setCharacterEncoding("utf-8");
            String action = request.getParameter("action");
            if(action.equals("new")) {
            // 直接转发
            request.getRequestDispatcher("product_insert.jsp").forward(request,response) ;
            }
}
```

本次交互过程由于无须在 product_insert.jsp 中加载其他数据，因此没有利用到模型组件，直接转发即可。product_insert.jsp 页面主要代码如下所示。

```
<form role="form" name="updateform" method="post"
              enctype="multipart/form-data" action="product?action=post">
          <div class="form-group">
                <label for="exampleInput">名称</label>
                <input type="text" class="form-control" id="name" name="name" />
          </div>
          <div class="form-group">
                <label for="exampleInput">描述</label>
                <input type="text" class="form-control" id="note" name="note"/>
          </div>
          <div class="form-group">
                <label for="exampleInput">价格</label>
                <input type="number" class="form-control" id="price" name="price"/>
          </div>
          <div class="form-group">
                <label for="exampleInput">库存</label>
                <input type="number" min="0" class="form-control"
                                        id="amount" name="amount" />
          </div>
          <div class="form-group">
                <label for="exampleInputFile">产品图片</label>
                <input type="file" id="exampleInputFile" name="pic" />
          </div>
          <button type="submit" class="btn btn-default">确定保存</button>
     </form>
```

当用户录入产品信息之后，单击【提交】按钮，浏览器将提交如下请求。

```
http://localhost:8080/webapp/product?action=post
```

该请求同样将提交给名字为 product 的 Servlet 进行处理，该 Servlet 主要代码如下所示。

```
if(action.equals("post")) {
            String name = request.getParameter("name");
            String note = request.getParameter("note");
```

```
        String price = request.getParameter("price");
        String amount = request.getParameter("amount");
        String pic = null;
        //获取/pic 的物理路径
        String path = getServletContext().getRealPath("/pic");
        //获取文件
        Part part = request.getPart("pic");
        //判断是否有上传文件
        if(part.getSize() != 0) {
        String filename = part.getSubmittedFileName();
        String str[] = filename.split("\\.");
        //获取文件的扩展名，如 png、jpg 等
        String suffix = str[str.length-1];
        //生成唯一编码，使用唯一编码作为上传图片的名称，避免重复
        UUID uuid = UUID.randomUUID();
        pic = uuid.toString()+"."+suffix;
        String filePath = path + "\\" + pic;
            //写入文件
            part.write(filePath);
        }
        Product p = new Product();
        p.setPname(name);
        p.setNote(note);
        p.setPrice(Float.parseFloat(price));
        p.setAmount(Integer.parseInt(amount));
        p.setPic(pic);
        try {
        IProductDAO proxy = DAOFactory.getIProductDAOInstance();
        proxy.addProduct(p);
          RequestDispatcher rd=request.getRequestDispatcher("product?action=get");
          rd.forward(request,response) ;
        }catch(Exception ex) {
        ex.printStackTrace();
        }
}
```

在上述代码段中使用到 DAOFactory 等模型层（model）的对象，通过该类对象实现数据的持久化保存。

同时，上述代码中，有如下代码比较特别。

```
RequestDispatcher rd=request.getRequestDispatcher("product?action=get");
rd.forward(request,response) ;
```

其转发的目的地不是 JSP 页面，而是一个 Servlet 地址，这也就说明了，在 MVC 模式中，转发的目的地可以是 JSP 页面，也可以是另一个 Servlet。在这里转发到 product?action=get 的目的是执行另一个 MVC 过程，最终获取新增后的产品列表。

2. 产品信息的删除

产品的删除功能比较简单，用户单击【删除】按钮，该行的产品将被删除。浏览器的请求信息如下所示。

```
http://localhost:8080/webapp/product?action=delete&pid=${product.pid }
```

该请求将提交给名字为 product 的 Servlet 进行处理，该 Servlet 主要代码如下所示。

```
if(action.equals("delete")) {
        String pid = request.getParameter("pid");
        try {
            IProductDAO proxy = DAOFactory.getIProductDAOInstance();
            proxy.deleteProduct(Integer.parseInt(pid));
            request.getRequestDispatcher("product?action=get").forward(request,response) ;
        }catch(Exception ex) {
            ex.printStackTrace();
        }
    }
```

在本次处理过程中，其转发的目的地同样是 Servlet，表示查看删除产品后的产品列表信息。

3. 产品信息的修改

产品的修改功能与新增功能相似，也是需要两次 MVC 交互过程。

（1）当用户单击【产品修改】按钮时，系统返回包含产品信息的修改页面。

（2）当用户修改完毕，单击【提交】按钮后，系统保存修改后的产品信息，并返回到主页。

用户单击【产品修改】按钮后，浏览器将提交如下请求。

```
http://localhost:8080/webapp/product?action=update&pid=${product.pid }
```

该请求同样将提交给名字为 product 的 Servlet 进行处理，该 Servlet 主要代码如下所示。

```
if(action.equals("update")) {
      String pid = request.getParameter("pid");
      try {
            IProductDAO proxy = DAOFactory.getIProductDAOInstance();
            Product p = proxy.findProductByID(Integer.parseInt(pid));
            request.setAttribute("product", p);
      request.getRequestDispatcher("product_modify.jsp").
                                    forward(request,response) ;
      }catch(Exception ex) {
            ex.printStackTrace();
      }
}
```

本次 MVC 交互过程比较具有代表性，Servlet 获取请求后，通过模型层（DAOFactory

对象等）获取了产品信息（Product），随后将其绑定至 request 请求对象中，最后转发请求至 product_modify.jsp 页面。

product_modify.jsp 页面将获取该 product 对象信息，并展示给用户，如下所示。

```
<form role="form" name="updateform" method="post"
                    enctype="multipart/form-data" action="product?action=put">
    <input type="hidden" name="pid" value="${product.pid }"/>
    <div class="form-group">
        <label for="exampleInput">名称</label>
      <input type="text" class="form-control" id="name"
            name="name" value="${product.pname }"/>
    </div>
    <div class="form-group">
        <label for="exampleInput">描述</label>
      <input type="text" class="form-control" id="note"
            name="note" value="${product.note }"/>
    </div>
    <div class="form-group">
        <label for="exampleInput">价格</label>
       <input type="number" class="form-control" id="price"
            name="price" value="${product.price }"/>
    </div>
    <div class="form-group">
        <label for="exampleInput">库存</label>
       <input type="number" min="0" class="form-control" id="amount"
            name="amount" value="${product.amount }"/>
    </div>
    <div class="form-group">
        <label for="exampleInput">图片</label><br/>
        <!-- 判断是否有图片，没有就显示默认图片 -->
        <img src="pic/${empty product.pic?'default.jpg':product.pic }"
                    width=100px height=100px>
    </div>
    <div class="form-group">
        <input type="hidden" name="pic" value="${product.pic}"/>
        <label for="exampleInputFile">产品图片</label>
      <input type="file" id="exampleInputFile" name="newpic" />
    </div>
    <button type="submit" class="btn btn-default">确定修改</button>
</form>
```

当用户修改完毕，单击【提交】按钮后，浏览器将提交如下信息。

```
http://localhost:8080/webapp/product?action=put
```

处理该请求的 Servlet 代码如下所示。

```
if(action.equals("put")) {
    String name = request.getParameter("name");
```

```
String note = request.getParameter("note");
String price = request.getParameter("price");
String amount = request.getParameter("amount");
String pid = request.getParameter("pid");
String pic = request.getParameter("pic");
//获取物理路径
String path = getServletContext().getRealPath("/pic");
//获取上传的文件
Part part = request.getPart("newpic");
String newpic = null;
if(part.getSize() != 0) {
String filename = part.getSubmittedFileName();
String str[] = filename.split("\\.");
String suffix = str[str.length-1];
UUID uuid = UUID.randomUUID();
newpic = uuid.toString()+"."+suffix;
String filePath = path + "\\" + newpic;
  //写入文件
  part.write(filePath);
}
Product p = new Product();
p.setPid(Integer.parseInt(pid));
p.setPname(name);
p.setNote(note);
p.setPrice(Float.parseFloat(price));
p.setAmount(Integer.parseInt(amount));
//如果有新上传的图片，则使用新的，否则使用原来的
if(newpic != null)
p.setPic(newpic);
else
p.setPic(pic);
try {
IProductDAO proxy = DAOFactory.getIProductDAOInstance();
proxy.updateProduct(p);
request.getRequestDispatcher("product?action=get").forward(request,response) ;
}catch(Exception ex) {
ex.printStackTrace();
}
}
```

至此，产品信息管理功能全部完成。

10.3.2　任务 10-2：分页查询功能实现

当需要查看所有产品信息的时候，如果产品有很多，每一次都需要列出全部的产品信息，不仅不方便查看，而且增加了服务器的负担和加重了网络的负载，因此，目前常见的方案就是分页查询。本次任务就是实现分页显示产品信息列表。

分页显示最核心的两个问题如下。

（1）服务器端需要知道两个信息：用户要查看的是第几页和每页显示多少条。

（2）浏览器显示页面的时候需要知道三个信息：当前需要显示的产品列表、当前是第几页、一共有多少页。

因此，基于以上几个关键点，按照 MVC 设计模式，分页功能的关键就在于控制层的设计。控制层的主要作用是接收用户请求，并将信息转发至 JSP 页面，所以，要实现分页，控制层就必须接收两个信息：用户要查看的是第几页以及每页显示多少条。

在本次任务中，将任务的难度降低一点，即将每页显示的数目固定下来，例如，每页显示 10 条。那么，现在控制层仅仅需要接收一个信息——用户要查看的是第几页，所以浏览器的请求类似如下形式。

```
http://localhost:8080/webapp/product?action=get&page=2
```

其中 action=get 表示需要获取数据，page=2 表示需要获取第 2 页的产品信息。控制层接收到上述信息后的处理方式如下。

```
//product 控制层代码示例，该代码仅示范过程，类似于伪代码的功能
//首先获取页码
int pagenum = request.getAttribute(“page”);
//根据页码获取对应的数据
List<Pruduct> products = dao.getProducts(pagenum);
//准备转发至 JSP
```

接下来需要考虑的是，转发至 JSP 后，JSP 进行展示时需要哪些信息？前文中已经介绍，在浏览器显示页面的时候需要知道三个信息：当前需要显示的产品列表、当前是第几页、一共有多少页。在上述代码中，产品列表已经获取（products），而当前是第几页也已经知道（pagenum），只剩下“一共有多少页”这个信息还没有获得。“一共有多少页”是通过总的记录条数与每页显示多少条进行计算获取的，因此需要知道总的记录条数，所以后续代码如下所示。

```
//product 控制层代码示例，该代码仅示范过程，类似于伪代码的功能
//首先获取页码
int pagenum = request.getAttribute(“page”);
//根据页码获取到对应的数据
List<Pruduct> products = dao.getProducts(pagenum);
//准备转发至 JSP
//获取总的记录条数
int total = dao.getCount();
//将有关分页的信息集中打包到一个对象中
PageForm pgform = new PageForm();
pgform.setPageNum(pagenum); //当前第几页
pgform.setTotal(total)//总的记录条数，根据每页显示的数目，可以计算一共可以分多少页
//随后将以上信息绑定至 request 对象
request.setAttribute(“products”,products);
request.setAttributes(“pager”,pgForm);
```

```
//转发至显示页面 product.jsp
request.getRequestDispatcher("product.jsp").forward(request,response) ;
```

product.jsp 页面代码如下。

```
<html>
<head>
<script language="javaScript">
	function first(){
		$("#currentPage").val(1);
		$("#pageform").submit();
	}
	function previous(){
		$("#currentPage").val(${pager.currentPage eq 1?1:pager.currentPage-1});
		$("#pageform").submit();
	}
	function next(){
		$("#currentPage").
val(${pager.currentPage eq pager.lastPage?pager.lastPage:pager.currentPage+1});
		$("#pageform").submit();
	}
	function last(){
		$("#currentPage").val(${pager.lastPage});
		$("#pageform").submit();
	}
</script>
<title>产品管理</title>
</head>
<body>
<div>
<table   class="table table-striped table-hover">
	<thead>
	<tr>
		<th width="20%">名称</th>
		<th width="40%">描述</th>
		<th width="10%">价格</th>
		<th width="5%">库存</th>
		<th width="10%">图片</th>
	</tr>
	</thead>
	<tbody>
	<c:forEach var="product" items="${products }">
		<tr>
			<td>${product.pname }</td>
			<td>${product.note }</td>
			<td>${product.price }</td>
			<td>${product.amount }</td>
			<!-- 如果没有图片，则使用默认的图片 -->
			<td>
<img src="pic/${empty product.pic?'default.jpg':product.pic}" width=40px height=40px>
```

```
                </td>
            </tr>
        </c:forEach>
        </tbody>
</table>
</div>
<div class="col-md-12" align="right">
  <form id="pageform" name="pageform" action="product?action=get" method="post">
        <input type="hidden" name="currentPage" id="currentPage"/>
        <button type="button" onclick="first()">首页</button>
        <button type="button" onclick="previous()">上一页</button>
        <button type="button" onclick="next()">下一页</button>
        <button type="button" onclick="last()">尾页</button>
    </form>
  </div>
</body>
</html>
```

模块 10

模块 11　AJAX 开发技术

【模块导读】

AJAX 是一种基于 JavaScript 语言的、实现异步请求的技术，常应用于 Java Web 应用系统前端页面需要局部刷新的业务场景，能够有效地提高系统的响应速度，为用户带来更好的使用体验。jQuery 框架是目前一种主流的前端框架，提供了丰富的 JavaScript 库函数，利用它实现 AJAX 异步请求会更为简单、高效。

【学习目标】

知识目标：

- ❑ 了解同步和异步请求概念。
- ❑ 掌握 AJAX 异步请求处理的实现方法。
- ❑ 掌握 jQuery 的基本用法。
- ❑ 掌握 jQuery 中$.ajax()、$.get()、$.post()和$.load()函数的应用。

能力目标：

- ❑ 能够使用 JavaScript 实现 AJAX 异步请求。
- ❑ 能够使用 jQuery AJAX 实现页面的局部刷新。

素质目标：

- ❑ 提升自学能力和问题分析能力。
- ❑ 养成严谨的工作作风。

【学习导图】

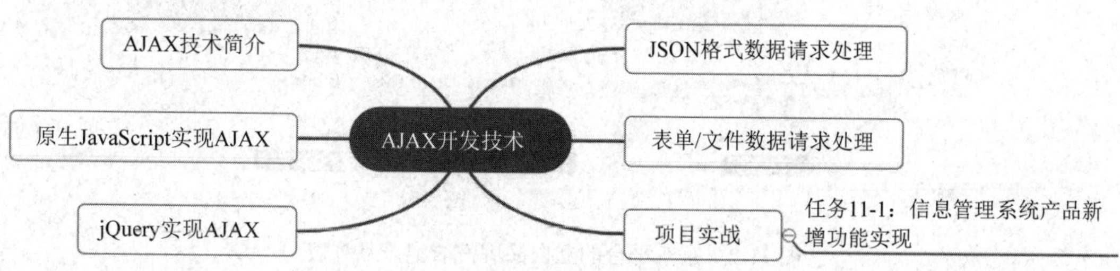

【任务导入】

图 11-1、图 11-2 所展示的效果是电商网站中的常见功能，即当用户单击左侧导航中的不同选项时，右侧将显示对应的列表信息，如单击【洗衣液】选项，页面右侧显示该品牌的洗衣液产品列表（见图 11-1）；单击【洗衣皂】选项时，则显示其洗衣皂产品列表（见图 11-2）。由前面所学知识可知，通过向服务器发送请求，返回查询结果，生成显示页面，就可以实现该功能。而在实际应用中，除功能实现之外，还需要考虑性能要求，那么如何

在实现当前功能的同时，又有利于网站性能的提升，给用户带来更好的体验效果呢？

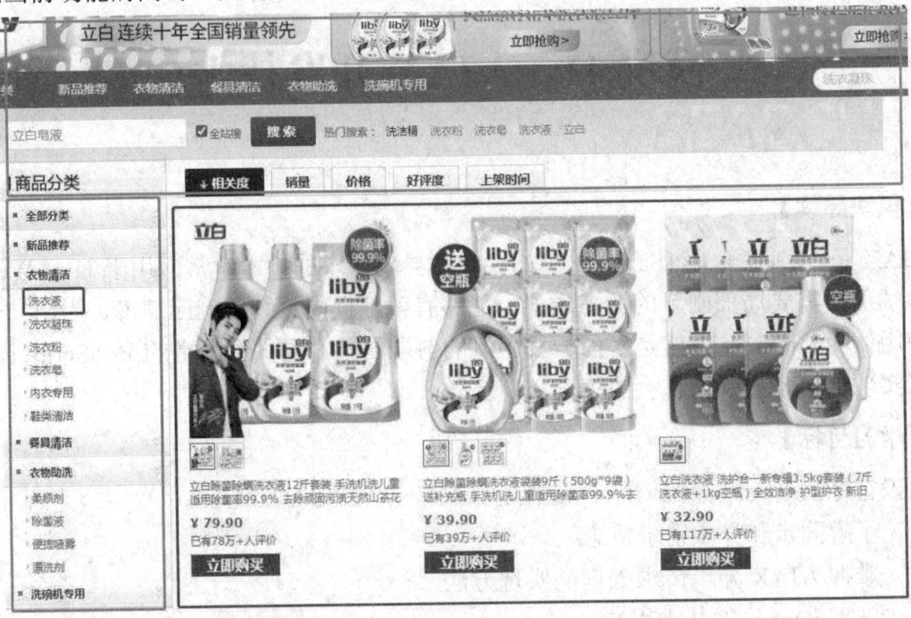

图 11-1　京东平台的立白品牌洗衣液产品列表

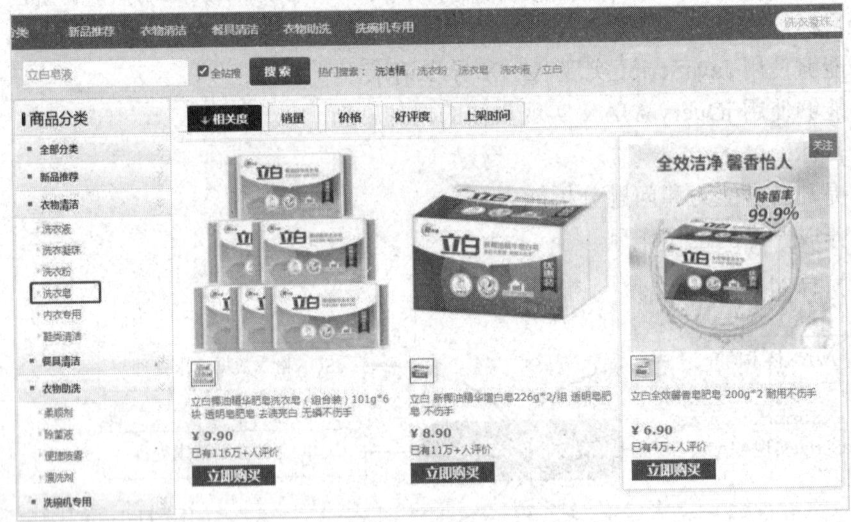

图 11-2　京东平台的立白品牌洗衣皂产品列表

11.1　AJAX 技术简介

AJAX 全称为 Asynchronous JavaScript and XML，即异步的 JavaScript 和 XML。AJAX 并非一种编程语言，而是一种无须重新加载整个网页，就可以实现网页内容局部更新的技术。相对于传统网页更新技术，它具有响应速度快、用户体验更好的优势。对于浏览器，只要求设置允许 JavaScript 运行即可。

以图 11-1 所展示的查询功能为例，采用非 AJAX 技术来实现，每当用户单击左侧导航栏中的选项时，向服务器发送请求，服务器就会生成一个新的页面，包括页面中的图片、文字等所有内容都需要加载一次，当页面构成元素很多且包含多媒体元素时，就会非常耗时。现在将图 11-1 所展示的页面划分为 3 个部分：左侧导航栏、顶端页面头部、右侧页面内容，我们会发现，每次单击左侧导航栏中的选项时，其实只是右侧页面内容发生了变化，因此，如果有方法使得每次请求仅更新显示结果的局部，将会大大提高网站的运行效率，而 AJAX 正是为此而生的技术。

下面创建一个 AJAX 请求的示例。

【例 11-1】使用 AJAX 请求服务器上文本文件。

创建 ajaxDemo.html 文件，代码如下所示。

```
<!DOCTYPE html>
<html>
<head>
  <meta charset="UTF-8">
  <title>AJAX 示例一</title>
</head>
<body>
<div>
  <h2>测试 AJAX</h2>
  <button onclick="loadTextDoc()">AJAX 请求</button>
  <br/>
  <br/>
  <!--AJAX 请求返回结果-->
  <div id="myDiv"></div>
</div>
<script type="text/javascript">
  //AJAX 请求处理
  function loadTextDoc(){
    var xmlhttp;
    if (window.XMLHttpRequest) {// code for IE7+、Firefox、Chrome、Opera、Safari
      xmlhttp = new XMLHttpRequest();
    } else {// code for IE6、IE5
      xmlhttp = new ActiveXObject("Microsoft.XMLHTTP");
    }
    xmlhttp.open("GET", "test.txt", true); //服务器上的文本文件 test.txt
    xmlhttp.onreadystatechange=function(){
      if (xmlhttp.readyState == 4 && xmlhttp.status == 200) {
        document.getElementById("myDiv").innerHTML = xmlhttp.responseText;
      }
    }
    xmlhttp.send();
  }
</script>
</body>
```

```
</html>
```

在 Tomcat 服务器上启动该项目，运行效果如图 11-3 所示，单击【AJAX 请求】按钮，则发送 AJAX 请求，并返回两行文本信息，如图 11-4 所示。

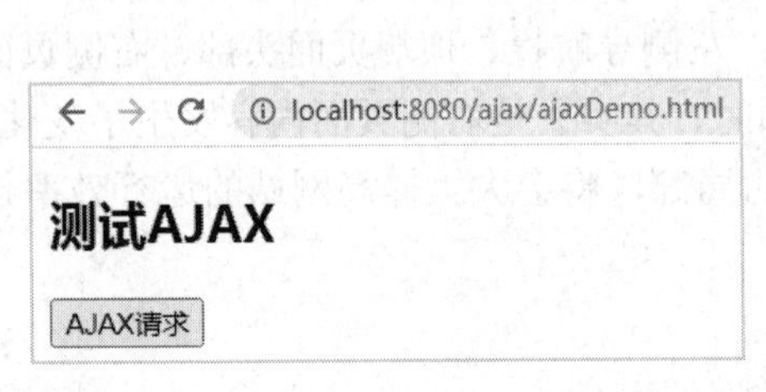

图 11-3　运行效果

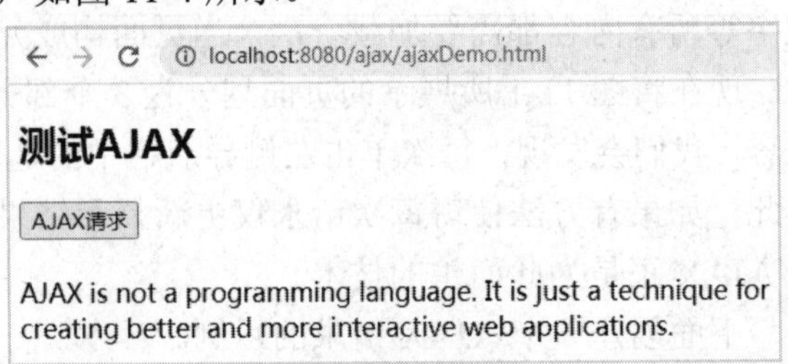

图 11-4　AJAX 请求响应

分析【例 11-1】代码，可以了解到 AJAX 实现是以 HTML、CSS、JavaScript 语言为基础的，其中 JavaScript 函数 loadTextDoc 是实现 AJAX 请求的处理代码，具体原理在 11.2 节详细介绍，单击【AJAX 请求】按钮将触发该函数的执行，发送 AJAX 请求给服务器，在 id 为 myDiv 的 div 区域显示服务器的响应结果。

目前，AJAX 技术的应用非常广泛，但任何技术都是有其适用性的，AJAX 的优势在于通过异步交互，实现动态地更新 Web 页面，因此，它主要适用于交互较多、频繁进行数据读写的 Web 应用，如电商网站、信息管理系统等。典型的应用场景有如下 3 种。

（1）新用户注册时的用户名验证，以保证用户名的唯一性。

（2）分类树的各级动态数据加载，如根据所选省份获取对应的城市列表。

（3）动态刷新数据，如用户从购物车中选取部分商品进行购买，购物车数据自动更新。

11.2　原生 JavaScript 实现 AJAX

AJAX 主要是利用 XMLHttpRequest 对象，处理前端发送的异步请求，并接收服务器返回的响应结果。

11.2.1　同步和异步请求

在 Web 应用中，客户端和服务器端的交互可以采用两种通信模式：同步请求和异步请求。所谓同步请求是指顺序处理，即当客户端向服务器发出请求后，需要一直处于等待状态，直到服务器端返回处理结果，才能执行下一步操作；而异步请求是指并行处理，即当客户端向服务器发出请求后，无须等待服务器返回结果，就可以继续进行下一步操作，当该请求的处理完成后，会通过状态、通知和回调来通知请求者。

例如，电商网站首页面通常包括一些轮播图片和商品分类信息，若采用同步请求，需要等待商品分类信息返回后，浏览器再加载图片及商品分类信息；而采用异步请求，浏览器在等待商品分类信息的同时，会进行图片的加载，一旦商品分类信息返回，则会通过回调函数将数据提交给浏览器，再加载到页面中。

前面章节内容所采用的均为同步请求方式，本章节的 AJAX 技术则是异步请求，需要说明的是，AJAX 中也可以通过参数设置为同步请求。

11.2.2　XMLHttpRequest 对象

XMLHttpRequest（简称 XHR）对象是 AJAX 实现的基础。XHR 提供了对 HTTP 协议的完全访问，包括能够处理 GET、POST 等请求方法，采用同步或异步方式与服务器端进行数据交换，以文本、XML 和 JSON 等数据格式返回响应的结果。目前，所有现代浏览器（IE7+、Firefox、Chrome、Safari 以及 Opera）均支持 XHR 对象，低版本浏览器 IE5 和 IE6 需要使用 ActiveXObject 对象。

利用 XHR 对象实现 AJAX 异步请求的步骤如下。

- 创建 XHR 对象。
- 定义回调函数。
- 设置请求方法类型。
- 发送请求及参数。

1. 创建 XHR 对象

由于浏览器版本问题，需要根据浏览器类型的不同，采用不同的创建方式。

```
var xmlhttp = new XMLHttpRequest();                          //现代浏览器
var xmlhttp = new ActiveXObject("Microsoft.XMLHTTP");  //低版本浏览器
```

2. 定义回调函数

对于回调函数，可以通过一个示例来了解。

【例 11-2】回调函数示例。

```
//主函数
void main() {
    println("程序开始了");
    int rs_1 = middle(x, callback_1(x));                    //x+x*2
    println(rs_1);
    int rs_2 = middle(x, callback_2(x));                    //x+x/2
    println(rs_2);
    println("程序结束了");
}

//中间函数
int middle(x, func){
   int y = func(x);
    return x+y;
}
```

```
//回调函数
int calllback_1(x){ return x*2;}
int calllback_2(x){ return x/2;}
```

【例 11-2】中有三个类型的函数，其中回调函数 callback()单独实现了某个功能；中间函数 middle()用于登记回调函数；主函数 main()是程序的引擎，按照功能需要调用各个函数顺序执行。main()中需要有一个计算 x+x*2 的功能时，middle()可以实现相加运算，但 x*2 部分需要依赖回调函数 callback_1()，因此，将 callback_1()作为参数传递给 middle()；main()调用 middle()时，会使得 middle()先去调用 callback_1()，再依据其结果进行相加运算；类似地，当 main()中需要有一个计算 x+x/2 的功能时，则会传递 callback_2()给 middle()。由此可知，中间函数在传入回调函数之前，其代码功能是不完整的，传入不同的回调函数，其行为表现也会有所不同。

通过对回调函数的认识了解，可以归纳其执行流程如下。

- 定义回调函数。
- 登记回调函数。
- 触发回调事件（main()调用 middle()）。
- 调用回调函数（middle()调用 callback()）。
- 响应回调事件（middle()函数代码执行）。

在 AJAX 异步请求中，XHR 对象通过 onreadystatechange 属性指定回调函数，并通过该函数来处理服务器端的响应数据，表 11-1 列出了与之相关的属性及其作用。

表 11-1　XHR 对象的属性及其作用

属　　性	描　　述
onreadystatechange	保存回调函数，每当 readyState 属性改变时，就会调用该函数
readyState	保存 XHR 的状态，且取值范围为 0～4。 0：请求未初始化； 1：服务器连接已建立； 2：请求已接收； 3：请求处理中； 4：请求已完成，且响应已就绪
status/statusText	保存当前请求的 http 响应状态码，status 是以数字表示，statusText 是以字符串表示。常用状态码如下。 200：OK（响应成功）； 400：Bad Request（错误请求）； 404：Not Found（未找到指定资源）； 500：Internal Server Error（服务器产生内部错误）
responseText	保存字符串形式的响应数据
responseXML	保存 XML 形式的响应数据

下面截取【例 11-1】代码片段来进一步学习如何定义 AJAX 异步请求中的回调函数。

```
xmlhttp.onreadystatechange = function(){        //语句 1
```

```
    if (xmlhttp.readyState == 4 && xmlhttp.status == 200) {      //语句 2
        document.getElementById("myDiv").innerHTML = xmlhttp.responseText; //语句 3
    }
}
```

上述代码中，语句 1 定义了一个匿名的回调函数，并将其保存到 XHR 对象的 onreadystatechange 属性中；回调函数中的语句 2 对于请求处理的状态进行了判断，其中 “xmlhttp.readyState == 4 && xmlhttp.status == 200” 表示当前请求已处理完成，并且响应状态是成功的；语句 3 将指定 HTML 元素的 innerHTML 设置为响应数据 xmlhttp.responseText。根据 onreadystatechange 属性的特点，每当 readyState 值发生变化，该回调函数都会被调用，但只有满足语句 2 的条件时，浏览器才会加载服务器端返回的数据。

3. 设置请求方法类型

XHR 对象提供了 open()方法，用于设置提交路径、请求方法类型。其语法如下。

```
open(method,url,async)
```

其中，method 为请求方法，url 为请求资源路径，async 为是否为异步。

示例代码如下。

```
xmlhttp.open("GET", "test.txt", false);                //GET 同步请求
xmlhttp.open("GET", "product.jsp?id=1", true);         //GET 异步请求，请求参数为 id=1
xmlhttp.open("POST", "test.txt", true);                //POST 异步请求
```

4. 发送请求及参数

使用 open()方法设置了请求方法和路径后，还需要使用 XHR 的 send()方法，这样才能真正完成发出请求的操作。Send()方法的语法如下。

```
send(string)
```

其中 string 仅用于 POST 请求。

示例代码如下。

```
xmlhttp.send();                          //发送 GET 请求
xmlhttp.send("name=john & age=20");      //发送 POST 请求，请求参数为 name=john, age=20
```

【例 11-3】 使用 XMLHttpRequest 对象实现同步请求的示例。

创建 example11-3.html 文件，代码如下所示。

```
<!DOCTYPE html>
<html>
<head>
  <title></title>
  <script type="text/javascript">
    window.onload = function(){
      var btn_obj = document.getElementById('btn');
      var div_obj = document.getElementById('myDiv');
```

```
        btn_obj.onclick = function(){
            var xhr = null;
            if(window.XMLHttpRequest){
                xhr = new XMLHttpRequest();
            }else{
                xhr = new ActiveXObject("Microsoft.XMLHTTP");
            }
            xhr.open("GET", "data.json", false);
            xhr.send();
            div_obj.innerHTML = xhr.responseText;
        }
    }
  </script>
</head>
<body>
  <button id="btn">send get request</button>
  <div id="myDiv"></div>
</body>
</html>
```

程序执行结果如图 11-5 所示。

```
发送GET请求
{ "users":[ {"userId":"333","token":"wangwu"}, {"userId":"444","token":"zhangsan"}, {"userId":"999","token":"lisi"} ] }
```

图 11-5　示例执行效果

随堂练习：

应用 XMLHttpRequest 对象实现对于信息的查询。

（1）创建一组商品信息数据，并以 JSON 形式保存为文件。

（2）创建一个 JSP 页面，提供查询输入框和搜索按钮，根据用户输入的商品名称，返回对应的商品信息。

11.3　jQuery 实现 AJAX

jQuery 是一个 JavaScript 函数库，对 JavaScript 进行了封装，使得 JavaScript 编程更为简单、高效。jQuery 包括 HTML 元素选取、HTML 元素操作、CSS 操作、HTML 事件函数、JavaScript 特效和动画、HTML DOM 遍历和修改、AJAX、Utilities（工具函数）等功能，以及大量的插件。由于篇幅限制，这里主要介绍其 AJAX 及其相关内容。

使用 jQuery 时，需先在网页中引入 jquery.js 库，引入方式如下。

```
<head>
  <script type="text/javascript" src="jquery.js"></script>
</head>
```

11.3.1　jQuery 常用语法

jQuery 语法用于选取 HTML 元素，并对选取的元素执行某些操作。基础语法如下。

```
$(selector).action()
```

其中，$是 jQuery 的快捷方式，即$()与 jQuery()等同；selector（选择器）表示查找或选择 HTML 元素；action()表示执行对元素的操作。这里选择器是基于元素的 id、类、类型、属性、属性值等查找或选择 HTML 元素。

例如：

```
$('#mydiv')                        // 选择 id 为 mydiv 的 HTML 元素
$('p')                             // 选择所有<p>元素
$("p").append("新的内容");          // 在所有<p>元素中追加"新的内容"
$(".nav")                          // 选择 class 为 nav 的 HTML 元素
```

除了对 HTML 元素进行查询或选择操作外，事件方法也是使用非常频繁的。常用的事件方法包括处理程序 click()、指定当 DOM 完全加载时要执行的函数 ready()、表单提交处理程序 submit()、向 HTML 元素添加事件处理程序 bind()，示例代码如下所示。

```
$('p').click(function(){  //所有<p>元素的单击事件处理程序
alert('单击了<p>元素');
})
//当 DOM 加载后，匿名函数是可用的
$(document).ready(function(){
$("button").click(function(){ //所有<button>元素单击事件处理程序
$("p").hide();  // 所有<p>元素隐藏
});
})
//为所有<form>元素定义表单提交事件处理程序
$('form').submit(function(){
alert('提交表单')
})
//为所有<p>元素添加单击事件和事件处理程序
$('p').bind('click',  function(){
alert('单击了<p>元素')
})
```

11.3.2　jQuery AJAX 应用

jQuery 提供了多个与 AJAX 有关的方法，开发者通过这些方法可以使用 HTTP GET 和 HTTP POST 从远程服务器上请求文本、HTML、JSON 和 XML 等格式的数据，并将其加载至网页指定的元素中。其中最核心且最复杂的方法是$.ajax()，而其他 AJAX 函数均是它的

简化调用，如$.get()、$.post 和$().load()，这些简化调用已可以满足大部分情况下的开发需要，只有在需要操作一些不常用选项来获得更多灵活性时，才有必要使用$.ajax()。下面逐一了解这些方法。

1. AJAX ajax(options)方法

$.ajax(options)方法能够通过 HTTP GET/POST 请求，将远程数据加载到 XMLHttpRequest 对象中。options 是设置选项，常用的选项如下。

- async：表示请求方式（异步或同步），默认值为 true，即异步。
- contentType：表示发送信息至服务器时内容编码类型，默认值为 application/x-www-form-urlencoded。
- data：表示发送到服务器的数据，该请求数据会被自动转换为字符串格式(key/value)，对于 GET 请求，则数据附加在 URL 后面。
- dataType：表示服务器返回的数据类型，包括“xml”“html”（HTML 字符串）、“text”（文本字符串）、“script”（以 JavaScript 运行响应，并返回纯文本）、“json”（以 JSON 运行响应，并以 JavaScript 对象返回）和“jsonp”。如果不指定，jQuery 将自动根据 HTTP 包 MIME 信息来智能判断。
- success(result,status,xhr)：表示请求成功后的回调函数，其中 result 是由服务器返回，并根据 dataType 指定的类型进行处理后的数据；status 为描述响应状态的字符串；xhr 即 XmlHttpRequest 对象。
- error(xhr,status,errorThrow)：请求失败时运行的函数。其中 xhr 即 XMLHttpRequest 对象；status 为描述错误信息的字符串，常见信息有“timeout”（超时）、“error”（错误）、“abort”（中止）、“parsererror”（解析错误）；errorThrow 表示服务器抛出返回的错误信息，如 404 的 Not Found。
- type：表示请求方法（POST 或 GET)，默认为 GET。
- cache：表示是否设置缓存，默认值为 true，且一般只在 GET 请求中使用。当客户端发起一次请求后，会将获得的响应结果以缓存形式存储，当再次发起请求时，如果 cache 值为 true，则直接从缓存中读取，不需要再次发起一个新的请求。
- processData：表示处理数据，默认值为 true，即对于对象格式的表单数据，会将其转换为字符串格式。

【例 11-4】使用$.ajax()实现异步 POST 请求。

创建 example11-4.html 文件，代码如下所示。

```
$(function(){
    $('#btn').click(function(){
      $.ajax({
        type:'POST', //请求方法
        url:'./response.html',                      //请求资源 url
        dataType:'html',                            //响应结果类型
        data: {name: 'john', major: 'english'},     //请求参数
        success: function(result, status, xhr){     //请求成功
```

```
            if(status == 'success'){ //响应状态为 success
                $('#myDiv').html(result);
            }
        },
        error:function(xhr, status, errorThrow){ //请求失败
            if(status== 'error'){
                alert('请求出错了');
            }
        }
    })
  })
})
```

将 example11-4.html 部署到 Tomcat 服务器上，启动 Tomcat 服务器，可得到服务器响应页面 response.html。

2. AJAX get()方法

$.get()是通过 AJAX 远程 HTTP GET 请求，将数据载入 XmlHttpRequest 对象中的。其语法如下。

```
$.get(URL,param,function(result,status,xhr),dataType)
```

此函数发送 GET 请求，请求参数可直接在 url 中进行拼接，示例如下。

```
$.get("./userInfo.jsp?username=john")
```

也可以单独发送请求参数，示例如下。

```
$.get("./userInfo.jsp", {username: "Donald"})
```

【例 11-5】使用$.get()实现 GET 请求。

```
$(function(){
    $('#btn').click(function(){
        $.get(
            './response.html',                    //请求资源 URL
            {name:'john',major:'english'},        //请求参数
            function(result, status, xhr){        //请求成功
                if(status == 'success'){          //响应状态为 success
                    $('#myDiv').html(result);
                }
            },
            'html'                                //响应结果类型
        )
    })
})
```

3. AJAX post()方法

$.post()是通过 AJAX 远程 HTTP POST 请求，载入信息到 XmlHttpRequest 对象。其语

法与$.get()类似，只是将请求方法改为 POST。

4. AJAX load()方法

$(selector).load()方法可以载入远程 HTML 代码并插入页面的 DOM 中。语法结构如下。

```
$(selector).load(URL,data,callback);
```

其中，URL 为必须有的参数，表示要加载的 URL；data 为可选参数，表示与请求一同发送的查询字符串键/值对集合；callback 为回调函数，在 load()方法执行后将被执行。

【例 11-6】使用$().load()实现远程文件的加载。

```
$(function(){
  $("#btn").click(function(){
    $("#div1").load("test.txt",function(responseText,statusText,xhr){
      if(statusText == "success")
        alert("加载外部内容成功!");
      if(statusText == "error")
        alert("Error: "+xhr.status+": "+xhr.statusText);
    });
  });
});
```

11.4 JSON 格式数据请求处理

AJAX 提供了三种传递请求数据的方式：JSON 格式、JSON 字符串格式和标准参数模式。JSON 全称为 JavaScript Object Notation，是一种与开发语言无关的、轻量级的数据存储格式，现在被广泛采用，几乎每门开发语言都有处理 JSON 的 API。它的语法结构如下：{key:value, key:value,…}，其中{}表示一个对象，属性 key 为键，用字符串表示，value 是存储的数据，可保存不同类型的数据。

JSON 格式是 AJAX 提供的第一种传递数据的方式，它所表示的对象可以是简单的，也可以是复杂的。

示例代码如下。

```
//简单的 JSON 对象
{a:1,b:2}
//嵌套的复杂 JSON 对象
{
   bookName: "Java Web 开发教程"
   author: "王一",
   publisher:{
   name: "计算机教材出版社",
   address: "信息大道 100 号"
}
}
```

第二种传送请求数据的方式是 JSON 字符串格式，它是 JSON 对象通过转换处理后所得到的字符串。

示例代码如下。

```
JSON.stringify({"username":"chen","nickname":"alien"})
```

上述语句是利用 JSON.stringfy()函数，对于 JSON 对象进行序列化，将会得到 JSON 字符串：'{"username":"chen","nickname":"alien"} '。

第三种传递请求数据的方式是标准参数模式，是将每个参数名 name 及其值 value 组成形式为 name/value 的一组，每组之间用“&”连接，而 name 与 value 则是使用“=”连接。例如，username=chen&nickname=alien。

我们知道，HTTP 请求处理中的数据是包括请求数据和响应数据的。由 11.3.2 节可知，AJAX 请求中 contentType 属性用于表示发送的请求内容编码类型，dataType 属性则表示服务器返回的数据类型。

1. contentType 属性

contentType 属性默认值为 application/x-www-form-urlencoded，这种格式的特点是，将每个参数名 name 及其值 value 组成 name/value 形式的一组，每组之间用“&”连接，而 name 与 value 则是使用“=”连接，适用于不带嵌套的、简单的 JSON 数据。

例如，请求参数为{name: "Java", grade:80}，则对于 GET 请求，参数形式是 name= Java &grade=80，并作为 URL 的一部分，随其一起发送给服务器：

```
http://localhost:8080/getBookInfo?name= Java &grade=80
```

如果是 POST 请求，参数形式也是一样的，只是参数存放在请求体 body 中。

针对复杂结构的 JSON 数据，可以采用 application/json 类型（text 类型），具体的使用方法如下：将复杂结构的 JSON 数据，利用 JSON.stringify 序列化转换为 JSON 字符串，再作为请求数据发送，服务器端接收后，需要通过 JSON.parse 进行处理，还原为 JSON 对象。

示例代码如下。

```
 //jQuery Ajax 请求
$.ajax({
        contentType: 'application/json',
        data: JSON.stringify({bookName: "Java Web 开发教程"author: "王一
",publisher:{name:"计算机教材出版社", address: "信息大道 100 号" }
})
})
```

2. dataType 属性

dataType 属性的可用值很多，默认值为 text，如果要求服务器端返回 JSON 类型，则需要明确指定。

示例代码如下。

```
//jQuery AJAX 请求
$.ajax({
    type : 'post',
    url : 'http://localhost:8080/getUserInfo',
    dataType : 'json',                //要求返回的结果数据为 JSON 格式
    data : {name: 'john'}
})
```

随堂练习：

创建一个 Web 项目，采用 JSON 数据格式，实现用户登录功能，用户信息包括用户名、密码。

11.5　表单/文件数据请求处理

对于同步方式的表单提交处理，读者应该已经非常熟练了，但这种方式会导致频繁页面刷新。如果采用 AJAX 技术进行异步提交，可以很好地解决该问题，那么具体实现方法是怎么样的呢？一种方式是获取表单中的每个 input 元素，并逐个提交，这种方式只适合 input 元素很少的情况；另一种方式是借助 FormData 对象，将表单作为一个整体提交，显然，这种方式有利于与服务器端的对接，这里我们重点介绍这种方式。

XMLHttpRequest Level 2 在 2008 年提出时新增了一个对象 FormData，用于模拟表单提交，它会按照规定的格式，将表单中所有元素的 name 和 value 组装成字符串形式的请求参数，免除了手动拼接表单元素的工作，jQuery 的 serialize()函数也可以做到这点，但 FormData 还提供更多的操作方法，如可以同时支持二进制文件的上传，因此，FormData 更具有优势。

FormData 对象的基本语法如下。

```
var formData = new FormData(form);
```

其中 form 表示表单对象，为可选参数。当指定 form 时，可以创建一个带预置参数的 FormData 对象，该对象将自动包含 form 中的表单值，如有文件字段，也会在编码后被包含进去。

示例代码如下。

```
var myForm = document.getElementById('myForm');       //获取 id 为 myForm 的表单对象
formData = new FormData(myForm);                      //创建 form 参数为 myForm 的 FormData
```

如果未指定 form 参数，将创建一个空的 FormData 对象，可利用 append 方法以键/值形式加入表单对象中。

示例代码如下。

```
var formData = new FormData();                        //创建空的 FormData 对象
formData.append("username","Smith");
```

下面通过一个完整的示例来了解如何应用 FormData 对象实现表单上传。

【例 11-7】使用 FormData 实现用户信息表单上传。

创建 index.jsp 文件，代码片段如下所示。

```
<form id= "userForm"   enctype="multipart/form-data" >
        <p >用户名：<input type="text" name="username" value= ""/></p >
        <p >头像：   <input type="file" name="avatarFile"/></ p>
        <input type="button" value="提交" onclick="submitForm()" />
</form>

//上传表单 JavaScript 函数
function submitForm() {
      var userFormData = new FormData($( "#userForm" )[0]); //创建 FormData 对象
      $.ajax({
      url: 'UserServlet' ,
      type: 'POST',
      data: userFormData ,                                  //将 FormData 对象作为请求参数
      processData: false,                                   //避免数据转换为字符串格式
      contentType: false,                                   //不设置 contentType 值
      dataType: "html",
      success: function (data) {
      console.log(data);
      },
      error: function (err) {
      console.log(err);
      }
  });
}
```

创建 UserServlet 文件，代码片段如下所示。

```
@MultipartConfig
@WebServlet("/UserServlet")
public class UserServlet extends HttpServlet {
     protected void doGet(HttpServletRequest request, HttpServletResponse response) throws
     ServletException, IOException {
          request.setCharacterEncoding("UTF-8");
          String uname = request.getParameter("username");
          Part part = request.getPart("avatarFile");    //读取上传的文件
          File file = new File("d:\\partdir");
          if (!file.exists()) {
               file.mkdir();
          }
          String header = part.getHeader("Content-Disposition");
          System.out.println(header);
          //解析 header
          String[] headerInfo = header.split(";");
          //获取文件名
```

```
        String fileName =
                headerInfo[2].substring(headerInfo[2].lastIndexOf("=")+2,
                headerInfo[2].length()-1);
        System.out.println(fileName);
        String filePath = file.getPath() + "\\" + fileName;
        //文件保存至指定目录
        part.write(filePath);

        //设置响应为 UTF-8 编码格式
        response.setHeader("Content-type", "text/html;charset=UTF-8");
        response.getWriter().append("用户：  " + uname + "头像文件已保存到服务器");
    }
```

【例 11-7】中 submitForm()函数所创建的 FormData 指定了 form 参数，该参数对应的表单元素包含了普通字段和文件字段，$.ajax()的 processData 属性默认值为 true，即对于对象格式的表单数据，会将其转换为字符串格式，contentType 默认的编码格式为 application/x-www-form-urlencoded，而上传文件则要求编码格式为 multipart/form-data，提交方法为 POST，并以二进制形式提交，因此，需将 processData 和 contentType 都设置为 false，避免表单对象被转换为字符串、编码格式被重新设置。

UserServlet 类的 request 对象负责解析请求参数，这里使用了 Part 类来处理上传文件。Part 类的主要方法在 8.1.1 小节已有介绍。

UserServlet 类利用 getHeader()方法获得了文件名，利用 write()方法实现了文件的保存。getHeader()方法的参数 Content-Disposition 是上传文件请求头中的一个属性，该属性值为以双引号为分隔符的三个字符串“form-data; name=” ”; filename=” ” ”，图 11-6 为当前示例中 Content-Disposition 属性值。

```
信息: Reloading Context with name [/FormSubmit] is completed
form-data; name="avatarFile"; filename="633355008167187500.jpg"
633355008167187500.jpg
```

图 11-6 Content-Disposition 属性值

在使用 Part 类时，还需要与 HtppServletRequest 类和@MutipartConfig 注解相配合，才能完成整个文件上传流程。这里 HtppServletRequest 类的 getPart()方法用来对上传文件请求进行解析，而声明@MutipartConfig 注解则表示当前 Servlet 将会处理 MIME 类型为 multipart/form-data 的请求。

HtppServletRequest 类提供了两个与 Part 类相关的方法，如下所示。

- Part getPart(String name)：用于获取请求中指定 name 的文件。
- Coolection< Part > getParts()：用于获取请求中所有文件。

@MutipartConfig 注解除了可指明 Servlet 处理的 MIME 类型，还提供了一些可选属性，包括 location、maxFileSize、maxRequestSize 和 fileSizeThreshold， 以简化上传文件的处理。

随堂练习：

创建一个 Web 项目，应用 FormData 对象，实现用户注册功能，用户信息包括用户名、密码和头像。

思考：如果将注册信息分为两个部分，一是用户名和密码，定义为一个 JSON 对象；二是头像，仍为图片，此时如何利用 FormData 和 jQuery AJAX 实现 JSON 数据和图片的上传？

11.6　项 目 实 战

任务 11-1：信息管理系统产品新增功能实现

【任务目标】

信息管理系统产品新增功能的实现效果如图 11-7 所示，要求使用 jQuery AJAX 结合 Servlet 来完成该功能。

从任务执行效果可知，产品信息包括普通字段和文件字段，客户端需要使用 FormData 对象来获取表单，相应地需将 AJAX 请求参数中 processData、contentType 属性设置为 false；服务器端 Servlet 中可使用 Part 类和@MultipartConfig 注解来接收请求中文件数据，以及处理文件上传。

【实现步骤】

1. 创建 Web 项目

在 Eclipse 中创建一个名为 ch11 的 Web 项目。搭建的项目结构如图 11-8 所示，服务器端包括 controller、dao、factory、proxy、po 和 util 层次的包，客户端包括界面设计库 bootstrap、JavaScript 编程库 jQuery 以及静态资源。

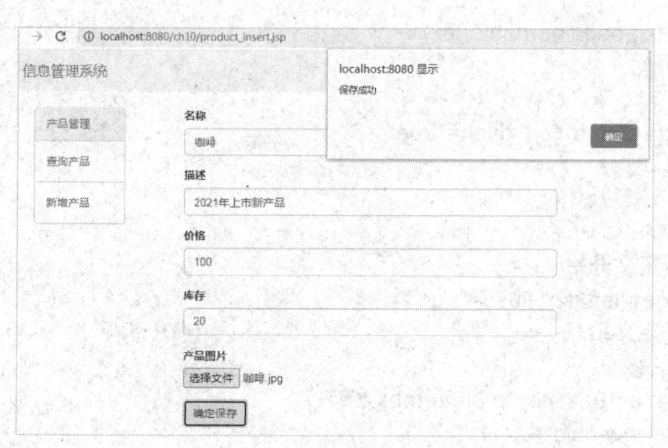

图 11-7　任务 11-1 实现结果

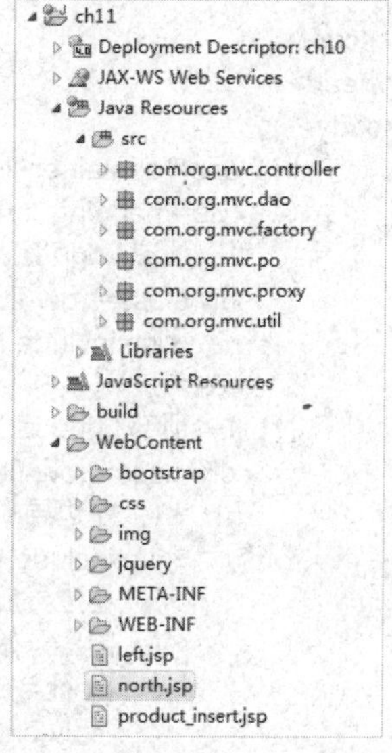

图 11-8　项目 ch11 的项目结构

2. 创建客户端产品新增页面

实现代码如下。

```
<%@ page language="java" contentType="text/html; charset=UTF-8"
    pageEncoding="UTF-8"%>
<html>
<head>
<meta http-equiv="Content-Type" content="text/html; charset=UTF-8">
<link href="bootstrap/css/bootstrap.min.css" rel="stylesheet">
<script src="jquery/jquery-1.9.1.min.js"></script>
<script src="bootstrap/js/bootstrap.min.js"></script>
<title>新增产品信息</title>
<script type="text/javascript">
    function addProduct(){
        var addForm = new FormData($("#addForm")[0]);
        $.ajax({
        method:"post",
        url:"AddProductServlet",
        data:addForm,
        processData: false,              //禁止类型转换为字符串格式
            contentType: false,          //设置为 false 才会自动加上正确的 Content-Type
            dataType:"text",
        success:function(data){
            alert(data);
            },
        error:function(err){
            alert(err);
        }
        });
    }
</script>
</head>
<body>
    <div class="container-fluid"
        style="padding-left: 0px; padding-right: 0px">
        <!-- 顶部 Logo 定义开始 -->
        <div class="row-fluid">
            <jsp:include page="north.jsp" flush="true"/>
        </div>
        <!-- 顶部 Logo 定义结束 -->
        <div class="row-fluid">
            <!-- 左边导航条定义开始  -->
            <jsp:include page="left.jsp" flush="true"/>
            <!-- 左边导航条定义结束-->
            <!-- 内容开始  -->
            <div class="col-md-10" style="margin-top: 20">
                <div class="row-fluid">
                <div class="col-md-6 column">
                <form role="form" id="addForm" enctype="multipart/form-data" >
```

```
                    <div class="form-group">
                        <label for="exampleInput">名称</label><input type="text" class=
                        "form-control" id="name" name="name" />
                    </div>
                    <div class="form-group">
                        <label for="exampleInput">描述</label><input type="text" class=
                        "form-control" id="note" name="note"/>
                    </div>
                    <div class="form-group">
                        <label for="exampleInput">价格</label><input type="number" class=
                        "form-control" id="price" name="price"/>
                    </div>
                    <div class="form-group">
                        <label for="exampleInput">库存</label><input type="number" min="0"
                        class="form-control" id="amount" name="amount" />
                    </div>
                    <div class="form-group">
                        <label for="exampleInputFile">产品图片</label><input type="file" id=
                        "exampleInputFile" name="pic" />
                    </div>
                    <button type="button" class="btn btn-default" onclick="addProduct()">确定保
                      存</button>
                    </form>
                    </div>
                    </div>

                </div>
                <!-- 内容结束  -->
            </div>
        </div>
</body>
</html>
```

代码说明如下。

（1）产品信息录入表单设置 enctype 属性为“multipart/form-data”编码类型，以适应该表单既有文本数据又有二进制数据的多部分构成结构。

（2）addProduct()函数用于表单提交处理，将产品信息表单作为参数，创建 FormData 对象，以获得表单元素中各表单控件的值，并将其作为 AJAX 请求参数。

3. 创建服务器端 Servlet 类

实现代码如下。

```
package com.org.mvc.controller;
import java.io.IOException;
import jakarta.servlet.ServletException;
import jakarta.servlet.annotation.MultipartConfig;
import jakarta.servlet.annotation.WebServlet;
import jakarta.servlet.http.HttpServlet;
```

```
import jakarta.servlet.http.HttpServletRequest;
import jakarta.servlet.http.HttpServletResponse;
import jakarta.servlet.http.Part;
import com.org.mvc.dao.IProductDAO;
import com.org.mvc.factory.DAOFactory;
import com.org.mvc.po.Product;
import com.org.mvc.util.FileHandler;

@MultipartConfig
@WebServlet("/AddProductServlet")
public class AddProductServlet extends HttpServlet {
    private static final long serialVersionUID = 1L;
    public AddProductServlet() {
        super();
    }
    protected void doGet(HttpServletRequest request, HttpServletResponse
      response) throws ServletException, IOException {
        //设置请求和响应的字符编码格式
        request.setCharacterEncoding("utf-8");
        response.setContentType("text/html;charset=UTF-8");
        //接收请求参数
        String name = request.getParameter("name");
        String note = request.getParameter("note");
        String price = request.getParameter("price");
        String amount = request.getParameter("amount");
        Part part = request.getPart("pic");
        //处理文件上传
        String picPath = FileHandler.upFile(part);
        if(picPath.equals("error")) {
            System.out.println("图片不存在或是过大，上传失败");
        }
        //创建 Product 对象
        Product p = new Product() ;
        p.setName(name);
        p.setNote(note);
        p.setPrice(Float.parseFloat(price));
        p.setAmount(Integer.parseInt(amount));
        p.setPic(picPath);
        String rsMsg = "保存失败";
        //创建产品 DAO 接口对象
        IProductDAO productDao = DAOFactory.getIProductDAOInstance();
        try {
            //将新增产品保存到数据库
            productDao.addProduct(p);
            rsMsg = "保存成功";
        } catch (Exception e) {
            // TODO Auto-generated catch block
            e.printStackTrace();
        }
        //将保存的结果写回客户端
        response.getWriter().println(rsMsg);
```

```
    }

    protected void doPost(HttpServletRequest request, HttpServletResponse response)
                          throws ServletException, IOException {
        doGet(request, response);
    }
}
//文件上传处理类
package com.org.mvc.util;
import java.io.File;
import java.io.IOException;
import jakarta.servlet.http.Part;
public class FileHandler {
    //可上传图片最大容量为 4MB
    private static int MAX_LENGTH = 1024*1024*4;

    //文件上传
    public static String upFile(Part part) throws IOException {
        String msg = "";
        String header = part.getHeader("Content-Disposition");
        //以分号为分隔符分割 header 字符串
        String[] headerInfo = header.split(";");
        if(headerInfo.length < 3) {
            msg = "error"; //未发现要上传的文件
            return msg;
        }

        File file = new File("d:\\partdir");
        if (!file.exists()) {
            file.mkdir();
        }
        //获取文件名
        String fileName = headerInfo[2].substring(headerInfo[2].lastIndexOf("=")+2,
                          headerInfo[2].length()-1);
        //指定保存文件的路径
        String filePath = file.getPath() + "\\" + fileName;
        if(part.getSize() <= MAX_LENGTH) {
            //把文件写到指定路径
            part.write(filePath);
            msg = filePath;
        } else {
            msg = "error";    //文件太大，无法上传
        }
        return msg;
    }
}
```

代码说明如下。

（1）AddProductServlet 类使用 request.getParameter 获取表单的文本数据，使用 request.getPart 获取二进制数据，通过 FileHandler 类中的 upFile()方法实现文件上传。

（2）AddProductServlet 类通过 DAO 工厂类 DAOFactory 获得 IProductDAO 接口对象，并利用 addProduct()方法将产品信息保存到数据库表中。

4. 产品信息的保存

产品信息的保存涉及 dao、factory、proxy、po 等层次，如图 11-9 所示，对应的类描述见表 11-2。

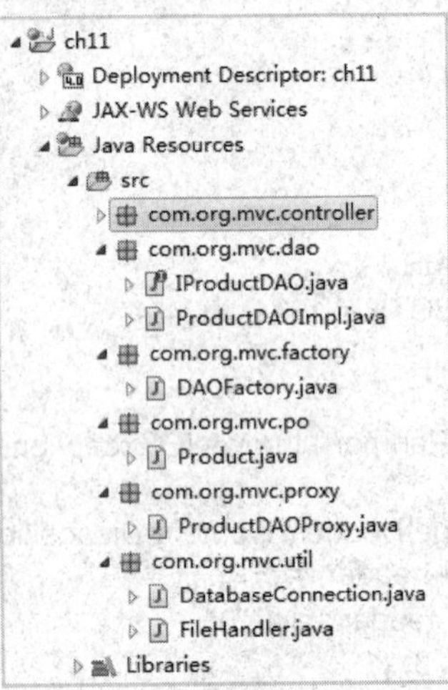

图 11-9　项目 ch11 项目结构中与产品信息保存相关的类

表 11-2　产品信息保存的相关类

序　号	类　名	描　述
1	IProductDAO	实现产品信息增、删、查、改功能的接口类
2	ProductDAOImpl	IProductDAO 接口的实现类，完成产品的增、删、查、改操作
3	ProductDAOProxy	ProductDAOImpl 类的代理类
4	DAOFactory	ProductDAOProxy 类的工厂类
5	DatabaseConnection	实现数据库连接的管理
6	Product	产品信息实体类

由于篇幅限制，这里仅列出表 11-2 中部分类的核心代码段：

```
//ProductDAOImpl 类中产品新增方法代码段
@Override
public int addProduct(Product p) throws Exception{
    // TODO Auto-generated method stub
    String sql = "insert into product(name,note,price,amount,pic) values(?,?,?,?,?)" ;
    this.pstmt = this.conn.prepareStatement(sql) ;
    pstmt.setString(1, p.getName());
    pstmt.setString(2, p.getNote());
    pstmt.setInt(4, p.getAmount());
    pstmt.setFloat(3, p.getPrice());
    pstmt.setString(5, p.getPic());
```

```
        int val = this.pstmt.executeUpdate();
        this.pstmt.close() ;
        return val ;
}
//DatabaseConnection 类代码片段
//创建连接对象
public DatabaseConnection() throws Exception{
        try{
                Class.forName("com.mysql.cj.jdbc.Driver");
                conn = DriverManager.getConnection(url, username, password);
        }catch(Exception e){
                throw e;
        }
}
//获得连接对象
public Connection getConnection(){
        return this.conn;
}
//关闭连接对象
public void close() throws Exception{
        if(this.conn!=null){
                try{
                        this.conn.close();
                }catch(Exception e){
                        throw e;
                }
        }
}
```

随堂练习：

创建一个 Web 项目，实现信息管理系统中商品信息修改的功能，商品信息的字段与任务 11-1 相同。

（1）商品信息列表页面：显示一组商品信息列表，每个商品均有对应的修改操作按钮。

（2）商品信息修改页面：用于商品详细信息的显示，以及商品信息的编辑。

模块 11

模块 12　Web 程序中的常见应用

【模块导读】

在开发 Web 应用程序时，许多问题的解决会同时涉及客户端和服务器端，需要对问题先有清晰的认识，再梳理所需知识，最后综合运用这些知识解决问题。本模块就针对一些常见应用，分析具体流程、提出解决方案、编写实现代码，并对 JavaScript、Servlet、SQL 查询以及 Java 编程基础等相关知识进行了综合应用。

【学习目标】

知识目标：

- ❑ 了解 SQL 注入攻击。
- ❑ 掌握防范 SQL 注入攻击的实现方法。
- ❑ 掌握避免表单重复提交的实现方法。
- ❑ 掌握图片生成及其尺寸变化的实现方法。
- ❑ 掌握文件上传和下载的实现方法。

能力目标：

- ❑ 能够正确使用 SQL 语句对象防止 SQL 注入攻击。
- ❑ 能够综合应用 JavaScript、Servlet、文件读写等知识，实现混合字段表单的提交。
- ❑ 能够使用 JavaScript、Servlet、图像处理等知识，实现图片生成及其尺寸变化。

素质目标：

- ❑ 提升自学能力和问题分析能力。
- ❑ 养成严谨的工作作风。

【学习导图】

【任务导入】

在实际应用中，我们会看到一些功能在大部分 Web 应用系统中都会出现，如登录界面中的图形验证码、上传用户头像、下载资源文件、商品图片缩小等，这些功能是在客户端实现的还是服务器端完成的？另一方面，当用户使用 Web 应用系统时，如果出现不当操作，如反复单击表单的【提交】按钮或是输入一些不合适的字符，应该需要采取什么措施来避免这些情况的发生？本模块将会重点介绍一些典型的常见功能和问题现象的解决方案。

12.1　防范 SQL 注入攻击

12.1.1　认识 SQL 注入攻击

SQL 注入（SQL injection，SQLi）攻击是指攻击者通过执行恶意 SQL 语句，来控制某个 Web 应用的数据库服务器，进而未经授权地访问、修改或删除各种数据。随着 JSP、PHP 等服务器端脚本语言的发展，SQL 注入攻击成为黑客最常用的入侵数据库方式之一。

我们通过一段代码来了解一下什么是 SQL 注入攻击。

```
String uname = “zhangsan”;
String upwd = “123456”;
String sql = “select * from t_user where loginName =' ” + uname + “ ' and password=' ” + upwd + ” ' “;
```

上述代码是构建 SQL 查询语句的常见写法，正常情况下，当用户输入正确的用户名和密码，SQL 查询语句合成后如下。

```
select * from t_user where loginName ='zhangsan' and password='123456'
```

此时，SQL 查询将返回一条结果记录，如图 12-1 所示，如果输入的用户名或密码错误，则无法结果返回。

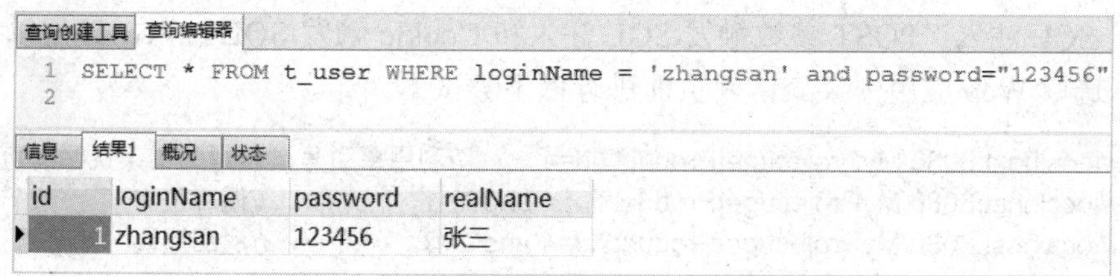

图 12-1　输入正确用户名和密码时当前 SQL 语句查询执行结果

但如果输入一些特殊的用户名和密码，情况会怎样呢？假设输入的用户名是“'' or 1=1 -- ”，而密码任意，合成后的查询语句如下。

```
select * from users where username='' or 1=1 -- and password= '111111'
```

输入的字符串所包含的“1=1”等式永远成立，所包含的注释符“--”使得后面的 password 条件无效，如此一来，该 SQL 查询语句相当于没有给出任何条件，执行后会返回所有记录，如图 12-2 所示。

```
1 SELECT * FROM t_user WHERE loginName = '' or 1=1 -- and password="111111"
```

id	loginName	password	realName
1	zhangsan	123456	张三
2	lisi	112211	李四
3	wangwu	122233	王五
4	chenliu	134456	王六
6	linshi	111111	林十
17	linshiu	111111	张七
35	zhouqi	111111	周七

图 12-2　输入特殊字符串时当前 SQL 语句查询执行结果

上面示例是一种常见的 SQL 注入攻击做法，当然，这还是比较“客气”的，如果输入的字符串包含“DROP DATABASE (DB Name)”，其后果的严重程度可想而知。

之所以存在 SQL 注入，是因为 SQL 本身是一种解释型查询语言，需要通过运行时组件来解释、执行 SQL 语言代码中的指令，当处理数据中包含非法数据时，将产生代码注入（code injection）漏洞，如开发者没有过滤敏感字符、使用拼接方式创建 SQL 语句等，从而使攻击者有了可乘之机，导致数据库数据遭到破坏。

SQL 注入攻击的基本思路是，首先寻找到 SQL 注入的位置，然后判断后台数据库类型，再针对不同的服务器和数据库特点进行 SQL 注入攻击。下面将对具体过程做进一步讲解。

1. 确定 SQL 注入的位置

所有与数据库进行数据交互的输入都有触发 SQL 注入的可能性，一般注入点包括 GET 参数触发 SQL 注入、POST 参数触发 SQL 注入和 Cookie 触发 SQL 注入。这里以 GET 参数为例，选取 Web 应用中某个访问页面进行以下尝试。

```
http://localhost:8080/MyProject/getProduct?id=4'        //利用单引号，若返回错误说明有可能注入
http://localhost:8080/MyProject/getProduct?id=4 and 1=1           //返回正常
http://localhost:8080/MyProject/getProduct?id=4 and 1=2           //返回错误
```

上述访问地址均带有参数，这是 SQL 注入的基本条件，同时上述测试也得到了预期结果，则表明这是一个可用的注入点。

2. 判断注入的类型

通过一些访问测试，就可以判断出注入类型，示例如下。

```
http://localhost:8080/MyProject/getProduct?id=4 and 1=1           //返回正常
http://localhost:8080/MyProject/getProduct?id=4 and 1=2           //返回报错
```

这表明注入点为数字类型，也可使用字符串类型的注入，示例如下。

```
http://localhost:8080/MyProject/getProduct?name=apple and '1=1'    //返回正常
http://localhost:8080/MyProject/getProduct?name=apple and '1=2'    //返回报错
```

3. 判断数据库类型

接着，还需要了解后台数据库的类型，仍使用前面示例并稍做改造。

```
http://localhost:8080/MyProject/getProduct?id=4 and ord(mid(version(),1,1)>4)
```

如果上述语句测试的结果仍正常返回，表明该数据库为 MySQL 数据库，且版本为 5.0 以上，原因是函数 mid()除 MySQL 之外，并不被 MS SQL Server 和 Oracle 支持，否则，该数据库为其他类型数据库。

4. 实施 SQL 注入攻击

获取数据库的字段数。假设已确定数据库类型为 MySQL，现在在 url 后面加入 order by 关键字，利用二分法方式，猜测出表字段的个数，示例如下。

```
http://localhost:8080/MyProject/getProduct?id=4 order by 10          //返回错误
http://localhost:8080/MyProject/getProduct?id=4 order by 5           //返回正常
```

上述情况表明表的字段数在 5～10，再进一步测试会得到表的字段数，假设为 7，再结合 union 关键字，就可以得到数据库名、访问权限、用户名及密码等 Web 系统的信息。具体方法是，先执行“http://localhost:8080/MyProject/getProduct?id=4 and 1=2 union select 1,2,3,4,5,6,7”，将会得到字段值均为数字的结果记录，假设返回字段中包含的数字有 1, 2, 3, 4,5,6,7，然后使用函数来置换其中任何一个位置来获取系统信息，如：

```
http://localhost:8080/MyProject/getProduct?id=4 and 1=2 union select database(), user(),3,4,5,6,7
```

其中 database()和 user()均为 MySQL 内置函数，对于上述 url，浏览器就会返回 database 的名字和管理员的名字。

12.1.2 SQL 注入攻击的防范方法

由 SQL 注入攻击的实施过程可知，SQL 注入攻击主要是利用开发者编程中的疏忽，换言之，如果开发者采取更为严谨的编程方法，则可以杜绝 SQL 注入攻击所带来的安全隐患。

在 Java Web 项目中，处理数据库表访问有两种方式，具体如下。

1. 使用 Statement

```
String code = 'R001'
 String sql = "SELECT * FROM departments WHERE dept_code=" + code ;
 Statement stat= con.createStatement();
stat.execute(sql);
```

2. 使用 PreparedStatement

```
String code = 'R001'
//创建语句类对象
String sql = "SELECT * FROM departments WHERE dept_code=?";
PreparedStatement pstat= con.prepareStatement(sql);
pstat.setString(1, code);
```

```
pstat.execute();
```

这里有必要先了解一下 Statement 和 PreparedStatement 的关系。PreparedStatement 继承自 Statement，两者均为接口，但 PreparedStatement 可以使用占位符，是预编译的，批处理的效率比 Statement 效率高。

使用 Statement 构建 SQL 语句时，传入参数是通过拼接形式完成的，而 SQL 注入攻击正是利用这一点来构造恶意 SQL 语句，以改变 SQL 语句的结构，从而达到破坏系统的目的，因此，Statement 不适用于生产环境，那么 PreparedStatement 是否可以预防 SQL 攻击呢？答案是肯定的。由于 PreparedStatement 采用预编译机制，在创建 prepareStatement 对象时就导入了 SQL 语句进行预编译，此时 SQL 语句的参数用“？”代替，再通过后续的参数设置函数，如 setString()，将参数传入 SQL，并在参数设置函数中，使用反斜杠对用户非法输入的单引号进行转义，使得恶意字段失效来防止 SQL 注入。

例如，在当前数据库中增加一个 test 表，在 SQL 语句中加入非法输入信息“"; DROP TABLE test;#'”作为查询条件。

```
String sql = "SELECT * FROM users   WHERE uname = ?";
PreparedStatement pstat= con.prepareStatement(sql);
pstat.setString(1,"'; DROP TABLE test;#'");
System.out.println(pstat.toString());
pstat.execute();
```

执行后，输出 SQL 语句如图 12-3 所示。

```
信息: Reloading Context with name [/AccessDBDemo] is completed
com.mysql.jdbc.JDBC4PreparedStatement@32a32770: select * from departments where dept_code='\'\'; DROP TABLE test;#\''
```

图 12-3　使用 PreparedStatement 生成的 SQL 语句

我们发现，PreparedStatement 对单引号均进行了转义处理，查询无结果返回，也不会执行对表 test 的删除操作，因此，使用 PreparedStatement 进行数据库表操作，可以阻止非法字符生效，有效地防范 SQL 注入攻击。有兴趣的读者可以尝试使用 Statement 来实现同样的数据库表访问操作，看一下会出现什么情况。

12.2　防止表单重复提交

所谓表单重复提交，是指由于误操作多次提交表单，或是页面卡顿反复刷新提交页面，还有可能是恶意用户使用 postman 等工具反复提交表单来实施攻击，这将会导致数据重复提交，同时给服务器增加负荷，严重时将会造成宕机。

为了避免用户重复提交表单，可以在客户端或是服务器端采取措施。下面分别介绍这两种方式的具体实现。

1. 客户端方式

客户端处理常用方法是利用 JavaScript 禁用表单提交按钮。其相关代码如下。

```
//核心代码片段
<script type="text/javascript">
    //默认提交状态为 false
    var submitStatus = false;
    function dosubmit(){
        if(submitStatus){
            return false; //表单已提交，不做任何处理
        }else{
            ......  //提交表单处理
          //设置提交状态改为 true
                commitStatus = true;
              return true;
          }
    }
</script>
......
<form action='/getUserInfo' onsubmit="return dosubmit()" method="post">
    用户名：<input type="text" name="username">
    <input type="submit" value="提交" id="submit" >
</form>
```

JavaScript 代码有可能被浏览器屏蔽，或是被用户利用刷新页面或 postman 等工具绕过，使得禁用重复提交的代码失效，类似地的方案还有使用 cookie 设置提交状态，但也有同样问题，因此，客户端方案显然效果不理想。

2. 服务器端方式

服务器端的解决方案是利用 session 为每次表单提交生成一个标志，并以此为判断是否重复提交的依据。具体方法：当服务器返回表单页面时，会生成一个标志 submitToken 保存于 session，并写入表单隐藏字段中，表单提交要求携带 submitToken。当表单首次被提交时，服务器端拦截器判断表单提交的标志是否与 session 保存的相同，如果一致则程序继续执行下一步，同时删除 session 中的 submitToken，如此一来，重复提交时，由于 session 中 submitToken 已不存在，该请求必然无法通过拦截器，从而达到了阻止表单重复提交的目的。

【例 12-1】 利用过滤器防止表单的重复提交。

```
//过滤器类拦截处理方法代码
public class RequestFilter implements Filter{
@Override
public void doFilter(ServletRequest request, ServletResponse response,
FilterChain chain) throws IOException, ServletException {
    HttpServletRequest httpRequest = (HttpServletRequest) request;
    httpRequest.setCharacterEncoding("UTF-8");
    String requestToken = httpRequest.getParameter("submitToken");
    String sessionToken =
    (String)httpRequest.getSession().getAttribute("submitToken");
    //其他请求
```

```
    if(requestToken == null) {
        chain.doFilter(request, response);
    }
    //登录表单首次提交请求
    if(requestToken != null && sessionToken !=null
    && requestToken.equals(sessionToken)) {
        httpRequest.getSession().removeAttribute("submitToken");
        chain.doFilter(request, response);
    }
    //登录表单重复提交请求
    if(requestToken != null && sessionToken == null) {
        return ;
    }
}
}
    //处理首页面请求的 Servlet 代码片段
    protected void doGet(HttpServletRequest request, HttpServletResponse response) throws
    ServletException, IOException {
    //创建标志“formtoken”，保存到 session 对象中
    request.getSession().setAttribute("submitToken", "formtoken");
    //重定向到登录页面
    response.sendRedirect(request.getContextPath()+"/jsp/userForm.jsp");
}

    //处理登录表单请求的 Servlet 代码片段
    protected void doGet(HttpServletRequest request, HttpServletResponse response) throws
    ServletException, IOException {
    String userName = request.getParameter("userName");
    String password = request.getParameter("password");
    response.setContentType("text/html;charset=UTF-8");
    response.getWriter().append("表单提交的信息是：" + userName + "      " + password);
}
    //首页面代码
<%@ page language="java" contentType="text/html; charset=UTF-8"
    pageEncoding="UTF-8"%>
<!DOCTYPE html>
<html>
<head>
<meta charset="UTF-8">
<title>Insert title here</title>
</head>
<body>
<a href="FormServlet">进入登录页面</a>
</body>
</html>
    //登录页面表单代码片段
    <form action="<%=request.getContextPath() %>/UserServlet" method="post">
    用户名：<input type="text" name="userName"/><br/>
    密码：<input type="password" name="password"/><br/>
```

```
        <input type="hidden" name="submitToken"
        value="<%= request.getSession().getAttribute("submitToken")%>" />
        <input type="submit" id="submit" value="提交"/>
</form>
```

运行结果如图 12-4～图 12-6 所示。

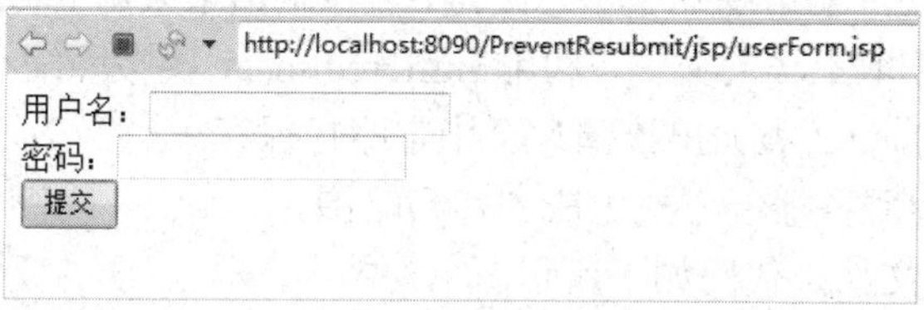

```
http://localhost:8090/PreventResubmit/jsp/userForm.jsp
用户名：
密码：
提交
```

图 12-4　首页面提交请求时运行效果

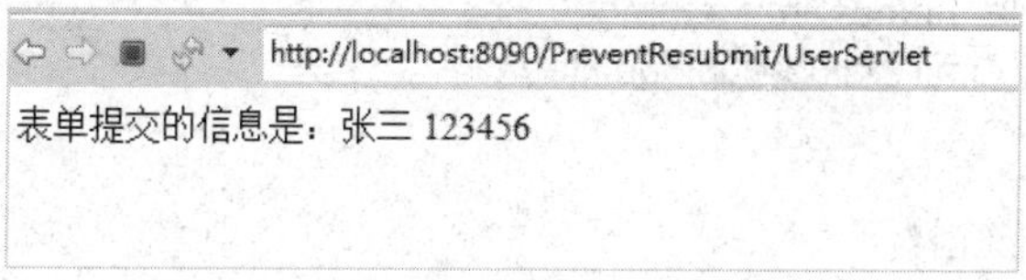

```
http://localhost:8090/PreventResubmit/UserServlet
表单提交的信息是：张三 123456
```

图 12-5　登录页面首次表单提交时运行效果

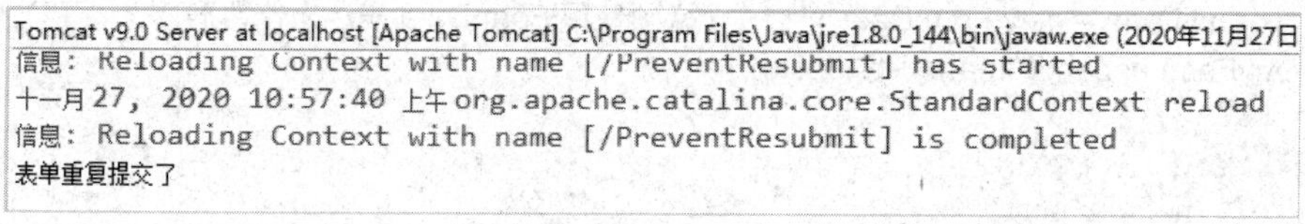

```
Tomcat v9.0 Server at localhost [Apache Tomcat] C:\Program Files\Java\jre1.8.0_144\bin\javaw.exe (2020年11月27日
信息: Reloading Context with name [/PreventResubmit] has started
十一月 27, 2020 10:57:40 上午 org.apache.catalina.core.StandardContext reload
信息: Reloading Context with name [/PreventResubmit] is completed
表单重复提交了
```

图 12-6　登录表单页面重复提交时控制台显示的信息

代码说明：利用 session 保存/删除表单提交的标志，使用过滤器对请求进行拦截判断，以实现对重复性请求的过滤。当首页面单击链接发出请求时，由服务器生成标志保存至 session，在客户端登录页面执行时，将该标志写入隐藏字段。每当提交登录信息表单时，标志会作为请求的参数之一被提交到服务器端，经过过滤器的判断处理，使得仅有首次表单的提交被接受和处理，有效地避免了表单重复提交问题。

随堂练习：

创建一个 Web 项目，实现用户信息修改功能，并要求采用服务器端方式，以避免用户重复提交信息。

12.3　图片缩略图

在某些 Web 应用系统中，需要使用和管理很多图片，为了节约空间，需要将图片缩小保存成缩略图，例如，一些具有相册功能的网站就会保存许多缩略图。

Java Web 应用开发中，可以在客户端和服务器端实现对图片的缩小处理，相对而言，服务器端处理图片会占用较多的服务器资源，使得客户端生成缩略图后再上传服务器端的方法更为常用，但在实际应用中还是要根据实际需求来决定。

12.3.1　服务器端方式

在服务器端生成图片缩略图的基本思路是，客户端请求采用 multipart/form-data 编码类型提交文件，Servlet 读取上传的文件，利用 BufferedImage 类按照缩小比例重新绘制，生成新的图片，再使用 ImageIO 类输出该图片至指定路径保存。

【例 12-2】 采用服务器端方式生成图片缩略图。

创建 toServer.jsp 文件，代码如下所示。

```
<form action="ImageFileServlet" enctype="multipart/form-data" method="post">
      <input type="file" name="imageFile"/>
      <input type="submit" value="upload file"/>
</form>

//上传文件 JavaScript 函数
function upFile(){
     var upfile=$("#upfile")[0].files[0];
     var myForm = new FormData();          //必须使用 FormData 表达上传数据
     myForm.append("imageFile",upfile);

     $.ajax({
           method:"post",
           url:"ImageFileServlet",
           data:myForm,
           processData: false,                //禁止类型转换为字符串格式
           contentType: false,                //设置为 false 才会自动加上正确的 Content-Type
           dataType:"html",
           success:function(data){
            console.log(data);
            },
            error:function(err){
           console.log("error："+err);
           }
     });
}
```

创建 ThumbnailServlet.java 文件，代码片段如下所示。

```
@MultipartConfig
@WebServlet("/ThumbnailServlet")
public class ThumbnailServlet extends HttpServlet {
     protected void doGet(HttpServletRequest request, HttpServletResponse response) throws
ServletException, IOException {
          Part part = request.getPart("imageFile"); //读取上传文件
          File file = new File("d:\\");
          if (!file.exists()) {
```

```
            file.mkdir();
        }
        String fileNameAttr= part.getName();                //获取 file 控件的 name 属性
        String filePath = file.getPath() + "\\" + fileNameAttr;
        part.write(filePath);                               //将上传文件保存为临时文件
        ImageHandler ih = new ImageHandler();
        //调用缩略图生成方法
        ih.imageConvert(filePath, file.getPath() + "\\" + "p2.jpg", "jpg", 0.5);
        //删除临时文件
        File tmpFile = new File(filePath);
        if(!tmpFile.isDirectory()) {
            tmpFile.delete();
        }
        //设置响应为 UTF-8 编码格式
            response.setHeader("Content-type", "text/html;charset=UTF-8");
        response.getWriter().append("成功生成缩略图");
    }
    ......
}

    //生成缩略图的方法
    public void imageConvert(String sourceFilePath, String targetFilePath, String
                imageFormat, double scale) {
        File sourceFile = new File(sourceFilePath);
        BufferedImage sourceBufferedImage = null;      //原始图的图片内存对象
        BufferedImage targetBufferedImage = null;      //缩略图的图片内存对象
        Image targetImage = null;
        int width = 0;
        int height = 0;
        try {
            sourceBufferedImage = ImageIO.read(sourceFile);
            width = (int)(sourceBufferedImage.getWidth() *   scale);
            height = (int)(sourceBufferedImage.getHeight() * scale);
            // 获取裁剪后的 Image 对象
            targetImage =
            sourceBufferedImage.getScaledInstance(width, height, Image.SCALE_SMOOTH);
            targetBufferedImage =
                    new BufferedImage(width, height, Image.SCALE_SMOOTH);
            //创建绘制上下文对象
            Graphics g = targetBufferedImage.getGraphics();
            //绘制裁剪后的图片
            g.drawImage(targetImage, 0, 0, null);
            g.dispose();
            //将剪裁后的图片内存对象输出为指定文件
            ImageIO.write(targetBufferedImage, imageFormat,
                        new File(targetFilePath));
        }catch(Exception e) {
            System.out.println("scaleImage 方法压缩图片时出错了");
```

```
            e.printStackTrace();
    }
}
```

启动项目并执行，进入上传文件页面，如图 12-7 所示。

选择文件，并单击【上传文件】按钮，将在指定目录下看到生成的缩略图，如图 12-8 所示。

图 12-7　上传文件页面

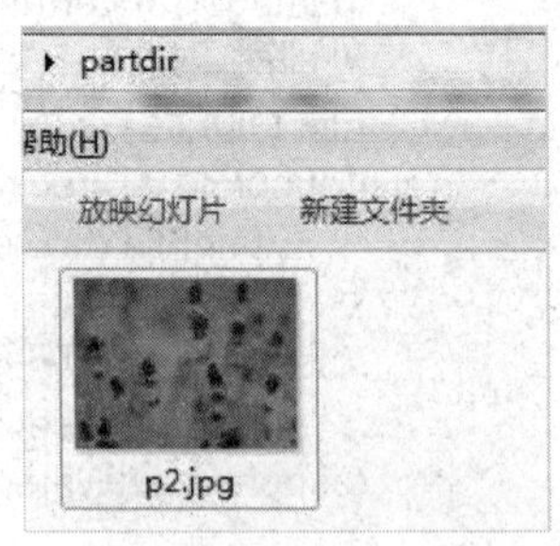

图 12-8　生成缩略图

在模块 8 我们已经学习了如何使用 Servlet 3.0 的 Part 类来处理上传文件，【例 12-2】中 ImageFileServlet 类也采用了 Part 类，但这里是使用 getName()方法获得 file 控件的 name 属性值，以它为文件名将上传文件保存为临时文件，并将该临时文件作为 imageConvert()方法生成缩略图的原始图，当缩略图生成后，再利用 File 类的 delete()方法将该临时文件删除，从而使得指定路径仅保存缩略图文件。

12.3.2　客户端方式

如果希望控制用户上传图片的大小，可以在客户端先行对图片压缩后再上传，也就是由客户端生成缩略图，具体实现思路如下。

（1）客户端利用 FileReader 类读取上传文件。

（2）由 HTML5 Canvas 对象生成缩略图。

（3）将缩略图转换为 Blob 类型，加入 FormData 对象中。

（4）采用 jQuery AJAX 提交表单。

（5）服务器端的 Servlet 使用 Part 类接收请求参数，并写入指定目录。

FileReader 是 Web API 中的一个对象类型，FileReader 对象允许 Web 应用程序异步读取用户计算机上的文件，但不能直接从文件路径上读取文件，而是要使用 File 或 Blob 对象来指定要读取的文件或数据。这里选用 File 对象，那么它又从哪里来？我们知道，当用户在 input 元素上选择了文件后，浏览器会通过 files 属性返回 FileList 数组对象，而 FileList 中的每个元素都是一个 File 实例。示例代码如下。

```
//获得 input 元素 files 属性的第一个元素（File 对象）
var selectedFile = document.getElementById('myInput').files[0];
<!--文件选择输入框-->
<input id="myInput" type="file" name="myfile"/>
```

FileReader 对象完成读取后会将文件数据保存于 FileReader 的 result 属性中，文件数据格式可以是原始二进制字符串、Data URLs（base64 字符串）或文本。为了配合 HTML5 Canvas 生成缩略图，这里选用了 Data URLs 文件数据格式，其格式形式如下。

```
data:[<mime type>][;charset=<charset>][;base64],<encoded data>
```

- data: ：data 协议头，用于标识内容为 Data URLs 资源。
- mime type：MIME 类型，表示内容的展现方式，如 text/plain（文本类型）、image/jpeg（图片类型）。
- charset：编码设置，默认为 US-ASCII。
- base64：编码设定。
- encoded data：Data URLs 所承载的内容。

图 12-9 中展示了一个图片的 Data URLs 格式数据内容。


```
data:image/gif;base64,R01GODlhEAAOALMAAOazToeHh0tLS/7LZv/0jvb29t/f3//Ub//
ge8WSLf/rhf/3kdbW1mxsbP//mf///yH5BAAAAAAALAAAAAAAQAA4AAARe8L1Ekyky67QZ1hLn
jM5UUde0ECwLJoExKcppV0aCcGCmTIHEIUEqjgaORCMxIC6e0CcguWw6aFjsVMkkIr7g
77ZKPJjPZqIyd7sJAgVGoEGv2xsBxqNgYPj/gAwXEQA7
```


图 12-9　Data URLs 格式数据样例

Canvas 是 HTML5 新增对象，表示 HTML canvas 元素，专门用于绘制图形。在这里对于 FileReader 对象读取的文件，按照缩小比例重新绘制并转换为 Blob 类型，即二进制数据。

【例 12-3】采用客户端方式生成缩略图。

创建 toClient.jsp 文件，代码片段如下所示。

```
......
//生成缩略图的函数
function readAsDataURL(){
    //检验是否为图像文件
    var file = document.getElementById("upfile").files[0];
    if(!/image\/\w+/.test(file.type)){
        alert("请上传图片！");
        return false;
    }
    var reader = new FileReader();
    //将文件以 Data URLs 格式读入页面
    reader.readAsDataURL(file);
    //文件读取成功后，执行回调函数
    reader.onload=function(evt){
        var result=document.getElementById("result");
        //显示图片文件
        result.innerHTML='<img src="' + this.result +'" alt="" />';
        //创建一个 Image 对象
        var img = new Image();
        //this.result 保存的是 FileReader 读取的文件内容
```

```
            img.src = this.result; //或者 evt.target.result;
            //当图片加载完成，执行回调函数
            img.onload=function(){
                //原始图的尺寸
                var initSize = img.src.length;
                var sourceWidth = img.width;
                var sourceHeight = img.height;
                //缩小的比例
                var scale = 0.5;
                //创建 canvas 元素
                var canvas = document.createElement("canvas");
                //获取用于在画布上绘图的上下文对象
                var ctx = canvas.getContext("2d");
                //设置缩略图的宽和高
                var targetWidth = sourceWidth * scale;
                var targetHeight = sourceHeight * scale;
                canvas.width = targetWidth;
                canvas.height = targetHeight;
                //绘制缩略图
                ctx.drawImage(img, 0, 0, targetWidth, targetHeight);
                //返回一个包含图片展示的 data URI
                var ndata = canvas.toDataURL("image/jpeg");
                //解析 Data URLs，将图片转换为 Blob 类型数据，即二进制文件
                imgBlob = base64ToBlob(ndata);
                console.log("压缩前：" + initSize);
                console.log("压缩后：" + ndata.length);
        }
        }
}
 //将 base64 编码转换为 Blob 对象的函数
 function base64ToBlob(dataurl) {
        //对 Data URLs 数据进行分割，析取 mime 类型，编码内容
        var arr = dataurl.split(',');
        var mime_1 = arr[0].match(/:(.*?);/)
        var mime_2 = mime_1[1];
        var encodeStr = window.atob(arr[1]);
        var n = encodeStr.length;
        //创建一个 Uint8Array 的 TypedArray 类型
        var u8Arr = new Uint8Array(n);
        //将 base64 编码转换为 Unicode 编码
        while (n--) {
           u8Arr[n] = encodeStr.charCodeAt(n)
        }
        //返回一个 Blob 对象
        return new Blob([u8Arr], {type: mime_2})
}
```

创建 FileServlet.java 文件，对于客户端提交的二进制数据流，服务器端可利用 Part 类的 getInputStream()方法进行读取，结合 InputStream 和 OutputStream 实现文件的保存。

```
@MultipartConfig
@WebServlet("/FileServlet")
public class FileServlet extends HttpServlet {
protected void doGet(HttpServletRequest request, HttpServletResponse response) throws
ServletException, IOException {
        request.setCharacterEncoding("UTF-8");
        //读取请求参数
        String uname = request.getParameter("uname");
        Part part = request.getPart("imageFile");
        //读取上传的二进制数据流
        InputStream is = part.getInputStream();
        //保存上传的文件
        File filepath = new File("d:\\partdir");
        if (!filepath.exists()) { filepath.mkdir(); }
        String path = filepath + "\\" + "p2.jpg";
        OutputStream os = new FileOutputStream(path);
        byte[] buffer = new byte[1024];
        int readBytes = 0;
        while((readBytes = is.read(buffer, 0, 1024)) != -1) {
            os.write(buffer, 0,     readBytes);
        }
        if(os != null) os.close();
        if(is != null) is.close();
        //设置响应为 UTF-8 编码格式
        response.setHeader("Content-type", "text/html;charset=UTF-8");
        response.getWriter().append("用户" + uname + "上传的缩略图保存成功");
    }
......
```

从上述代码可以了解，客户端方式的处理过程相对复杂些，但大容量图片先缩小后上传的方法对于降低网络或服务器端压力还是非常有效的。

随堂练习：

创建一个 Web 项目，实现图片上传功能，但对于大小超过 2MB 的图片，要求压缩 50%后再上传，同时也要提示用户“图片太大，需要压缩后上传”，如果用户确定，则压缩后上传，否则，不做任何处理。

12.4　图形验证码

当我们在网站上登录或是注册时，常常需要填写验证码信息，如图 12-10 所示。

实际上，验证码是一种 Web 自动程序，能够通过向操作者提问来实现鉴别操作者是人还是机器的测试，从而有效防止恶意攻击者对某一注册用户采取暴力破解方式进行登录尝试。图 12-10 中所采用的是图片验证方式，这也是最常见的一种形式。

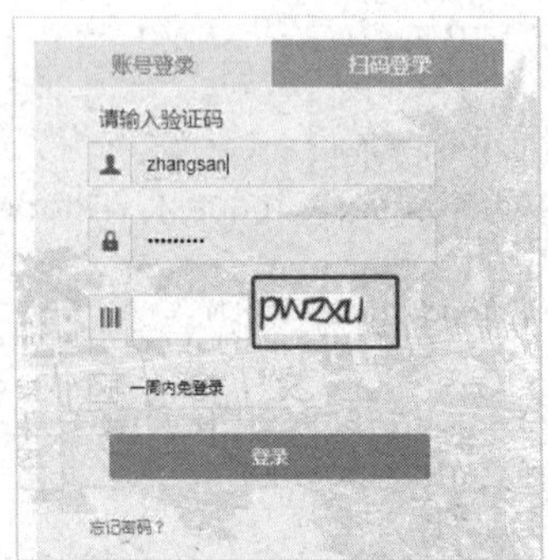

图 12-10　登录界面中的验证码

图片验证码生成的基本流程：一般由服务器端生成，再发送给客户端，并以图像格式显示。当用户在客户端输入了验证码信息并作为请求参数提交，服务器端将会进行接收和比对，如果比对成功，则跳转进入下一个界面继续操作，否则返回当前页面，需重新输入验证码。

【例 12-4】 图片验证码的生成。

创建客户端 index.jsp 文件，代码片段如下所示。

```
......
//验证码刷新处理函数
function toRefresh(){
    var img = document.getElementById("codeImage");
    img.src = "UserVerifyServlet?t="+ new Date().getTime();
}

<!--登录表单-->
<form id="myForm" action="UserServlet" method="post">
    用户名：<input type="text" name="username" /><br/><br/>
    密   码：<input type="text" name="password"/><br/><br/>
    验证码：<input type="text" name="code"/>
    <img src="UserVerifyServlet" id="codeImage"/>
    <input type="button" onclick="toRefresh()" value="刷新"/><br/><br/>
    <input type="submit" name="提交"/>
    <!--<input type="button" value="提交" onclick="toSubmit()"/>-->
</form>
```

创建服务器端程序 UserVerifyServlet.java 文件，代码如下所示。

```
@WebServlet("/UserVerifyServlet")
public class UserVerifyServlet extends HttpServlet {
    private static final long serialVersionUID = 1L;
    public static final int WIDTH = 120;            //生成的图片宽度
    public static final int HEIGHT = 25;            //生成的图片高度
    protected void doGet(HttpServletRequest request, HttpServletResponse response)
    throws ServletException, IOException {
      // TODO Auto-generated method stub
      request.setCharacterEncoding("UTF-8");
```

```
        //获得 session 对象
        HttpSession session = request.getSession();
        //创建 BufferedImage 对象
        BufferedImage bi =
                    new BufferedImage(WIDTH, HEIGHT,BufferedImage.TYPE_INT_RGB);
        //创建绘图上下文
        Graphics g = bi.getGraphics();
        //设置图形的背影色和尺寸
        g.setColor(Color.WHITE);
        g.fillRect(0, 0, WIDTH, HEIGHT);
        //设置图形的边框和尺寸
        g.setColor(Color.DARK_GRAY);
        g.drawRect(0, 0, WIDTH-1, HEIGHT-1);
        //设置验证码的字体
        g.setFont(new Font("宋体", Font.BOLD, 20));

        String baseNumLetter = "0123456789ABCDEFGHJKLMNOPQRSTUVWXYZ";
        StringBuffer code = new StringBuffer();
        int site = 10;
        //随机抽取四个数字或字符组成验证码，并绘制成图形
        for(int i=0; i<4; i++) {
            int index = new Random().nextInt(baseNumLetter.length());
            String s = baseNumLetter.substring(index, index+1);
            code.append(s);
            g.setColor(Color.BLACK);
            g.drawString(s, site, 20);
            site += 30;
        }
        //绘制干扰线
        for(int j=0; j<6; j++) {
            int x1 = new Random().nextInt(WIDTH);
            int y1 = new Random().nextInt(HEIGHT);
            int x2 = new Random().nextInt(WIDTH);
            int y2 = new Random().nextInt(HEIGHT);
            g.setColor(this.getRandomColor());
            g.drawLine(x1, y1, x2, y2);
        }

        //将验证码字符串保存到 session
        session.setAttribute("verifyCode", code.toString());
        //设置响应头通知浏览器用图片形式显示
        response.setHeader("Content-Type", "image/jpeg");
        //设置响应头通知浏览器无需缓存
        response.setDateHeader("expries", -1);
        response.setHeader("Cache-Control", "no-cache");
        response.setHeader("Pragma", "no-cache");
        //将图片写回浏览器显示
        ImageIO.write(bi, "jpg", response.getOutputStream());
    }
    ......
}
```

程序的运行结果如图 12-11 所示。

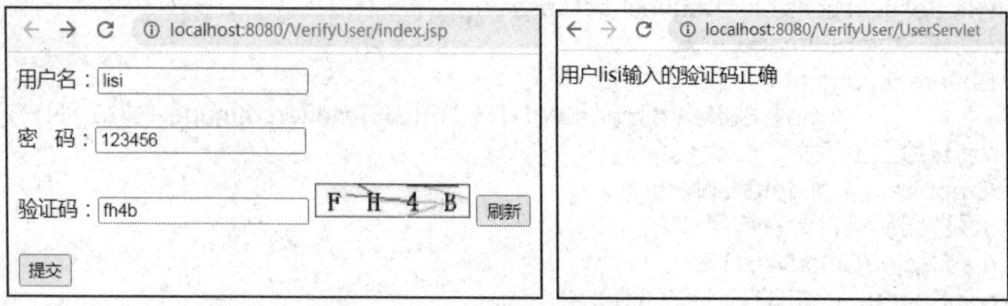

图 12-11　运行结果

代码说明如下。

（1）在 index.jsp 中，语句“<img src="UserVerifyServlet" id="codeImage"/>”执行时，通过 src 属性对服务器端发出请求来加载图片；当服务器端的 UserVerifyServlet 接收该请求后，则利用 BufferedImage 类创建图片缓存区，在该缓存区中绘制了验证码图片，并利用 ImageIO 类的 write()方法实现了图片的回显。

（2）为避免浏览器对请求做缓存处理，在验证码刷新处理函数 toRefresh()中，利用 Date 类获得当前系统时间作为请求参数，使得每次刷新都会发出新的请求，从而得到新的验证码。

（3）UserVerifyServlet 类采用 HttpSession 保存验证码字符串，以在整个会话过程中进行验证码信息的比对处理。

虽然验证码对于保护用户信息安全是非常有必要的，但毕竟是在操作上增加了一道“门槛”，因此，验证码出现的方式需要慎重考虑，例如，网站的登录界面设计成用户输入密码错误次数超过 3 次时才需要输入验证码，这样会让用户更容易接受。

随堂练习：

创建一个 Web 项目，实现用户登录功能。

（1）客户端页面：包括登录页面和系统主页面。

（2）当用户登录过程中出现三次密码错误时，将显示图片验证码，要求该用户输入登录信息的同时，输入验证码信息，并在服务器端对登录信息和验证码进行比对，当所有信息均正确时，返回登录成功信息，并进入系统主页面，否则，返回登录页面。

模块 12

参 考 文 献

[1] 肖锋. Java Web 应用开发基础（微课视频版）[M]. 北京：清华大学出版社，2022.

[2] 姚远，黄文文，王慧芳. Java Web 开发技术基础案例教程[M]. 武汉：华中科技大学出版社，2022.

[3] 李俊，胡众义，叶晓丰，等. Java Web 开发基础教程[M]. 北京：清华大学出版社，2021.

[4] 德雄. Java Web 应用开发基础[M]. 北京：电子工业出版社，2021.

[5] 孔祥盛，赵芳. Java Web 基础与实例教程[M]. 北京：人民邮电出版社，2020.

课程网址